高等学校信息技术类新方向新动能新形态系列规划教材
教育部高等学校计算机类专业教学指导委员会 -Arm 中国产学合作项目成果
Arm 中国教育计划官方指定教材

自主智能体系统

王祝萍 张皓 / 编著

人 民 邮 电 出 版 社
北 京

图书在版编目（CIP）数据

自主智能体系统 / 王祝萍，张皓编著. -- 北京 : 人民邮电出版社，2020.9
高等学校信息技术类新方向新动能新形态系列规划教材
ISBN 978-7-115-53977-9

Ⅰ. ①自… Ⅱ. ①王… ②张… Ⅲ. ①人工智能－高等学校－教材 Ⅳ. ①TP18

中国版本图书馆CIP数据核字(2020)第077779号

内 容 提 要

自主智能体系统是一个复杂的系统，涉及的技术点多且跨度大。本书宏观地呈现了自主智能体系统的整体框架，并对其核心理论技术做了详细的阐述。本书共 7 章，第 01 章介绍了自主智能体系统的发展历程、主要分类和应用实例；第 02～04 章围绕自主智能体系统的数学描述、决策与规划、控制方法展开了详细分析；第 05～06 章对自主多智能体系统进行了拓展，并围绕一致性问题和输出调节问题给出了解决方案；第 07 章给出了与自主智能体系统的决策、规划以及运动控制相关的实训项目，可使读者运用本书的知识和方法解决实际问题。本书注重理论与实践相结合，内容翔实，可读性强，能够帮助读者快速建立对自主智能体系统整体框架的基本认识，指导读者对自主智能体系统的相关理论与技术进行深入学习与应用实践。

本书可作为高等院校人工智能、计算机、自动化等的相关专业的教材，也可供广大自主智能体系统爱好者自学使用，还可作为相关科研人员与工程技术人员的参考用书。

◆ 编　　著　王祝萍　张　皓
责任编辑　祝智敏
责任印制　王　郁　陈　犇
◆ 人民邮电出版社出版发行　　北京市丰台区成寿寺路 11 号
邮编　100164　　电子邮件　315@ptpress.com.cn
网址　https://www.ptpress.com.cn
北京鑫正大印刷有限公司印刷
◆ 开本：787×1092　1/16
印张：12.5　　2020 年 9 月第 1 版
字数：293 千字　　2020 年 9 月北京第 1 次印刷

定价：49.80 元

读者服务热线：(010)81055256　印装质量热线：(010)81055316
反盗版热线：(010)81055315
广告经营许可证：京东市监广登字 20170147 号

编委会

序一

拥抱万亿智能互联未来

在生命刚刚起源的时候，一些最最古老的生物就已经拥有了感知外部世界的能力。例如，很多原生单细胞生物能够感受周围的化学物质，对葡萄糖等分子有趋化行为；并且很多原生单细胞生物还能够感知周围的光线。然而，在生物开始形成大脑之前，这种对外部世界的感知更像是一种“反射”。随着生物的大脑在漫长的进化过程中不断发展，或者说直到人类出现，各种感知才真正变得“智能”，通过感知收集的关于外部世界的信息开始经过大脑的分析作用于生物本身的生存和发展。简而言之，是大脑让感知变得真正有意义。

这是自然进化的规律和结果。有幸的是，我们正在见证一场类似的技术变革。

过去十年，物联网技术和应用得到了突飞猛进的发展，物联网技术也被普遍认为将是下一个给人类生活带来颠覆性变革的技术。物联网设备通常都具有通过各种不同类别的传感器收集数据的能力，就好像赋予了各种机器类似生命感知的能力，由此促成了整个世界数据化的实现。而伴随着5G的成熟和即将到来的商业化，物联网设备所收集的数据也将拥有一个全新的、高速的传输渠道。但是，就像生物的感知在没有大脑时只是一种“反射”一样，这些没有经过任何处理的数据的收集和传输并不能带来真正进化意义上的突变，甚至非常可能在物联网设备数量以几何级数增长以及巨量数据传输的情况下，造成5G网络等传输网络拥堵甚至瘫痪。

如何应对这个挑战？如何赋予物联网设备所具备的感知能力以“智能”？我们的答案是：人工智能技术。

人工智能技术并不是一个新生事物，它在最近几年引起全球性关注并得到飞速发展的主要原因，在于它的三个基本要素（算法、数据、算力）的迅猛发展，其中又以数据和算力的发展尤为重要。物联网技术和应用的蓬勃发展使得数据累计的难度越来越低；而芯片算力的不断提升使得过去只能通过云计算才能完成的人工智能运算现在已经可以下沉到最普通的设备之上完成。这使得在端侧实现人工智能功能的难度和成本都得以大幅降低，从而让物联网设备拥有“智能”的感知能力变得真正可行。

物联网技术为机器带来了感知能力，而人工智能则通过计算算力为机器带来了决策能力。二者的结合，正如感知和大脑对自然生命进化所起到的必然性决定作用，其趋势将无可阻挡，并且必将为人类生活带来巨大变革。

未来十五年，或许是这场变革最最关键的阶段。业界预测到 2035 年，将有超过一万亿个智能设备实现互联。这一万亿个智能互联设备将具有极大的多样性，它们共同构成了一个极端多样化的计算世界。而能够支撑起这样一个数量庞大、极端多样化的智能物联网世界的技术基础，就是 Arm。正是在这样的背景下，Arm 中国立足中国，依托全球最大的 Arm 技术生态，全力打造先进的人工智能物联网技术和解决方案，立志成为中国智能科技生态的领航者。

万亿智能互联最终还是需要通过人来实现，具备人工智能物联网 AIoT 相关知识的人才，在今后将会有更广阔的发展前景。如何为中国培养这样的人才，解决目前人才短缺的问题，也正是我们一直关心的。通过和专业人士的沟通发现，教材是解决问题的突破口，一套高质量、体系化的教材，将起到事半功倍的效果，能让更多的人成长为智能互联领域的人才。此次，在教育部计算机类专业教学指导委员会的指导下，Arm 中国能联合人民邮电出版社一起来打造这套智能互联丛书——高等学校信息技术类新方向新动能新形态系列规划教材，感到非常的荣幸。我们期望借此宝贵机会，和广大读者分享我们在 AIoT 领域的一些收获、心得以及发现的问题；同时渗透并融合中国智能类专业的人才培养要求，既反映当前最新技术成果，又体现产学合作新成效。希望这套丛书能够帮助读者解决在学习和工作中遇到的困难，能够为读者提供更多的启发和帮助，为读者的成功添砖加瓦。

荀子曾经说过，“不积跬步，无以至千里。”这套丛书可能只是帮助读者在学习中跨出一小步，但是我们期待着各位读者能在此基础上励志前行，找到自己的成功之路。

安谋科技（中国）有限公司执行董事长兼 CEO　吴雄昂
2019 年 5 月

序二

PREFACE

人工智能是引领未来发展的战略性技术，是新一轮科技革命和产业变革的重要驱动力量，将深刻地改变人类社会生活、改变世界。促进人工智能和实体经济的深度融合，构建数据驱动、人机协同、跨界融合、共创分享的智能经济形态，更是推动质量变革、效率变革、动力变革的重要途径。

近几年来，我国人工智能新技术、新产品、新业态持续涌现，与农业、制造业、服务业等各行业的融合步伐明显加快，在技术创新、应用推广、产业发展等方面成效初显。但是，我国人工智能专业人才储备严重不足，人工智能人才缺口大，结构性矛盾突出，具有国际化视野、专业学科背景、产学研用能力贯通的领军型人才、基础科研人才、应用人才极其匮乏。为此，2018 年 4 月，教育部印发了《高等学校人工智能创新行动计划》，旨在引导高校瞄准世界科技前沿，强化基础研究，实现前瞻性基础研究和引领性原创成果的重大突破，进一步提升高校人工智能领域科技创新、人才培养和服务国家需求的能力。由人民邮电出版社和 Arm 中国联合推出的“高等学校信息技术类新方向新动能新形态系列规划教材”旨在贯彻落实《高等学校人工智能创新行动计划》，以加快我国人工智能领域科技成果及产业进展向教育教学转化为目标，不断完善我国人工智能领域人才培养体系和人工智能教材建设体系。

“高等学校信息技术类新方向新动能新形态系列规划教材”包含 AI 和 AIoT 两大核心模块。其中，AI 模块涉及人工智能导论、脑科学导论、大数据导论、计算智能、自然语言处理、计算机视觉、机器学习、深度学习、知识图谱、GPU 编程、智能机器人等人工智能基础理论和核心技术；AIoT 模块涉及物联网概论、嵌入式系统导论、物联网通信技术、RFID 原理及应用、窄带物联网原理及应用、工业物联网技术、智慧交通信息服务系统、智能家居设计、智能嵌入式系统开发、物联网智能控制、物联网信息安全与隐私保护等智能互联应用技术及原理。

综合来看，“高等学校信息技术类新方向新动能新形态系列规划教材”具有三方面突出亮点。

第一，编写团队和编写过程充分体现了教育部深入推进产学合作协同育人项目的思想，既反映最新技术成果，又体现产学合作成果。在贯彻国家人工智能发展战略要求的基础上，以“共搭平台、共建团队、整体策划、共筑资源、生态优化”的全新模式，打造人工智能专业建设和人工智能人才培养系列出版物。知名半导体知识产权（IP）提供商 Arm 中国在教材编写方面给予了全面支持，丛书主要编委来自清华大学、北京大学、北京航空航天大学、北京邮电大学、南开大学、哈尔滨工业大学、同济大学、武汉大学、西安交通大学、西安电子科技大学、南京大学、南京邮电大学、厦门大学等众多国内知名高校人工智能教育领域。

从结果来看，“高等学校信息技术类新方向新动能新形态系列规划教材”的编写紧密结合了教育部关于高等教育“新工科”建设方针和推进产学合作协同育人思想，将人工智能、物联网、嵌入式、计算机等专业的人才培养要求融入了教材内容和教学过程。

第二，以产业和技术发展的最新需求推动高校人才培养改革，将人工智能基础理论与产业界最新实践融为一体。众所周知，Arm公司作为全球最核心、最重要的半导体知识产权提供商，其产品广泛应用于移动通信、移动办公、智能传感、穿戴式设备、物联网，以及数据中心、大数据管理、云计算、人工智能等各个领域，相关市场占有率在全世界范围内达到90%以上。Arm技术被合作伙伴广泛应用在芯片、模块模组、软件解决方案、整机制造、应用开发和云服务等人工智能产业生态的各个领域，为教材编写注入了教育领域的研究成果和行业标杆企业的宝贵经验。同时，作为Arm中国协同育人项目的重要成果之一，“高等学校信息技术类新方向新动能新形态系列规划教材”的推出，将高等教育机构与丰富的Arm产品联系起来，通过将Arm技术用于教育领域，为教育工作者、学生和研究人员提供教学资料、硬件平台、软件开发工具、IP和资源，未来有望基于本套丛书，实现人工智能相关领域的课程及教材体系化建设。

第三，教学模式和学习形式丰富。“高等学校信息技术类新方向新动能新形态系列规划教材”提供丰富的线上线下教学资源，更适应现代教学需求，学生和读者可以通过扫描二维码或登录资源平台的方式获得教学辅助资料，进行书网互动、移动学习、翻转课堂学习等。同时，“高等学校信息技术类新方向新动能新形态系列规划教材”配套提供了多媒体课件、源代码、教学大纲、电子教案、实验实训等教学辅助资源，便于教师教学和学生学习，辅助提升教学效果。

希望“高等学校信息技术类新方向新动能新形态系列规划教材”的出版能够加快人工智能领域科技成果和资源向教育教学转化，推动人工智能重要方向的教材体系和在线课程建设，特别是人工智能导论、机器学习、计算智能、计算机视觉、知识工程、自然语言处理、人工智能产业应用等主干课程的建设。希望基于“高等学校信息技术类新方向新动能新形态系列规划教材”的编写和出版，能够加速建设一批具有国际一流水平的本科生、研究生教材和国家级精品在线课程，并将人工智能纳入大学计算机基础教学内容，为我国人工智能产业发展打造多层次的创新人才队伍。

教育部人工智能科技创新专家组专家
教育部科技委学部委员
IEEE/IET/CAAI Fellow
中国人工智能学会副理事长

焦李成
2019年6月

前言

FOREWORD

自主智能体技术的诞生可以追溯到第一次工业革命。同时，该技术还伴随着计算机、自动化等技术的进步而在不断发展。近年来，随着互联网、人工智能等技术的飞速发展，自主智能体系统的相关技术也加快了发展与应用的脚步。围绕自主智能体系统的研究，主要包括自主智能体系统的规划、决策、控制与协同等，这些问题的解决对于提高自主智能体系统的智能化水平与实际应用范围意义重大。为此，编者编写了本书，希望读者通过本书能够学到自主智能体系统的核心理论，了解相关技术的最新发展趋势与研究成果，真正进入自主智能体技术的研究领域。

本书的内容安排遵循“由浅入深、逐渐深入”的基本思路。第 01 章介绍了自主智能体系统的发展历程、主要分类与应用实例等，帮助读者建立起自主智能体系统的全面且系统的概念；第 02 章介绍了自主智能体系统的数学描述，以作为后续相关问题研究的基础；第 03 ~ 06 章按照自主智能体系统涉及的核心理论与关键技术，从单智能体系统介绍到多智能体系统；第 07 章给出了自主智能体系统实训项目。本书各部分内容均采用“经典方法+最新研究成果+实践”的方式展开介绍，此外，本书还分别从自主智能体系统的决策规划和运动控制、自主多智能体系统的协同一致和输出调节等方向入手，对自主智能体系统进行了分析与讲解，期望能够帮助读者系统深入地理解相关技术。读者在学习本书的过程中，不仅能够完成基础知识的学习，而且能够通过学习最新研究成果深入了解相关研究领域。

编者在自主智能体系统领域有多年的研究经验，对相关知识具有深刻的理解，并具有丰富的高校教学经验。在本书的编写过程中，编者尤其注意知识的深度与内容的易读性。

本书的主要特点介绍如下。

1. 遵循“由浅入深”的思路，有效引导读者学习

为使读者能够快速掌握相关技术及其发展前景，本书各个章节均首先介绍了相关技术的发展背景与基本方法，并在读者掌握了一定的基础知识之后，又针对具体问题进行了探究，以带领读者深入学习相关技术。

2. 内容组织科学合理，结合实际

本书注重理论知识与实际应用相结合，即在介绍基础理论之后，会

针对自主智能体系统在不同实际应用场景中需要解决的关键问题，进行重点分析与深入讲解，以使相关领域的读者和研究人员能够理解并掌握相关知识，为理论知识的实际应用提供基础。

3. 覆盖核心技术，内容充实，具有前沿性

本书的内容基本覆盖了自主智能体系统核心技术的主要方面，非常适合对本领域感兴趣的读者学习。本书的主要内容以编者的最新研究成果为基础，故具有极强的前沿性。

本书由王祝萍和张皓合力编著。感谢郑晓园、徐舒其、付成程等博士研究生和李刚宾、李运松、涂康斌、刘娟等硕士研究生为本书的编写所提供的帮助，同时，感谢在本书编写过程中给予帮助和支持的其他学者与朋友。最后，感谢中央高校基本科研业务费专项资金和上海市自然科学基金的支持。

由于编者水平有限，书中难免存在表述不妥之处，故殷切希望广大读者批评指正。同时，恳请读者一旦发现错误，及时与编者联系，以便编者尽快更正。编者 E-mail：elewzp@tongji.edu.cn。

编者

2020年9月

目录

CONTENTS

01

绪论

1.1 自主智能体简介 ······ 2
1.2 智能体技术发展概述 ······ 2
1.3 单智能体系统 ······ 3
1.3.1 单智能体系统简介 ······ 3
1.3.2 单智能体系统关键技术 ······ 4
1.3.3 单智能体系统应用实例 ······ 6
1.4 多智能体系统 ······ 8
1.4.1 多智能体系统简介 ······ 8
1.4.2 多智能体系统关键技术 ······ 9
1.4.3 多智能体系统应用实例 ······ 10
1.5 本章小结 ······ 11
1.6 参考文献 ······ 12

02

自主智能体系统的数学描述

2.1 刚体位姿描述 ······ 14
2.1.1 位置向量 ······ 14
2.1.2 旋转矩阵 ······ 14
2.1.3 刚体的位姿描述 ······ 15
2.1.4 坐标变换 ······ 16
2.1.5 齐次变换 ······ 17
2.2 自主智能体系统运动学 ······ 18
2.2.1 机械臂运动学建模 ······ 18
2.2.2 差速驱动轮式机器人运动学建模 ······ 21
2.2.3 无人驾驶车辆运动学建模 ······ 22
2.2.4 考虑横向滑移的无人驾驶车辆运动学建模 ······ 23
2.3 拉格朗日方程 ······ 23
2.4 自主智能体系统动力学 ······ 27
2.4.1 机械臂动力学建模 ······ 27
2.4.2 差速驱动轮式机器人动力学建模 ······ 30
2.4.3 无人驾驶车辆动力学建模 ······ 31
2.4.4 轮式移动机器人动力学性质 ······ 35
2.5 本章小结 ······ 37
2.6 参考文献 ······ 37

03

自主智能体系统的决策与规划

3.1 自主智能体系统的决策 ······ 40

3.1.1 问题描述 40
3.1.2 基于有限状态机的决策方法 42
3.1.3 基于决策树的决策方法 45
3.1.4 基于强化学习的决策方法 49
3.2 自主智能体系统的规划 53
3.2.1 问题描述 53
3.2.2 基于图搜索的路径规划方法 56
3.2.3 基于采样的路径规划方法 62
3.2.4 基于 MPC 的轨迹规划方法 67
3.3 本章小结 75
3.4 参考文献 75

04 自主智能体系统的控制方法

4.1 控制问题描述 80
4.1.1 控制问题分类 80
4.1.2 性能要求和约束条件 81
4.2 自主智能体系统的同时点镇定与轨迹跟踪控制 82
4.2.1 问题描述 82
4.2.2 控制器设计 83
4.2.3 稳定性和输入受限分析 88
4.2.4 仿真实验 91
4.2.5 小结 95
4.3 云辅助半车主动悬架系统的分布式 H_∞ 滤波器设计 95
4.3.1 问题描述 95
4.3.2 系统模型 95
4.3.3 云辅助半车主动悬架系统的建模 97
4.3.4 理想传感器下的分布式 H_∞ 滤波 98
4.3.5 非理想传感器下的分布式 H_∞ 滤波 103
4.3.6 小结 109
4.4 云辅助全车主动悬架系统的自适应反演控制 109
4.4.1 问题描述 109
4.4.2 系统模型和问题描述 110
4.4.3 自适应反演控制器设计 113
4.4.4 仿真实验 117
4.4.5 小结 123
4.5 本章小结 124
4.6 参考文献 124

05 自主多智能体系统一致性

5.1 自主多智能体系统一致性基础 128
5.1.1 自主多智能体系统一致性问题沿革 128
5.1.2 通信网络拓扑与拉普拉斯矩阵 128
5.1.3 通信网络的事件触发机制 130
5.1.4 基于事件触发的 H_∞ 一致性问题 130
5.2 基于传感器网络的一致性滤波 131
5.2.1 无线传感器网络与卡尔曼滤波 131
5.2.2 基于动态簇与一致性的自适应分布式卡尔曼滤波器 132
5.2.3 数据融合以及动态簇机制设计 134
5.2.4 仿真验证 135

5.3 移动多机器人一致性编队……136
5.3.1 多机器人系统与编队……136
5.3.2 基于边权函数的多机器人编队控制……138
5.3.3 仿真验证……141
5.4 本章小结……142
5.5 参考文献……142

06

自主多智能体系统输出调节

6.1 自主多智能体系统输出调节基本方法……146
6.2 异步切换自主多智能体系统的协同输出调节……146
6.2.1 问题描述……146
6.2.2 系统建模……148
6.2.3 控制器设计……151
6.2.4 仿真验证……155
6.3 基于事件触发的拓扑切换异构自主多智能体系统协同输出调节……159
6.3.1 问题描述……159
6.3.2 系统建模……160
6.3.3 控制器设计……160
6.3.4 仿真验证……165
6.4 基于自触发的异构自主多智能体系统的输出调节……167
6.4.1 问题描述……167
6.4.2 系统建模……167
6.4.3 控制器设计……168
6.4.4 仿真验证……171
6.5 本章小结……173
6.6 参考文献……174

07

实训项目

7.1 实训项目 1：自主智能体系统的决策……178
7.1.1 实训说明……178
7.1.2 实训内容……178
7.2 实训项目 2：自主智能体系统的规划……179
7.2.1 实训说明……179
7.2.2 实训内容……179
7.3 实训项目 3：自主智能体系统的运动控制……180
7.3.1 实训说明……180
7.3.2 实训内容……180

01 chapter 绪论

本章要点：

- 了解有关自主智能体的概念；
- 了解智能体技术的发展历程；
- 掌握单智能体系统的关键技术与应用场景；
- 掌握多智能体系统的关键技术与应用场景。

本章依托控制领域研究重点，从系统角度入手，介绍自主智能体的概念、关键技术与实际应用。智能体系统指具有通信或感知、自主决策、规划和分布式协作等能力的控制系统。多智能体系统是由多个智能体组成的分布式智能体系统，智能体之间可以通过通信和协作完成单个智能体难以完成的复杂任务。

1.1 自主智能体简介

智能体（Agent）的概念来源于分布式人工智能的思想。通常而言，可以把智能体定义为：用于完成某类任务、能作用于自身和环境、有生命周期的一个物理的或抽象的计算实体[1]。

智能体的概念在不同的研究领域通常具有不同的内涵。在人工智能领域，智能体是指一类自主式的实体，可以通过传感器观察环境信息以指导自身行为，并通过自我学习和利用已有知识实现目标[2]。在人工智能研究中，智能体通常被描述为类似于计算机程序的抽象功能系统，也被称为"抽象智能体"。在计算机领域，智能体通常是指能够执行一定任务的计算机软件，被称为"软件体"（Software Agent）。在控制科学领域，智能体通常指具有通信或感知、自主决策、规划和分布式协作等能力的控制系统，可能是软件或硬件系统，通常强调其自主性，因此其也被称为"自主智能体"（Autonomous Intelligent Agent）。

多个智能体系统相互协调，可以构成具有松散耦合结构的多智能体系统。利用多智能体系统的稳健性、分散性、自组织性，能够完成一些依靠单个智能体难以完成的高复杂度的任务[3]。

1.2 智能体技术发展概述

回顾历史上发生的历次工业革命[4]可以发现，智能体技术的出现和发展与社会的发展进程息息相关。

18 世纪 60 年代到 19 世纪 40 年代，以蒸汽机为动力机并被广泛使用所标志的第一次工业革命，开创了以机器代替手工工具的时代。人类摆脱了风力、水力等自然动力的局限，实现了动力的延伸。在此期间，蒸汽机离心调速器等一系列机械控制装置诞生了，这些装置的诞生标志着控制科学的萌芽，也可以被看作智能体技术的起点。

19 世纪 60 年代后期到 20 世纪初，以内燃机和电力使用为代表的第二次工业革命，使人类社会由"蒸汽时代"进入了"电气时代"。电气化提高了能量转化效率和能量传输范围，系统能量的可控、高效和系统的优化成为了研究的趋势，智能体技术也随之继续发展。

20 世纪 40 年代，随着原子能、电子计算机、空间技术和生物工程的发展和应用，第三次科技革命开始了。生产系统的性能要求越来越高，系统的结构、设计与实现越来越复杂，各种自动化设备、装备和系统应运而生，控制科学与技术开始迅猛发展，奈奎斯特（Harry Nyquist）和维纳（Norbert Wiener）等许多学者为控制论的发展做出了重要贡献。在这一阶段，系统的自动化程度大大提高，这可以看作智能体技术的进一步发展。同时，信息化技术使网络信息资源共享成为可能，从而突破了单个智能体的局限，智能体技术拓展到了多智能体网络。

从 20 世纪后期开始的第四次科技革命，将物联网、移动互联网、智能工厂等智能化技术作为代表。在人工智能技术的推动下，控制科学进一步发展，智能控制方法也得到了广泛研究。智能体技术真正向着智能化发展，此外，以轮式机器人、无人机等各类自主移动机器人为代表的自主智能体系统在军事、航天、工业等领域有了越来越多的应用，且不同的应用领域对智能体的感知、自主决策、自主规划等能力有了更高的要求。

可以看到，控制科学的发展和智能体技术的发展是紧密相关的。

可以认为，传统的自动控制理论是对自主智能体系统的初步研究。由于传统控制理论在面对具有不确定性和高度复杂性的系统时具有较大的局限，因此所研究的系统的自主智能程度有限。随着空间技术、计算机技术以及人工智能技术的发展，控制界学者在研究自组织、自学习控制的基础上，为了提高控制系统的自学习能力，开始注意将人工智能技术与方法应用于控制系统。从 20 世纪 60 年代智能控制方法诞生至今，已发展出了神经网络、模糊逻辑、遗传算法等方法，这些方法适用于不确定的复杂非线性系统，可采用自适应、自组织、自学习等方式来增强智能体系统的自动化和智能化控制效果。自主智能体的研究正在向着更高层次发展。

2003 年 10 月 15 日，神舟五号载人飞船发射成功。伴随着以航天工程为代表的国防科技项目相继开展，国家和各部委的重点实验室相继建立，极大推动了我国的控制学科高速发展。在一些科研院所和高等院校中，一些具有国际影响力的研究群体纷纷形成，他们在非线性系统、随机系统、分布参数系统、鲁棒控制、网络与多智能体系统、运动体控制、过程控制等方面做出了巨大的贡献，在智能控制、多智能体系统等方向上的研究也取得了越来越多的成果。

学科发展和学术研究的投入也受到了国家相关政策的推动。早在 1986 年推出的国家高技术研究发展计划（863 计划）中，就包括了智能机器人等研究主题。随着人工智能技术的发展，近年来国家也出台了多项政策以促进自主智能技术的发展；《“十三五”国家科技创新规划》（2016）将智能机器人、智能交通、智能电网等作为发展项目；《促进新一代人工智能产业发展三年行动计划（2018-2020 年）》（2017）将包括智能工业机器人、服务机器人等结合了控制技术与智能技术的项目列为重点研究方向；《新一代人工智能发展规划》（2017）将自主无人系统的智能技术作为研究重点之一，重点突破面向复杂环境的适应性智能导航、无人机自主控制以及汽车自动驾驶等智能技术。同时，群体集成智能、大规模群体自主智能系统也成为了发展重点。我国出台的这些政策均推动了自主智能体技术的发展。

1.3 单智能体系统

1.3.1 单智能体系统简介

单智能体系统（Single-Agent System）是指能够通过传感器感知外界环境和自身状态，从而能够在复杂环境中自主运动并完成特定任务的智能系统。它是高度智能化的，能够对环境信息进行感知，并且具有决策、规划、行为控制与执行等多种功能。

单智能体系统按照可移动性可以分为固定型和移动型。固定型单智能体系统是指固定在某个底座上、整体不能移动的系统，如生产制造领域的机械臂系统；移动型单智能体系统则更加多样化，其应用空间也更为广泛，在空中、地面、水面等不同的应用环境下，移动型单智能体系统有着无人机、移动机器人和无人艇等不同的应用实例，其中，移动机器人是最为常见、也是应用最为广泛的单智能体代表之一。本书将着重研究移动机器人的模型、功能和应用。

机械臂是具有模仿人类手臂功能并可完成各种作业的自动控制设备。机械臂系统中有多个关节相连并可在平面或三维空间进行运动，其在构造上由机械主体、控制器、伺服机构和感应器组成。目前工业上许多危险繁重的任务，如组装、喷漆、焊接、高温铸锻等，都用机械臂取代人工作业。目前机械臂是单智能体技术领域中应用最为广泛的机械装置之一，主要用于工业制造，此外在农业、商业、医疗救援、娱乐服务、军事保障甚至太空探索等领域都可以发现它的身影。

无人机是无人驾驶飞机的简称，是利用无线电遥控设备和自备的程序控制装置操纵的不载人飞行器。无人机按照不同平台构型来分类，主要有固定翼无人机、无人直升机和多旋翼无人机三大平台。固定翼无人机是军用和多数民用无人机的主流平台，最大的特点是飞行速度较快；无人直升机是灵活性很强的无人机平台，可以原地垂直起飞和悬停；多旋翼无人机是消费级和部分民用无人机的首选平台，其灵活性介于前两者之间，操纵简单，成本较低。与载人飞机相比，无人机具有体积小、造价低、使用方便、生存能力较强等优点，在民用和军用等场合都具有重要的价值和意义。

移动机器人是一种在地面移动工作的机器人，主要有轮式、履带式、足式等[5]。其中，轮式移动机器人是通过轮子来实现地面移动的机器人，用滚动摩擦代替滑动摩擦，相比于其他类型的移动机器人（如履带式、足式等），轮式移动机器人具有机械结构简单、运动灵活性强、能量利用率高、操作方便等优点。因此轮式移动机器人是目前应用最为广泛且最重要的移动机器人之一，已在工业、农业、国防、科学探索、服务业等领域得到了越来越广泛的应用，对人类的生产、生活产生了重大影响。例如，应用于家庭服务的扫地机器人，让人类的生活更加便捷；应用于国防安全的侦查爆破机器人，能将人类从危险的任务中解放出来，降低人员伤亡率；应用于工业生产的搬运机器人，使人类能够避免从事繁杂沉重的工作。随着移动机器人关键技术的快速发展，其应用正在向着更广泛的领域拓展。例如，在交通领域，无人驾驶车辆的发展受到了社会的广泛关注。作为移动机器人相关关键技术的典型验证平台，无人驾驶车辆成为了自主单智能体的热点研究领域，并且已经取得了一系列突破性的进展。

无人驾驶车辆结合各种传感器来感知周围环境，主要依靠计算机系统实现车辆自主行驶。无人驾驶车辆会配备如雷达、摄像头、惯性测量单元等传感设备，用于导航路径、识别障碍物和相关道路标志。无人驾驶车辆主要行驶在城市道路和高速路段等结构化/半结构化环境中，可利用特定的道路标志引导自身行驶，同时行驶必须遵守当地的法律法规。一旦无人驾驶技术得到充分发展，人为的交通事故数量就能得到有效控制，交通通行效率也会随之得到提高，人们的出行也将变得更加快捷、安全。

无人水面艇是一种具有自主规划、自主航行能力，并能自主完成环境感知、目标探测等任务的小型水面艇，主要用于执行危险的、不适合有人船只执行的任务。一旦配备先进的控制系统、传感器系统、通信系统和武器系统，它就可以执行多种军事任务或者民用任务，如侦察、搜索、探测和排雷，或是搜救、导航和水文地理勘察等。由于近年来海洋气候变化异常，海啸、台风活动频繁，以及海洋面临的能源危机、环境污染等问题严重，渔业、海洋运输业等海上现场作业及所执行任务的危险性也在逐渐升高。无人水面艇在保证海事人员的生命安全方面体现出了无与伦比的优势。

1.3.2 单智能体系统关键技术

单智能体系统研究的目标是使智能体能在复杂环境中实现自主运动并完成特定的任务，这需要单智能体拥有对自身状态和环境状态的建模、决策、规划和控制能力，这些能力是单智能体实现自主智能所不可或缺的。

1. 建模

数学模型是进行自主智能体研究的基础，它包含了运动学模型和动力学模型。运动学模型跟质量与受力情况无关，只研究速度、加速度、位移、位置、角速度等参量，而动力学模型既涉及运动情况又涉及受力情况。在模型的建立过程中，一方面要注重模型的严谨性，即模型可以体现出单智能体实际的运动学或动力学特性，表现出其运动学或动力学约束；另一方面又要尽量对模型进行简化，以减少算法所需的计算时间，减轻计算量，保证算法的实时性。单智能体系统的运动学分析，是描述相对一个固定参考笛卡儿坐标系的运动，其中不考虑导致结构运动的力和力矩。对于一个机器人机械手而言，运动学描述的是其关节位置与末端执行器位姿之间的解析关系；对于一个轮式移动机器人而言，运动学描述的是其位置的变化与车轮的滚动带来的运动学约束关系。这些约束关系根据结构的不同可能是可积的，也可能是不可积的，这会直接影响智能体的运动特性。运动学是推导系统动力学的基础。动力学就是将运动学方程描述为作用在其上的力和力矩的函数，获得的动力学模型对于结构的机械设计、执行器的选择、控制策略的确定有着很重要的作用。

2. 决策

自主智能体的决策在单智能体的整个运行过程中扮演着至关重要的角色，是实现智能和自主的关键。决策是在环境信息获取和理解的基础上，通过规划单智能体的行为来指导其下一步的动作，进而在相应的约束条件下完成指定的任务。尤其当自主智能体系统处于高速运行或者复杂的环境中时，决策性能的优劣将直接影响系统的稳定与安全。例如，在无人驾驶车辆的决策应用场景中，其决策模块需要根据当前环境状态决定下一时刻的行为动作，包括加速、减速、左转、右转、换道、超车等；在实现快速到达目标点的同时，考虑乘客的安全性和舒适性，为路径规划做准备。现有的决策模块一般会根据规则进行构建，即确定环境状态到行为动作的转换规则，它能够适用于一般的静态决策应用场景，但因为灵活性的缺失，较难应对动态突发情况。单智能体基于深度强化学习的决策模型，可以结合深度学习强大的表征能力与强化学习强大的决策能力，通过端对端的学习方式实现从原始的环境状态输入到最终的行为动作输出，但其对数据量和训练环境的要求限制了其在实际场景中的应用。

3. 规划

自主智能体系统的规划主要是指路径规划和运动规划。路径规划是要在搜索空间内找到从初始位置到目标位置的可行或最优路径，同时满足障碍物约束和单智能体动力学约束等。根据规划过程中环境信息已知的程度差异，可以把路径规划技术分为两种类型：全局规划和局部规划。在环境信息已知的场景下，全局规划通过对地图进行离线搜索得到全局最优路径；在环境信息未知或部分未知的场景下，局部规划根据传感器在线探测的实时环境信息，求解得到避开障碍物的局部可行路径。运动规划是指在单智能体的工作空间内对末端执行机构或者单智能体本身的运动轨迹进行规划。机械臂在执行搬运任务时，只需要指定抓取和放下目标物体的位置（点对点）；而在执行加工任务时，末端执行器需要遵循一条期望的轨迹进行加工，因此需要进行末端执行器的轨迹规划。另外机械臂还可以在关节空间内进行运动规划，设计各个关节转动的角度，从而间接设计工作空间轨迹。对于移动机器人，运动规划是生成一条轨迹，以使机器人能够按照规定的速度安全地从起点位置到达指定的终点位置，同时考虑移动机器人的运动约束。

4. 控制

自主智能体的控制问题是指通过设计反馈控制律，控制智能体从初始位姿到达目标状态。可以将单智能体系统控制的研究分为两类：一类是在假设传感器系统能够满足精确度和信息完整性的要求时，设计控制器算法以保证系统收敛于期望的目标状态并保持稳定；另一类是在传感器系统精确度有限时，设计估计算法并基于测量值进行估计和优化。按照控制目标，运动控制可分为点镇定、轨迹跟踪和路径跟随等。点镇定是指从初始位姿运动到目标位姿，最终使单智能体稳定于静止状态。轨迹跟踪是指跟踪随时间变化的参考轨迹，使单智能体持续保持运动，即持续激励。路径跟随是指跟踪几何参数化的路径，对到达路径目标点的时间不做要求。由于持续激励条件的不同，轨迹跟踪和路径跟随采用的控制方法通常是不同的，如何统一这两个控制问题，这是一个受到众多学者关注的问题。在考虑传感器系统精度有限时，先通过设计估计器并基于测量值进行估计和优化，再基于估计值进行控制方法设计。在较为复杂的控制系统中需要进行大量运算和数据存储，这些计算和存储给单智能体系统带来了实时性和制造成本的压力，如何降低计算负载、解决数据传输负担等也是控制器设计中需要考虑的问题。

1.3.3 单智能体系统应用实例

单智能体系统以机器人为代表。机器人按照应用领域可以分为工业机器人和服务机器人。

工业机器人主要用于工业生产和运输活动，可以将人从重复的机械劳动中解放出来，极大地提高了工业生产和运输效率。目前，在工业机器人领域，日本的发那科（FANUC）与安川电机（YASKAWA）、瑞士的ABB、德国的库卡（KUKA）合称为“四大家族”。按照前瞻产业研究院的数据，2018年，这4家公司占据了全球工业机器人50%以上的市场份额。图1-1所示为库卡的工业机器人，图1-2所示为ABB的六轴装配机器人，图1-3所示为安川电机的弧焊机器人，图1-4所示为发那科的工业机器人。工业机器人通过机械臂能够进行精确复杂的工业组装操作，在汽车、建筑、金属加工等很多领域有着广泛的应用。

图1-1 库卡的工业机器人（来源于库卡公司）

图1-2 ABB的六轴装配机器人（来源于ABB公司）

图1-3 安川电机的弧焊机器人（来源于安川电机公司）

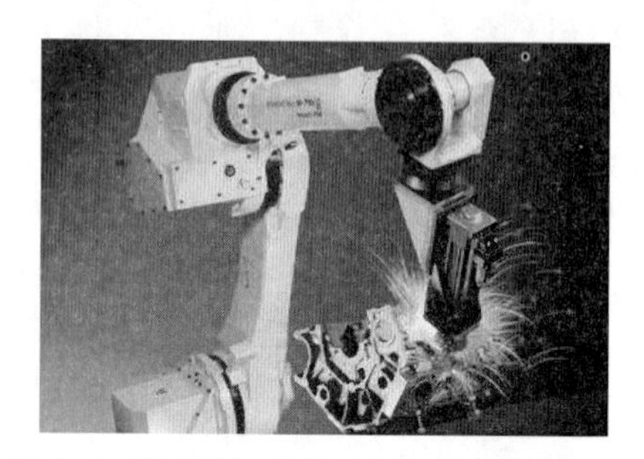

图1-4 发那科的工业机器人（来源于发那科公司）

服务机器人主要应用于家庭、教育等生活场景，为普通用户提供娱乐、医疗、学习、家务辅助等服务。图 1-5 所示的服务机器人 Pepper 是一款人形机器人，由日本软银集团和法国阿尔德巴兰机器人（Aldebaran Robotics）公司合力研发，可综合考虑周围环境并积极主动地做出反应。Pepper 配备了语音识别技术、可呈现优美姿态的关节控制技术以及可分析表情和声调的情绪识别技术，可与人类进行交流。图 1-6 所示是达芬奇医疗机器人，由外科医生控制台、床旁机械臂系统、成像系统 3 部分组成，是一种高级机器人手术平台，其设计理念是让机器人使用微创的方法实施复杂的外科手术。

图 1-5　服务机器人 Pepper（来源于软银集团）

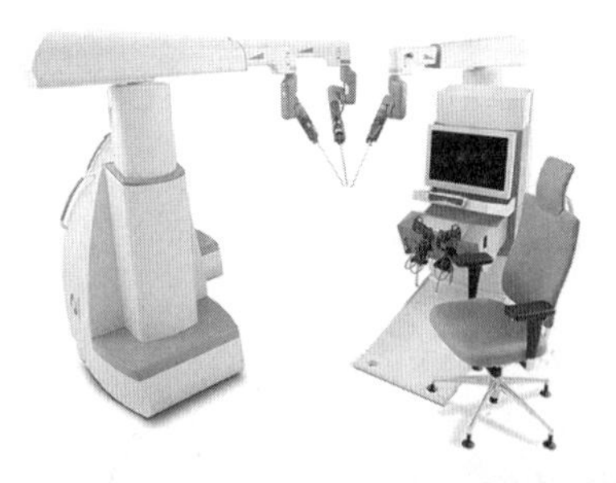

图 1-6　达芬奇医疗机器人（来源于斯坦福研究学院）

移动型的单智能体系统主要包括足式机器人和轮式机器人。足式机器人是仿照生物行走方式运行的机器人，图 1-7 所示是机器人足球比赛中使用的双足行走式机器人——Nao 机器人。Nao 机器人由法国阿尔德巴兰机器人公司研制，其相关技术被开放给了相关的高等教育项目，是在学术领域有着广泛应用的类人机器人。轮式机器人是以轮子转动为运动方式的机器人，图 1-8 所示是我国首辆月球车——玉兔号，它和着陆器共同组成"嫦娥三号"探测器，可以在凹凸不平、土壤松软的月球表面平稳地行进并完成指定的任务。

图 1-7　Nao 机器人（来源于 RoboCup 中国赛官方网站）

图 1-8　"玉兔号"月球车（来源于人民网）

自主智能体系统目前最前沿的研究集中于各类无人驾驶系统，如无人驾驶车辆、无人艇和无人机等。在无人驾驶车辆领域，目前，Waymo（谷歌公司旗下自动驾驶汽车品牌）和百度等公司正在引领无人驾驶的潮流。随着人工智能技术的发展和 5G 网络环境的逐渐完善，无人驾驶技术也得到了不断的突破，并逐渐开启了商业化进程。2018 年 12 月，谷歌公司在美国亚利桑那州开始了无人驾驶出租车商业化运行；2019 年 10 月，百度公司也在我国长沙市开展了无人驾驶出租车的试运行，如图 1-9 和图 1-10 所示。图 1-11 所示为广州海洋地质调查局与上海大学合作，首次利用无人艇"精海 3 号"在海南三亚湾海岸带进行综合地质调查。图 1-12 所示为大疆公司自主研制的农业植保无人机，其有着可靠的水泵喷洒系统和流量传感器，可使植保作业更加精准，国内累积作业面积（据大疆公司 2018 年数据）超 1 亿亩，在大规模无人农业种植中有着广泛的应用。

图 1-9　谷歌无人驾驶出租车（来源于谷歌公司）

图 1-10　百度无人驾驶出租车（来源于百度公司）

图 1-11　无人艇（来源于上海大学无人艇工程研究院）

图 1-12　农业植保无人机（来源于大疆公司）

1.4 多智能体系统

1.4.1 多智能体系统简介

多智能体系统（Multi-Agent System）是指由多个单智能体组成的分布式智能系统，单个智能体之间可以通信和协作，常用于完成单个智能体难以完成的一些复杂任务。多智能体技术（Multi-Agent Technology）的应用研究起源于 20 世纪 80 年代，并在 20 世纪 90 年代中期获得了广泛的认可，发展至今已然成为分布式人工智能（Distributed Artificial Intelligence）领域中的一个热点话题。多智能体系统在控制科学领域，主要用于构建稳健、灵活和可拓展的系统，在降低系统建模复杂性的同时，可实现整个系统的复杂配合和智能决策，进而完成高复杂度、高标准、高要求的任务。

多智能体系统主要具有以下特点。

1. 自主性

在多智能体系统中，每个智能体本身都具有自主能力，可以利用与单智能体相关的决策、规划、控制方法进行自主管理。多智能体系统的功能也建立在单个智能体的能力基础之上。

2. 容错性

智能体可以共同形成合作系统以完成独立或者共同的目标，如果某几个智能体出现了故障，则其他智能体将自主适应新的环境并继续工作，以使整个系统不会陷入故障状态。

3. 灵活性和可扩展性

多智能体系统的内部结构可以分为集中式和分布式两种。集中式具有控制简单的特点，但是系统稳定性依赖于控制中心。当系统规模较大时，集中式结构的中心会负载过大，甚至可能会遭受攻击进而导致系统瘫痪。因此，目前的多智能体系统大多采用分布式设计，这样设计的多智能体系统具有高内聚、低耦合的特性，进而表现出了极强的可扩展性，能够灵活地添加和去除智能体。

4. 分布式协作能力

多智能体系统是分布式系统，根据智能体之间的关系可以分为竞争与合作两种，各智能体之间可以通过合适的策略相互协作以完成全局目标。

1.4.2 多智能体系统关键技术

多智能体系统研究的目标是利用多个单智能体相互协作以完成复杂的探测、估计、跟踪等任务。多智能体系统最关键的技术问题是协同一致性问题。

多智能体的协同一致性[6][7]是指单个智能体通过与相邻智能体进行信息交换、互相协同，最终使所有智能体的状态趋于一致。协同一致性问题的内涵很广泛，学者们分别从模型、通信方式、控制方法等不同的角度对其进行了深入的研究与探索，获得了许多非常有意义的研究结果。从协同一致性问题延伸出的问题主要包括分布式状态估计、协同编队控制、协同输出调节和事件触发通信等。

1. 分布式状态估计

随着多智能体系统网络规模的增加，多智能体系统中的单个智能体难以直接获得系统全局的状态信息。利用每个智能体本身具有的局部检测和本地计算能力，可以通过分布式状态估计来获取系统状态。分布式状态估计的目的是通过具有随机给定的网络拓扑结构的智能传感器组来观测系统的动态过程，使智能体各自的观测器估计值不仅依赖于自己的观测，还依赖其他节点的观测数据，进而通过分布式滤波算法更有效地估计系统的状态。分布式状态估计被广泛应用于工业设备检测、地图创建与绘制以及分布式多目标追踪等领域。

分布式状态估计主要采用一致性理论，在此基础上针对线性系统、非线性系统、随机系统等发展了一系列分布式滤波算法[8]。针对线性系统的状态估计主要采用卡尔曼滤波（Kalman Filter）算法，在卡尔曼滤波的基础上又延伸出了扩展卡尔曼滤波、无迹卡尔曼滤波等滤波算法。在分布式滤波的基础上，为了进一步提高滤波效果，同时考虑到多传感器的应用，数据融合也成为了研究的关键问题之一。多传感器的数据融合源于军事需求的一项新兴技术，多用于战场监视、自动目标识别、遥感、导航和自主车辆控制等场景。

2. 协同编队控制[9-14]

多智能体系统的协同编队控制是实际应用中最常见的协同一致性问题，是多智能体一致性理论的拓展和延伸。多智能体协同编队控制在通常意义上由两部分组成，即多智能体的编队形成和编队保持控制。其中，多智能体的编队形成是指多智能体的队形从任意的初始状态收敛到期望的几何形态；多智能体的编队保持控制是指多智能体组成的编队能够保持一定的几何形态向特定方向或目标运动，并且在运动的过程中能够适应环境的约束。常见的多智能体协同编队控制方法有领导者-跟随者法、基于行为法、虚结构法等。

（1）领导者-跟随者法的原理是指定某个机器人作为整个队伍的领导者，带领整个队伍向前运动，其余机器人作为它的跟随者。跟随者通过保持与领导者之间的相对距离和相对角度使队伍形成期望的编队队形。这种方法的优点主要在于结构清晰且易于实现，因而该方法也是应用较为广泛的一种协同编队控制方法；其缺点是领导者一旦出现故障，可能会导致整个系统崩溃。

（2）基于行为法的原理是先给每个机器人规定一些基本的行为，通常包括跟踪、保持队形、避碰、避障等，使每个机器人的输出是这些基本行为控制量的加权平均值。基于行为法的优点是并行性、分布性和实时性好；主要缺点是很难通过理论证明系统的稳定性等。

（3）虚结构法的原理是将编队结构设想成一个刚体结构，对结构的每个顶点都预先设计好运动轨迹，每个机器人对应一个顶点，然后设计每个机器人的控制器，以使每个机器人都与对应顶点重合，进而即可实现期望的编队目标。虚结构法与领导者-跟随者法在形式上是比较相似的，可以理解为将领导者-跟随者法中的真实领导者变为虚拟领导者，但虚结构法不适用于编队结构频繁改变的情况。

3. 协同输出调节

多智能体系统中的各智能体可以是同一类智能体，也可以是具有不同模型和特性的智能体，如无人飞行器与地面移动机器人构成的异构多智能体系统。由于异构多智能体系统的内部状态不一致，因此通常不会将系统的状态一致性作为异构多智能体系统的控制目标。另外在多智能体系统内部状态难以直接获得的情况下，实现系统状态一致性是困难的。在这种情况下，主要研究的问题变成了系统输出一致性。

多智能体系统的协同输出调节目标是利用分布式控制策略来实现多智能体系统对外部参考信号的渐近跟踪，同时抑制外部扰动，从而实现系统输出一致性。在协同输出调节问题中，并非所有的单个智能体都能够接收到外部系统的信号，因此不能通过集中控制解决问题，而需要采用分布式协同的方法。协同输出调节允许多智能体子系统异构，允许子系统模型存在不确定性，并允许各个子系统存在外部干扰，因此协同输出调节问题具有较强的一般性，也受到了很多学者的重视。

4. 事件触发通信

需要指出的是，多智能体系统往往是大规模的网络，单个智能体之间需要信息交互，并且单个智能体之间的传输网络往往非常复杂。因此，虽然多智能体系统具有十分广泛的应用前景，但是智能体有限的能量和通信能力制约了多智能体系统的进一步发展。有许多研究者已经注意到了这些问题并且进行了相关研究，其中最典型的成果就是“事件触发机制”。事件触发机制不像传统的周期采样那样按照固定的周期执行控制任务，它是一种按照外部事件是否发生来决定是否执行控制任务的控制方式，其不仅可以减少网络通信负载，还能降低智能体的能量消耗。

1.4.3 多智能体系统应用实例

多智能体系统协同作业在工业、军事、生活领域具有很大的应用价值。在工业领域，多台机械臂或者多个移动机器人可以组成多智能体系统，共同完成装配或者搬运等工业生产任务。例如，日本发那科公司机器人协作组装汽车（如图 1-13 所示），亚马逊仓储机器人 24 小时不间断地搬运大规模的货物（如图 1-14 所示）。在军事领域，多个相互通信的无人机或者陆地机器人可组成多智能体系统前往一个确切的目的地执行紧急搜救、搜寻等任务。例如，葡萄牙里斯本的两所大学研发的水面机器人（如图 1-15 所示）可以成百上千地进行部署，适用于环境监测、搜索、救援和海上侦查等领域；上海航天控制技术研究所等 9 家单位即将研发的可编队微小卫星可以进行多点同步观测（如图 1-16 所示）。多智能体系统也和我们的生活息息相关，例如，分布式微电网（如图 1-17 所示）发电可以提高电力系统的安全性和可靠性，促进清洁能源的接入和就地消纳，提升能源利用效率；应用了协同控制技术的智慧交通系统（如图 1-18 所示）可以改善交通状况，实现资源共享，提高交通管理水平。

图 1-13　机器人协作组装汽车（来源于发那科公司）

图 1-14　机器人协作搬运（来源于亚马逊公司）

图 1-15　水面机器人（来源于 OFweek 机器人网）

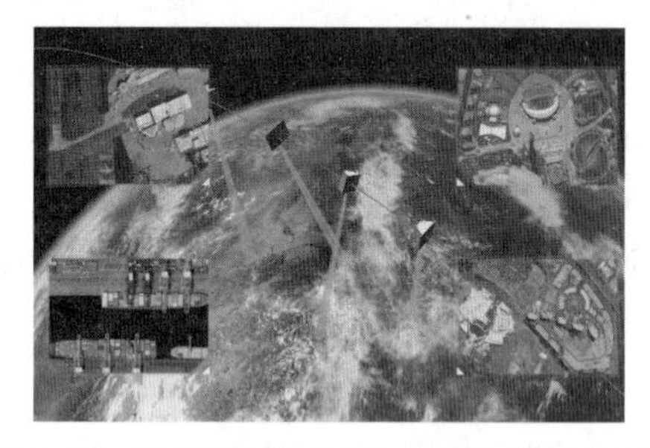

图 1-16　微小卫星进行多点同步观测（来源于 36 氪）

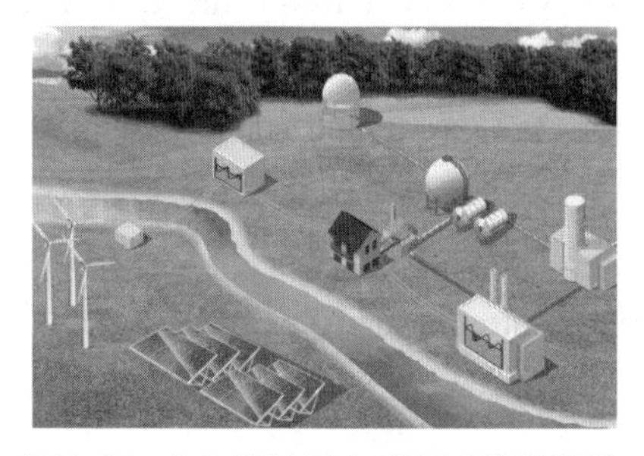

图 1-17　分布式微电网（来源于光伏测试网）

图 1-18　智慧交通系统（来源于汽车之家）

1.5　本章小结

自主智能体系统的研究主要分为单智能体系统和多智能体系统两类。单智能体系统的建模、决策、规划、控制等是自主智能体技术的重要组成。随着人工智能技术的发展，基于云辅助控制等的智能方法也已被用于自主智能体系统的研究中。由于单智能体系统能力有限，难以完成一些复杂任务，如复杂的探测、估计、跟踪等，因此需要多个智能体进行协同配合，即需要利用多智能体系统完成这些复杂任务。多智能体系统研究涉及的主要问题包括分布式状态估计、协同编队控制、协同输出调节、事件触发通信等。

从第 2 章开始，本书将围绕上述问题展开介绍。第 2 章主要介绍自主智能体系统的数学描述；第 3 章介绍自主智能体系统的决策与规划；第 4 章介绍自主智能体系统的控制方法；第 5 章介绍自主多智能体系统一致性；第 6 章介绍自主多智能体系统输出调节；第 7 章为实训项目。

1.6 参考文献

[1] 陈杰, 方浩, 辛斌. 多智能体系统的协同群集运动控制[M]，北京：科学出版社，2017.

[2] RUSSELL S J, NORVIG P. Artificial Intelligence: A Modern Approach[M]. (2nd ed.), New Jersey: Prentice Hall, 2013.

[3] 布鲁诺·西西里安诺. 机器人学：建模、规划与控制[M]，西安：西安交通大学出版社, 2015.

[4] 李杨，徐峰，谢光强. 多智能体技术发展及其应用综述[J]. 计算机工程与应用，2018(9):13-21.

[5] 萧蕴诗. 从人类的工业革命到当今的自动化工程[C]//全国高校自动化系主任会议：2006 年卷. 山东：同济大学出版社，2006: 25-28.

[6] 陈磊, 李钟慎. 多智能体系统一致性综述[J]. 自动化博览, 2018(1): 74-78.

[7] CAO Y, YU W, REN W, et al. An overview of recent progress in the study of distributed multi-agent coordination[J]. IEEE Transactions on Industrial Informatics, 2013, 9(1): 427-438.

[8] YU Y. Consensus-based distributed mixture kalman filter for maneuvering target tracking in wireless sensor networks[J]. IEEE Transactions on Vehicular Technology, 2016,65(10): 8669-8681.

[9] MARIOTTINI G L, MORBIDI F, et al. Vision-based localization for leader–follower formation control[J]. IEEE Transactions on Robotics, 2009, 25(6): 1431-1438.

[10] LI X, XIAO J. Robot formation control in leader-follower motion using direct Lyapunov method[J]. International Journal of Intelligent Control and Systems, 2005, 10(3): 244-250.

[11] CAO Z Q, TAN M, WANG S. The optimization research of formation control for multiple mobile robots[C]// The 4th world congress on Intelligent Control and Automation, June 10-14, 2002, Piscataway, NJ, USA: IEEE, 2002: 1270-1274.

[12] MU X M, DU Y, LIU X, et al. Behavior-based formation control of multi-missiles[C]// Chinese Control and Decision Conference, June 17-19, 2009, Piscataway, NJ, USA: IEEE, 2009: 5019-5023.

[13] LEWIS M A, TAN K. High precision formation control of mobile robots using virtual structures[J]. Autonomous Robots, 1997, 4(1): 387-403.

[14] LINORMAN N H M, LIU H H. Formation UAV flight control using virtual structure and motion synchronization[C]//American Control Conference, June 11-13, 2008, Piscataway, NJ, USA: IEEE, 2009: 1782-1787.

02 chapter 自主智能体系统的数学描述

本章要点：

- 了解如何描述刚体位姿；
- 了解拉格朗日方程的推导方法；
- 掌握自主智能体系统运动学模型与动力学模型建立的方法。

自主智能体系统的数学描述指的是自主智能体系统数学模型的建立，数学模型包含了运动学模型和动力学模型。运动学模型与速度、加速度、位移、位置、角速度等有关，而与质量和受力情况无关；动力学模型则既涉及运动情况、又涉及受力情况。建立精确的数学模型，是实现自主智能体系统精准控制的前提。

自主智能体系统的设计、开发与控制都是基于其数学模型进行的，如果没有一个精确的模型，就很难对自主智能体系统实现精准的控制。在模型的建立过程中，一方面要注重模型的严谨性，即模型须体现出自主智能体系统实际的运动学或动力学特性，表现出其运动学或动力学约束：另一方面要尽量对模型进行简化，以减少算法所需的计算时间，减轻计算量，保证算法的实时性。因此，研究自主智能体系统数学模型的目的，一方面是获得对自主智能体系统更精确的运动控制跟踪性能，另一方面是保证控制的实时性与有效性。运动学和动力学模型的研究会涉及不同的对象，如机械臂、无人机、无人驾驶车辆、差速驱动轮式机器人等，它们的模型可能完全不同，但是建模方法却大同小异。在运动学中，需要考虑建模对象具体的结构以及结构中存在的约束；在动力学中，一般使用牛顿-欧拉法或者拉格朗日方程在运动学模型的基础上做进一步研究。

2.1 刚体位姿描述

刚体位姿描述是自主智能体系统运动学和动力学建模的基础。要想研究自主智能体系统的运动，不仅需要研究其各个部分之间的相对位姿关系，还需要研究自主智能体系统与障碍物之间的相对位姿关系。我们通常可以把自主智能体系统的各个可操控部分以及障碍物均视作刚体。因此为了方便运动学和动力学模型的建立，需要一种描述刚体位姿、速度、加速度的合理而又简洁的方法，一般有齐次变换法[1]、向量法、旋量法（李群）和四元数等数学描述方法。本节重点介绍齐次变换法在刚体位姿描述中的运用。

2.1.1 位置向量

根据理论力学，一个自由刚体在空间中的运动可以被看作平动和转动的结合，平动通过位置向量来表示，而转动则可通过在刚体上固连一个坐标系来表示。在不同的坐标系中，空间中的任意一点 p 可以有不同的表示方法，因此需要将一个直角坐标系 $\{A\}$ 作为点 p 的参考坐标系，点 p 在此参考直角坐标系下的位置可以用 3×1 的列向量 $\boldsymbol{p}^A$ 表示，$\boldsymbol{p}^A$ 即为点 p 的位置向量，表示如下：

$$\boldsymbol{p}^A=\begin{bmatrix}p_x\\p_y\\p_z\end{bmatrix} \tag{2-1}$$

其中，p_x, p_y, p_z 分别是 $\boldsymbol{p}^A$ 在直角坐标系 $\{A\}$ 下 x, y, z 这 3 个方向上的坐标分量，$\boldsymbol{p}^A$ 的上标 A 代表点 P 选定的参考直角坐标系为 $\{A\}$。在直角坐标系中，任意一点 p 都可以用三维向量来表示，即有 $p\in R^3$。除了使用直角坐标系外，还可以用球坐标系和圆柱坐标系来对点 p 的位置进行表示。

2.1.2 旋转矩阵

对于一个点，仅用位置向量来表示其即可，但对于刚体，还需要分析它的姿态。位置使用位置向量来表示，姿态则需要用旋转矩阵来表示。为了表示空间中一个刚体的姿态，假设有一直角坐标系与其固连，固连在刚体上的直角坐标系相对于刚体是静止的，即固连的直角坐标系保持与刚体相同的运动，那么描述刚体的旋转就可转化成描述该直角坐标系的旋转。

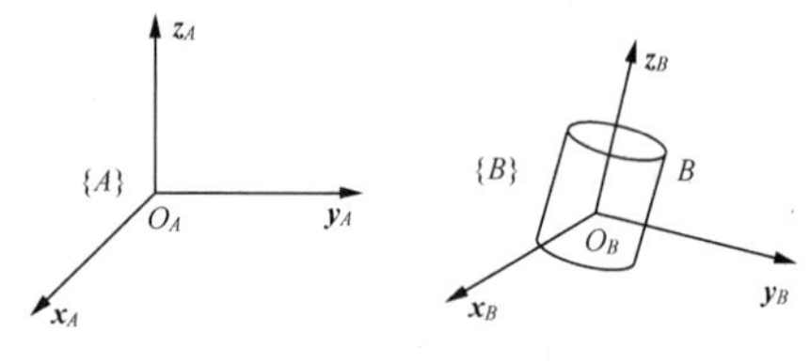

图 2-1　刚体的姿态表示

图 2-1 所示的刚体 B 与直角坐标系 $\{B\}$ 固连，一般来

说与刚体固连的直角坐标系的坐标原点会选择在刚体的质心或者几何中心处。相对于参考直角坐标系$\{A\}$来说，刚体 B 的姿态可以用直角坐标系$\{B\}$的 3 个单位主向量 $\boldsymbol{x}_B, \boldsymbol{y}_B, \boldsymbol{z}_B$ 相对于参考直角坐标系$\{A\}$的方向余弦来表示，即有 3×3 的余弦矩阵 $\boldsymbol{R}_{AB}$：

$$\boldsymbol{R}_{AB}=\begin{bmatrix}\boldsymbol{x}_{AB} & \boldsymbol{y}_{AB} & \boldsymbol{z}_{AB}\end{bmatrix}$$

或

$$\boldsymbol{R}_{AB}=\begin{bmatrix} r_{11} & r_{12} & r_{13} \\ r_{21} & r_{22} & r_{23} \\ r_{31} & r_{32} & r_{33} \end{bmatrix}$$

$\boldsymbol{R}_{AB}$ 被称为旋转矩阵，代表相对于参考直角坐标系$\{A\}$的直角坐标系$\{B\}$的姿态。它一共有 9 个元素，但是有 6 个约束条件，因为 $\boldsymbol{x}_{AB}$、$\boldsymbol{y}_{AB}$、$\boldsymbol{z}_{AB}$ 都是单位向量，且两两相互垂直，即：

$$\boldsymbol{x}_{AB}\cdot\boldsymbol{x}_{AB}=\boldsymbol{y}_{AB}\cdot\boldsymbol{y}_{AB}=\boldsymbol{z}_{AB}\cdot\boldsymbol{z}_{AB}=1 \tag{2-2}$$

$$\boldsymbol{x}_{AB}\cdot\boldsymbol{y}_{AB}=\boldsymbol{y}_{AB}\cdot\boldsymbol{z}_{AB}=\boldsymbol{x}_{AB}\cdot\boldsymbol{z}_{AB}=0 \tag{2-3}$$

所以，$\boldsymbol{R}_{AB}$ 是正交矩阵，满足：

$$\begin{cases} \boldsymbol{R}_{AB}^{-1}=\boldsymbol{R}_{AB}^{\mathrm{T}} \\ \det\left(\boldsymbol{R}_{AB}\right)=1 \end{cases} \tag{2-4}$$

式（2-4）中，上标 T 表示转置，det 表示求解矩阵的行列式。

典型的旋转矩阵，如绕 x 轴或 y 轴或 z 轴旋转 θ 角的旋转矩阵，可分别表示为：

$$\boldsymbol{R}(x,\theta)=\begin{bmatrix} 1 & 0 & 0 \\ 0 & \cos\theta & -\sin\theta \\ 0 & \sin\theta & \cos\theta \end{bmatrix} \tag{2-5}$$

$$\boldsymbol{R}(y,\theta)=\begin{bmatrix} \cos\theta & 0 & \sin\theta \\ 0 & 1 & 0 \\ -\sin\theta & 0 & \cos\theta \end{bmatrix} \tag{2-6}$$

$$\boldsymbol{R}(z,\theta)=\begin{bmatrix} \cos\theta & -\sin\theta & 0 \\ \sin\theta & \cos\theta & 0 \\ 0 & 0 & 1 \end{bmatrix} \tag{2-7}$$

2.1.3 刚体的位姿描述

由于一个自由刚体在空间中的运动可以被看作平动和转动的结合，因此当我们可以对一个刚体的位置和姿态进行描述之后，就可以对其位姿进行完全描述了。将物体 B 与直角坐标系$\{B\}$固连，则相对于参考直角坐标系$\{A\}$，直角坐标系$\{B\}$的坐标原点的位置可用位置向量 $\boldsymbol{p}_{O_B}^{A}$ 表示，直角坐标系$\{B\}$的姿态可用旋转矩阵 $\boldsymbol{R}_{AB}$ 表示，如图 2-1 所示。因此可以用位置向量 $\boldsymbol{p}_{O_B}^{A}$ 和旋转矩阵 $\boldsymbol{R}_{AB}$ 来表示直角坐标系$\{B\}$的位姿，相当于物体 B 先按照旋转矩阵 $\boldsymbol{R}_{AB}$ 从与参考直角坐标系$\{A\}$相同的姿态旋转到与直角坐标系$\{B\}$相同的姿态，再根据位置向量 $\boldsymbol{p}_{O_B}^{A}$ 从参考直角坐标系$\{A\}$的原点位置移动到直角坐标系$\{B\}$的原点位置，即：

$$\{B\}=\{\boldsymbol{R}_{AB} \quad \boldsymbol{p}_{O_B}^A\} \tag{2-8}$$

由于直角坐标系$\{B\}$与刚体 B 固连，因此刚体 B 的位姿描述与直角坐标系$\{B\}$的位姿描述相同。当仅需表示位置时，$\boldsymbol{R}_{AB}=\boldsymbol{I}$；当仅需表示姿态时，$\boldsymbol{p}_{O_B}^A=\boldsymbol{0}$。

2.1.4 坐标变换

对于同一个点 p，它在不同的参考直角坐标系下有不同的表示方法，如在直角坐标系$\{A\}$下，它可以表示为$\boldsymbol{p}^A$，而在另一个直角坐标系$\{B\}$下，它又可以表示为$\boldsymbol{p}^B$。那么如何将一个点从一个参考直角坐标系映射到另一个参考直角坐标系呢？这就会涉及坐标变换的内容。

1. 坐标平移

设直角坐标系$\{B\}$与直角坐标系$\{A\}$具有相同的姿态，但它们的位置不同，将直角坐标系$\{B\}$的坐标原点相对于参考直角坐标系$\{A\}$的位置用$\boldsymbol{p}_{O_B}^A$表示，如图 2-2 所示。位置向量$\boldsymbol{p}_{O_B}^A$可以看作直角坐标系$\{B\}$相对于直角坐标系$\{A\}$的平移向量。已知点 p 在直角坐标系$\{B\}$下的位置向量为$\boldsymbol{p}^B$，则其在直角坐标系$\{A\}$下的位置向量$\boldsymbol{p}^A$可以由平移向量$\boldsymbol{p}_{O_B}^A$与位置向量$\boldsymbol{p}^B$相加得到，即：

$$\boldsymbol{p}^A=\boldsymbol{p}^B+\boldsymbol{p}_{O_B}^A \tag{2-9}$$

2. 坐标旋转

设直角坐标系$\{B\}$与直角坐标系$\{A\}$的坐标原点重合，但是它们的姿态不同，如图 2-3 所示。将直角坐标系$\{B\}$相对于参考直角坐标系$\{A\}$的姿态用旋转向量$\boldsymbol{R}_{AB}$表示。已知点 p 在直角坐标系$\{B\}$下的位置向量为$\boldsymbol{p}^B$，则其在参考直角坐标系$\{A\}$下的位置向量$\boldsymbol{p}^A$可以由旋转向量$\boldsymbol{R}_{AB}$与位置向量$\boldsymbol{p}^B$相乘得到，即：

$$\boldsymbol{p}^A=\boldsymbol{R}_{AB}\boldsymbol{p}^B \tag{2-10}$$

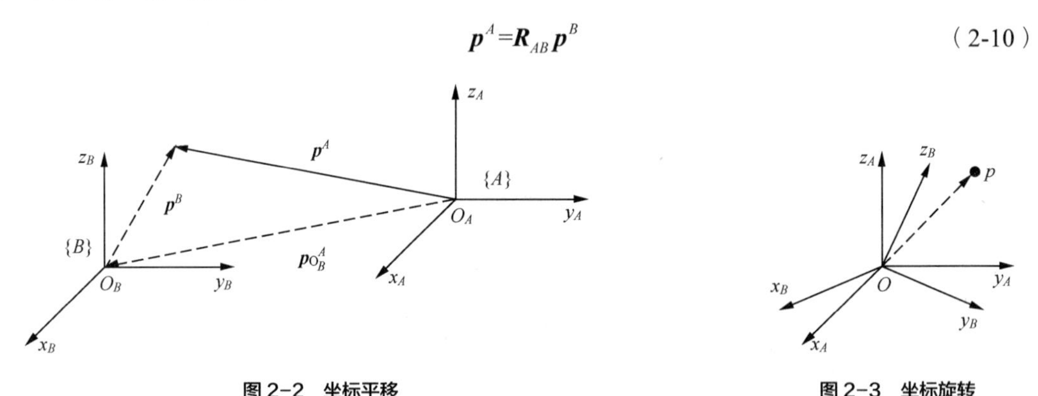

图 2-2 坐标平移　　图 2-3 坐标旋转

3. 一般坐标变换

通常来说，两个不同的直角坐标系的位置和姿态都不会相同。将直角坐标系$\{B\}$的坐标原点相对于参考直角坐标系$\{A\}$的位置用$\boldsymbol{p}_{O_B}^A$表示，将直角坐标系$\{B\}$相对于参考直角坐标系$\{A\}$的姿态用旋转向量$\boldsymbol{R}_{AB}$表示，如图 2-4 所示。

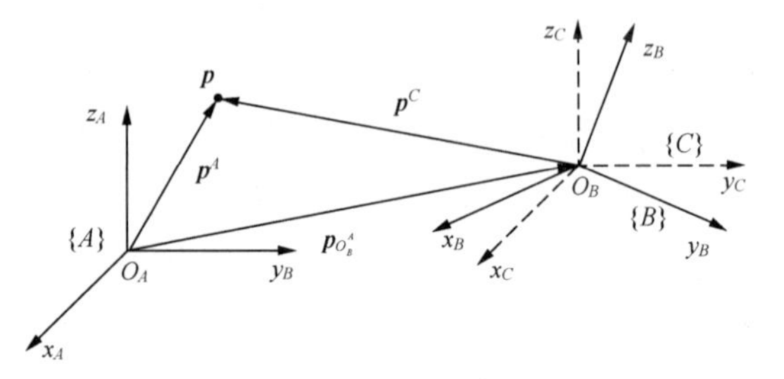

图 2-4 一般坐标变换

为了得到$\boldsymbol{p}^A$，我们可以规定一个辅助直角坐标系$\{C\}$，它的姿态与直角坐标系$\{A\}$相同，坐标原点与直角坐标系$\{B\}$重合。已知点p在直角坐标系$\{B\}$下的位置向量为$\boldsymbol{p}^B$，先通过坐标旋转得到点p在辅助直角坐标系$\{C\}$下的位置向量$\boldsymbol{p}^C$，然后再通过坐标平移即可得到$\boldsymbol{p}^A$。即：

$$\boldsymbol{p}^C=\boldsymbol{R}_{CB}\boldsymbol{p}^B=\boldsymbol{R}_{AB}\boldsymbol{p}^B \tag{2-11}$$

$$\boldsymbol{p}^A=\boldsymbol{p}^C+\boldsymbol{p}^A_{O_B} \tag{2-12}$$

由式（2-11）和式（2-12）得：

$$\boldsymbol{p}^A=\boldsymbol{p}^C+\boldsymbol{p}^A_{O_B}=\boldsymbol{R}_{AB}\boldsymbol{p}^B+\boldsymbol{p}^A_{O_B} \tag{2-13}$$

类似地，对于刚体的旋转矩阵，直角坐标系$\{D\}$相对于直角坐标系$\{A\}$的旋转矩阵$\boldsymbol{R}_{AD}$，可以看作物体D先按照旋转矩阵$\boldsymbol{R}_{AB}$从直角坐标系$\{A\}$的姿态旋转为直角坐标系$\{B\}$的姿态，再从直角坐标系$\{B\}$的姿态旋转为直角坐标系$\{D\}$的姿态，即：

$$\boldsymbol{R}_{AD}=\boldsymbol{R}_{AB}\boldsymbol{R}_{BD} \tag{2-14}$$

式（2-14）也可以理解为直角坐标系$\{D\}$相对于直角坐标系$\{B\}$的旋转矩阵$\boldsymbol{R}_{BD}$通过左乘一个旋转矩阵$\boldsymbol{R}_{AB}$，变为了直角坐标系$\{D\}$相对于直角坐标系$\{A\}$的旋转矩阵$\boldsymbol{R}_{AD}$，与前文位置的坐标旋转变换类似。

2.1.5 齐次变换

为了方便自主智能体系统坐标的运算，通常把其坐标变换的形式表示为齐次变换的形式。通过观察式（2-13），我们发现它是一种非齐次的形式，现在将式（2-13）表示成矩阵的形式，即：

$$\boldsymbol{p}^A=\boldsymbol{p}^C+\boldsymbol{p}^A_{O_B}=\boldsymbol{R}_{AB}\boldsymbol{p}^B+\boldsymbol{p}^A_{O_B}=\begin{bmatrix}\boldsymbol{R}_{AB} & \boldsymbol{p}^A_{O_B}\end{bmatrix}\begin{bmatrix}\boldsymbol{p}^B \\ 1\end{bmatrix} \tag{2-15}$$

可以发现，式（2-15）最后一个等号右边有两个矩阵，左矩阵$\begin{bmatrix}\boldsymbol{R}_{AB} & \boldsymbol{p}^A_{O_B}\end{bmatrix}$表示旋转变换和平移变换结合下的坐标变换，右矩阵则是点p在直角坐标系$\{B\}$下的位置向量$\boldsymbol{p}^B$及常数 1 组成的2×1的矩阵，它与等式最左边的$\boldsymbol{p}^A$形式不统一，因此为非齐次变换。可以通过改变矩阵$\begin{bmatrix}\boldsymbol{R}_{AB} & \boldsymbol{p}^A_{O_B}\end{bmatrix}$的表示方法，即在它的下方加入一行$\begin{bmatrix}\boldsymbol{0} & 1\end{bmatrix}$，来使坐标变换变成齐次变换的形式，即：

$$\begin{bmatrix}\boldsymbol{p}^A \\ 1\end{bmatrix}=\begin{bmatrix}\boldsymbol{R}_{AB}\boldsymbol{p}^B+\boldsymbol{p}^A_{O_B} \\ 1\end{bmatrix}=\begin{bmatrix}\boldsymbol{R}_{AB} & \boldsymbol{p}^A_{O_B} \\ \boldsymbol{0} & 1\end{bmatrix}\begin{bmatrix}\boldsymbol{p}^B \\ 1\end{bmatrix} \tag{2-16}$$

一般将齐次变换矩阵表示为$\boldsymbol{T}$，即式（2-16）也可表示为：

$$\begin{bmatrix}\boldsymbol{p}^A \\ 1\end{bmatrix}=\boldsymbol{T}_{AB}\begin{bmatrix}\boldsymbol{p}^B \\ 1\end{bmatrix} \tag{2-17}$$

结合式（2-13）和式（2-14），一个自由刚体D经过旋转变换$\boldsymbol{R}_{AB}$和平移变换$\boldsymbol{p}^A_{O_B}$以后有：

$$\begin{bmatrix}\boldsymbol{R}_{AD} & \boldsymbol{p}^B_{O_D} \\ \boldsymbol{0} & 1\end{bmatrix}=\begin{bmatrix}\boldsymbol{R}_{AB}\boldsymbol{R}_{BD} & \boldsymbol{R}_{AB}\boldsymbol{p}^B_{O_D}+\boldsymbol{p}^A_{O_B} \\ \boldsymbol{0} & 1\end{bmatrix} \tag{2-18}$$

可以发现，它就相当于：

$$T_{AD}=T_{AB}T_{BD} \tag{2-19}$$

式（2-19）有两种解释：第一种是直角坐标系$\{D\}$相对于直角坐标系$\{B\}$的位姿T_{BD}经过左乘齐次变换T_{AB}以后，改变为直角坐标系$\{D\}$相对于直角坐标系$\{A\}$的位姿T_{AD}；第二种是直角坐标系$\{B\}$相对于直角坐标系$\{A\}$的位姿T_{AB}经过右乘齐次变换T_{BD}以后，改变为直角坐标系$\{D\}$相对于直角坐标系$\{A\}$的位姿。虽然这两种解释可以用同一个式子来表示，但必须明确它们的不同之处在于：左乘改变了刚体的参考直角坐标系，右乘改变了在同一直角坐标系下刚体的位姿。

综上所述可知，齐次变换矩阵的主要用途是对刚体的位姿变换进行描述。

2.2 自主智能体系统运动学

自主智能体系统运动学是从几何角度对自主智能体系统的运动状态、运动规律进行探究的。运动学模型同质量与受力无关，但同速度、加速度、位移、位置、角速度等参量以及时间有关。进行自主智能体系统运动路径规划时，使用运动学模型可以使规划的结果更加切实可行，并且满足自主智能体系统运动时受到的几何约束条件。基于运动学模型设计的路径跟踪控制器具有可靠的控制性能。下面以机械臂、差速驱动轮式机器人和无人驾驶车辆为例，介绍自主智能体系统运动学模型的建立方法[2]。

2.2.1 机械臂运动学建模

所有的机械臂都可以抽象成由连杆和关节组成的多连杆结构，其中关节包括滑动关节和旋转关节。机械臂的运动学建模包括正运动学建模和逆运动学建模两种形式。正运动学建模指的是已知所有的关节变量，求解机械臂末端执行器的位姿；逆运动学建模指的是已知末端执行器的位姿，求解机械臂每个关节变量。本小节仅讨论机械臂正运动学建模的方法。

1. 连杆坐标系建立

机械臂的运动由组成机械臂的各个关节的运动决定，因此对机械臂的关节运动建模之后，就很容易得到机械臂的运动学模型了。进行关节建模时通常采用 D-H 法[3]，该方法是由 Denavit 和 Hartenberg 提出的一种建模方法。图 2-5 所示为机械臂的一部分，包含了 2 根连杆和 3 个关节。

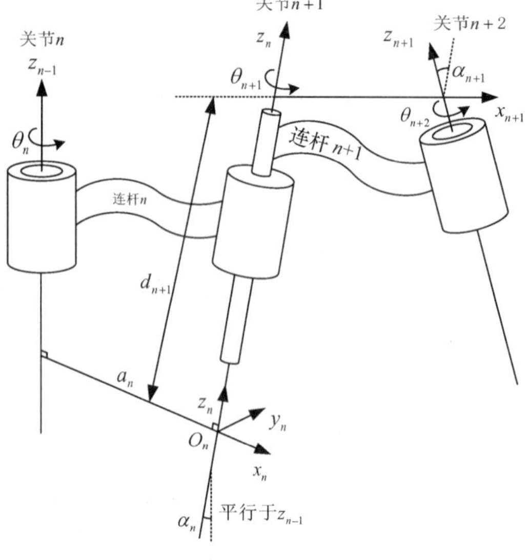

图 2-5　机械臂的一部分

D-H 法需要在每个关节处都建立一个坐标系$x_ny_nz_n$并与之固连，坐标系的x_n轴和z_n轴利用以下方法确定。

（1）确定z_n轴：如果关节是旋转的，则z_n轴为按右手定则旋转的方向，绕z_n轴的旋转角θ是关节变量；如果关节是滑动的，则z_n轴为沿直线运动的方向，沿z_n轴的连杆长度d是关节变量。

（2）确定x_n轴：首先确定两相邻z轴的公垂线，然后确定原点O_n位于z_n轴和z_{n-1}轴的公垂线a_n上，进而即可确定x_n轴沿此公垂线，方

向由 z_{n-1} 轴指向 z_n 轴。y_n 轴可根据 z_n 轴和 x_n 轴进行确定。

特殊情形如下。

（1）两关节 z 轴平行，两 z 轴间有无数条公垂线，此时可挑选与前一关节的公垂线共线的一条，从而简化模型。

（2）两关节 z 轴相交，它们之间没有公垂线（或者说公垂线距离为 0）。这时可将垂直于两条轴线构成的平面的直线定义为 x 轴（相当于将两 z 轴的叉积方向作为 x 轴），从而简化模型。

值得注意的是，在每一种情况下，关节 n 处的 z 轴下标均为 $n-1$，即 z_{n-1}。

2. 连杆参数表示和机械臂正运动学

在建立连杆坐标系以后，可以得到相应的 D-H 参数：

- a_n（连杆长度）=从 z_{n-1} 轴到 z_n 轴沿 x_n 轴测量的距离；
- α_n（扭角）=从 z_{n-1} 轴到 z_n 轴绕 x_n 轴旋转的角度；
- d_n（连杆偏置）=从 x_{n-1} 轴到 x_n 轴沿 z_{n-1} 轴测量的距离；
- θ_n（关节角）=从 x_{n-1} 轴到 x_n 轴绕 z_{n-1} 轴旋转的角度。

在定义好 D-H 参数后，即可通过 4 个基本步骤实现坐标系 $x_n y_n z_n$ 到坐标系 $x_{n+1} y_{n+1} z_{n+1}$ 的变换，如图 2-6 所示。

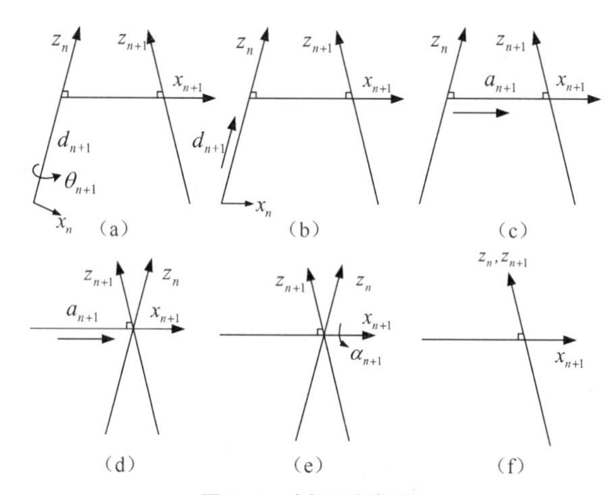

图 2-6 坐标系变换过程

变换过程如下。

（1）绕 z_n 轴旋转 θ_{n+1} 角度，使 x_{n-1} 轴和 x_n 轴相互平行。

（2）沿 z_n 轴平移 d_{n+1} 距离，使 x_{n-1} 轴和 x_n 轴共线。

（3）沿 x_n 轴平移 a_{n+1} 距离，使 z_n 轴和 z_{n+1} 轴的原点重合。

（4）将 z_n 轴绕 x_{n+1} 轴旋转 α_{n+1} 角度，使 z_n 轴和 z_{n+1} 轴重合。

相应的变换矩阵为：

$$\boldsymbol{T}_{n,n+1} = \boldsymbol{A}_{n+1} = \boldsymbol{R}(z,\theta_{n+1}) \times \mathrm{Trans}(0,0,d_{n+1}) \times \mathrm{Trans}(a_{n+1},0,0) \times \boldsymbol{R}(x,\alpha_{n+1})$$

$$= \begin{bmatrix} \cos(\theta_{n+1}) & -\sin(\theta_{n+1}) & 0 & 0 \\ \sin(\theta_{n+1}) & \cos(\theta_{n+1}) & 0 & 0 \\ 0 & 0 & 1 & 0 \\ 0 & 0 & 0 & 1 \end{bmatrix} \begin{bmatrix} 1 & 0 & 0 & 0 \\ 0 & 1 & 0 & 0 \\ 0 & 0 & 1 & d_{n+1} \\ 0 & 0 & 0 & 1 \end{bmatrix} \begin{bmatrix} 1 & 0 & 0 & a_{n+1} \\ 0 & 1 & 0 & 0 \\ 0 & 0 & 1 & 0 \\ 0 & 0 & 0 & 1 \end{bmatrix} \begin{bmatrix} 1 & 0 & 0 & 0 \\ 0 & \cos(\alpha_{n+1}) & -\sin(\alpha_{n+1}) & 0 \\ 0 & \sin(\alpha_{n+1}) & \cos(\alpha_{n+1}) & 0 \\ 0 & 0 & 0 & 1 \end{bmatrix}$$

$$=\begin{bmatrix} \cos(\theta_{n+1}) & -\sin(\theta_{n+1})\cos(\alpha_{n+1}) & \sin(\theta_{n+1})\sin(\alpha_{n+1}) & a_{n+1}\cos(\theta_{n+1}) \\ \sin(\theta_{n+1}) & \cos(\theta_{n+1})\cos(\alpha_{n+1}) & -\cos(\theta_{n+1})\sin(\alpha_{n+1}) & a_{n+1}\sin(\theta_{n+1}) \\ 0 & \sin(\alpha_{n+1}) & \cos(\alpha_{n+1}) & d_{n+1} \\ 0 & 0 & 0 & 1 \end{bmatrix} \tag{2-20}$$

根据坐标系 $x_n y_n z_n$ 到坐标系 $x_{n+1} y_{n+1} z_{n+1}$ 的变换，可以得到机械臂末端执行器坐标系$\{n\}$相对于机械臂基坐标系$\{0\}$的变换矩阵，即：

$$\boldsymbol{T}_{0,n} = \boldsymbol{T}_{0,1}\boldsymbol{T}_{1,2}\cdots\boldsymbol{T}_{n\text{-}1,n} = \boldsymbol{A}_1\boldsymbol{A}_2\cdots\boldsymbol{A}_n \tag{2-21}$$

用位置向量 $\boldsymbol{p}$ 代表末端执行器的位置，用旋转矩阵 $\boldsymbol{R}$ 代表末端执行器的方位，则式（2-21）可以写成：

$$\begin{bmatrix} \boldsymbol{R} & \boldsymbol{p} \\ \boldsymbol{0} & 1 \end{bmatrix} = \boldsymbol{T}_{0,1}\boldsymbol{T}_{1,2}\cdots\boldsymbol{T}_{n\text{-}1,n} = \boldsymbol{A}_1\boldsymbol{A}_2\cdots\boldsymbol{A}_n \tag{2-22}$$

式（2-22）称为机械臂的运动学方程，它描述了末端执行器位姿与关节变量之间的关系。

为了帮助读者理解，下面通过一个具体的例子来介绍机械臂运动学模型的建立方法。表 2-1 展示了一个四自由度机械臂的 D-H 参数，下面利用这一节介绍的方法来建立这个机械臂的运动学模型。

表 2-1　四自由度机械臂 D-H 参数表

i	θ	d	a	α
1	θ_1	0	0	90°
2	θ_2	L_1	a_2	−90°
3	θ_3	0	a_3	90°
4	θ_4	0	0	0°

根据式（2-20），可以很容易地得到 4 个转换矩阵，即：

$$\boldsymbol{T}_{0,1} = \begin{bmatrix} \cos(\theta_1) & 0 & \sin(\theta_1) & 0 \\ \sin(\theta_1) & 0 & -\cos(\theta_1) & 0 \\ 0 & 1 & 0 & 0 \\ 0 & 0 & 0 & 1 \end{bmatrix},\ \boldsymbol{T}_{1,2} = \begin{bmatrix} \cos(\theta_2) & 0 & -\sin(\theta_2) & a_2\cos(\theta_2) \\ \sin(\theta_2) & 0 & \cos(\theta_2) & a_2\sin(\theta_2) \\ 0 & -1 & 0 & L_1 \\ 0 & 0 & 0 & 1 \end{bmatrix}$$

$$\boldsymbol{T}_{2,3} = \begin{bmatrix} \cos(\theta_3) & 0 & -\sin(\theta_3) & a_3\cos(\theta_3) \\ \sin(\theta_3) & 0 & \cos(\theta_3) & a_3\sin(\theta_3) \\ 0 & 1 & 0 & 0 \\ 0 & 0 & 0 & 1 \end{bmatrix},\ \boldsymbol{T}_{3,4} = \begin{bmatrix} \cos(\theta_4) & -\sin(\theta_4) & 0 & 0 \\ \sin(\theta_4) & \cos(\theta_4) & 0 & 0 \\ 0 & 0 & 1 & 0 \\ 0 & 0 & 0 & 1 \end{bmatrix} \tag{2-23}$$

利用上面 4 个转换矩阵即可得到这个机械臂最后的运动学模型，即：

$$\begin{bmatrix} \boldsymbol{R} & \boldsymbol{p} \\ \boldsymbol{0} & 1 \end{bmatrix} = \boldsymbol{T}_{0,4} = \boldsymbol{T}_{0,1}\boldsymbol{T}_{1,2}\boldsymbol{T}_{2,3}\boldsymbol{T}_{3,4} =$$

$$\begin{bmatrix} c_1c_2c_3 - s_1s_3c_4 - c_1s_1s_4 & -(c_1c_2c_3 - s_1s_3)s_4 - c_1s_1c_4 & -c_1c_2s_3 - c_3s_1 & -a_3c_1c_2c_3 - a_3s_1s_3 + a_2c_1c_2 + L_1s_1 \\ (s_1c_2c_3 + c_1s_3)c_4 - s_1s_1s_4 & -(s_1c_2c_3 + c_1s_3)s_4 - s_1s_1c_4 & -s_1c_2s_3 + c_1c_3 & a_3s_1c_3c_2 + a_3s_3c_1 + a_2c_2s_1 - L_1c_1 \\ s_2c_3c_4 + c_1s_4 & -s_2c_3s_4 + c_1c_4 & -s_2s_3 & a_3s_2c_3 + a_2s_2 \\ 0 & 0 & 0 & 1 \end{bmatrix} \tag{2-24}$$

其中，$c_i=\cos(\theta_i)$，$s_i=\sin(\theta_i)$。

2.2.2 差速驱动轮式机器人运动学建模

室内的自主智能体系统常采用图 2-7 所示的差速驱动结构，其广义坐标为$\boldsymbol{q}=\begin{bmatrix}x_c & y_c & \beta\end{bmatrix}^{\mathrm{T}}$，左轮的转向角和角速度分别为$\beta_l$和$\dot{\beta}_l$，右轮的转向角和角速度分别为$\beta_r$和$\dot{\beta}_r$，机器人的宽度为$2a$，车轮的半径为$r$。

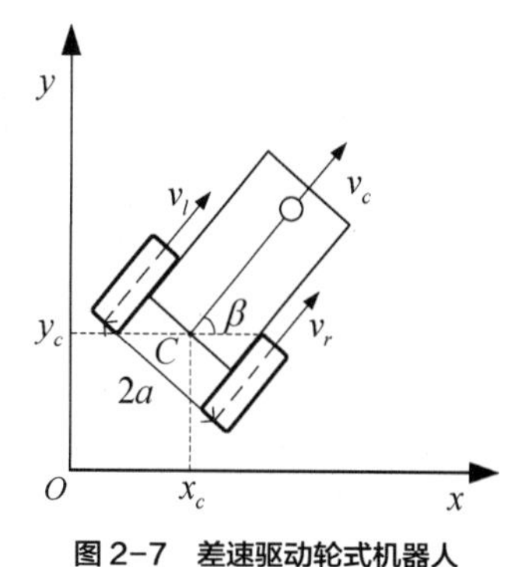

图 2-7　差速驱动轮式机器人

通常假设：车轮与地面无滑动，速度方向平行于地面，点C为质心。则左右轮的速度可以表示为：

$$\begin{cases} v_l = v_c - a\dot{\beta} \\ v_r = v_c + a\dot{\beta} \end{cases} \tag{2-25}$$

由式（2-25）可得：

$$\begin{cases} 2v_c = v_r + v_l \\ 2a\dot{\beta} = v_r - v_l \end{cases} \tag{2-26}$$

由于车轮与地面无滑动，所以存在$v_l=r\dot{\beta}_l$及$v_r=r\dot{\beta}_r$。根据：

$$\begin{cases} \dot{x}_c = v_c\cos\beta \\ \dot{y}_c = v_c\sin\beta \end{cases} \tag{2-27}$$

可得：

$$\begin{cases} \dot{x}_c = \dfrac{r\left(\dot{\beta}_r\cos\beta + \dot{\beta}_l\cos\beta\right)}{2} \\ \dot{y}_c = \dfrac{r\left(\dot{\beta}_r\sin\beta + \dot{\beta}_l\sin\beta\right)}{2} \\ \dot{\beta} = \dfrac{r\left(\dot{\beta}_r - \dot{\beta}_l\right)}{2a} \end{cases} \tag{2-28}$$

所以差速驱动轮式机器人的运动学方程为：

$$\dot{\boldsymbol{q}}=\begin{bmatrix} \dot{x}_c \\ \dot{y}_c \\ \dot{\beta} \end{bmatrix}=\begin{bmatrix} \dfrac{r\cos\beta}{2} \\ \dfrac{r\sin\beta}{2} \\ \dfrac{r}{2a} \end{bmatrix}\dot{\beta}_r+\begin{bmatrix} \dfrac{r\cos\beta}{2} \\ \dfrac{r\sin\beta}{2} \\ -\dfrac{r}{2a} \end{bmatrix}\dot{\beta}_l \tag{2-29}$$

由式（2-29）可知，两轮的差速关系决定了机器人的运动速度和转向速度，其中机器人转向时的瞬时曲率半径为：

$$R=\frac{v_c}{\dot{\beta}}=a\frac{v_r+v_l}{v_r-v_l} \tag{2-30}$$

2.2.3 无人驾驶车辆运动学建模

如果约束方程中包含坐标对时间的导数（如运动约束），而且方程不可积分为有限形式，则称此类约束为“非完整约束”。非完整约束方程总是具有微分方程的形式。以无人驾驶车辆为例，在图 2-8 中$\left(x_f, y_f\right)$、$\left(x_b, y_b\right)$分别是无人驾驶车辆前轴和后轴的中心坐标，v_f、v_b分别是无人驾驶车辆前轮和后轮的移动速度，γ是无人驾驶车辆前轮的转角，φ是无人驾驶车辆的航向角。

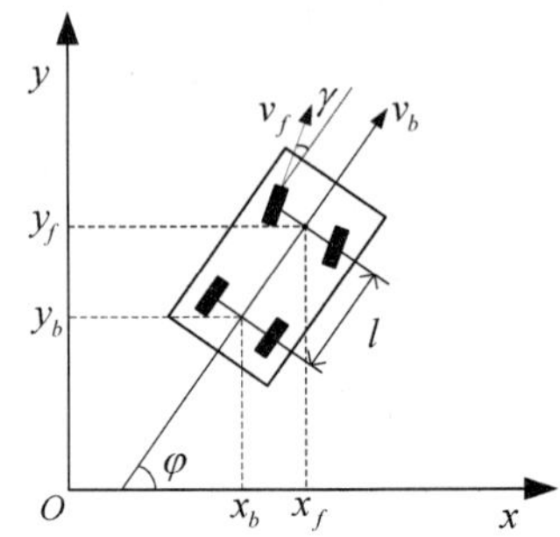

图 2-8 无人驾驶车辆的几何结构

无人驾驶车辆在理想地形上运动时，会受到以下运动限制。

（1）无人驾驶车辆在平坦的路面上行驶，忽略垂直方向上的运动。

（2）车轮与地面点接触。

（3）无人驾驶车辆的各部分均是刚体，不会发生形变。

（4）车轮与地面只发生滚动，不发生滑动。

（5）转向轴与地面正交。

（6）车轮与无人驾驶车辆刚性连接。

当无人驾驶车辆满足以上条件时，就认为无人驾驶车辆受到一种特殊的约束，即非完整约束。在非完整约束下，前后车轮无侧滑的约束方程为：

$$\dot{x}_b \sin\varphi - \dot{y}_b \cos\varphi = 0 \tag{2-31}$$

$$\dot{x}_f \sin\left(\varphi + \gamma\right) - \dot{y}_f \cos\left(\varphi + \gamma\right) = 0 \tag{2-32}$$

另外，根据图 2-8 所示的无人驾驶车辆的几何结构，可以得到：

$$\begin{cases} x_f = x_b + l\cos\varphi \\ y_f = y_b + l\sin\varphi \end{cases} \tag{2-33}$$

将式（2-33）代入式（2-32）并结合式（2-31）可以得到：

$$\dot{x}_b \sin\left(\varphi + \gamma\right) - \dot{y}_b \cos\left(\varphi + \gamma\right) - \dot{\varphi} l \cos\gamma = 0 \tag{2-34}$$

规定无人驾驶车辆的广义坐标为$\boldsymbol{q}$，其代表无人驾驶车辆当前后轴的坐标和航向角，即：

$$\boldsymbol{q} = \left[x_b \quad y_b \quad \varphi\right]^{\mathrm{T}} \tag{2-35}$$

将无人驾驶车辆的非完整约束表示成以下形式：

$$\boldsymbol{M}\left(\boldsymbol{q}\right)\dot{\boldsymbol{q}}=0 \tag{2-36}$$

式中：

$$\boldsymbol{M}\left(\boldsymbol{q}\right)=\begin{bmatrix} \sin\varphi & -\cos\varphi & 0 \\ \sin\left(\varphi+\gamma\right) & -\cos\left(\varphi+\gamma\right) & -l\cos\gamma \end{bmatrix} \tag{2-37}$$

而无人驾驶车辆后轴的速度v_b应该与后轴的坐标有以下关系：

$$v_b = \dot{x}_b \cos\varphi + \dot{y}_b \sin\varphi \tag{2-38}$$

$$\begin{cases} \dot{x}_b = v_b \cos\varphi \\ \dot{y}_b = v_b \sin\varphi \end{cases} \tag{2-39}$$

结合式（2-31）与式（2-34），再将式（2-38）代入其中，就可以得到航向角速度ω：

$$\omega = \dot{\varphi} = \frac{v_b \tan\gamma}{l} \tag{2-40}$$

根据式（2-39）与式（2-40），就可以得到无人驾驶车辆的运动学方程为：

$$\dot{\boldsymbol{q}} = \begin{bmatrix} \dot{x}_b \\ \dot{y}_b \\ \dot{\varphi} \end{bmatrix} = \begin{bmatrix} \cos\varphi \\ \sin\varphi \\ \dfrac{\tan\gamma}{l} \end{bmatrix} v_b \tag{2-41}$$

其控制量为$\begin{bmatrix} v_b & \gamma \end{bmatrix}^{\mathrm{T}}$，而在无人驾驶车辆的路径跟踪控制中，往往希望以$\begin{bmatrix} v_b & \omega \end{bmatrix}^{\mathrm{T}}$为控制量，因此式（2-41）也可以表示为：

$$\dot{\boldsymbol{q}} = \begin{bmatrix} \dot{x}_b \\ \dot{y}_b \\ \dot{\varphi} \end{bmatrix} = \begin{bmatrix} \cos\varphi \\ \sin\varphi \\ 0 \end{bmatrix} v_b + \begin{bmatrix} 0 \\ 0 \\ 1 \end{bmatrix} \omega \tag{2-42}$$

2.2.4 考虑横向滑移的无人驾驶车辆运动学建模

2.2.3 小节介绍的无人驾驶车辆的运动学模型与实际情况仍有差距，在实际情况下，无人驾驶车辆在高速转弯时很容易产生横向滑移[4]，尤其是当路面比较湿滑或者车轮磨损比较严重的时候，因此本小节对横向滑移情况下的无人驾驶车辆模型进行研究。令v表示无人驾驶车辆的输入线速度，v_a表示无人驾驶车辆的实际线速度，v_{skid}表示无人驾驶车辆在运动中的横向滑移速度，如图 2-9 所示。为了对其进行深入研究，本小节提出以下假设。

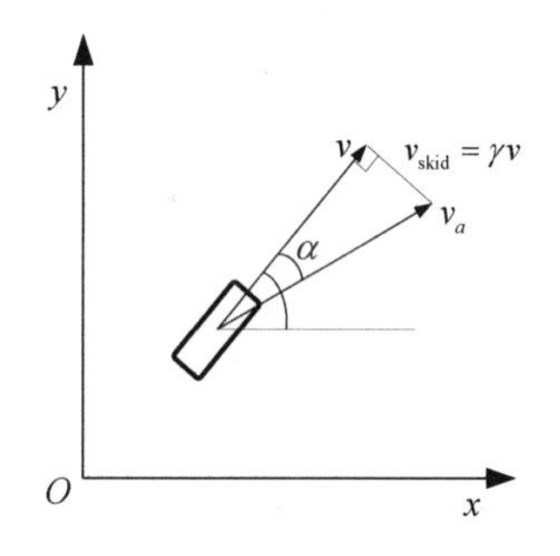

图 2-9 横向滑移情况下的无人驾驶车辆简化模型

（1）无人驾驶车辆的横向滑移速度v_{skid}正比于它的输入速度v，即有$v_{\text{skid}} = \gamma v$。式中的$\gamma$可以称为“横向滑移比”，它取决于无人驾驶车辆所处的环境，并且是一个有界的常数，$|\gamma| < a$，a为一个常数。

（2）无人驾驶车辆的跟踪轨迹由运动在理想情况下的无人驾驶车辆产生。假设其理想线速度和角速度分别为v_r和w_r，它们满足条件$v_r > 0$（或$v_r < 0$）。

此时，参考公式（2-42），可得横向滑移情况下的无人驾驶车辆运动学方程为：

$$\dot{\boldsymbol{q}} = \begin{bmatrix} \dot{x} \\ \dot{y} \\ \dot{\varphi} \end{bmatrix} = \begin{bmatrix} \cos\theta + \gamma\sin\theta \\ \sin\theta - \gamma\cos\theta \\ 0 \end{bmatrix} v + \begin{bmatrix} 0 \\ 0 \\ 1 \end{bmatrix} \omega \tag{2-43}$$

2.3 拉格朗日方程

2.2 节中给出了一些典型自主智能体系统运动学模型建立的方法，但是并没有考虑力和力矩在运动中所产生的效果。接下来会探讨自主智能体系统动力学模型的建立，从而揭示运动过程中力和运动的关系。在动力学方程的研究中，拉格朗日（Lagrange）方程十分重要，其在动力学方程研究中的地位相当于牛顿第二定律之于牛顿力学。

下面以一个单自由度系统为例，阐述如何通过牛顿第二定律得到拉格朗日方程。

如图 2-10 所示，一个小球同时受到向上的拉力 f 和向下的重力 mg，则根据牛顿第二定律有：

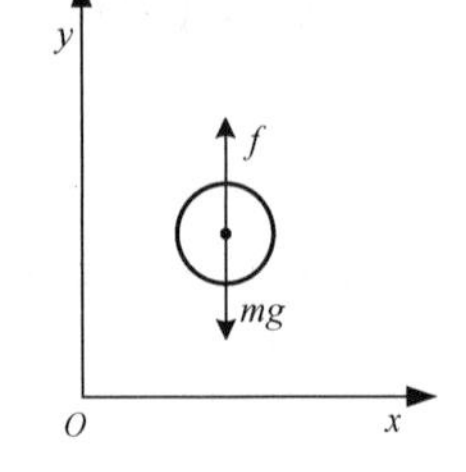

图 2-10　单自由度系统

$$m\ddot{y} = f - mg \tag{2-44}$$

式（2-44）的等号左边可以写为：

$$m\ddot{y} = \frac{\mathrm{d}}{\mathrm{d}t}(m\dot{y}) = \frac{\mathrm{d}}{\mathrm{d}t}\frac{\partial}{\partial \dot{y}}\left(\frac{1}{2}m\dot{y}^2\right) = \frac{\mathrm{d}}{\mathrm{d}t}\frac{\partial K}{\partial \dot{y}} \tag{2-45}$$

其中，$K = \frac{1}{2}m\dot{y}^2$ 是系统的动能，而系统的重力可以表示为：

$$mg = \frac{\partial}{\partial y}(mgy) = \frac{\partial P}{\partial y} \tag{2-46}$$

其中，$P = mgy$ 是系统的势能。定义拉格朗日算子 L，它是系统动能和势能的差，即：

$$L = K - P = \frac{1}{2}m\dot{y}^2 - mgy \tag{2-47}$$

结合式（2-45）和式（2-46），可以观察到 $\frac{\partial K}{\partial \dot{y}} = \frac{\partial L}{\partial \dot{y}}$ 以及 $\frac{\partial P}{\partial y} = -\frac{\partial L}{\partial y}$，综合以上，可以将式（2-44）改写为：

$$f = \frac{\mathrm{d}}{\mathrm{d}t}\frac{\partial L}{\partial \dot{y}} - \frac{\partial L}{\partial y} \tag{2-48}$$

式（2-48）被称作“拉格朗日方程”。一般来说，我们都是先写出系统的动能和势能，并用广义坐标（$q_1,\cdots,q_n$）表示它们（n 代表系统的自由度），再利用以下拉格朗日方程来计算 n 自由度系统所受到的广义力 τ_k，即：

$$\frac{\mathrm{d}}{\mathrm{d}t}\frac{\partial L}{\partial \dot{q}_k} - \frac{\partial L}{\partial q_k} = \tau_k \tag{2-49}$$

对于有 n 个质点的、具有理想约束的系统，根据达朗贝尔原理，主动力 $\boldsymbol{F}_i$、约束力 $\boldsymbol{F}_{\mathrm{N}i}$ 和惯性力 $m_i\boldsymbol{a}_i$ 具有以下关系：

$$\boldsymbol{F}_i + \boldsymbol{F}_{\mathrm{N}i} - m_i\boldsymbol{a}_i = 0 \quad (i = 1,2,\cdots,n) \tag{2-50}$$

规定系统的一组虚位移 $\delta\boldsymbol{r}_i(i = 1,2,\cdots,n)$，则系统的总虚功为：

$$\sum_{i=1}^{n}(\boldsymbol{F}_i + \boldsymbol{F}_{\mathrm{N}i} - m_i\boldsymbol{a}_i)\cdot\delta\boldsymbol{r}_i = 0 \tag{2-51}$$

利用理想约束条件：

$$\sum_{i=1}^{n}\boldsymbol{F}_{\mathrm{N}i}\cdot\delta\boldsymbol{r}_i = 0 \tag{2-52}$$

可得动力学普遍方程：

$$\sum_{i=1}^{n}(\boldsymbol{F}_i - m_i\boldsymbol{a}_i)\cdot\delta\boldsymbol{r}_i = 0 \tag{2-53}$$

动力学普遍方程揭示了：任意瞬时作用于具有理想约束的系统上的主动力与惯性力在系统的任意虚位移上的元功之和等于 0。

由 n 个质点组成的质点系，其主动力 $\boldsymbol{F}=(\boldsymbol{F}_1,\boldsymbol{F}_2,\cdots,\boldsymbol{F}_n)$，虚位移 $\delta\boldsymbol{r}=(\delta\boldsymbol{r}_1,\delta\boldsymbol{r}_2,\cdots,\delta\boldsymbol{r}_n)$，广义坐标 $\boldsymbol{q}=(q_1,q_2,\cdots,q_s)$，第 i 个质点的位矢 $\boldsymbol{r}_i=\boldsymbol{r}_i(q_1,q_2,\cdots,q_s,t)$。由动力学普遍方程得到：

$$\sum_{i=1}^{n}\boldsymbol{F}_i\cdot\delta\boldsymbol{r}_i-\sum_{i=1}^{n}m_i\boldsymbol{a}_i\cdot\delta\boldsymbol{r}_i=0 \tag{2-54}$$

其中：

$$\sum_{i=1}^{n}\boldsymbol{F}_i\cdot\delta\boldsymbol{r}_i=\sum_{k=1}^{s}Q_k\delta q_k \tag{2-55}$$

式中，Q_k 代表广义力，由于：

$$\delta\boldsymbol{r}_i=\sum_{k=1}^{s}\frac{\partial\boldsymbol{r}_i}{\partial q_k}\delta q_k \tag{2-56}$$

因此：

$$\sum_{i=1}^{n}m_i\boldsymbol{a}_i\cdot\delta\boldsymbol{r}_i=\sum_{i=1}^{n}m_i\ddot{\boldsymbol{r}}_i\cdot\sum_{k=1}^{s}\frac{\partial\boldsymbol{r}_i}{\partial q_k}\delta q_k=\sum_{k=1}^{s}\left(\sum_{i=1}^{n}m_i\ddot{\boldsymbol{r}}_i\cdot\frac{\partial\boldsymbol{r}_i}{\partial q_k}\right)\delta q_k \tag{2-57}$$

将式（2-55）和式（2-57）代入式（2-54），可以得到：

$$\sum_{i=1}^{n}\boldsymbol{F}_i\cdot\delta\boldsymbol{r}_i-\sum_{i=1}^{n}m_i\boldsymbol{a}_i\cdot\delta\boldsymbol{r}_i=\sum_{k=1}^{s}\left(Q_k-\sum_{i=1}^{n}m_i\ddot{\boldsymbol{r}}_i\cdot\frac{\partial\boldsymbol{r}_i}{\partial q_k}\right)\delta q_k=0 \tag{2-58}$$

从而得出：

$$Q_k-\sum_{i=1}^{n}m_i\ddot{\boldsymbol{r}}_i\cdot\frac{\partial\boldsymbol{r}_i}{\partial q_k}=0\quad(k=1,2,\cdots,s) \tag{2-59}$$

又有：

$$\sum_{i=1}^{n}m_i\ddot{\boldsymbol{r}}_i\cdot\frac{\partial\boldsymbol{r}_i}{\partial q_k}=\sum_{i=1}^{n}m_i\frac{\mathrm{d}}{\mathrm{d}t}\left(\dot{\boldsymbol{r}}_i\cdot\frac{\partial\boldsymbol{r}_i}{\partial q_k}\right)-\sum_{i=1}^{n}m_i\dot{\boldsymbol{r}}_i\cdot\frac{\mathrm{d}}{\mathrm{d}t}\left(\frac{\partial\boldsymbol{r}_i}{\partial q_k}\right) \tag{2-60}$$

由于：

$$\dot{\boldsymbol{r}}_i=\frac{\partial\boldsymbol{r}_i}{\partial t}+\sum_{k=1}^{s}\frac{\partial\boldsymbol{r}_i}{\partial q_k}\dot{q}_k \tag{2-61}$$

其中 $\frac{\partial\boldsymbol{r}_i}{\partial t}$ 和 $\frac{\partial\boldsymbol{r}_i}{\partial q_k}$ 仅为时间与广义坐标的函数，与广义速度 $\dot{q}_k$ 无关，因此可以得到第一个拉格朗日关系式：

$$\frac{\partial\dot{\boldsymbol{r}}_i}{\partial\dot{q}_k}=\frac{\partial\boldsymbol{r}_i}{\partial q_k} \tag{2-62}$$

将式（2-61）对任意一个广义坐标 q_j 求偏导，即：

$$\frac{\partial\dot{\boldsymbol{r}}_i}{\partial q_j}=\frac{\partial^2\boldsymbol{r}_i}{\partial q_j\partial t}+\sum_{k=1}^{s}\frac{\partial^2\boldsymbol{r}_i}{\partial q_j\partial q_k}\dot{q}_k \tag{2-63}$$

将 $\boldsymbol{r}_i$ 对 q_j 求偏导后再对时间求导，即：

$$\frac{\mathrm{d}}{\mathrm{d}t}\left(\frac{\partial \boldsymbol{r}_i}{\partial q_j}\right)=\frac{\partial^2 \boldsymbol{r}_i}{\partial q_j \partial t}+\sum_{k=1}^{s}\frac{\partial^2 \boldsymbol{r}_i}{\partial q_j \partial q_k}\dot{q}_k \tag{2-64}$$

比较式（2-63）和式（2-64）可得第二个拉格朗日关系式：

$$\frac{\partial \dot{\boldsymbol{r}}_i}{\partial q_j}=\frac{\mathrm{d}}{\mathrm{d}t}\left(\frac{\partial \boldsymbol{r}_i}{\partial q_j}\right) \tag{2-65}$$

将式（2-62）和式（2-65）代入式（2-60）可以得到：

$$\begin{aligned}\sum_{i=1}^{n} m_i \ddot{\boldsymbol{r}}_i \cdot \frac{\partial \boldsymbol{r}_i}{\partial q_k} &= \sum_{i=1}^{n} m_i \frac{\mathrm{d}}{\mathrm{d}t}\left(\dot{\boldsymbol{r}}_i \cdot \frac{\partial \boldsymbol{r}_i}{\partial q_k}\right)-\sum_{i=1}^{n} m_i \dot{\boldsymbol{r}}_i \cdot \frac{\mathrm{d}}{\mathrm{d}t}\left(\frac{\partial \boldsymbol{r}_i}{\partial q_k}\right)\\ &= \sum_{i=1}^{n} m_i \frac{\mathrm{d}}{\mathrm{d}t}\left(\dot{\boldsymbol{r}}_i \cdot \frac{\partial \dot{\boldsymbol{r}}_i}{\partial \dot{q}_k}\right)-\sum_{i=1}^{n} m_i \dot{\boldsymbol{r}}_i \cdot \frac{\partial \dot{\boldsymbol{r}}_i}{\partial q_k}\\ &= \frac{\mathrm{d}}{\mathrm{d}t}\sum_{i=1}^{n} m_i \dot{\boldsymbol{r}}_i \cdot \frac{\partial \dot{\boldsymbol{r}}_i}{\partial \dot{q}_k}-\sum_{i=1}^{n} m_i \dot{\boldsymbol{r}}_i \cdot \frac{\partial \dot{\boldsymbol{r}}_i}{\partial q_k}\end{aligned} \tag{2-66}$$

由于：

$$\sum_{i=1}^{n} m \dot{\boldsymbol{r}}_i \cdot \frac{\partial \dot{\boldsymbol{r}}_i}{\partial \dot{q}_k}=\frac{1}{2}\sum_{i=1}^{n}\frac{\partial}{\partial \dot{q}_k}\left(m_i \dot{\boldsymbol{r}}_i \cdot \dot{\boldsymbol{r}}_i\right)=\frac{1}{2}\sum_{i=1}^{n}\frac{\partial}{\partial \dot{q}_k}\left(m_i v_i^2\right)=\frac{\partial K}{\partial \dot{q}_k} \tag{2-67}$$

$$\sum_{i=1}^{n} m \dot{\boldsymbol{r}}_i \cdot \frac{\partial \dot{\boldsymbol{r}}_i}{\partial q_k}=\frac{\partial K}{\partial q_k} \tag{2-68}$$

将式（2-67）和式（2-68）代入式（2-66）可以得到：

$$\sum_{i=1}^{n} m_i \ddot{\boldsymbol{r}}_i \cdot \frac{\partial \boldsymbol{r}_i}{\partial q_k}=\frac{\mathrm{d}}{\mathrm{d}t}\left(\frac{\partial K}{\partial \dot{q}_k}\right)-\frac{\partial K}{\partial q_k} \tag{2-69}$$

将式（2-69）代入式（2-59）可以得到：

$$\frac{\mathrm{d}}{\mathrm{d}t}\left(\frac{\partial K}{\partial \dot{q}_k}\right)-\frac{\partial K}{\partial q_k}=Q_k \quad \left(k=1,2,\cdots,s\right) \tag{2-70}$$

如果广义力 Q_k 是外界施加的广义力与势场施加的广义力之和，那么假设存在外界的广义力 τ_k 与势能函数 $P(\boldsymbol{q})$，则可以得到：

$$Q_k=-\frac{\partial P}{\partial q_k}+\tau_k \tag{2-71}$$

式（2-70）可以被改写为：

$$\frac{\mathrm{d}}{\mathrm{d}t}\left(\frac{\partial L}{\partial \dot{q}_k}\right)-\frac{\partial L}{\partial q_k}=\tau_k \quad \left(k=1,2,\cdots,s\right) \tag{2-72}$$

其中，$L=K-P$ 为拉格朗日算子。最终得到式（2-72）所示的拉格朗日方程。由于势能 P 显然不含 $\dot{q}_k$，因此式（2-72）也可以写为：

$$\frac{\mathrm{d}}{\mathrm{d}t}\left(\frac{\partial K}{\partial \dot{q}_k}\right)-\frac{\partial K}{\partial q_k}+\frac{\partial P}{\partial q_k}=\tau_k \quad \left(k=1,2,\cdots,s\right) \tag{2-73}$$

2.4 自主智能体系统动力学

在自主智能体系统运动学的基础上，本节将进一步对自主智能体系统动力学的模型进行探索。在实际环境中，自主智能体系统往往会受到外部的干扰或系统自身结构参数的摄动影响，例如质量、惯性等结构参数改变，运动过程中环境变化、轮子打滑等。因此仅讨论智能体的运动学模型往往存在一定的局限性，很难得到一个理想的结果。自主智能体系统动力学进一步探讨了力、力矩、质量、转动惯量在自主智能体系统模型中的作用，以及当执行机构对自主智能体系统施加力、力矩时，自主智能体系统的运动状态随时间的变换关系。

2.4.1 机械臂动力学建模

在机械臂动力学建模过程中，通常会使用拉格朗日方程，因此需要对整个机械臂系统的动能和势能进行计算。

1. 系统动能计算

首先，对于机械臂的动能进行计算，此过程需要计算连杆上的点的速度。假设$[q_1, q_2, \cdots, q_n]$为关节变量，若用r_i表示相对于第 i 个连杆坐标系的点，那么这个点在基坐标系中的位置为$\rho_i = T_{0,i} r_i$，这个点的速度为：

$$\boldsymbol{V}_i = \frac{\mathrm{d}}{\mathrm{d}t}(\rho_i) = \sum_{j=1}^{i}\left(\frac{\partial \boldsymbol{T}_{0,i}}{\partial q_j} \cdot \frac{\mathrm{d}q_j}{\mathrm{d}t}\right) \cdot r_i \tag{2-74}$$

若将$\boldsymbol{V}_i$的分量形式写成$\boldsymbol{V}_i = \begin{bmatrix} \frac{\mathrm{d}x_i}{\mathrm{d}t} & \frac{\mathrm{d}y_i}{\mathrm{d}t} & \frac{\mathrm{d}z_i}{\mathrm{d}t} \end{bmatrix}$，则连杆上一个质量单元$m_i$的动能可以写成：

$$\mathrm{d}K = \frac{1}{2}\mathrm{d}m_i \cdot \mathrm{Trace}\left(\boldsymbol{V}_i \boldsymbol{V}_i^{\mathrm{T}}\right) = \frac{1}{2}\mathrm{d}m_i \cdot \mathrm{Trace}\left\{\left[\sum_{p=1}^{i}\left(\frac{\partial \boldsymbol{T}_{0,i}}{\partial q_p} \cdot \frac{\mathrm{d}q_p}{\mathrm{d}t}\right) \cdot r_i\right]\left[\sum_{r=1}^{i}\left(\frac{\partial \boldsymbol{T}_{0,i}}{\partial q_r} \cdot \frac{\mathrm{d}q_r}{\mathrm{d}t}\right) \cdot r_i\right]^{\mathrm{T}}\right\} \tag{2-75}$$

式中，下标 p 和 r 分别表示不同的关节。这样就将其他关节对 $\mathrm{d}m_i$ 的最终速度的影响进行了计算。

另外，可以对式（2-74）中的$\frac{\partial \boldsymbol{T}_{0,i}}{\partial q_j}$进行计算和简化，通过计算可以发现：

$$\frac{\partial \boldsymbol{T}_{i-1,i}}{\partial q_i} = \boldsymbol{Q}_i \boldsymbol{T}_{i-1,i} \tag{2-76}$$

对于不同的关节，$\boldsymbol{Q}_i$不同：

$$\boldsymbol{Q}_{i\_\text{转动关节}} = \begin{bmatrix} 0 & -1 & 0 & 0 \\ 1 & 0 & 0 & 0 \\ 0 & 0 & 0 & 0 \\ 0 & 0 & 0 & 0 \end{bmatrix}, \quad \boldsymbol{Q}_{i\_\text{滑动关节}} = \begin{bmatrix} 0 & 0 & 0 & 0 \\ 0 & 0 & 0 & 0 \\ 0 & 0 & 0 & 1 \\ 0 & 0 & 0 & 0 \end{bmatrix} \tag{2-77}$$

因此，$\frac{\partial \boldsymbol{T}_{0,i}}{\partial q_j}$可以表示为：

$$U_{ij}=\frac{\partial \boldsymbol{T}_{0,i}}{\partial q_j}=\frac{\partial\left(\boldsymbol{T}_{0,1}\boldsymbol{T}_{1,2}\cdots\boldsymbol{T}_{i-1,i}\right)}{\partial q_j}=\boldsymbol{T}_{0,1}\boldsymbol{T}_{1,2}\cdots\boldsymbol{Q}_j\boldsymbol{T}_{j-1,j}\cdots\boldsymbol{T}_{i-1,i}\quad(j\leqslant i)\tag{2-78}$$

经过进一步变换可得：

$$\boldsymbol{U}_{ijk}=\frac{\partial \boldsymbol{T}_{0,i}}{\partial q_j\partial q_k}=\frac{\partial\left(\boldsymbol{T}_{0,1}\boldsymbol{T}_{1,2}\cdots\boldsymbol{T}_{i-1,i}\right)}{\partial q_j\partial q_k}=\boldsymbol{T}_{0,1}\boldsymbol{T}_{1,2}\cdots\boldsymbol{Q}_j\boldsymbol{T}_{j-1,j}\cdots\boldsymbol{Q}_k\boldsymbol{T}_{k-1,k}\cdots\boldsymbol{T}_{i-1,i}\quad(j\leqslant k\leqslant i)\tag{2-79}$$

那么单位质量的动能可以表示为：

$$\mathrm{d}K_i=\frac{1}{2}\mathrm{d}m_i\mathrm{Trace}\left(\boldsymbol{V}_i\boldsymbol{V}_i^{\mathrm{T}}\right)=\frac{1}{2}\mathrm{d}m_i\mathrm{Trace}\left\{\left[\sum_{p=1}^{i}\left(\boldsymbol{U}_{ip}\cdot\frac{\mathrm{d}q_p}{\mathrm{d}t}\right)\cdot r_i\right]\left[\sum_{r=1}^{i}\left(\boldsymbol{U}_{ir}\cdot\frac{\mathrm{d}q_r}{\mathrm{d}t}\right)\cdot r_i\right]^{\mathrm{T}}\right\}\tag{2-80}$$

连杆的动能可以表示为：

$$\begin{aligned}K_i&=\int\mathrm{d}K_i=\frac{1}{2}\int\mathrm{d}m_i\mathrm{Trace}\left(\boldsymbol{V}_i\boldsymbol{V}_i^{\mathrm{T}}\right)\\&=\frac{1}{2}\mathrm{Trace}\left[\sum_{p=1}^{i}\sum_{r=1}^{i}\boldsymbol{U}_{ip}\left(\int\boldsymbol{r}_i\boldsymbol{r}_i^{\mathrm{T}}\mathrm{d}m_i\right)\boldsymbol{U}_{ir}^{\mathrm{T}}\frac{\mathrm{d}q_p}{\mathrm{d}t}\frac{\mathrm{d}q_r}{\mathrm{d}t}\right]\\&=\frac{1}{2}\sum_{p=1}^{i}\sum_{r=1}^{i}\mathrm{Trace}\left(\boldsymbol{U}_{ip}\boldsymbol{J}_i\boldsymbol{U}_{ir}^{\mathrm{T}}\frac{\mathrm{d}q_p}{\mathrm{d}t}\frac{\mathrm{d}q_r}{\mathrm{d}t}\right)\end{aligned}\tag{2-81}$$

式（2-81）中，$\boldsymbol{J}_i$为伪惯量矩阵，可以表示为：

$$\boldsymbol{J}_i=\int\boldsymbol{r}_i\boldsymbol{r}_i^{\mathrm{T}}\mathrm{d}m_i=\begin{bmatrix}\frac{-I_{xx}+I_{yy}+I_{zz}}{2}&I_{xy}&I_{xz}&m_i\overline{x}_i\\I_{xy}&\frac{I_{xx}-I_{yy}+I_{zz}}{2}&I_{yz}&m_i\overline{y}_i\\I_{xz}&I_{yz}&\frac{I_{xx}+I_{yy}-I_{zz}}{2}&m_i\overline{z}_i\\m_i\overline{x}_i&m_i\overline{y}_i&m_i\overline{z}_i&m_i\end{bmatrix}\tag{2-82}$$

其中，I_{xx}和I_{xy}分别为转动惯量和惯量积。

设各驱动器的惯量为$I_{i(\mathrm{act})}$，则相应驱动器的动能为$\frac{1}{2}I_{i(\mathrm{act})}\left(\frac{\mathrm{d}q_i}{\mathrm{d}t}\right)^2$，系统的总动能为：

$$K=\sum_{i=1}^{n}\sum_{p=1}^{i}\sum_{r=1}^{i}\mathrm{Trace}\left(\boldsymbol{U}_{ip}\boldsymbol{J}_i\boldsymbol{U}_{ir}^{\mathrm{T}}\frac{\mathrm{d}q_p}{\mathrm{d}t}\frac{\mathrm{d}q_r}{\mathrm{d}t}\right)+\frac{1}{2}\sum_{i=1}^{n}I_{i(\mathrm{act})}\left(\frac{\mathrm{d}q_i}{\mathrm{d}t}\right)^2\tag{2-83}$$

2. 系统势能计算

系统的势能等于每个连杆的势能之和，可以写为：

$$P=\sum_{i=1}^{n}P_i=\sum_{i=1}^{n}\left[-m_i\boldsymbol{g}\left(T_{0,\mathrm{i}}\cdot\overline{r}_i\right)\right]\tag{2-84}$$

式中，$\boldsymbol{g}$为重力矩阵，$\boldsymbol{g}=\begin{bmatrix}g_x & g_y & g_z & 0\end{bmatrix}$，$\overline{r}_i$是连杆质心在连杆坐标系中的位置。

3. 系统动力学模型建立

运用式（2-73）所示的拉格朗日方程，根据前面求得的系统动能和势能，可以得到机械臂的动力学方程，即：

$$\tau_i=\sum_{j=1}^{n}\left\{\left[\sum_{p=\max(i,j)}^{n}\mathrm{Trace}\left(\boldsymbol{U}_{pj}\boldsymbol{J}_p\boldsymbol{U}_{pi}^{\mathrm{T}}\right)\right]\frac{\mathrm{d}^2q_i}{\mathrm{d}t^2}\right\}+I_{i(\mathrm{act})}\frac{\mathrm{d}^2q_i}{\mathrm{d}t^2}$$
$$+\sum_{j=1}^{n}\sum_{k=i}^{n}\left\{\left[\sum_{p=\max(i,j,k)}^{n}\mathrm{Trace}\left(\boldsymbol{U}_{pjk}\boldsymbol{J}_p\boldsymbol{U}_{pi}^{\mathrm{T}}\right)\right]\frac{\mathrm{d}q_j}{\mathrm{d}t}\frac{\mathrm{d}q_k}{\mathrm{d}t}\right\}+\sum_{p=i}^{n}-m_p\boldsymbol{g}^{\mathrm{T}}\boldsymbol{U}_{pi}\overline{r}_p \tag{2-85}$$

令：

$$\boldsymbol{D}_{ij}=\sum_{p=\max(i,j)}^{n}\mathrm{Trace}\left(\boldsymbol{U}_{pj}\boldsymbol{J}_p\boldsymbol{U}_{pi}^{\mathrm{T}}\right) \tag{2-86}$$

$$\boldsymbol{D}_{ijk}=\sum_{p=\max(i,j,k)}^{n}\mathrm{Trace}\left(\boldsymbol{U}_{pjk}\boldsymbol{J}_p\boldsymbol{U}_{pi}^{\mathrm{T}}\right) \tag{2-87}$$

$$\boldsymbol{D}_i=\sum_{p=i}^{n}-m_p\boldsymbol{g}^{\mathrm{T}}\boldsymbol{U}_{pi}\overline{r}_p \tag{2-88}$$

那么机械臂的动力学模型可以表示为：

$$\boldsymbol{\tau}_i=\sum_{j=1}^{n}\left(\boldsymbol{D}_{ij}\frac{\mathrm{d}^2q_i}{\mathrm{d}t^2}\right)+I_{i(\mathrm{act})}\frac{\mathrm{d}^2q_i}{\mathrm{d}t^2}+\sum_{j=1}^{n}\sum_{k=i}^{n}\left(\boldsymbol{D}_{ijk}\frac{\mathrm{d}q_j}{\mathrm{d}t}\frac{\mathrm{d}q_k}{\mathrm{d}t}\right)+\boldsymbol{D}_i \tag{2-89}$$

式中，第一项为角加速度惯量项，第二项为驱动器惯量项，第三项为科氏力和向心力项，第四项为重力项。若将惯量项进行统一表示，则式（2-89）也可以写为：

$$\boldsymbol{\tau}=\boldsymbol{M}(\boldsymbol{q})\ddot{\boldsymbol{q}}+\boldsymbol{C}(\boldsymbol{q},\dot{\boldsymbol{q}})\dot{\boldsymbol{q}}+\boldsymbol{G}(\boldsymbol{q}) \tag{2-90}$$

为了帮助读者理解，下面通过一个具体的例子来介绍机械臂动力学模型的建立方法。一个二自由度的 RP 机械臂由一个旋转关节和一个滑动关节组成，其广义坐标为 θ 和 r，如图 2-11 所示。

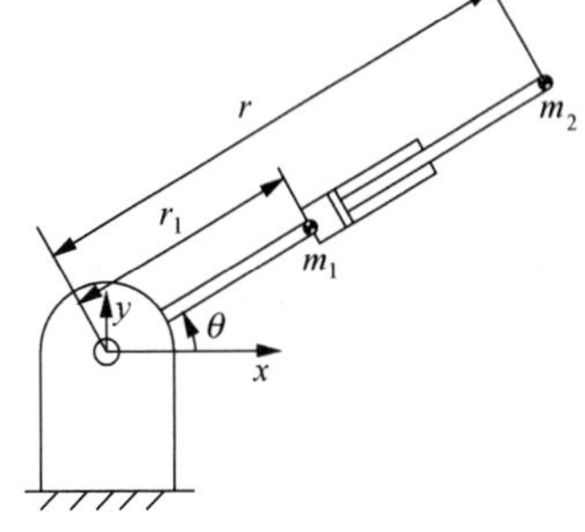

图 2-11　RP 机械臂示意图

4. 质心位置和速度

如果采用拉格朗日方程来建立图 2-11 所示机械臂的动力学模型，则需要计算连杆 1 和连杆 2 所具有的动能和势能。首先写出它们在笛卡儿坐标系中的位置和速度。

对于连杆 1，有：

$$\begin{cases}x_1=r_1\cos\theta\\y_1=r_1\sin\theta\end{cases}$$

其中 r_1 为常数，它代表第一根连杆的长度。连杆 1 的速度为：

$$\begin{cases}\dot{x}_1=-r_1\dot{\theta}\sin\theta\\\dot{y}_1=r_1\dot{\theta}\cos\theta\end{cases}$$

连杆 1 速度的平方为：

$$v_1^2=\dot{x}_1^2+\dot{y}_1^2=r_1^2\dot{\theta}^2 \tag{2-91}$$

对于连杆 2，有：

$$\begin{cases}x_2=r\cos\theta\\y_2=r\sin\theta\end{cases}$$

其中，r 为变量，所以有：

$$\begin{cases}\dot{x}_2 = \dot{r}\cos\theta - r\dot{\theta}\sin\theta \\ \dot{y}_2 = \dot{r}\sin\theta + r\dot{\theta}\cos\theta\end{cases} \tag{2-92}$$

连杆 2 速度的平方为：

$$v_2^2 = \dot{x}_2^2 + \dot{y}_2^2 = \dot{r}^2 + r^2\dot{\theta}^2 \tag{2-93}$$

5. 系统动能和势能及机械臂动力学模型

由连杆 1 和连杆 2 的速度可以得到它们各自的动能分别为：

$$K_1 = \frac{1}{2}m_1 v_1^2 = \frac{1}{2}m_1 r_1^2 \dot{\theta}^2$$

$$K_2 = \frac{1}{2}m_2 v_2^2 = \frac{1}{2}m_2\left(\dot{r}^2 + r^2\dot{\theta}^2\right)$$

系统的总动能为：

$$K = K_1 + K_2 = \frac{1}{2}m_1 r_1^2\dot{\theta}^2 + \frac{1}{2}m_2\dot{r}^2 + \frac{1}{2}m_2 r^2\dot{\theta}^2 \tag{2-94}$$

由连杆 1 和连杆 2 的位置可以得到它们各自的势能分别为：

$$P_1 = m_1 g r_1 \sin\theta,\quad P_2 = m_2 g r \sin\theta \tag{2-95}$$

系统的总势能为：

$$P = P_1 + P_2 = m_1 g r_1 \sin\theta + m_2 g r \sin\theta \tag{2-96}$$

由 $q_1 = \theta$，$q_2 = r$，结合式（2-73），我们可以得到这个 RP 机械臂的动力学模型，即：

$$\begin{cases}\tau_\theta = m_1 r_1^2\ddot{\theta} + m_2 r^2\ddot{\theta} + 2m_2\dot{\theta}\dot{r} + g\cos\theta\left(m_1 r_1 + m_2 r\right) \\ F_r = m_2\ddot{r} - m_2\dot{\theta}^2 + m_2 g\sin\theta\end{cases} \tag{2-97}$$

2.4.2 差速驱动轮式机器人动力学建模

在对差速驱动轮式机器人进行运动学建模的基础上，通过对自主智能体系统受力、受力矩的分析，本小节进一步提出其动力学模型[5]。同样地，为了方便对模型进行简化，下面介绍的建模是在 2.2.1 小节提到的诸多约束条件下进行的，即：车辆与地面无滑动，速度方向平行于地面，点 C 为质心。同时对于动力学模型，忽略空气动力学的影响。在图 2-7 的基础上进一步对其进行受力分析，如图 2-12 所示。

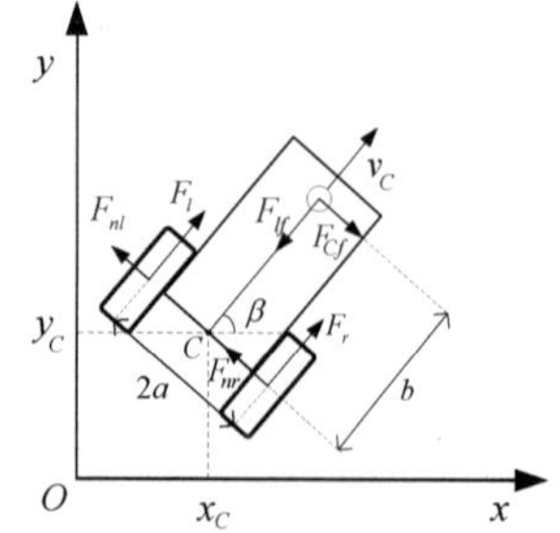

图 2-12 差速驱动轮式机器人受力分析图

其中 F_l、F_r 是自主智能体系统左右两轮由于车轮转动从地面得到的驱动力，F_{nl}、F_{nr} 是左右两轮受到的侧向力，F_{lf}、F_{Cf} 是前面的辅助轮受到的纵向力和侧向力，b 是辅助轮到质心 C 的距离。

首先对自主智能体系统后面两个驱动轮进行分析，设电机和传动机构的粘性摩擦系数为 μ_e，则对于左右驱动轮有：

$$\begin{cases}I_w\ddot{\beta}_r + \mu_e\dot{\beta}_r = \tau_r - rF_r \\ I_w\ddot{\beta}_l + \mu_e\dot{\beta}_l = \tau_l - rF_l\end{cases} \tag{2-98}$$

式中，I_w 为驱动轮的转动惯量，τ_l 和 τ_r 为自主智能体系统左右驱动轮的驱动力矩，β_l 和 β_r 为自主智能体系统左右驱动轮的角度。

然后对自主智能体系统的本体进行分析，根据图 2-12，以点 C 为质心，可以得到：

$$\begin{cases}\left[\left(F_r+F_l\right)-F_{lf}\right]\cos\beta-\left(F_n-F_{Cf}\right)\sin\beta=m_C\ddot{x}_C\\ \left[\left(F_r+F_l\right)-F_{lf}\right]\sin\beta+\left(F_n-F_{Cf}\right)\cos\beta=m_C\ddot{y}_C\\ \left(F_r-F_l\right)a-F_{Cf}b=I_C\ddot{\beta}\end{cases} \tag{2-99}$$

$$F_n=F_{nl}+F_{nr} \tag{2-100}$$

式中，m_C 为自主智能体系统的质量，I_C 为自主智能体系统相对于质心 C 的转动惯量。

一般定义 $\boldsymbol{q}=\begin{bmatrix}x_C & y_C & \beta\end{bmatrix}^{\mathrm{T}}$ 为自主智能体系统的运动状态。结合式（2-98）~式（2-100）以及在运动学建模中得到的式（2-29），可以得到差速驱动轮式机器人完整的动力学模型：

$$\boldsymbol{M}(\boldsymbol{q})\ddot{\boldsymbol{q}}+\boldsymbol{C}(\boldsymbol{q},\dot{\boldsymbol{q}})\dot{\boldsymbol{q}}+\boldsymbol{F}(\dot{\boldsymbol{q}})=\boldsymbol{B}(\boldsymbol{q})\boldsymbol{\tau} \tag{2-101}$$

式中，$\boldsymbol{M}(\boldsymbol{q})$ 为自主智能体系统的惯性矩阵，$\boldsymbol{C}(\boldsymbol{q},\dot{\boldsymbol{q}})$ 为与位置和速度有关的向心力和科式力矩阵，$\boldsymbol{F}(\dot{\boldsymbol{q}})$ 为摩擦力项，$\boldsymbol{B}(\boldsymbol{q})$ 为输入变换矩阵，$\boldsymbol{\tau}$ 为输入力矩，且 $\boldsymbol{\tau}=\begin{bmatrix}\tau_l & \tau_r\end{bmatrix}^{\mathrm{T}}$，各项的值如下：

$$\boldsymbol{M}(\boldsymbol{q})=\begin{bmatrix}m_C r+\dfrac{2I_w}{r}\cos^2\beta & \dfrac{I_w}{r}\sin 2\beta & 0\\ \dfrac{I_w}{r}\sin 2\beta & m_C r+\dfrac{2I_w}{r}\sin^2\beta & 0\\ 0 & 0 & I_C r+\dfrac{2a^2}{r}I_w\end{bmatrix} \tag{2-102}$$

$$\boldsymbol{C}(\boldsymbol{q},\dot{\boldsymbol{q}})=\begin{bmatrix}\dfrac{2\mu_e}{r}\cos^2\beta-\dfrac{I_w}{r}\dot{\beta}\sin 2\beta & \dfrac{\mu_e}{r}\sin 2\beta+\dfrac{2I_w}{r}\dot{\beta}\cos^2\beta & 0\\ \dfrac{\mu_e}{r}\sin 2\beta-\dfrac{2I_w}{r}\dot{\beta}\sin^2\beta & \dfrac{2\mu_e}{r}\sin^2\beta+\dfrac{I_w}{r}\dot{\beta}\sin 2\beta & 0\\ 0 & 0 & \dfrac{2\mu_e a^2}{r}\end{bmatrix} \tag{2-103}$$

$$\boldsymbol{F}(\dot{\boldsymbol{q}})=\begin{bmatrix}F_{lf}r\cos\beta+F_n r\sin\beta-F_{Cf}r\sin\beta\\ F_{lf}r\cos\beta+F_n r\sin\beta-F_{Cf}r\sin\beta\\ F_{Cf}rb\end{bmatrix} \tag{2-104}$$

$$\boldsymbol{B}(\boldsymbol{q})=\begin{bmatrix}\cos\beta & \sin\beta\\ \sin\beta & \cos\beta\\ -a & a\end{bmatrix} \tag{2-105}$$

式（2-101）是差速驱动轮式机器人完整的动力学模型，它体现了自主智能体系统在左右驱动轮驱动力矩的作用下的运动状态。

2.4.3 无人驾驶车辆动力学建模

在无人驾驶车辆的动力学模型中，通常有用于分析车辆平顺性的质量-弹簧-阻尼模型和用于分析车辆操作稳定性的车辆-轮胎模型。两者分析的侧重点不同，车辆平顺性分析侧重于分析车辆的悬架特性，而车辆操作稳定性分析侧重于分析车辆的纵向与侧向动力学特性。本小节主要对车辆操作稳定性进行分析，从而基于此动力学模型对车辆跟踪期望路径的稳定性做研究[6]。无人驾驶车辆的动力学模型可以用于对控制器模型进行预测，因此在提高模型准确率的同时需要尽可能地对模型进行简化，以减少计算量[7]。

综上所述，在对无人驾驶车辆进行动力学建模时，需要进行一系列理想化的假设。

（1）忽略转向系统的影响，直接以前轮转角为输入。

（2）假定无人驾驶车辆的质心在地面上，即无人驾驶车辆不会发生轮荷转移，因此每根车轴上的两个车轮可以用一个位于轴中间的车轮代替，整个无人驾驶车辆被简化为“单轨模型”。

（3）忽略悬架的作用，无人驾驶车辆没有垂直、俯仰和侧偏运动。

（4）忽略空气动力学的影响。

在以上约束条件下，建立图 2-13 所示的无人驾驶车辆单轨模型，并对其进行分析。

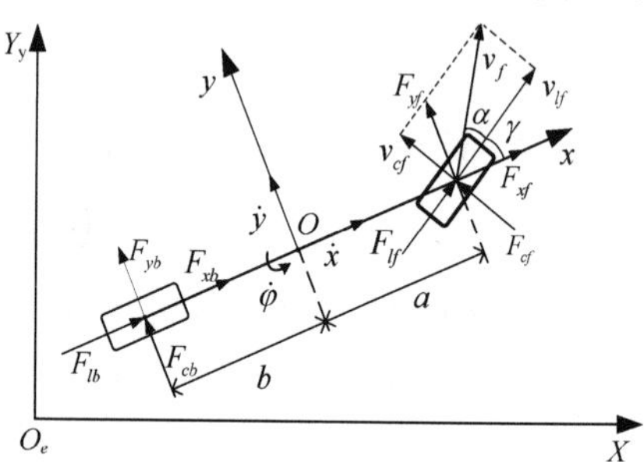

图 2-13　无人驾驶车辆单轨模型

为了方便对无人驾驶车辆进行分析，在无人驾驶车辆上固连坐标系 $Oxyz$，坐标原点 O 为无人驾驶车辆的质心位置，x 轴和 y 轴方向如图 2-13 所示，分别为无人驾驶车辆的纵轴和横轴，z 轴方向由右手定则确定，则 xOz 平面包含无人驾驶车辆左右的对称轴，xOy 平面固连于地面的惯性坐标系。

图 2-13 中轮胎的受力定义如下。

F_{lf}，F_{lb}——前后轮胎受到的纵向力。

F_{cf}，F_{cb}——前后轮胎受到的横向力。

F_{xf}，F_{xb}——前后轮胎受到的 x 轴方向上的力。

F_{yf}，F_{yb}——前后轮胎受到的 y 轴方向上的力。

根据牛顿第二定律，分别得到沿 x 轴、沿 y 轴和绕 z 轴的运动方程。

沿 x 轴：

$$m\ddot{x} = m\dot{y}\dot{\varphi} + 2F_{xf} + 2F_{xb} \tag{2-106}$$

沿 y 轴：

$$m\ddot{y} = -m\dot{x}\dot{\varphi} + 2F_{yf} + 2F_{yb} \tag{2-107}$$

绕 z 轴：

$$I_z\ddot{\varphi} = 2aF_{yf} - 2bF_{yb} \tag{2-108}$$

上式中，a 和 b 分别为前轮和后轮到质心的距离，m 为无人驾驶车辆的整车质量，I_z 为无人驾驶车辆绕 z 轴转动的转动惯量。

车轮受到的纵向力和侧向力与车轮在 x 轴和 y 轴上受力的转换关系如下：

$$F_{xf} = F_{lf}\cos\gamma - F_{cf}\sin\gamma\text{，}\quad F_{yf} = F_{lf}\sin\gamma + F_{cf}\cos\gamma \tag{2-109}$$

$$F_{xb} = F_{lb}\text{，}\quad F_{yb} = F_{cb} \tag{2-110}$$

车轮受到的纵向力和侧向力与车轮侧偏角、滑移率、路面摩擦系数和垂向载荷等参数有关，进而可以得到：

$$F_l = f_l(\alpha, s, \mu, F_z) \tag{2-111}$$

$$F_c = f_c(\alpha, s, \mu, F_z) \tag{2-112}$$

式中，α 为车轮侧偏角，s 为车轮在地面上运动的滑移率，μ 为路面摩擦系数，F_z 为车轮受到的垂向载荷。车轮侧偏角可以通过分析图 2-13 中的几何关系得到：

$$\alpha = \tan^{-1}\frac{v_c}{v_l} \tag{2-113}$$

式中，v_c 和 v_l 分别表示车轮在纵向和侧向的速度，它们与坐标轴方向上的速度有以下关系：

$$v_c = v_y\cos\gamma - v_x\sin\gamma \tag{2-114}$$

$$v_l = v_y\sin\gamma + v_x\cos\gamma \tag{2-115}$$

通过分析图 2-13 中的几何关系，可以得到车轮速度与车身速度的关系：

$$v_{yf} = \dot{y} + a\dot{\varphi}\ ,\quad v_{yb} = \dot{y} - b\dot{\varphi} \tag{2-116}$$

$$v_{xf} = \dot{x}\ ,\quad v_{xb} = \dot{x} \tag{2-117}$$

车轮在地面上运动的滑移率 s 与车轮行驶速度 v、车轮旋转角速度 ω_t、车轮半径 r 相关：

$$s = \begin{cases} \dfrac{rv\omega_t}{v} - 1, & (v > r\omega_t, v \neq 0) \\ 1 - \dfrac{v}{r\omega_t}, & (v < r\omega_t, \omega_t \neq 0) \end{cases} \tag{2-118}$$

假设无人驾驶车辆行驶速度较慢，忽略轮荷转移，则无人驾驶车辆前后轮的垂向载荷可以通过下式计算：

$$F_{zf} = \frac{bmg}{2(a+b)} \tag{2-119}$$

$$F_{zb} = \frac{amg}{2(a+b)} \tag{2-120}$$

最后考虑车身坐标系与惯性坐标系之间的关系，可得：

$$\begin{cases} \dot{Y} = \dot{x}\sin\varphi + \dot{y}\cos\varphi \\ \dot{X} = \dot{x}\cos\varphi - \dot{y}\sin\varphi \end{cases} \tag{2-121}$$

综合式（2-106）~式（2-121），可以得到无人驾驶车辆的非线性动力学模型，然而由于式（2-111）及式（2-112）并未给出车轮的具体模型，因此无人驾驶车辆具体的动力学模型还不能得出。根据以上各式，可以发现除了路面摩擦系数 μ 以及车轮与路面的滑移率 s 以外，其他参数都可以通过无人驾驶车辆的状态信息计算得到。路面摩擦信息是和路面有关的固有参数，在给定路面情况以后就能获取，而对于滑移率 s 的控制则非常复杂。因此假设无人驾驶车辆具备良好的防抱死制动系统，滑移率始终保持在最佳工作点，则系统可以描述为以下状态空间表达式：

$$\dot{\boldsymbol{S}}_{\text{dyn}} = f_{\text{dyn}}\left(\boldsymbol{S}_{\text{dyn}}, \boldsymbol{u}_{\text{dyn}}\right) \tag{2-122}$$

式中，状态量为 $\boldsymbol{S}_{\text{dyn}} = \left[\dot{y} \quad \dot{x} \quad \varphi \quad \dot{\varphi} \quad y \quad x\right]^{\text{T}}$，控制量为 $\boldsymbol{u}_{\text{dyn}} = \gamma$。

为了进一步得到无人驾驶车辆的完整动力学模型，还需要对车轮模型进行探究。车轮模型结构复杂，通常分为理论车轮模型、经验车轮模型和物理车轮模型等。帕采卡（Pacejka）提出的以魔术公式为基础的经验车轮模型得到了广泛的运用[8]，它的一般表达式为：

$$Y(x) = D\sin\left\{C\arctan\left[Bx - E\left(Bx - \arctan Bx\right)\right]\right\} \tag{2-123}$$

式中，系数 B, C, D 由车轮的垂向载荷和外倾角决定，分别为刚度因子、形状因子和峰值因子；E 为曲率因子；x 为输入变量，可以是车轮的侧偏角或者滑移率；Y 为输出变量，可以是车轮的纵向力、侧向力或者回正力矩。

运用魔术公式得到一组车轮纵向力和侧向力的数据后，可根据数据绘制不同载荷下车轮纵向力和侧向力的曲线[9]，如图 2-14 和图 2-15 所示。

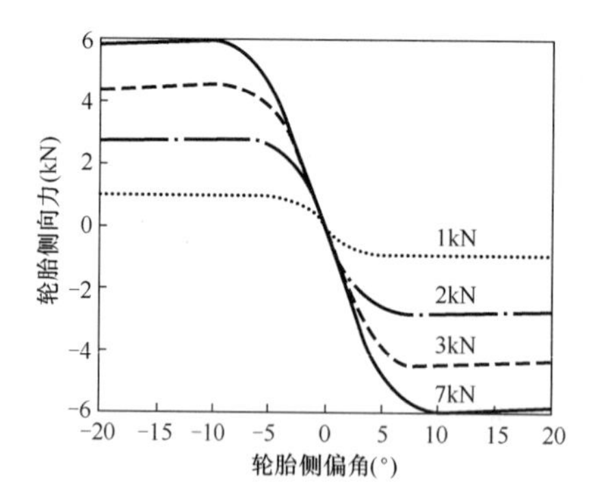

图 2-14　车轮侧偏力与侧偏角的关系

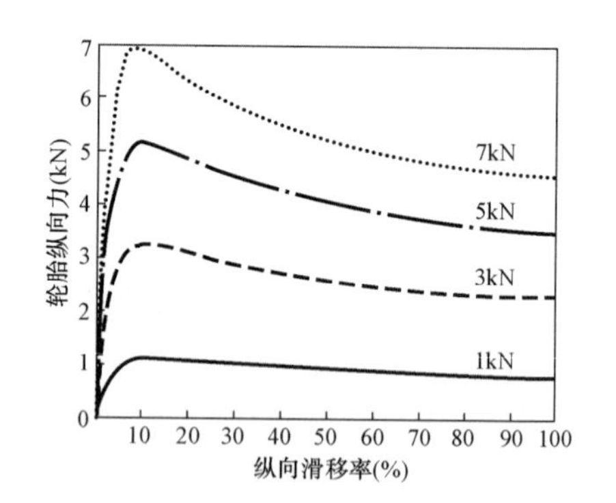

图 2-15　车轮纵向力与滑移率的关系

由图 2-14 和图 2-15 可知，当侧偏角和滑移率较小时，车轮侧偏力和纵向力可以用线性函数来近似描述，这在侧向加速度小于或等于 $0.4g$ 时具有较高的拟合精度。因此，为了简化模型，我们假设车轮的侧偏角和滑移率较小，侧向加速度小于或等于 $0.4g$，从而得到以下车轮纵向力和侧向力公式，即线性车轮模型为：

$$F_l = C_l s\,,\quad F_c = C_c \alpha \tag{2-124}$$

式中，C_l 为车轮纵向刚度，C_c 为车轮侧向刚度。

在车轮力的计算中，可以提出小角度假设，从而可以得到：

$$\cos\theta \approx 1,\quad \sin\theta \approx \theta,\quad \tan\theta \approx \theta \tag{2-125}$$

式中，θ 包括了车轮的侧偏角和偏角。

进行小角度假设方便了在原模型计算中存在的大量三角函数的计算，综合式（2-113）~式（2-117）可以得到车轮侧偏角的计算公式：

$$\alpha_f = \frac{\dot{y} + a\dot{\varphi}}{\dot{x}} - \gamma,\quad \alpha_b = \frac{\dot{y} - b\dot{\varphi}}{\dot{x}} \tag{2-126}$$

再结合式（2-124）所示的线性车轮模型，可以得到前后车轮的纵向力和侧向力：

$$F_{lf}=C_{lf}s_f,\quad F_{lb}=C_{lb}s_b \tag{2-127}$$

$$F_{cf}=C_{cf}\left(\gamma-\frac{\dot{y}+a\dot{\varphi}}{\dot{x}}\right),\quad F_{cb}=C_{cb}\left(\frac{b\dot{\varphi}-\dot{y}}{\dot{x}}\right) \tag{2-128}$$

将以上简化后的结果代入式（2-122），可以得到基于小角度假设和线性轮胎模型的无人驾驶车辆动力学非线性模型：

$$\begin{cases} m\ddot{y}=-m\dot{x}\dot{\varphi}+2\left[C_{cf}\left(\gamma-\dfrac{\dot{y}+a\dot{\varphi}}{\dot{x}}\right)+C_{cb}\left(\dfrac{b\dot{\varphi}-\dot{y}}{\dot{x}}\right)\right] \\ m\ddot{x}=m\dot{y}\dot{\varphi}+2\left[C_{lf}s_f+C_{cf}\left(\gamma-\dfrac{\dot{y}+a\dot{\varphi}}{\dot{x}}\right)\gamma+C_{lb}s_b\right] \\ I_z\ddot{\varphi}=2\left[aC_{cf}\left(\gamma-\dfrac{\dot{y}+a\dot{\varphi}}{\dot{x}}\right)-bC_{cr}\left(\dfrac{b\dot{\varphi}-\dot{y}}{\dot{x}}\right)\right] \\ \dot{Y}=\dot{x}\sin\varphi+\dot{y}\cos\varphi \\ \dot{X}=\dot{x}\cos\varphi-\dot{y}\sin\varphi \end{cases} \tag{2-129}$$

2.4.4 轮式移动机器人动力学性质

在本章的运动学模型和动力学模型建立过程中提到的无人驾驶车辆和差速驱动轮式机器人都属于轮式移动机器人的范畴，它们具有一些统一的动力学性质。本小节将对这些统一的性质进行探索。

尽管各个轮式移动机器人可能拥有不同的车辆结构和物理参数，但是在非完整约束下的动力学模型都可以由以下方程组进行描述[10]：

$$\boldsymbol{M}(\boldsymbol{q})\ddot{\boldsymbol{q}}+\boldsymbol{C}(\boldsymbol{q},\dot{\boldsymbol{q}})\dot{\boldsymbol{q}}+\boldsymbol{F}(\dot{\boldsymbol{q}})+\boldsymbol{G}(\boldsymbol{q})+\boldsymbol{\tau}_d=\boldsymbol{B}(\boldsymbol{q})\boldsymbol{\tau}+\boldsymbol{A}^{\mathrm{T}}(\boldsymbol{q})\boldsymbol{\lambda} \tag{2-130}$$

$$\boldsymbol{A}^{\mathrm{T}}(\boldsymbol{q})\dot{\boldsymbol{q}}=\boldsymbol{0} \tag{2-131}$$

式中各项的含义介绍如下。

$\boldsymbol{q}\in\boldsymbol{R}^{n\times1}$——$n$ 维广义坐标。

$\boldsymbol{M}(\boldsymbol{q})\in\boldsymbol{R}^{n\times n}$——对称正定的系统惯性矩阵。

$\boldsymbol{C}(\boldsymbol{q},\dot{\boldsymbol{q}})\in\boldsymbol{R}^{n\times n}$——与位置和速度有关的向心力与科式力矩阵。

$\boldsymbol{F}(\dot{\boldsymbol{q}}),\boldsymbol{G}(\boldsymbol{q})\in\boldsymbol{R}^{n\times1}$——分别为摩擦力和重力项。

$\boldsymbol{\tau}_d\in\boldsymbol{R}^{n\times1}$——未知扰动。

$\boldsymbol{\tau}\in\boldsymbol{R}^{r\times1}$——输入向量。

$\boldsymbol{B}(\boldsymbol{q})\in\boldsymbol{R}^{n\times r}$——输入变换矩阵。

$\boldsymbol{\lambda}\in\boldsymbol{R}^{m\times1}$——约束力向量。

$\boldsymbol{A}^{\mathrm{T}}(q)\in\boldsymbol{R}^{n\times m}$——非完整约束矩阵。

对于平面轮式移动机器人，势能保持不变，故重力项 $\boldsymbol{G}(\boldsymbol{q})=\boldsymbol{0}$，进而有：

$$\boldsymbol{M}(\boldsymbol{q})\ddot{\boldsymbol{q}}+\boldsymbol{C}(\boldsymbol{q},\dot{\boldsymbol{q}})\dot{\boldsymbol{q}}+\boldsymbol{F}(\dot{\boldsymbol{q}})+\boldsymbol{\tau}_d=\boldsymbol{B}(\boldsymbol{q})\boldsymbol{\tau}+\boldsymbol{A}^{\mathrm{T}}(\boldsymbol{q})\boldsymbol{\lambda} \tag{2-132}$$

根据式（2-29），存在 $n-m$ 维的速度向量 $\boldsymbol{V}(t)=\begin{bmatrix}v_1 & v_2 & \cdots & v_{n-m}\end{bmatrix}^{\mathrm{T}}$，使得：

$$\dot{\boldsymbol{q}}=\boldsymbol{S}(\boldsymbol{q})\boldsymbol{V}(t) \tag{2-133}$$

所有允许的速度都包含在非完整约束矩阵 $\boldsymbol{A}^{\mathrm{T}}(\boldsymbol{q})$ 的零空间内。

对式（2-133）求导可得：

$$\ddot{\boldsymbol{q}}=\dot{\boldsymbol{S}}\boldsymbol{V}+\boldsymbol{S}\dot{\boldsymbol{V}} \tag{2-134}$$

将式（2-134）代入式（2-132）可得：

$$\boldsymbol{M}\left(\dot{\boldsymbol{S}}\boldsymbol{V}+\boldsymbol{S}\dot{\boldsymbol{V}}\right)+\boldsymbol{C}\left(\boldsymbol{S}\boldsymbol{V}\right)+\boldsymbol{F}+\boldsymbol{\tau}_d=\boldsymbol{B}\boldsymbol{\tau}+\boldsymbol{A}^{\mathrm{T}}\boldsymbol{\lambda} \tag{2-135}$$

为了消去约束项，在上式等号两边同时左乘 $\boldsymbol{S}^{\mathrm{T}}$，可得：

$$\boldsymbol{S}^{\mathrm{T}}\boldsymbol{M}\boldsymbol{S}\dot{\boldsymbol{V}}+\boldsymbol{S}^{\mathrm{T}}\left(\boldsymbol{M}\dot{\boldsymbol{S}}+\boldsymbol{C}\boldsymbol{S}\right)\boldsymbol{V}+\boldsymbol{S}^{\mathrm{T}}\boldsymbol{F}+\boldsymbol{S}^{\mathrm{T}}\boldsymbol{\tau}_d=\boldsymbol{S}^{\mathrm{T}}\boldsymbol{B}\boldsymbol{\tau} \tag{2-136}$$

式（2-136）即为非完整约束机器人的动力学方程，其可进一步简写为：

$$\bar{\boldsymbol{M}}(\boldsymbol{q})\dot{\boldsymbol{V}}+\bar{\boldsymbol{C}}(\boldsymbol{q},\dot{\boldsymbol{q}})\boldsymbol{V}+\bar{\boldsymbol{F}}(\dot{\boldsymbol{q}})+\bar{\boldsymbol{\tau}}_d=\bar{\boldsymbol{B}}(\boldsymbol{q})\boldsymbol{\tau} \tag{2-137}$$

式中各项的含义介绍如下。

$\bar{\boldsymbol{M}}(\boldsymbol{q})=\boldsymbol{S}^{\mathrm{T}}\boldsymbol{M}\boldsymbol{S}\in\boldsymbol{R}^{(n-m)\times(n-m)}$——对称正定的惯性矩阵。

$\bar{\boldsymbol{C}}(\boldsymbol{q},\dot{\boldsymbol{q}})=\boldsymbol{S}^{\mathrm{T}}\left(\boldsymbol{M}\dot{\boldsymbol{S}}+\boldsymbol{C}\boldsymbol{S}\right)\in\boldsymbol{R}^{(n-m)\times(n-m)}$——新的向心力与科式力矩阵。

$\bar{\boldsymbol{F}}(\dot{\boldsymbol{q}})=\boldsymbol{S}^{\mathrm{T}}\boldsymbol{F}\in\boldsymbol{R}^{(n-m)\times 1}$——新的摩擦力项。

$\bar{\boldsymbol{\tau}}_d=\boldsymbol{S}^{\mathrm{T}}\boldsymbol{\tau}_d\in\boldsymbol{R}^{(n-m)\times 1}$——新的干扰项。

$\bar{\boldsymbol{B}}(\boldsymbol{q})=\boldsymbol{S}^{\mathrm{T}}\boldsymbol{B}\in\boldsymbol{R}^{(n-m)\times r}$——新的输入矩阵。

$\boldsymbol{V}\in\boldsymbol{R}^{(n-m)\times 1}$——广义速度向量。

$\boldsymbol{\tau}\in\boldsymbol{R}^{r\times 1}$——输入力矩向量。

非完整约束下的轮式移动机器人的动力学模型通常满足以下性质。

（1）有界性。系统惯性矩阵 $\boldsymbol{M}(\boldsymbol{q})$ 和向心力与科氏力矩阵 $\boldsymbol{C}(\boldsymbol{q},\dot{\boldsymbol{q}})$ 对于所有的 $\boldsymbol{q},\dot{\boldsymbol{q}}$ 是一致有界的，即存在正定函数 $\eta(\boldsymbol{q})$ 以及正数 α_l 和 α_h，使得：

$$\begin{cases}\boldsymbol{0}<\alpha_l\boldsymbol{I}\leqslant\boldsymbol{M}(\boldsymbol{q})\leqslant\alpha_h\boldsymbol{I}\\ \boldsymbol{C}^{\mathrm{T}}(\boldsymbol{q},\dot{\boldsymbol{q}})\boldsymbol{C}(\boldsymbol{q},\dot{\boldsymbol{q}})\leqslant\eta(\boldsymbol{q})\boldsymbol{I}\end{cases} \tag{2-138}$$

（2）正定性。对于任意 $\boldsymbol{q}$，系统惯性矩阵 $\boldsymbol{M}(\boldsymbol{q})$ 与 $\bar{\boldsymbol{M}}(\boldsymbol{q})$ 是对称正定的。

（3）斜对称性。矩阵 $\dot{\boldsymbol{M}}(\boldsymbol{q})-2\boldsymbol{C}(\boldsymbol{q},\dot{\boldsymbol{q}})$ 对于任意的 $\boldsymbol{q},\dot{\boldsymbol{q}}$ 都是斜对称的，矩阵 $\dot{\bar{\boldsymbol{M}}}(\boldsymbol{q})-2\bar{\boldsymbol{C}}(\boldsymbol{q},\dot{\boldsymbol{q}})$ 也是斜对称的，即对任意的向量 $\boldsymbol{x},\boldsymbol{y}$，有：

$$\begin{cases}\boldsymbol{x}^{\mathrm{T}}\left(\dot{\boldsymbol{M}}(\boldsymbol{q})-2\boldsymbol{C}(\boldsymbol{q},\dot{\boldsymbol{q}})\right)\boldsymbol{x}=\boldsymbol{0}\\ \boldsymbol{y}^{\mathrm{T}}\left(\dot{\bar{\boldsymbol{M}}}(\boldsymbol{q})-2\bar{\boldsymbol{C}}(\boldsymbol{q},\dot{\boldsymbol{q}})\right)\boldsymbol{y}=\boldsymbol{0}\end{cases} \tag{2-139}$$

（4）线性性质。轮式移动机器人对于动力学方程中的物理参数具有线性性质，即如果系统惯性矩阵 $\boldsymbol{M}(\boldsymbol{q})$ 或 $\bar{\boldsymbol{M}}(\boldsymbol{q})$ 以及向心力与科氏力矩阵 $\boldsymbol{C}(\boldsymbol{q},\dot{\boldsymbol{q}})$ 或 $\bar{\boldsymbol{C}}(\boldsymbol{q},\dot{\boldsymbol{q}})$ 中的定常系数（质量、转动惯量）可由一个向量 $\boldsymbol{\Phi}$ 或 $\bar{\boldsymbol{\Phi}}$ 表示，那么就可以定义矩阵 $\boldsymbol{Y}(\boldsymbol{q},\boldsymbol{q},\dot{\boldsymbol{q}})$ 或 $\bar{\boldsymbol{Y}}(\boldsymbol{q},\boldsymbol{q},\dot{\boldsymbol{q}})$，以使：

$$\begin{cases}\boldsymbol{M}(\boldsymbol{q})\ddot{\boldsymbol{q}}+\boldsymbol{C}(\boldsymbol{q},\dot{\boldsymbol{q}})\dot{\boldsymbol{q}}=\boldsymbol{Y}(\boldsymbol{q},\boldsymbol{q},\dot{\boldsymbol{q}})\boldsymbol{\Phi}\\ \bar{\boldsymbol{M}}(\boldsymbol{q})\dot{\boldsymbol{V}}+\bar{\boldsymbol{C}}(\boldsymbol{q},\dot{\boldsymbol{q}})\boldsymbol{V}=\bar{\boldsymbol{Y}}(\boldsymbol{q},\boldsymbol{q},\dot{\boldsymbol{q}})\bar{\boldsymbol{\Phi}}\end{cases} \tag{2-140}$$

2.5 本章小结

数学模型的建立对于自主智能体系统的研究具有重要的意义，可以说，自主智能体系统的设计、开发、控制都是基于其数学模型进行的。在模型的建立过程中，一方面要注重模型的正确性和严谨性，另一方面又要尽量对模型进行简化，以减轻计算量，保证算法的实时性。

本章主要介绍了自主智能体系统数学描述的相关知识，包括刚体位姿描述、运动学建模、拉格朗日方程以及动力学建模 4 部分。其中，刚体位姿描述是自主智能体系统运动学和动力学建模的基础，它提供了建模对象和环境物体的位姿描述方法；运动学建模中举了几个典型的例子，介绍了几种常见的自主智能体系统建模方法；拉格朗日方程是自主智能体系统动力学建模的重要方法，它可以大大简化一些比较复杂的动力学模型的建模过程；动力学建模中，我们以运动学模型中提到的几种常见的自主智能体为例，使用拉格朗日方程以及牛顿-欧拉法进一步建立了它们的动力学模型，并总结了一些轮式移动机器人的基本动力学特性。

2.6 参考文献

[1] PAUL R P. Robot manipulators: mathematics, programming, and control[M]. Cambridge: The MIT Press, 1981.

[2] 熊有伦, 李文龙, 陈文斌, 等. 机器人学：建模、控制与视觉[M]. 武汉: 华中科技大学出版社, 2018.

[3] SAEED B N. 机器人学导论：分析、控制及应用[M]. 孙富春, 朱纪洪, 刘国栋, 等, 译.北京: 电子工业出版社, 2013.

[4] 李想. 滑移情况下轮式移动机器人轨迹跟踪控制研究[D]. 上海: 同济大学, 2016.

[5] 张轲, 吴毅雄, 吕学勤, 等. 差速驱动式移动焊接机器人动力学建模[J]. 机械工程学报, 2008, 44(11): 116-20.

[6] RAJAMANI R. Vehicle Dynamics and Control [M]. New York: Springer US, 2006.

[7] 龚建伟, 姜岩, 徐威. 无人驾驶车辆模型预测控制[M]. 北京: 北京理工大学出版社, 2014.

[8] PACEJKA H B, BAKKER E. The magic formula tyre model[J]. Vehicle system dynamics, 1992, 21(S1): 1-18.

[9] 郑香美, 高兴旺, 赵志忠. 基于“魔术公式”的轮胎动力学仿真分析[J]. 机械与电子, 2012(9): 16-20.

[10] 宋兴国. 轮式机器人的移动系统建模及基于模型学习的跟踪控制研究[D]. 哈尔滨: 哈尔滨工业大学, 2015.

03 chapter 自主智能体系统的决策与规划

本章要点：

- 了解自主智能体系统决策与规划的概念；
- 了解自主智能体系统决策与规划的研究现状；
- 掌握自主智能体系统常用决策方法；
- 掌握自主智能体系统常用规划方法。

本章介绍自主智能体系统的决策与规划问题。自主智能体系统的决策与规划能力直接决定其自主运动的性能。决策能够在环境信息获取和理解的基础上，确定自主智能体系统的行为以指导自主智能体系统做下一步动作。规划能够在相应的约束条件和决策动作的指导下，帮助自主智能体在状态空间中求得合理可行的路径。

3.1 自主智能体系统的决策

3.1.1 问题描述

1. 问题介绍

自主智能体系统的决策是指在环境信息感知和自身信息获取的基础上，智能体根据当前状态做出的合理动作决策，其在自主智能体系统的整个运行过程中扮演着至关重要的角色[1]。从20世纪70年代开始，在地面、水下、空中等不同领域，研究人员均取得了一定的研究成果；到20世纪90年代末，针对高速和野外环境中的无人驾驶车辆的研发工作取得了重大突破。其间，在针对自主智能体系统决策的研究中诞生了许多不同的理论和方法，主要包括基于规则的行为决策和基于学习的行为决策[2]。

基于规则的行为决策，将自主智能体系统的行为进行划分，并根据规则、知识、经验、法规等建立行为规则库，根据不同的环境信息划分智能体状态，按照规则逻辑确定智能体行为；其代表方法为有限状态机（Finite State Machine，FSM）[3]。

基于学习的行为决策，通过对环境样本进行自主学习，由数据驱动建立行为规则库，然后利用不同的学习方法与网络结构，根据不同的环境信息直接进行行为匹配，进而输出决策行为。该方法以决策树和强化学习等各类机器学习方法为代表[4]。

以无人驾驶车辆为例，其决策系统根据感知层输出的信息合理决策当前车辆的行为，并根据不同的行为确定轨迹规划的约束条件，指导轨迹规划模块规划出合适的路径、车速等信息[5]。在实际的城市环境中，决策系统的主要任务可以简单地表示为跟车和超车两种选择，如图3-1所示，车辆需要根据环境信息和车辆状态等情况对车辆的下一步动作进行选择。

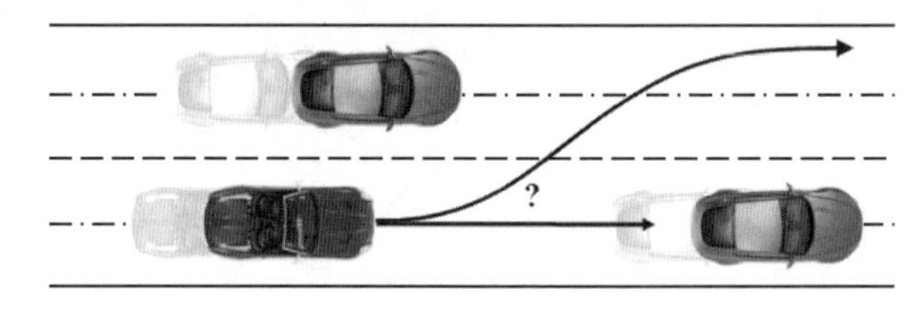

图 3-1 城市环境下无人驾驶车辆决策系统

2. 研究现状

从20世纪70年代至今，以有限状态机为代表的基于规则的自主智能体系统行为决策技术获得了高速的发展，并越来越多地应用到了实际的场景中。进入21世纪以来，随着计算机算力的大幅提升，机器学习及强化学习得到了爆发式的发展，基于学习的自主智能体系统行为决策方法的相关研究取得了巨大的进步[6]。

基于规则的行为决策方法因其具有逻辑清晰、实用性强等特点，在自主智能体系统行为决策领域得到了广泛应用。有限状态机作为其典型代表，根据状态分解的连接逻辑可将其结构分为串联式、并联式和混联式3种[5]。麻省理工学院的"Talos无人车"的行为决策系统采用了基于有限状态机的串联式结构。该无人驾驶车辆以越野工况挑战赛为任务目标，根据逻辑层级构建决策系统。斯坦福大学与大众公司合力研发的"Junior无人车"的行为决策系统则采用了典型的并联式结构，该系统包含初始化、前向行驶、停止标志前等待、路口通过、U形弯等

13 个子状态，各个子状态相互独立。中国科学技术大学研发的“智能驾驶Ⅱ号”行为决策系统采用典型的混联式结构[5]，如图 3-2 所示。该系统融合了专家算法和机器学习算法：顶层决策系统采用并联式有限状态机，包括 U 形弯、城市道路工况、自主泊车工况、路口预处理、路口工况等模块；底层决策系统采用学习算法，用以得出车辆的具体目标状态及目标动作。

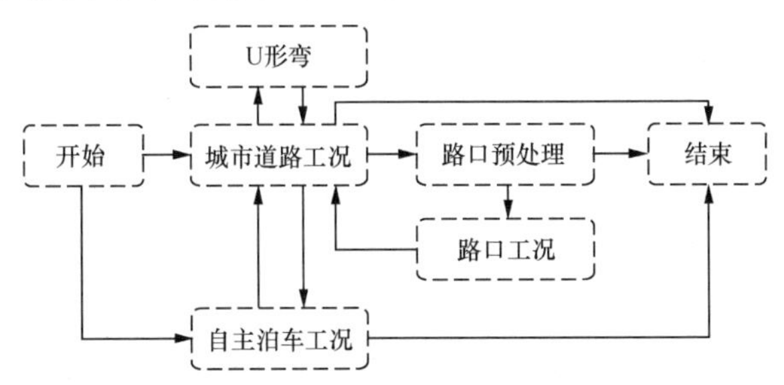

图 3-2 “智能驾驶Ⅱ号”行为决策系统

基于学习的行为决策方法，因具有强大的学习和表征能力，在当前的研究中受到了更多的关注。决策树是机器学习理论中的一种具有代表性的方法。中国科学技术大学的“智能驾驶Ⅱ号”将其应用于系统底层决策，其先由顶层有限状态机决策得到具体场景，再由底层决策树决策得到相应的决策动作。针对不同场景，首先要确定当前场景的条件属性（即系统输入，如自车车速、干扰车车速等）和决策属性（即系统输出，如加速直行、停车让行等），再通过决策树学习条件属性和决策属性的对应关系。无人驾驶车辆在实际运行时，会将驾驶环境信息转化成条件属性，并将其交由决策树进行计算，最终得出决策指令，指导自身的行为操作。决策树具有知识自动获取、表达准确、结构清晰简明的优点，但也存在数据获取难度大、数据可靠性不足、数据离散化处理后精度不足等问题。

近年来，因为数据规模的扩大和硬件算力的提升，以深度强化学习为代表的算法成为了当前自主智能体系统决策研究的热点。以色列的 Mobileye 公司基于感知-决策-控制的非端到端系统架构[7]，把强化学习应用在了高级驾驶策略的学习上，提高了决策过程的可操作性和泛化性。关于端到端的系统架构，深度强化学习可以利用传感器数据进行端到端训练，直接输出速度和方向角以控制智能体的运动。图 3-3 所示为基于深度强化学习的端到端系统架构，其结合高级驾驶辅助系统（Advanced Driving Assistance System，ADAS）可进一步保证车辆安全行驶。

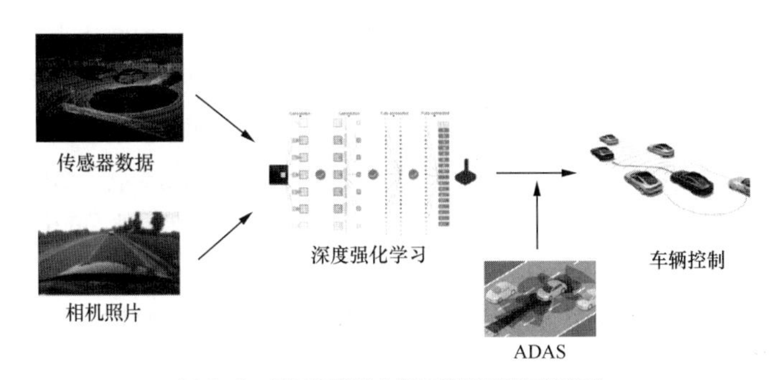

图 3-3 基于深度强化学习的端到端系统架构

现阶段，有限状态机作为基于规则的行为决策方法的代表，已经较为成熟并被广泛应用于国内外诸多实际智能体。基于学习的行为决策方法，如决策树、深度学习、强化学习等，近年来发展迅速，具有广泛的应用前景。

3. 技术难点

基于规则和基于学习的行为决策方法有着各自的技术难点[8]，对应着不同的应用场景。

基于规则的行为决策系统算法逻辑清晰，可解释性强，稳定性强，便于建模；模型可调整性强，可拓展性高，通过状态机的分层可以实现较为复杂的组合功能。但是状态切割划分的条件导致自主智能体系统行为不连贯、行为规则库触发条件易重叠，从而易造成系统失效及规则难以覆盖所有工况等问题，这是自主智能体系统在复杂工况处理与算法性能提升方面存在的瓶颈。

基于学习的行为决策系统的场景泛化能力强，通过大数据系统易覆盖全部工况；算法具备自学习性能，能够自行提炼环境特征和决策属性，便于系统优化迭代；不必遍历各种工况，通过数据的训练完善模型，模型正确率会随数据的完备而得以提升。但是算法决策结果可解释性差，模型修正难度大；算法不具备场景遍历广度优势，不同场景所须采用的学习模型可能完全不同；同时学习需要大量试验数据作为样本，决策效果依赖于数据质量。样本数量不足、数据质量差等都会引发过学习、欠学习等问题。

现阶段，对于自主智能体系统的行为决策的研究已经取得了一定的进展，但仍有许多技术难点需要进一步突破[9]。

（1）基于规则的行为决策模型状态划分问题。状态划分需要依据明确的边界条件，但在自主智能体系统的实际运行过程中，行为动作间存在某些“灰色地带”，即同一场景下可能有一个以上合理的行为选择，这使得状态存在冲突。对于行为决策系统而言，其一方面要避免冲突状态强行划分而造成行为不连贯，另一方面也要能够判断处于“灰色地带”的不同行为的最优解。在行为决策系统中引入其他决策理论，如DS证据理论、决策仲裁机制、博弈论等，是解决该问题的可行途径。

（2）基于规则的行为决策模型复杂场景遍历问题。在基于规则的行为决策模型中，需要人工设定规则库以泛化智能体的运动状态，这种模式使得行为决策模型具有广度遍历优势。但随着环境场景的增多与复杂化，规则库的规模也越来越庞大，这会使算法变得臃肿；而针对同一场景的深度遍历，基于规则的行为决策模型难以根据环境细节的变化做出不同的决策结果。对于基于规则的行为决策系统而言，其宜采用规则与学习相结合的方法；顶层采用基于规则的行为决策模型，根据场景进行层级遍历；底层采用基于学习的行为决策模型，根据具体场景分模块应用。这样可以简化算法结构，增强场景遍历的深度，并可减小数据依赖量，保证决策结果的稳健性与正确性。

（3）基于学习的行为决策模型的稳定性与可解释性问题。基于学习的行为决策模型的训练结果与样本数量、样本质量以及网络结构均有关。如果基于学习的行为决策模型过于复杂，则会造成无法区分有效数据和无效数据的问题，削弱模型的泛化能力；如果基于学习的行为决策模型过于简单，或者样本数量不足、对场景遍历次数不够，则会导致规则提炼不精准，出现欠学习问题。此外，基于学习的行为决策模型逻辑解释性较差，不便于实际应用中的调整与修正。对于基于学习的行为决策系统而言，其一方面要收集大量可靠、高质量的试验数据，选择合理的算法，配置合理的试验参数，并调整网络结构；另一方面要将基于学习的行为决策方法更多地作为决策子模块的解决方案，而非要将行为决策系统作为一个整体进行学习和训练。这样才可以发挥基于学习的行为决策模型的优势，并提高其稳定性与可解释性。

3.1.2 基于有限状态机的决策方法

1. 有限状态机介绍

有限状态机（FSM）又称为“有限状态自动机”，是表示有限个状态以及在这些状态之间转移的数学模型，常用于自主智能体决策系统、正则表达式引擎、编译器的词法和语法分析等方面。FSM 能简单地反映抽象系统，它只对特定的外界输入产生数量有限的响应。在 FSM 中，我们只能构造有限数量的状态，外界的输入只能让 FSM 在有限的状态中从一个状态跳转到另一个状态。

任何一个 FSM 都可以用状态转换图来描述，它是一个带标号边的有向图。图 3-4 所示是一个简单的 FSM，图中的节点表示 FSM 中的状态，带标号的有向边表示发生状态变化的条件。

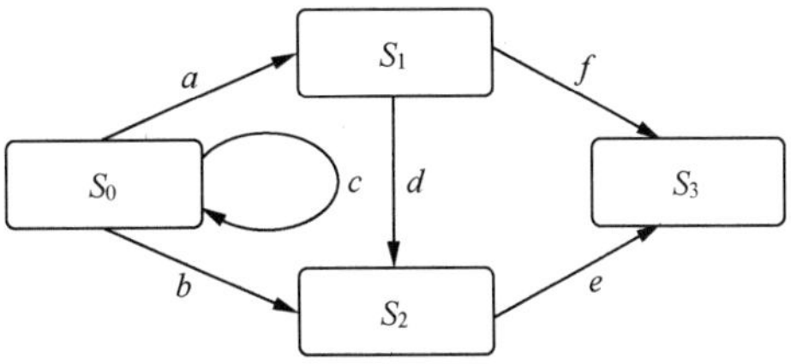

图 3-4　FSM 状态转换图

一个 FSM 可表示为 $\boldsymbol{M}=(\boldsymbol{S},\boldsymbol{I},\boldsymbol{O},f,g,s_0)$，其通常包含以下几部分。

（1）有限的状态集合 $\boldsymbol{S}$。FSM 中所有状态的集合可表示为 $\boldsymbol{S}=\{s_0,s_1,\cdots,s_n\}$。

（2）有限的输入 $\boldsymbol{I}$，包含状态机可能接收到的所有输入，是所有可能输入的集合。例如，假设系统有启动、停止两个按钮 a 和 b，它们不能同时被按下，那么以这两个按钮为输入的 FSM 的输入集合为 $\boldsymbol{I}=\{a,b\}$。

（3）有限的输出 $\boldsymbol{O}$，即 FSM 能够做出的响应的集合。很多情况下 FSM 并不一定有输出，即 $\boldsymbol{O}$ 为空集。终止状态 s_n 是 $\boldsymbol{O}$ 的元素。

（4）转移逻辑 f，即 FSM 从一个状态跳转到另一个状态的条件，通常由当前状态和输入组成，可表示为 $f:\boldsymbol{S}\times\boldsymbol{I}\rightarrow\boldsymbol{S}$。

（5）输出函数 g。g 是每个状态和输入所对应的输出功能函数，当 FSM 没有输出时，g 为空。输出函数通常可表示为 $g:\boldsymbol{S}\times\boldsymbol{I}\rightarrow\boldsymbol{O}$。

（6）初始状态 s_0。无任何输入时，FSM 默认处于初始状态。

根据是否有输出可以将 FSM 分为两类：接收器（Acceptors）和变换器（Transducers），其中，接收器没有输出但是有结束状态，而变换器则有输出集合。FSM 也可以分为确定型（Deterministic）和非确定型（Non-Deterministic）自动机。在确定型自动机中，每个状态针对每个可能的输入只有一个精确的转移。在非确定型自动机中，给定的状态针对给定的可能输入可以没有或有多于一个的转移。FSM 算法框架如下所示，当构建好 FSM 的规则模型之后，程序只须循环判断输出 $\boldsymbol{O}$ 和状态 s 是否需要改变即可。

FSM 算法框架

```
（1）注册所有状态，并设定初始状态 s0，当前状态 s = s0
            M = (S,I,O,f,g,s0)
while (1) do:
（2）等待输入 I 并计算当前状态 s 和输出 O
    if 存在输入 I then
        输出 O ← g(S,I)
        当前状态 s ← f(S,I)
    end if
end while
```

对图 3-4 所示的状态转换图的应用如图 3-5 所示。初始状态为 s_1，当输入条件为 d 时，

$f(\boldsymbol{S},\boldsymbol{I})$ 为 s_2，即系统状态从状态 s_1 跳转到 s_2。当再输入条件 a 时，$f(\boldsymbol{S},\boldsymbol{I})$ 仍为 s_2，输出错误信息：状态 s_2 中没有跳转条件 a。最后输入条件 e 时，$f(\boldsymbol{S},\boldsymbol{I})$ 为 s_3，即系统状态从状态 s_2 跳转到 s_3，同时输出信息：这是最终状态。

2. 分层 FSM

目前在智能体行为规划上并没有一个“最佳解决方案”，普遍认可和采用的方法是分层 FSM（Hierarchical Finite-State Machine，HFSM）。HFSM 也是早期无人驾驶车辆挑战赛中被许多队伍采用的行为规划方法，而 FSM 则是 HFSM 的基础。

当抽象系统中的状态有很多时，FSM 就有可能变得非常庞大。假设 FSM 有 N 个状态，那么其可能的状态转换就有 $N \times N$ 种，当 N 的数量很大时，FSM 的结构就会变得更加复杂。此外，FSM 还存在以下几个问题。

（1）可维护性差。当新增或者删除一个状态时，需要改变所有与之相关联的状态，所以对 FSM 的大幅度修改都很容易出错。

（2）可扩展性差。当 FSM 包含大量状态时，有向图可读性很差，不方便扩展。

（3）复用性差。几乎不可能在多个项目中使用相同的 FSM。

HFSM 则可以有效解决上述问题，其将同一类型的 FSM 作为一个 FSM，然后再做一个大的 FSM 来维护这些子 FSM，如图 3-6 所示。

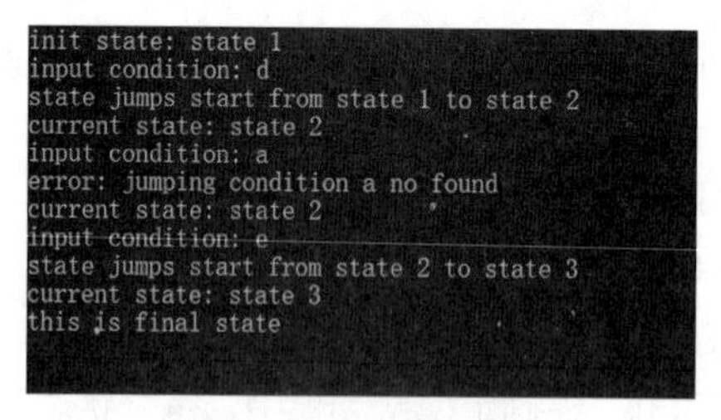

图 3-5　FSM 跳转实例

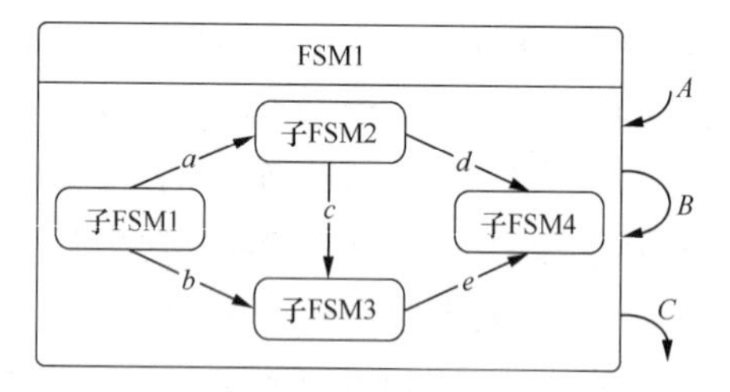

图 3-6　HFSM

HFSM 外层的状态称为“顶级状态”（Superstate），内层的状态称为“子状态”（Substate）。HFSM 将性质相同的一组状态作为一个集合，子状态之间通过条件完成跳转，顶级状态之间也存在转移逻辑，不同顶级状态之间的子状态相互不发生关系，这就意味着 HFSM 不需要为每个状态和其他所有状态建立转移逻辑。由于状态被归类，状态更加模块化，提高了行为规划的可维护性和重用性。

3. 基于 FSM 的决策

自主智能体系统的行为规划层从某种程度上来说也是一种反应系统，自主智能体系统的决策（也就是自主智能体系统下一时刻的状态）是基于自主智能体系统当前所处的状态以及来自感知模块的信息（输入）共同决定的。斯坦福大学的“Junior 无人车”[10]的行为规划系统就是基于 HFSM 而搭建的，其在 2007 年举行的美国国防高级研究计划局（Defense Advanced Research Projects Agency，DARPA）城市挑战赛中以第二名完成比赛。下面以无人驾驶车辆为例，采用图 3-7 所示的 HFSM 来

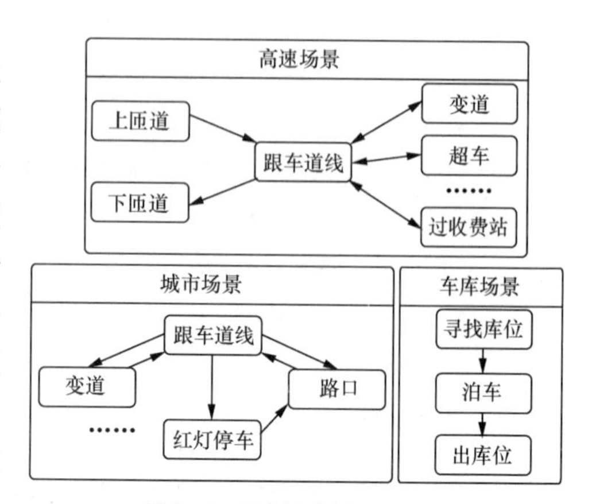

图 3-7　无人驾驶车辆 HFSM

表示无人驾驶车辆在半结构化道路中的行为决策过程。

高速、城市以及车库是车辆所处的 3 种常见场景，车辆在不同场景下有不同的状态以及转移逻辑。高速场景中车辆状态分析如下。

（1）上匝道。高速场景的初始状态，车辆从匝道加速进入高速会车。

（2）跟车道线。车辆在高速上行驶，尽可能保证车辆处于车道线中间。

（3）变道。当车道上出现事故或施工等情况时，车辆进入此状态，变道至一个可行的车道。

（4）超车。如果前面的车辆行驶过慢，则进入此状态加速超过前面的车辆。

（5）过收费站。如果车辆前方有收费站，则减速通过收费站。

（6）下匝道。高速场景的结束状态，车辆进入匝道并驶离高速。

同理，在城市场景中也可设计类似高速场景中的子状态及转移逻辑，介绍如下。

（1）跟车道线。车辆根据提前做好的路网图，沿当前道路的车道线中间行驶。

（2）变道。和高速场景相同，当车道上出现事故或施工等情况时，车辆进入此状态，变道至一个可行的车道。

（3）红灯停车。当前方路口出现红灯时，车辆在车道停止线前减速停车。

（4）路口。在这一状态下，无人驾驶车辆处理十字路口通过这一场景，即等待直至确认能够安全通过。

车库场景相对简单，主要由寻找库位、泊车以及驶出库位等状态组成。在实际的无人驾驶应用中，需要实现的 FSM 将更为复杂，但是由于 HFSM 比传统的 FSM 更为模块化，因此采用 HFSM 进行无人驾驶车辆的行为决策更容易进行维护。

3.1.3 基于决策树的决策方法

1. 决策树介绍

决策树在机器学习中是一种预测模型，用来预测样本的类型[5]，也称作“分类树”或“回归树”。在树的结构里，叶子节点表示类标，内部节点表示属性。决策树是一种以示例信息为基础的归纳学习方法，目前应用较为广泛的决策树算法为 ID3。ID3 算法是一种自顶向下、“贪婪”的搜索方法，它选择测试属性的依据是信息熵的下降速度，也就是说，对于其内部节点，选择信息增益最大且还没有用于划分的属性作为其进行分枝的依据，接着不断重复迭代，直至得到能对训练样本集进行分类的决策树。在决策树构造中，如何选取一个条件属性并将其作为形成决策树的节点是构造决策树的核心，一般情况下，会选择最能代表训练样本集不同类别特征的属性作为其测试属性。

ID3 算法是决策树构造中的经典算法，它将信息论中用来表示信息的不确定性度量——熵引入其中，并通过计算各个属性的信息增益（Information Gain）来对训练样本数据集合进行划分，在划分时会将其中信息增益最大的属性作为其当前节点。关于信息增益的具体计算过程如下。

设 $\boldsymbol{U}$ 是论域，$\{X_1,\cdots,X_n\}$ 是 $\boldsymbol{U}$ 的一个划分，其上有概率分布 $p_i=P(X_i)$，则称

$$H(\boldsymbol{X})=-\sum_{i=1}^{n}p_i\text{lb}p_i$$

为信源 $\boldsymbol{X}$ 的信息熵，其中对数以 2 为底。当某个 p_i 为 0 时，可以理解为 $0\cdot\text{lb}0=0$。

设 $\boldsymbol{Y}=\begin{Bmatrix}Y_1 & Y_2\cdots Y_n\\ q_1 & q_2\cdots q_n\end{Bmatrix}$ 是一个信息源，即 $\{Y_1,Y_2,\cdots,Y_n\}$ 是 $\boldsymbol{U}$ 的另一个划分，$P(Y_j)=q_j$，

$\sum_{j=1}^{n} q_j = 1$，则已知信息源 $\boldsymbol{X}$ 是信息源 $\boldsymbol{Y}$ 的条件熵 $H(\boldsymbol{Y} \mid \boldsymbol{X})$ 定义为：

$$H(\boldsymbol{Y} \mid \boldsymbol{X}) = \sum_{i=1}^{n} P(X_i) H(\boldsymbol{Y} \mid X_i)$$

其中 $H(\boldsymbol{Y} \mid X_i) = -\sum_{j=1}^{n} P(Y_j \mid X_i) \mathrm{lb} P(Y_j \mid X_i)$ 为事件 X_i 发生时信息源 $\boldsymbol{Y}$ 的条件熵。

在 ID3 算法分类问题中，每个实体可用多个特征来描述，每个特征限于在一个离散集中取互斥的值。ID3 算法的基本原理为：设 $\boldsymbol{E} = \boldsymbol{F}_1 \times \boldsymbol{F}_2 \times \cdots \times \boldsymbol{F}_n$ 是 n 维有穷向量空间，其中 $\boldsymbol{F}_i$ 是有穷离散符号集。$\boldsymbol{E}$ 中的元素 $\boldsymbol{e} = < V_1, V_2, \cdots, V_n >$ 称为样本空间中的一个样本，其中 $V_j \in \boldsymbol{F}_i$，$(j = 1, 2, \cdots, n)$。为简单起见，假定样本例子在真实世界中仅有两个类别，在这种两个类别的归纳任务中，PE 和 NE 的实体分别称为概念的正例和反例。假设向量空间 $\boldsymbol{E}$ 中的正例集、反例集的大小分别为 P、N，则基于决策树的基本思想，ID3 算法可提出以下两种假设。

（1）在向量空间 $\boldsymbol{E}$ 上的一棵正确的决策树对任意样本集的分类概率同 $\boldsymbol{E}$ 中的正例、反例的概率一致。

（2）根据定义（1），一棵决策树对一个样本集做出正确分类，所需要的信息熵为：

$$I(P, N) = -\frac{P}{P+N} \mathrm{lb} \frac{P}{P+N} - \frac{N}{P+N} \mathrm{lb} \frac{N}{P+N}$$

如果选择属性 A 作为决策树的根，A 取 V 个不同的值 $\{A_1, A_2, \cdots, A_V\}$，则利用属性 A 可以将 $\boldsymbol{E}$ 划分为 V 个子集 $\{\boldsymbol{E}_1, \boldsymbol{E}_2, \cdots, \boldsymbol{E}_V\}$，其中 $\boldsymbol{E}_i (1 \leqslant i \leqslant V)$ 包含了 $\boldsymbol{E}$ 中属性 A 取 A_i 值的样本数据。假设 $\boldsymbol{E}_i$ 中含有 p_i 个正例和 n_i 个反例，那么子集 $\boldsymbol{E}_i$ 所需要的期望信息是 $I(p_i, n_i)$，以属性 A 为根所需要的期望熵为：

$$E(A) = \sum_{i=1}^{V} \frac{p_i + n_i}{P+N} I(p_i, n_i)$$

其中，$I(p_i, n_i) = -\frac{p_i}{p_i + n_i} \mathrm{lb} \frac{p_i}{p_i + n_i} - \frac{n_i}{p_i + n_i} \mathrm{lb} \frac{n_i}{p_i + n_i}$，以 A 为根的信息增益为：

$$\mathrm{Gain}(A) = I(P, N) - E(A)$$

ID3 算法将 $\mathrm{Gain}(A)$ 最大的属性 A^* 作为根节点，并对 A^* 的不同取值对应的 $\boldsymbol{E}$ 的 V 个子集递归调用上述过程以生成 A^* 的子节点 $B_1, B_2, \cdots, B_V$。

ID3 算法的基本原理虽然仅基于两类问题，但是它很容易被扩展到多类问题。设样本集 $\boldsymbol{S}$ 共有 C 类样本，每类的样本数为 $P_i (i = 1, 2, \cdots, C)$。如果以属性 A 为决策树的根，且 A 具有 V 个值 $A_1, A_2, \cdots, A_V$，则其可将 $\boldsymbol{E}$ 划分为 V 个子集 $\boldsymbol{E}_1, \boldsymbol{E}_2, \cdots, \boldsymbol{E}_V$。假设 $\boldsymbol{E}_i$ 中含有的第 j 类样本的个数为 $P_{ij} (i = 1, 2, \cdots, C)$，那么子集 $\boldsymbol{E}_i$ 的信息熵为：

$$H(\boldsymbol{E}) = -\sum_{j=1}^{C} \frac{P_{ij}}{|\boldsymbol{E}_i|} \mathrm{lb} \frac{P_{ij}}{|\boldsymbol{E}_i|}$$

以 A 为根分类后的信息熵为：

$$H(\boldsymbol{E} \mid A) = \sum_{i=1}^{V} \frac{|\boldsymbol{E}_i|}{|\boldsymbol{E}|} \cdot H(\boldsymbol{E}_i)$$

选择属性 A^*，使 $H(\boldsymbol{E} \mid A)$ 最小，信息增益将最大。

2. 决策树计算实例

表 3-1 为决策树训练数据表，15 个样本数据包括 4 个特征和对应的类别。基于表 3-1 中的数据，根据上面给出的决策树算法，可训练得到一棵决策树。

表 3-1 决策树训练数据表

ID	特征 T_1	特征 T_2	特征 T_3	特征 T_4	类别 L
1	A	0	0	D	0
2	A	0	0	E	0
3	A	1	0	E	1
4	A	1	1	D	1
5	A	0	0	D	0
6	B	0	0	D	0
7	B	0	0	E	0
8	B	1	1	E	1
9	B	0	1	F	1
10	B	0	1	F	1
11	C	0	1	F	1
12	C	0	1	E	1
13	C	1	0	E	1
14	C	1	0	F	1
15	C	0	0	D	0

上述决策任务希望通过给定数据集 S 来学习得到一棵决策树，可以通过特征 $T_1 \sim T_4$ 来预测得到该样本的类别。下面基于 ID3 算法学习得到对应的决策树。

首先计算数据集的经验熵 $H(S)$为：

$$H(S) = -\frac{9}{15}\text{lb}\frac{9}{15} - \frac{6}{15}\text{lb}\frac{6}{15} = 0.971$$

然后计算各个特征对数据集 S 的信息增益：

$$g(S,T_1) = H(S) - [\frac{5}{15}H(S_1) + \frac{5}{15}H(S_2) + \frac{5}{15}H(S_3)] = 0.083$$

$$g(S,T_2) = H(S) - [\frac{5}{15}H(S_1) + \frac{10}{15}H(S_2)] = 0.324$$

$$g(S,T_3) = H(S) - [\frac{6}{15}H(S_1) + \frac{9}{15}H(S_2)] = 0.420$$

$$g(S,T_4) = H(S) - [\frac{5}{15}H(S_1) + \frac{6}{15}H(S_2) + \frac{4}{15}H(S_3)] = 0.363$$

比较各特征的信息增益值，因为特征 T_3 有着最大的信息增益，所以将特征 T_3 作为当前最优特征，进行第一步决策树分裂。经过分裂之后，特征 T_3 会将数据集分割为两部分，之后对这两部分重复上述操作直至迭代次数或每个数据部分只包括一个类别，最后生成的具有预测功能的决策树分裂图如图 3-8 所示。

3. 基于决策树的驾驶行为决策模型

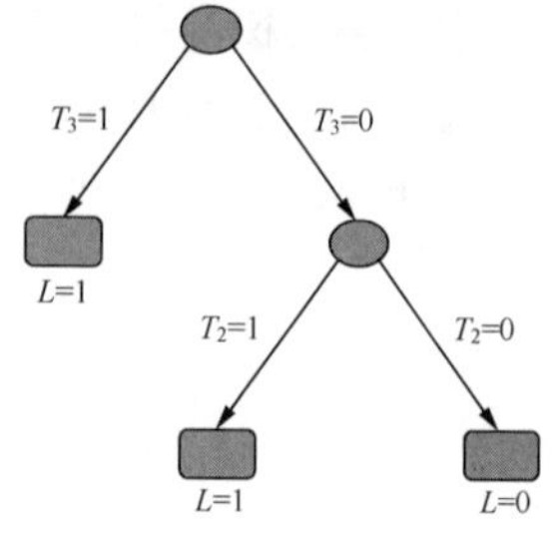

图 3-8 决策树分裂图

驾驶行为决策受诸多影响因素的制约，合理地选择属性值（即影响因素）可以有针对性地建立驾驶行为决策模型。由于驾驶过程是一个随着时间和空间的改变而不断变化的过程，因此道路、环境等各种因素都会直接影响驾驶行为决策结果。下面采用灰关联熵法对驾驶过程中的影响因素进行提取、量化和排序。

灰关联熵法是在灰关联理论基础上发展起来的。由于灰关联是通过逐点计算关联测度值的平均值来进行关联度的求解的，所以这种做法在一定程度上会造成个性信息的损失，并且存在局部关联的倾向。而灰关联熵法恰好弥补了这一不足，它利用信息熵对各个比较列与参考列的相似度进行定量的描述，并对指标进行量化处理，以完成所有相关影响因素的排序。

令参考列 $\boldsymbol{X}_0^* = \left[X_0^*(1),\cdots,X_0^*(n)\right]$ 表示驾驶行为决策时间序列，即决策属性；比较列 $\boldsymbol{X}_j^* = \left[X_j^*(1),\cdots,X_j^*(n)\right],(j=1,\cdots,m)$ 表示决策影响因素的时间序列，即决策属性对应的条件属性。由于各个条件属性的量化不同，因此需要对原始数据列做初值化数据预处理。

$$X_i(k) = \frac{X_i^*(k)}{\bar{X}_i^*},\quad k=1,2,\cdots,n,\quad i=0,1,\cdots,m$$

其中，$\bar{X}_i^*$ 为 $X_i^*(k)$ 的均值，得到的无量纲参考列为 $\boldsymbol{X}_0 = \left[X_0(1),\cdots,X_0(n)\right]$，比较列为 $\boldsymbol{X}_j = \left[X_j(1),\cdots,X_j(n)\right]$。

令 ξ_{jk} 为各个比较列与参考列之间的灰关联系数，代表比较列与参考列在各时间段内的关联度。

$$\xi_{jk} = \frac{\varDelta_{\min} + \rho\varDelta_{\max}}{\left|X_0(k) - X_j(k)\right| + \rho\varDelta_{\max}}$$

其中，$\varDelta_{\min} = \min_j \min_k \left|X_0(k) - X_j(k)\right|$；$\varDelta_{\max} = \max_j \max_k \left|X_0(k) - X_j(k)\right|$，$\rho \in (0,1)$ 为分辨系数。

以 P_{jk} 为条件属性的灰关联熵为：

$$H_j = -\sum_{k=1}^{n} P_{jk} \mathrm{lb} P_{jk}$$

其中，$P_{jk} = \dfrac{\xi_{jk}}{\sum_{k=1}^{n}\xi_{jk}}, P_{jk} \geqslant 0, \sum P_{jk} = 1$，灰关联系数分布映射。

各个比较列的灰熵关联度则可定义为：

$$E_{jk} = \frac{H_{jk}}{H_m},\quad H_m = \mathrm{lb}n$$

其中，n 为条件属性个数。

灰关联序列的排序依据为：对于比较列而言，其灰关联熵和灰熵关联度的值越大，代表其与参考列的相关程度越高，关联性越强，进而可说明其对参考列的影响程度越大，其所对应的条件属性排名就越靠前。

基于 ID3 决策树的决策方法的整体模型结构如图 3-9 所示。

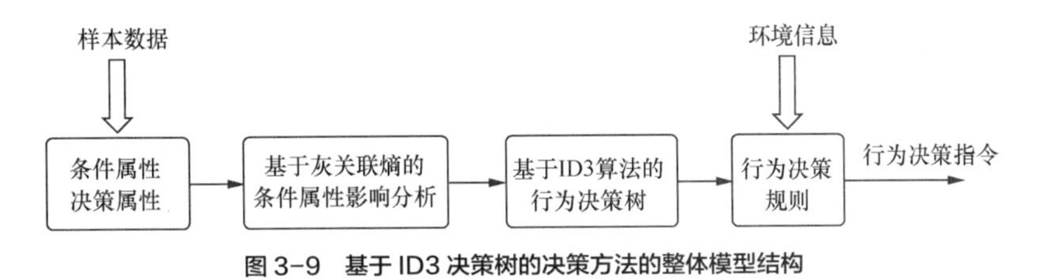

图 3-9　基于 ID3 决策树的决策方法的整体模型结构

在建立基于 ID3 算法的驾驶行为决策模型之前，首先，须确定智能体行为决策的条件属性；然后，须采用上述灰关联熵法进行条件属性影响度排序，构建行为决策树，进而提取出对应的决策规则；最后，须根据实时获取的驾驶环境信息，基于产生式规则推理出合理的驾驶行为决策指令。

3.1.4　基于强化学习的决策方法

1. 强化学习介绍

强化学习是机器学习中基于马尔科夫决策过程的一个通用问题解决框架，它通过与环境的交互不断地试错，利用环境给出的奖惩来学习，以获得最大的累积回报[11]。

强化学习的核心思想是试错，如图 3-10 所示。在强化学习中，自主智能体系统会根据当前的环境状态选择一个动作作用于环境，环境接收该动作后发生变化，同时产生一个奖惩值反馈给自主智能体系统，自主智能体系统根据奖惩值和环境的当前状态再选择下一个动作，选择的动作不仅影响当前奖惩值，而且还影响下一时刻的环境状态及最终回报值。强化学习的目的就是寻找一个最优策略，使得自主智能体系统在运行中所获得的累计奖惩值最大。

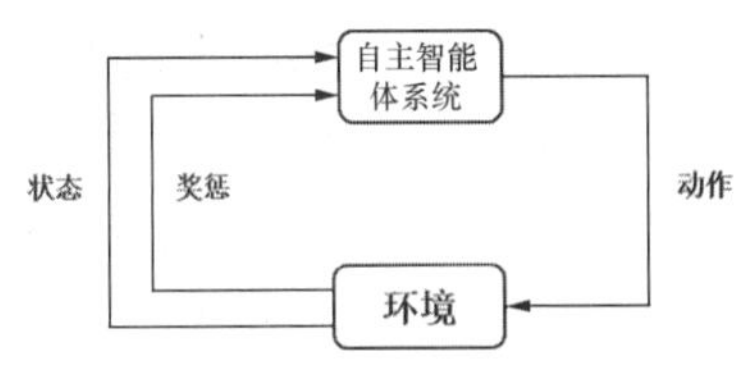

图 3-10　强化学习示意图

强化学习没有标签数据，这使它有别于监督学习；而它又会使用和环境相关的奖惩信息去指导策略的调整，因此它又有别于非监督学习，它是半监督学习的一种形式。传统的强化学习通过二维表格拟合状态和动作的价值函数，在状态和动作离散并有限的情况下，其可以收敛到最优策略。在实际场景中，状态和动作更多是连续的，带来的“维度爆炸”问题是传统强化学习无法克服的，而深度学习和强化学习的结合使强化学习能够在更广泛的场景下被应用。

在自主智能体系统的决策问题中，基于 FSM 的决策方法在简单场景、转换状态较少的情况下，可以实现较好的逻辑跳转，但对于复杂场景、转换状态较多的情况，逻辑跳转将难以调试，且对于未识别的状态无法给出较好的决策行为，深度强化学习正是该问题的解决方法之一。

深度强化学习将深度学习强大的表征能力与强化学习强大的决策能力相结合，并能够通过端到端的学习方式实现从原始状态输入到最终决策动作输出。其中，深度学习通过神经网络拟合训练数据，学习数据深层的分布并将其泛化到新的数据中，它强大的表征能力理论上可以拟合任意的分布；同时，对训练集中未出现的数据同样能给出较好的结果。强化学习能够根据当前的状态做出相应的动作决策，它不仅考虑当前动作的优劣，还追求整个决策过程下的累计奖励最大化，因此它能够考虑更长远的影响并做出更合理的决策。

2. 马尔科夫决策过程

马尔可夫决策过程具有马尔科夫性（即无后效性），下一个状态只和当前状态有关而与之前的状态无关。可以用以下公式表示。

$$P[s_{t+1} \mid s_t] = P[s_{t+1} \mid s_1, \cdots, s_t]$$

马尔科夫过程是一个二元组 $(\boldsymbol{S}, \boldsymbol{P})$，且满足 $\boldsymbol{S}$ 是有限状态集合，$\boldsymbol{P}$ 是状态转移概率。整个状态与状态之间的转换过程即为马尔科夫过程。

在马尔科夫过程中，只有状态和状态转移概率，没有在某种状态下动作的选择，将动作（即策略）考虑在内的马尔科夫过程称为马尔科夫决策过程。对于考虑了动作的马尔科夫决策过程，系统的下一个状态不仅和当前的状态有关，也和当前采取的动作有关，即状态转移概率是包括动作的，可以用以下公式表示：

$$P_{ss'}^{a} = P[S_{t+1} = s' \mid S_t = s, A_t = a]$$

马尔科夫决策过程提供了一种针对不确定性连续规划控制问题的解决框架。目前，关于马尔科夫决策过程有多种多样的定义方式，但都等价于对问题的转移描述。其中一种最为常见的方式是将马尔科夫决策过程描述为 $(\boldsymbol{S}, \boldsymbol{A}, \boldsymbol{P}, \gamma, R)$ 五元组，五元组中各参数解释如下。

$\boldsymbol{S}$：表示所有可能的状态的集合，如在车辆决策问题中，状态的定义信息可能包括当前车辆与周围障碍物的距离信息、与车道线的距离信息，以及自身和障碍物的运动速度信息等。

$\boldsymbol{A}$：表示在任意时刻可能获取到的动作的集合，如在车辆决策问题中，动作包括换左车道、换右车道、加速、减速等。

$\boldsymbol{P}$：表示状态转移概率矩阵。对于每个状态 S_i 和动作 A_i，如果给出了状态转移概率矩阵，就会以概率化的形式选出当前状态的动作。

γ：表示折扣因子，数值在 0 和 1 之间。

R：表示奖励函数是评价状态动作优劣的函数，可以根据自主智能体系统传感器能感知的信息进行设定，有线性和非线性两种表现形式。在具体问题中，由于构建状态特征到奖励函数的形式具有未知性，因此将其描述为线性和非线性方式都采用的是近似方法。

马尔科夫决策过程的动态过程如下。

某个智能体的初始状态为 s_0，然后从 $\boldsymbol{A}$ 中挑选一个动作 a_0 执行，执行后，智能体按 $P_{s_0 s_1}^{a_0}$ 概率随机转移到下一个状态 s_1；然后再执行一个动作 a_1，就转移到了状态 s_2，接下来再执行 a_2 等。状态转移的过程可表示如下：

$$s_0 \xrightarrow{a_0} s_1 \xrightarrow{a_1} s_2 \xrightarrow{a_2} s_3 \xrightarrow{a_3} \cdots$$

强化学习是基于马尔科夫决策过程的，其通过与环境的交互，学习最佳的状态到动作的映射（即策略），以使整个过程的累计奖励最大化。强化学习是一个基于马尔科夫决策过程的通用问题解决框架，下面以一个具体的方法——Q-Learning 来介绍它的实现流程。

3. Q-Learning 方法与实例

Q-Learning 是强化学习算法中 Value-based 的算法，“Q”即 $Q(s,a)$，就是在某一时刻的 s 状态($s \in \boldsymbol{S}$)下，采取动作 $a(a \in \boldsymbol{A})$能够获得收益的期望。环境会根据自主智能体系统的动作反馈相应的回报 r，所以算法的主要思想就是将状态与动作构建成一张 Q 表来存储 Q 值，作为自主智能体系统的记忆，如表 3-2 所示，然后根据 Q 值来选取能够获得最大收益的动作。

表 3-2 Q 表

状态	采取动作 a_1 时的 Q 值	采取动作 a_2 时的 Q 值
s_1	$Q(s_1,a_1)$	$Q(s_1,a_2)$
s_2	$Q(s_2,a_1)$	$Q(s_2,a_2)$
s_3	$Q(s_3,a_1)$	$Q(s_3,a_2)$

Q-learning 的动作值函数更新公式如下：

$$Q(s_t,a_t) \leftarrow (1-\alpha)Q(s_t,a_t)+\alpha[r_{t+1}+\gamma \max_a Q(s_{t+1},a_t)]$$

其中，α 为学习速率，γ 为奖励性衰变系数，采用时间差分法进行更新，目标是最大化每个状态下的 Q 值。在初始阶段，Q 表中的值为随机值，训练过程中以 α 为学习速率不断更新，直至到达设定的训练次数或 Q 表的更新幅度小于阈值，则说明已经得到了充分的训练，此时可以通过 Q 表进行决策。

对于训练之后的决策过程，当状态确定时，遍历 Q 表中的所有动作，找到当前状态对应的 Q 值最大的动作并将其作为决策输出，如图 3-11 所示。

Q-learning 是强化学习的一个典型实现方法，它通过对 Q 值的迭代学习，得到在每个状态下每个动作对应的 Q 值，在有限状态、有限动作的情况下，可以实现较好的决策效果。但 Q-learning 存在一个问题：真实情况的状态可能无穷多，这样 Q 表就会无限大。解决这个问题的办法是通过神经网络实现 Q 表。输入状态，输出不同动作对应的 Q 值，如图 3-12 所示。神经网络能够对任意状态进行拟合，因此不受状态数量的限制，在实际中有着更广泛的应用价值。

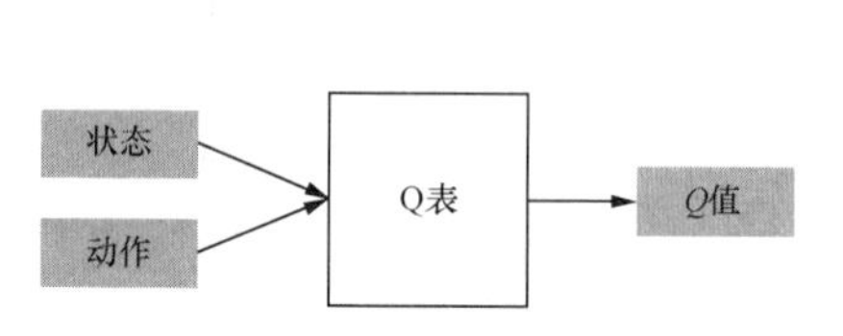

图 3-11 传统 Q-learning 决策示意图

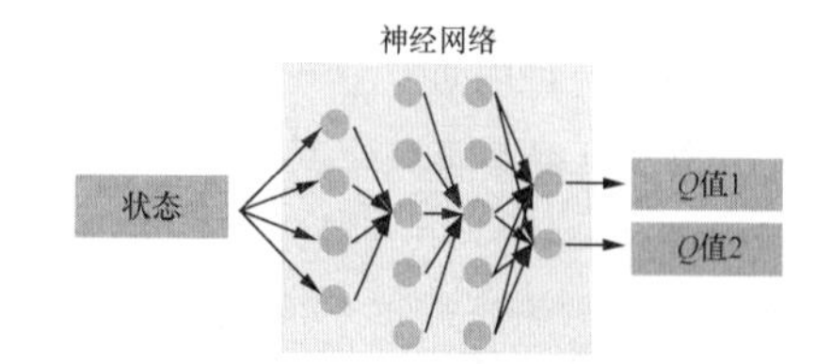

图 3-12 深度 Q-learning 决策示意图

强化学习的一个典型应用就是游戏 AI，如谷歌公司 DeepMind 团队的围棋 AI“阿尔法狗”（AlphaGo）和 OpenAI 团队的星际争霸游戏 AI AlphaStar 都使用了强化学习进行动作决策，并在顶级赛事中取得了超越职业选手的成绩。下面通过两个简单的游戏实例介绍强化学习的决策过程。

（1）Flappy Bird。利用强化学习的 Q-Learning 方法来解决小鸟怎么飞这个问题。强化学习中有状态、动作、奖赏这 3 个关键要素。自主智能体系统小鸟会根据当前状态来采取动作，并记录被反馈的奖赏，以便下次再处于相同状态时能采取更优的动作。

① 状态的选择。在这个问题中，最直观的状态提取方法就是以游戏每一帧的画面为状态。但更简单的方式是，将小鸟到下一组管子的水平距离和垂直距离之差作为小鸟的状态，使其离散化之后就可以用 Q-Learning 来进行学习了，更直观的状态定义如图 3-13 所示。对于每一个状态 $(\Delta x,\Delta y)$，Δx 为水平距离，Δy 为垂直距离。

② 动作的选择。针对每一帧，小鸟只有两种动作可选：向上飞一下，什么都不做。

③ 奖赏的选择。小鸟活着时，每一帧给予 1 的奖赏；若小鸟死亡，则给予−1000 的奖赏。

在这个问题中，状态和动作的组合是有限的。所以可以把 Q 当作是一张表格，表中的每一行记录了状态以及选择不同动作（飞或不飞）时的奖赏。

图 3-13　状态选择示意图和小鸟训练之后的较高得分

理想状态下，在完成训练后，会获得一张完美的 Q 表。我们希望只要小鸟根据当前位置查找到对应的行，选择 Q 较大的动作作为当前帧的动作，就可以一直存活。

下面是 Q-learning 训练框架（伪代码）。

Q-learning 训练框架

```
初始化 Q = {};
while Q 未收敛:
    初始化小鸟的位置 s，开始新一轮游戏
    while s != 死亡状态:
        使用策略 π，获得动作 a=π(s)
        使用动作 a 进行游戏，获得小鸟的新位置 s',与奖励 R(s,a)
        Q[s,A] ← (1-α)*Q[s,A] + α*(R(s,a) + γ* max Q[s',a])
s ← s'
```

针对上述伪代码做以下说明。

① 使用策略 π，获得动作 $a=\pi(s)$。最直观易懂的策略 $\pi(s)$ 是根据 Q 表来选择效用最大的动作，即完全贪婪策略（若两个动作效用值一样，如初始时某位置处效用值都为 0，那就选第一个动作）。

但这样的选择可能会使 Q 陷入局部最优：在位置 s_0 处第一次选择了动作 1（飞）并获取了 $r_1>0$ 的奖赏后，算法将永远无法对动作 2（不飞）进行更新，即使动作 2 的真实奖赏 $r_2>r_1$。

改进的策略为 ε-greedy 方法：每个状态以 ε 的概率进行探索，此时将随机选取飞或不飞，而剩下的 $1-\varepsilon$ 的概率则进行利用，即按上述方法选取当前状态下效用值较大的动作。

② 更新 Q 表。Q 表将根据以下公式进行更新：

$$Q(s_t,a_t)\leftarrow(1-\alpha)Q(s_t,a_t)+\alpha[r_{t+1}+\gamma\max_a Q(s_{t+1},a_t)]$$

其中，α 为学习速率，γ 为折扣因子。

根据上式可以看出，学习速率 α 越大，保留之前训练的效果就越少；折扣因子 γ 越大，$\max_a Q(s_{t+1},a_t)$ 所起到的作用就越大。考虑小鸟在对状态进行更新时，会关心眼前利益 r_{t+1} 和记忆中的利益 $\max_a Q(s_{t+1},a_t)$，后者是小鸟记忆里新位置能给出的最大效用值，因此，如果小鸟在过去的游戏中在位置 s_{t+1} 处的某个动作上获得过奖赏，则该更新方式就可以让它提早得知这个消息，以便下回再通过同一位置时能够选择正确的动作继续经过这个获得过奖赏的位置。可以看出，γ 越大，小鸟就会越重视以往经验；γ 越小，小鸟就会越重视眼前利益。

通过不断的训练，小鸟便可以学习到在各种状态下如何选择合适的动作去拿到更高的累计得分。

（2）打砖块游戏。打砖块游戏中有一个不断运动的小球，小球碰到玩家控制的横板会反弹回去，消除屏幕上方的砖块，然后得分，小球落地则游戏结束。因此需要通过移动横板来保证小球不落地，同时让小球从多个角度弹回顶部以消除更多的砖块来获取更高的分数，具体的形式如图 3-14 所示。

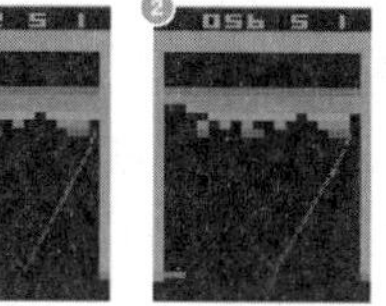
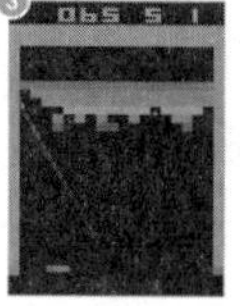

图 3-14　打砖块游戏实例

这里使用深度强化学习来实现这个游戏 AI，也就是训练一个神经网络来玩这个游戏。将屏幕图像作为输入状态，输出为 3 种动作（左移，右移，直接反弹）中的一种。强化学习会根据当前屏幕图像来选择动作，操作之后会得到反馈：得分或游戏结束，不同反馈可以得到不同的奖惩。接着根据奖惩调整自身的策略，指导下一次操作，不断积累经验，最终达到目标，获取高分。

决策问题是强化学习适合解决的问题。强化学习不完全等同于监督学习或非监督学习。监督学习中每个样本都有一一对应的标签，非监督学习则没有任何标签信息。强化学习则具有一种特殊的“标签”——奖惩值，而强化学习的目标也正是最大化累计奖惩。基于这些奖惩值，强化学习可以学会在各种情况下执行相应的操作以达到目标。

对于自主智能体系统，它同样可以通过深度强化学习去学到好的决策动作。其中，深度学习有着强大的表征能力和泛化能力，可以很好地理解从不同传感器获得的环境信息，且能够泛化到新的未知环境中；强化学习则拥有强大的决策能力，能够在理解环境的基础上做出合理的动作以获得最大的收益。

3.2　自主智能体系统的规划

3.2.1　问题描述

1. 问题介绍

自主智能体系统规划的主要任务是要在搜索空间内找到一条从初始位置到目标位置的可行或最优路径，同时满足障碍物约束和自主智能体系统动力学约束等。在自主智能体系统整体的框架中，规划层一般位于决策层之后、控制层之前，它的作用是将决策的结果规划为实际可执行的路径或轨迹，并将其传递给控制层[12]。

根据规划过程中对环境信息感知的差异程度，可以把路径规划技术分为两种：环境信息已知，只须对地图进行离线路径搜索的全局规划；环境信息未知或部分未知，需要通过传感器在线探测周围环境，并进行实时路径搜索的局部规划。

全局规划一般基于全局地图，离线规划出起点与终点之间满足给定性能指标的最优路径，是自主智能体系统运动的全局指导，也是决策模块的行动参考。常见的全局规划算法包括基于图搜索的规划算法和基于采样的规划算法。

局部规划是根据决策模块给出行为动作指令，并根据实时环境约束生成实际自主智能体系统运行轨迹的过程。它需要实时感知周围环境，生成平滑的避碰轨迹，并将轨迹传递给控制器以实现自主智能体系统对轨迹的跟踪，从而避免可能的碰撞。常见的局部规划算法包括经典的基于势场的规划算法、基于插值曲线的规划算法和基于数值优化的规划算法。

2. 研究现状

近几十年来，关于自主智能体系统规划的研究已经取得了很大的进展，各个研究团队根据处理问题的不同提出或者改进了许多算法。在图搜索算法中，状态一般表示为栅格地图中占据的网格或者栅格，图搜索算法通过访问不同栅格搜索得到最优路径。基于采样的规划算法是一类较成熟的规划算法，在机械臂运动规划领域已有丰富的应用，主要适用于高维度的规划，通过在配置空间或者状态空间随机采样实现路径规划。经典的基于势场的规划算法，以人工势场法为典型代表，其中目标对智能体有吸引力，而障碍物对智能体有排斥力，智能体能够在合力的引导下避开障碍物并到达终点。基于插值曲线的规划算法主要采用常用的插值曲线，如 B 样条曲线、多项式曲线等，将路径规划问题转化为设计曲线控制点的问题进而实现路径规划。基于数值优化的规划算法主要考虑将路径规划问题转化为受约束的最优化问题，通过数值优化方法求解最优路径。

基于图搜索的规划算法是在状态空间中访问不同栅格，从而搜索得到最优路径。Dijkstra 算法是最基本的图搜索算法，能够在栅格地图中找到到达目标点的最短路径。在改进 Dijkstra 算法搜索策略时，衍生出了许多改进算法[13]。A*算法在 Dijkstra 算法的基础上引入了启发式函数，减少了算法搜索范围，提高了算法效率。而根据自主智能体系统的实际应用需求，研究者们又提出了一系列改进的图搜索算法。动态 ARA*（Anytime Repairing A*）算法[14]根据历史规划的路径记录调整当前规划的路径，提高了规划的实时性和连续性；Field D*算法调整了两点之间启发函数的表示方法，提高了搜索的速度和收敛性；Hybrid A*算法[15]将无人驾驶车辆的模型引入 A*算法中，生成的路径更为平顺，适合无人驾驶使用，这一算法被斯坦福大学无人驾驶团队应用于 2005 年 DARPA 无人驾驶挑战赛，并在针对非结构化道路的路径规划中取得了良好效果。卡耐基梅隆大学的参赛车辆“Boss”采用了 AD*算法[16]，可以根据动态环境变化实时调整规划的轨迹，且最终获得了 2007 年 DARPA 城市挑战赛的冠军。

基于采样的规划算法[17]是通过在状态空间中随机采样从而实现路径规划的，避免了对自由空间和障碍物空间的精确建模，搜索速度快，且能避免陷入局部极值点，能有效解决高维空间和复杂约束下的路径规划问题，代表算法包括随机路图（Probabilistic Road Map，PRM）算法[18]与快速搜索随机树（Rapidly-exploring Random Tree，RRT）算法[17]。为了适应自主智能体系统在不同场景中的应用，很多改进的 RRT 算法被提出。Fast-RRT 算法[19]通过引入终点冲刺概念提高了 RRT 算法的效率，同时利用路径模板改善了路径扭动的情况，但所得路径仍然不是最优的；RRT*算法[20]经过足够多的采样，最终路径能够收敛于最优路径；对于 RRT 算法的改进还有麻省理工学院团队设计的 CL-RRT 算法[21]，该算法引入了闭环预测的概念，已被应用于 2007 年 DARPA 城市挑战赛，并取得了较好的实际效果。

近年来随着非线性优化求解问题的深入研究，基于插值曲线的自主智能体系统局部路径规划方法也得到了广泛的研究和应用。这一类算法利用不同插值曲线的特点，将路径规划问题转化为设计曲线控制点的问题来实现路径规划。文献[22]利用 Bezier 曲线[23]通过首尾控制点与首尾控制向量相切的优点设计了路径规划算法。文献[24-26]利用回旋曲线曲率与弧长相关的特点设计了平滑路径生成算法并将其应用到了局部路径规划当中。类似的算法还有基于 B 样条曲线的规划算法[27,28]和基于多项式曲线的规划算法[29,30]。基于插值曲线的规划算法具有较高的实时性，因此多适用于任务简单的自主智能体系统局部路径规划，但是其处理不规则形状路径的能力相对较差。

由于路径规划存在规划目标以及可行范围约束，本质上可将路径规划问题视作优化问题进行考虑，因此可以将路径规划转化为受约束的最优化问题，通过数值优化方法进行求解。文献[31]基于运动模型设计了优化问题，已得到了广泛应用，但是优化初值对算法性能和效果有较大的影响。类似基于数值优化的算法还包括文献[32]和文献[33]所设计的算法，它们能够实现轨迹规划，但是在求解时同样存在初值估计的问题。

各种规划算法都有各自的技术优势，适应于不同的应用场景，需要根据实际情况做出选择。基于图搜索的规划算法常用于二维场景下的全局路径规划，基于采样的规划算法则多用于机械臂等高维场景，而基于插值曲线的规划算法和基于数值优化的规划算法常用于实时性要求较高的局部路径规划中。针对无人驾驶车辆场景，无人驾驶车辆在典型结构化道路中行驶时，主要完成车道保持、变道、超车、障碍趋避等常见操作，决策层决策合适的动作后，局部行驶路径的生成就可以通过局部路径规划来实现，这对算法的实时性有较高的要求。图 3-15 所示为无人驾驶车辆局部路径规划实现变道超车的实例。

图 3-15　无人驾驶车辆局部路径规划实现变道超车

3. 技术难点

不同的路径规划方法有着不同的技术难点，对应着不同的应用场景。基于图搜索的规划算法是一种完备的路径规划算法，但是由于需要深度遍历路径上的节点，实时性较差，对于动态障碍物环境无能为力。同时基于图搜索法规划的路径精度取决于栅格化地图的分辨率，即栅格大小。基于图搜索的规划算法在应用时需要在分辨率的选取和路径搜索的复杂度之间做出权衡。

基于采样的规划算法由于对高维空间可行路径的搜索快速有效，常被用于解决多关节机械臂的路径规划问题。但因为其随机采样的特性，所以其在限定时间内并不具有规划的完备性，且会造成路径节点的冗余，也限制了最优路径的收敛速度。

基于插值曲线的规划算法基于不同插值曲线独有的特性设计路径曲线的控制点，具有较高的实时性，因此适用于任务简单的智能体局部路径规划，如结构化道路的自动驾驶、两关节机械臂的路径规划等。但是由于通常所设计的插值曲线控制点数量有限、阶次较低，故其难以处理复杂环境下的形状不规则的路径。

基于数值优化的规划算法主要将路径规划问题视作优化问题进行考虑，主要优点在于：即使在复杂情况下，也能够找到满足用户需求的最优解。由于基于数值优化的规划算法要求将轨迹的无限维函数空间投影到有限维向量空间，因此需要采用合适的离散化方法表示离散路径的有限维向量。如果离散路径的建模方法过于复杂，则优化问题求解的实时性将难以保证。目前主要采用智能体线性化模型表示离散路径、将非凸优化问题转化为凸优化问题等思路来降低优化问题的求解难度，但是基于数值优化的规划算法在求解时普遍存在初值估计的问题。

3.2.2 基于图搜索的路径规划方法

1. A*算法

在全局路径规划算法中，A*算法是一种常用的基于图搜索的路径规划算法，其通过启发式的搜索方式可以减少大量无意义的搜索，提高规划的效率。

A*算法在搜索过程中会对状态空间中的每一个搜索到的位置进行评估，得到评估值最好的位置，再从这个位置开始进行下一次搜索和评估，直至到达目标。这种对下一个位置进行评估的做法相当于是给搜索方向提供一种启发，计算启发值的函数被称为“启发函数”。在 A*算法中，设计针对位置的启发函数是十分重要的，采用不同的启发函数会有不同的效果。A*算法对应的启发函数如下：

$$f(n)=g(n)+h(n)$$

其中，$g(n)$是状态空间中起点到路径节点 n 所需要的实际代价，在搜索过程中其是已知的；$h(n)$是路径节点 n 到目标节点所需要的估计代价，它在启发函数中起着主要的作用，是启发信息的体现，且两者需要有相同的量纲；$f(n)$为两者的和，是路径节点 n 对应的整体启发函数，对下一次搜索的进行可以起到指导作用。

A*算法通常是在栅格化环境中搜索路径的，可以在四邻域和八邻域上搜索，如图 3-16 所示。启发函数 $h(n)$ 中的代价主要用路径节点(x_n, y_n)与目标节点$(x_{\text{goal}}, y_{\text{goal}})$间的距离来表示，距离主要有曼哈顿距离、对角线距离和欧几里得距离。

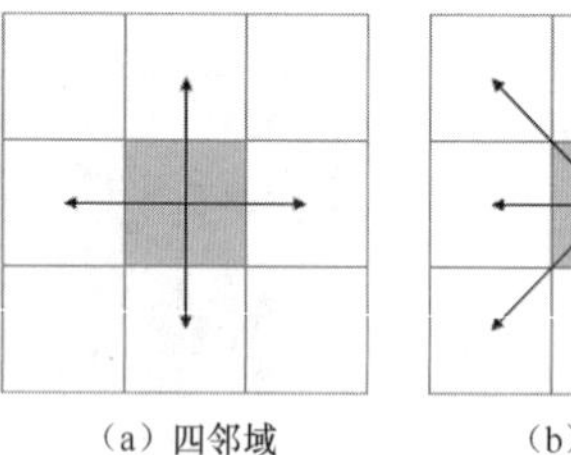

图 3-16　A*算法搜索方向选择

曼哈顿距离，也称“直角距离”或“街区距离”，公式为：

$$h(n)=\left|x_n-x_{\text{goal}}\right|+\left|y_n-y_{\text{goal}}\right|$$

对角线距离，即水平距离和垂直距离中的较大值，公式为：

$$h(n)=\max\left(\left|x_n-x_{\text{goal}}\right|,\left|y_n-y_{\text{goal}}\right|\right)$$

欧几里得距离，即直线距离，公式为：

$$h(n)=\sqrt{(x_n-x_{\text{goal}})^2+(y_n-y_{\text{goal}})^2}$$

可以在不同的情况下使用不同类型的距离，只要该启发距离小于它的实际距离，就可以保证搜索到最短路径。

2. 混合 A*算法

传统的 A*算法是著名的图搜索算法之一，其在机器人领域已被广泛应用并取得了理想的效果。然而传统的 A*算法规划路径时迭代方向为离散的，多会向 4 个方向或 8 个方向延伸，这种迭代方式导致规划所得路径是离散点。因此传统的 A*算法多用于全局路径规划，所得路径经过处理后才能应用于被控对象。针对这一问题，混合 A*算法在可行路径的搜索过程中考虑了非完整约束的智能体运动模型约束。以无人驾驶车辆为例，无人驾驶车辆不能左右（即横向）移动，因此混合 A*算法在搜索过程中去除了左右方向路径的延伸，并增加了以最小转弯半径为半径的圆弧搜索方向。

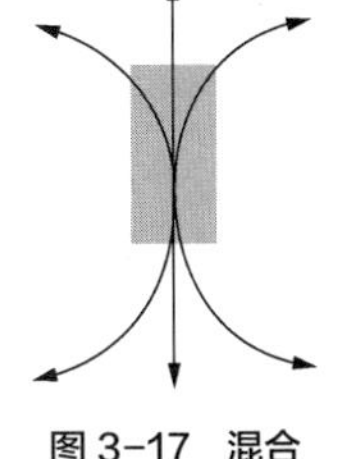

图 3-17　混合 A*算法搜索迭代方向

图 3-17 展示了混合 A*算法中搜索进行的方式，每次搜索包括了 6 个基本的运动单元：3 个前进方向与 3 个后退方向。圆弧对应的转弯半径为非完整约束智能体的最小转弯半径，然后按传统 A*算法的方式进行搜索便能够获得路径。

在搜索路径时，相比于传统的 A*算法，混合 A*算法的配置空间不仅为二维坐标(x,y)，同时包含了车辆航向θ与运动方向D（前进或者后退），最终的搜索空间可确定为(x,y,θ,D)。其中引入运动方向D是为了使算法能够规划出可倒退的路径。同时D在路径代价中也会起到作用，所以一般设定倒车路径花费的时间大于前进路径，以保证车辆优先向前行驶。

为实施 A*搜索步骤，必须将二维栅格与相应的搜索状态相匹配，并需要按照设定的精度进行离散化。最初车辆的连续状态对应于初始搜索配置。每当一个节点从开放列表中删除，就按照图 3-17 进行扩展：如果扩展后连续状态对应的搜索配置不在开放列表中，则将该子节点添加到开放列表；如果已经在开放列表中了，则根据代价函数重新评估子节点；如果发现新的连续状态具有更小的代价，则更新该子节点。

由于引入了车辆的运动学模型，限制了搜索进行的方式，所以该算法并不能保证规划所得路径为最优路径。同时该算法是不完备的，因为引入了车辆的非完整约束，可达空间受到了限制。但是该算法可以保证规划的路径是平顺的，可直接供控制模块使用。在场景验证过程中，虽然算法不能从理论上保证完备性，但在实践中，它确实对完备性和速度都有所帮助[34]。

（1）启发函数设计。A*算法相比于 Dijkstra 算法，主要优势是引入了启发函数，减少了不必要的搜索，加快了算法效率。在传统 A*算法中，启发函数可直接用当前节点与目标节点的曼哈顿距离或者欧几里得距离确定，然而在混合 A*算法中，还须考虑航向因素，无法直接确定启发函数。可采用以下启发函数，以保证搜索过程的顺利进行：

$$h=[(x-x_{\text{goal}})^2+(y-y_{\text{goal}})^2+\beta(\theta-\theta_{\text{goal}})^2]^{1/2}$$

其中，β为航向因素的权重因子，通过设计分段线性的权重函数，可保证实时生成轨迹的连续性，即：

$$\beta(\lambda)=\begin{cases}\beta_u, & \lambda<\lambda_l\\ \beta_u\dfrac{\lambda_u-\lambda}{\lambda_u-\lambda_l}, & \lambda_l<\lambda<\lambda_u\\ 0, & \text{其他情况}\end{cases}$$

其中λ是距离误差和角度误差的比率，即：

$$\lambda=\frac{\sqrt{(x-x_{\text{goal}})^2+(y-y_{\text{goal}})^2}}{\left|\theta-\theta_{\text{goal}}\right|}$$

当智能体远离目标位置时，启发函数只考虑与目标的距离，以使车辆更快地接近目标；而当车辆接近目标时，启发函数又会考虑航向偏差，以使最终位置和方向都能够满足要求。该路径搜索策略设计的启发函数将智能体的位置和航向信息结合了起来，加快了可行路径的搜索过程。

（2）倒退机制。该算法通过向后搜索，能够保证有足够的搜索空间实现可行路径的求解，但是这会导致在某些情况下搜索范围太大，算法实时性能下降，无法满足实际使用的需求[35]。针对这一问题，该算法考虑到实际场景中后退的概率较小，通过限制后向搜索的概率，在保证搜索成功的同时减少了不必要的搜索，提高了算法的运行效率，具体公式如下：

$$\Delta \boldsymbol{S}=\begin{cases}\left\{\Delta s_{fs},\Delta s_{fl},\Delta s_{fr},\Delta s_{rs},\Delta s_{rl},\Delta s_{rr}\right\}, & \alpha<\alpha_t \\ \left\{\Delta s_{fs},\Delta s_{fl},\Delta s_{fr}\right\}, & \text{其他情况}\end{cases}$$

上式中 $\Delta \boldsymbol{S}$ 为搜索扩展方向的集合，Δs 的脚标为搜索方向，第一位脚标中“f”代表向前搜索，“r”代表向后搜索；第二位脚标中“s”“l”“r”分别表示对直线、左边和右边进行搜索。α 为均匀分布在[0,1]的随机数，只有当 α 小于 α_t 时，才考虑进行向后路径代价函数的计算。由于变量 α_t 的加入，搜索效率得到了提升，但搜索的完备性被降低了。在不同的场景下，需要动态调整 α_t 以平衡算法效率和路径搜索能力。改进后的混合 A*算法框架如下所示。

改进后的混合 A*算法框架

```
◆ 初始化 OPEN 表和 Closed 表，初始化起始点和终止点状态
StartNode = [x_1, y_1, θ_1, D_1], EndNode = [x_N, y_N, θ_N, D_N].
◆ OPEN 表加入起始点
   OpenList ← OpenList ∪ { StartNode}, f_inter = 0
while OpenList ≠ ∅ or iter < iter_max do
◆ 获取当前节点状态
   CurrentNode = arg min f(OpenList)
   OpenList | CurrentNode
   ClosedList ← ClosedList ∪ {CurrentNode}
◆ 判断是否到达终止点
   if h(CurrentNode) − h(EndNode) < ϵ then
      完成搜索, break.
   end if
◆ 生成子节点状态
        ChildNode = ChildGen(ΔS, α)
         if ChildNode ∈ ClosedList then
             continue.
         end if
     f(ChildNode) = min{h(ChildNode) + g(ChildNode), f(ChildNode)}
end while
◆ 回溯获取路径
    FeasiblePath = Backtrack(ClosedList)
```

图 3-18（a）和图 3-18（b）分别展示了倒退机制改进前后搜索路径的仿真过程，仿真环境是一台 CPU 为 Intel(R) Core(TM) i7-8750H 2.20 GHz、8.0GB 内存的笔记本计算机，算法通

过 C++程序实现。

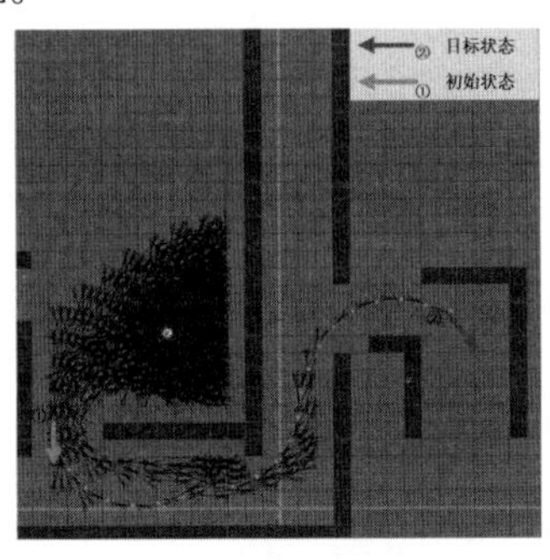

（a）始终允许后向搜索的过程

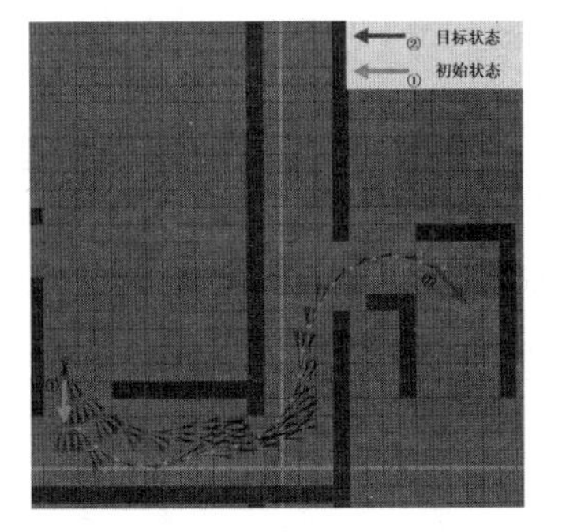

（b）倒退机制改进后的搜索过程

图 3-18　混合 A*算法搜索示例

从图 3-18（a）中不难发现，因为始终允许向后搜索，所以该算法花费了大量的时间进行了不必要的搜索，搜索时间超过 400ms，不能满足实时性规划的需求。图 3-18（b）展示改进后算法的搜索过程，通过减少向后搜索的因子，大大减少了搜索范围，搜索时间仅为 53ms，从而提升了算法的实时性。

（3）路径优化。因为在搜索过程中涉及的半径均为最小转弯半径，路径平均曲率较大，所以为了让路径更加平顺，以使下层控制模块能够快速跟踪规划的路径，须对路径进行进一步的优化。常用的优化方法主要有对生成的路径点进行拟合和插值处理，本书中主要介绍基于共轭梯度优化的路径光滑，以及基于 Catmull Rom 曲线的插值。

① 基于共轭梯度的优化。为使路径更为平顺与安全，须设计优化目标以对路径进行优化。将混合 A*算法搜索所得的路径离散点 $\boldsymbol{x}_i=[x_i,y_i],(i=1,\cdots,N)$ 作为目标优化函数的初值，待优化的路径点为 $\boldsymbol{x}$。优化的目标主要包括障碍物优化目标、曲率优化目标和路径平滑优化目标 3 项。为了能够更快地搜索到最优路径点，共轭梯度法被用于最优路径点的求取。最优路径点可以表示为：

$$\boldsymbol{x}^*=\arg\min_{x}\{J_{\text{obs}}(\boldsymbol{x})+J_{\text{cur}}(\boldsymbol{x})+J_{\text{smo}}(\boldsymbol{x})\}$$

其中，$J_{\text{obs}}(\boldsymbol{x})$ 为障碍物优化目标。为了避免优化后的路径过于靠近环境中的障碍物，将障碍物代价加入目标函数：

$$J_{\text{obs}}(\boldsymbol{x})=w_{\text{o}}\sum_{i=1}^{N}f_{\text{o}}(\boldsymbol{x})$$

其中，w_{o} 为对应的权重系数，N 为路径点的个数，$f_{\text{o}}(\boldsymbol{x})$ 为障碍物代价函数，具体为：

$$f_{\text{o}}(\boldsymbol{x})=\begin{cases}(|\boldsymbol{x}-\boldsymbol{o}_i|-d_{\max})^2, & |\boldsymbol{x}-\boldsymbol{o}_i|<d_{\max}\\ 0, & \text{其他情况}\end{cases}$$

其中，$d_{\max}$ 为障碍物考虑范围，$\boldsymbol{o}_i$ 为距离第 i 个路径点最近的障碍物。该代价函数能够使距离障碍物过近的路径点远离障碍物，保证路径的安全性，距离超过 $d_{\max}$ 的障碍物则不予考虑。为了用共轭梯度求解优化问题，计算该函数的导数：

$$\frac{\partial f_{\text{o}}}{\partial \boldsymbol{x}_i}=2(|\boldsymbol{x}_i-\boldsymbol{o}_i|-d_{\max})\frac{\boldsymbol{x}_i-\boldsymbol{o}_i}{|\boldsymbol{x}_i-\boldsymbol{o}_i|}$$

路径的曲率会直接影响路径的横向加速度，为了使路径曲率更为平顺，设计了针对曲率的优化目标 $J_{\text{cur}}(\boldsymbol{x})$。由于路径点以离散的形式给出，$\dfrac{\Delta\theta_i}{\Delta\boldsymbol{x}_i}$ 计算以曲率定义给出，且 $\Delta\theta_i=|\tan^{-1}\dfrac{\Delta y_{i+1}}{\Delta x_{i+1}}-$

$\tan^{-1}\frac{\Delta y_i}{\Delta x_i}|$，$\Delta \boldsymbol{x}_i = \boldsymbol{x}_i - \boldsymbol{x}_{i-1}$，因此目标函数可表示为：

$$J_{\text{cur}}(\boldsymbol{x}) = w_{\text{c}}\sum_{i=1}^{N-1} f_{\text{c}}(\boldsymbol{x})$$

其中w_{c}为权重系数，$f_{\text{c}}(\boldsymbol{x})$表示曲率优化函数，且有：

$$f_{\text{c}}(\boldsymbol{x}) = \begin{cases} (\frac{\Delta\theta_i}{\Delta \boldsymbol{x}_i} - \kappa_{\max})^2, & |\frac{\Delta\theta_i}{\Delta \boldsymbol{x}_i}| > \kappa_{\max} \\ 0, & \text{其他情况} \end{cases}$$

该项优化目标的导数计算稍为复杂，为方便计算，需要将角度变化量$\Delta\theta_i$重新表达为：

$$\Delta\theta_i = \cos^{-1}(\frac{\Delta \boldsymbol{x}_i^{\text{T}} \Delta \boldsymbol{x}_{i+1}}{|\Delta \boldsymbol{x}_i|\,|\Delta \boldsymbol{x}_{i+1}|})$$

由于在$f_{\text{c}}(\boldsymbol{x})$表达式中涉及$\boldsymbol{x}_{i-1}, \boldsymbol{x}_i, \boldsymbol{x}_{i+1}$，曲率关于 3 者的导数分别为：

$$\frac{\partial \kappa_i}{\partial \boldsymbol{x}_{i-1}} = -\frac{1}{|\Delta \boldsymbol{x}_i|}\frac{\partial \Delta\theta_i}{\partial \cos(\Delta\theta_i)}\frac{\partial \cos(\Delta\theta_i)}{\partial \boldsymbol{x}_{i-1}} - \frac{\Delta\theta_i}{(\Delta \boldsymbol{x}_i)^2}\frac{\Delta \boldsymbol{x}_i}{\partial \boldsymbol{x}_{i-1}}$$

$$\frac{\partial \kappa_i}{\partial \boldsymbol{x}_i} = -\frac{1}{|\Delta \boldsymbol{x}_i|}\frac{\partial \Delta\theta_i}{\partial \cos(\Delta\theta_i)}\frac{\partial \cos(\Delta\theta_i)}{\partial \boldsymbol{x}_i} - \frac{\Delta\theta_i}{(\Delta \boldsymbol{x}_i)^2}\frac{\Delta \boldsymbol{x}_i}{\partial \boldsymbol{x}_i}$$

$$\frac{\partial \kappa_i}{\partial \boldsymbol{x}_{i+1}} = -\frac{1}{|\Delta \boldsymbol{x}_i|}\frac{\partial \Delta\theta_i}{\partial \cos(\Delta\theta_i)}\frac{\partial \cos(\Delta\theta_i)}{\partial \boldsymbol{x}_{i+1}}$$

其中：

$$\frac{\partial \Delta\theta_i}{\partial \cos(\Delta\theta_i)} = \frac{\partial \cos^{-1}(\cos\Delta\theta_i)}{\partial \cos(\Delta\theta_i)} = \frac{-1}{\sqrt{1-\cos^2(\Delta\theta_i)}}$$

可利用正交表达式计算$\cos(\Delta\theta_i)$的导数，即：

$$\boldsymbol{a} \perp \boldsymbol{b} = \boldsymbol{a} - \frac{\boldsymbol{a}^{\text{T}}\boldsymbol{b}}{|\boldsymbol{b}|}\frac{\boldsymbol{b}}{|\boldsymbol{b}|}$$

对应的 3 项导数分别为：

$$\frac{\partial \cos(\Delta\theta_i)}{\partial \boldsymbol{x}_{i-1}} = \boldsymbol{p}_2,\quad \frac{\partial \cos(\Delta\theta_i)}{\partial \boldsymbol{x}_i} = -\boldsymbol{p}_1 - \boldsymbol{p}_2,\quad \frac{\partial \cos(\Delta\theta_i)}{\partial \boldsymbol{x}_{i+1}} = \boldsymbol{p}_1$$

其中：

$$\boldsymbol{p}_1 = \frac{\boldsymbol{x}_i \perp (-\boldsymbol{x}_{i+1})}{|\boldsymbol{x}_i|\,|\boldsymbol{x}_{i+1}|},\quad \boldsymbol{p}_2 = \frac{(-\boldsymbol{x}_{i+1}) \perp \boldsymbol{x}_i}{|\boldsymbol{x}_i|\,|\boldsymbol{x}_{i+1}|}$$

将上述表达式代入导数计算公式，便能够计算出曲率优化目标函数的导数。

为了使路径更加平滑，将路径点之间的变化量也作为优化目标之一，并将其定义为路径平滑优化目标$J_{\text{smo}}(\boldsymbol{x})$，具体表达式为：

$$J_{\text{smo}}(\boldsymbol{x}) = w_{\text{s}}\sum_{i=1}^{N-1}(\Delta \boldsymbol{x}_{i+1} - \Delta \boldsymbol{x}_i)^2$$

该项目标函数的导数容易求出。基于前面每项目标函数的导数，共轭梯度法被用于该优化问题的求解，使目标函数值最小的解成为使路径远离障碍物且光滑的路径点集。图 3-19 和图 3-20 展示了路径优化前后的情况，优化过程使用的参数配置如表 3-3 所示。在图 3-19 中，粗虚线为原始路径，粗实线为最终优化路径，细线为优化过程中依次变化的路径。从局部放大细节中我们能够看出，随着迭代的进行，原本比较曲折的路径逐渐变得平滑，更适合控制模块跟踪。图 3-20 显示了路径上有较近的障碍物时优化迭代的过程，椭圆为障碍物的位置。设计的障碍物优化目标能够引导路径逐渐远离障碍物，保证车辆运行的安全。

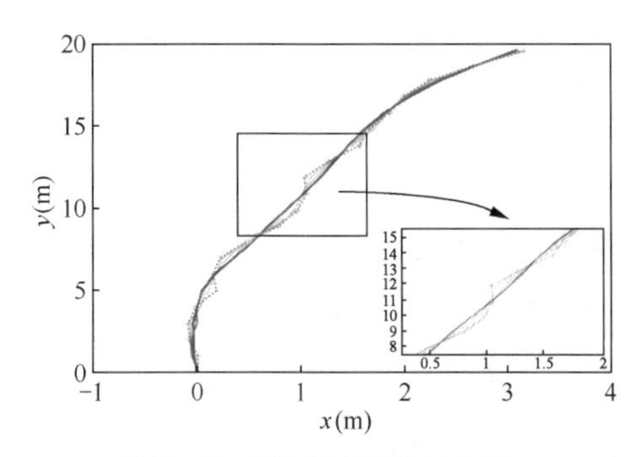

图 3-19　经过共轭梯度优化的路径

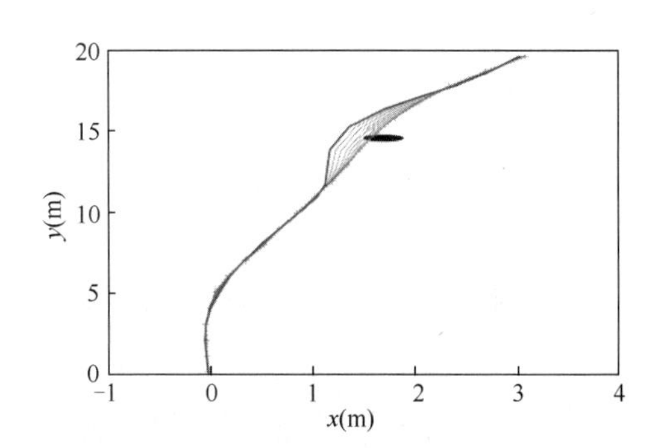

图 3-20　路径距离障碍物过近时优化过程

表 3-3　共轭梯度优化参数配置

参数	数值	单位
w_o	1	—
w_c	1	—
w_s	10	—
d_{max}	2	m
κ_{max}	0.15	—

② 基于 Catmull Rom 曲线的插值。经过上述设计的基于共轭梯度优化之后的路径点仍为离散的点，需要进行插值处理，即将离散的路径点插值得到光滑连续的路径以提供给控制模块使用。对于插值曲线的选取，本书采用 Catmull Rom 曲线插值，它满足生成的曲线通过所有控制点的要求，B 样条曲线以及 Bezier 曲线无法满足这一特性。Catmull Rom 曲线的公式可以写为：

$$C(t)=\frac{1}{2}[1\ \ t\ \ t^2\ \ t^3]\begin{bmatrix}0 & 2 & 0 & 0\\ -1 & 0 & 1 & 0\\ 2 & -5 & 4 & -1\\ -1 & 3 & -3 & 1\end{bmatrix}\begin{bmatrix}P_i\\ P_{i+1}\\ P_{i+2}\\ P_{i+3}\end{bmatrix}$$

其中$t\in[0,1]$，$i=0,\cdots,N-2$，$P_i\sim P_{i+3}$为插值曲线控制点。为保证曲线通过路径上第一个节点$\boldsymbol{x}_1$以及最后一个节点$\boldsymbol{x}_N$，在第一段以及最后一段控制点选取中需要进行略微调整，即：

$$P_0=2\boldsymbol{x}_1-\boldsymbol{x}_2,\quad P_{N+1}=2\boldsymbol{x}_N-\boldsymbol{x}_{N-1}$$

对路径进行 Catmull Rom 插值后的路径为光滑连续的路径，路径上任意位置点的状态信息（包括其一阶导数、二阶导数、曲率）都能轻易得到：

$$[\dot{x}(t)\ \ \dot{y}(t)] = \begin{bmatrix}0 & 1 & 2t & 3t^2\end{bmatrix} F\left(P_i, P_{i+1}, P_{i+2}, P_{i+3}\right)$$

$$[\ddot{x}(t)\ \ \ddot{y}(t)] = \begin{bmatrix}0 & 0 & 2 & 6t\end{bmatrix} F\left(P_i, P_{i+1}, P_{i+2}, P_{i+3}\right)$$

$$\kappa = \frac{\dot{x}\ddot{y} - \ddot{x}\dot{y}}{\left(\dot{x}^2 + \dot{y}^2\right)^{3/2}}$$

图 3-21 展示了混合 A*算法在更多场景中的应用情况，该算法通常应用于障碍物较多、路径较为复杂的非结构化场景中。图 3-21 中的栅格大小均为 1m^2，图 3-21（a）和图 3-21（b）中在栅格地图的道路上设置了 3 处障碍物，设计的混合 A*算法能够较好地规划无碰路径，搜索时间为 18ms，满足规划实时性的要求。由于目标点一直在前方，向前搜索的启发函数值总是最低的，因此变量 α_t 的大小不影响搜索的实时性。

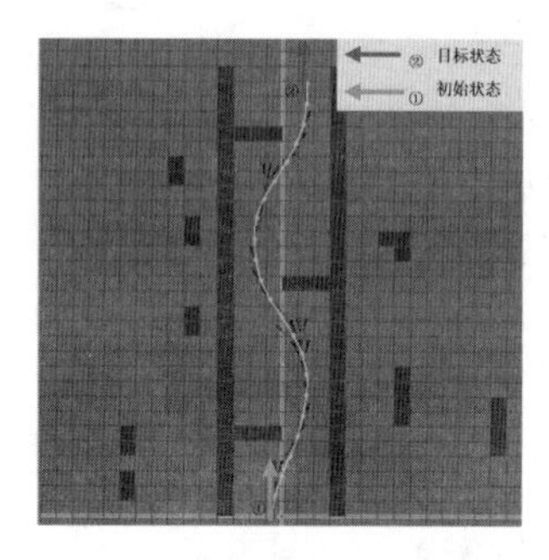

（a）管状道路，$\alpha_t = 0.8$

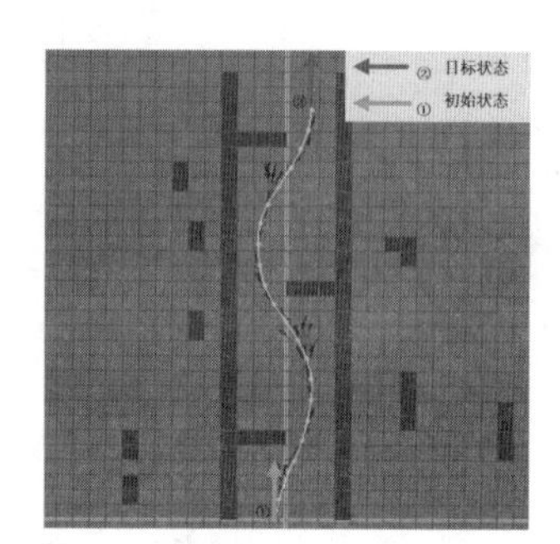

（b）管状道路，$\alpha_t = 0.2$

图 3-21　混合 A*算法在管状道路中的应用

图 3-22 将该混合 A*算法应用于泊车规划。图 3-22（a）中，大概率的向后搜索能够让车辆找到一条合适的泊车路径，搜索时间为 91ms。图 3-22（b）中，小概率的向后搜索导致搜索失败，事实上这也不符合人们的泊车习惯。

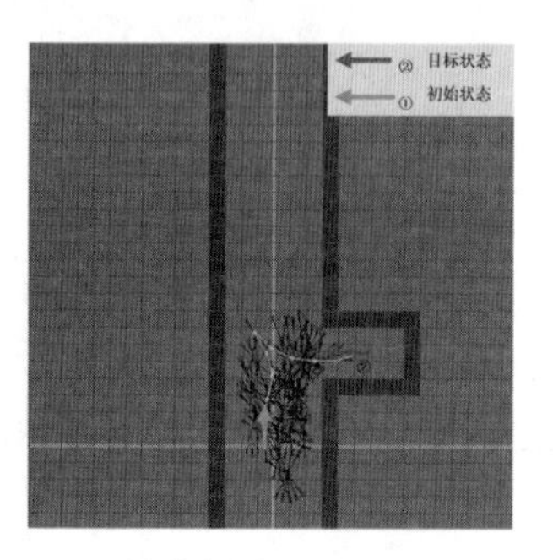

（a）泊车场景，$\alpha_t = 0.8$

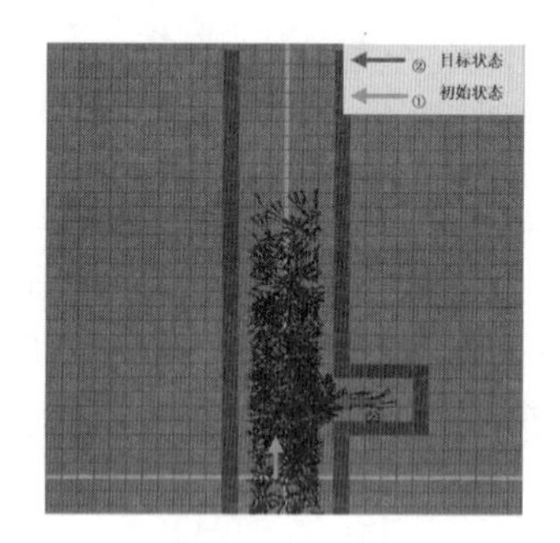

（b）泊车场景，$\alpha_t = 0.2$

图 3-22　混合 A*算法在泊车场景中的应用

上述仿真结果表明了混合 A*算法在非结构化场景中的有效性，且能满足高速计算要求，生成的路径安全光滑。如果出现图 3-22（b）所示的搜索失败的情况，则车辆可以停车并增大搜索空间，采用较大的 α_t 来搜索可行的路径。

3.2.3　基于采样的路径规划方法

1. 快速搜索随机树

快速搜索随机树（RRT）算法是一种基于随机采样的单查询树状结构路径规划算法[17]，其采用的基于随机采样的搜索方法，能避免对自由空间和障碍物空间的精确建模，搜索速度快；且能避免陷入局部极值点，有效解决了高维空间和复杂约束下的路径规划问题。其主要的节点扩展示意图如图 3-23 所示。

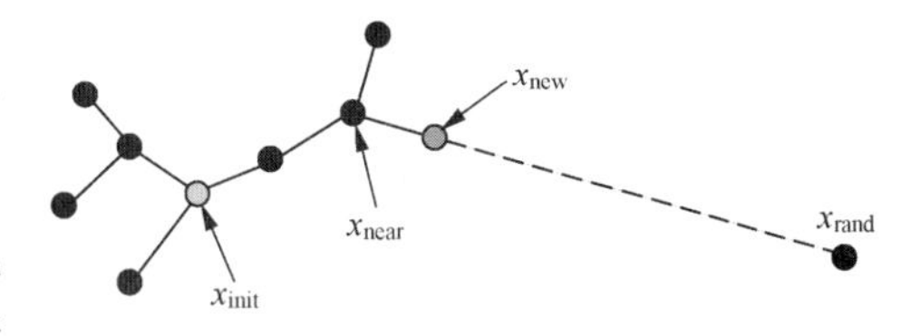

图 3-23　RRT 算法节点扩展示意图

RRT 算法以起点 x_{init} 为根节点，每次均匀随机地生成一个采样节点 x_{rand}，并选择树上距离它最近的节点 x_{near}，在无障碍物阻挡的情况下，从这个点向采样点的方向按固定的步长扩展到下一个节点 x_{new}，即完成一次节点扩展；当有障碍物阻挡时则放弃此次扩展。重复上述过程直到目标节点被添加到树中，即完成初始路径的生成。

因为 RRT 算法具有随机采样的特性，所以可以避免对自由状态空间和障碍物空间精确建模，能够快速搜索得到路径。但也正是因为这个特性，RRT 算法生成的路径存在以下 3 个问题：①生成的路径包含大量冗余的节点，大大增加了路径的长度；②生成的路径曲率不连续，无法被自主智能体系统直接跟随；③生成的路径非最优路径，而只能是次优的可行路径。

2. RRT 路径的剪枝与平滑优化

对于路径节点冗余问题，常用剪枝的方法消除路径中冗余的节点，通过检验每个节点前后相邻的两个节点是否能直接连接而不与障碍物发生碰撞来决定该节点是否能被删除。

路径剪枝的目的是基于三角不等式去除冗余节点，进而缩短路径长度，即：

$$c\left[\text{Line}\left(x_i,x_{i+2}\right)\right]\leqslant c\left[\text{Line}\left(x_i,x_{i+1}\right)\right]+c\left[\text{Line}\left(x_{i+1},x_{i+2}\right)\right]$$

其中，节点 x_i,x_{i+1},x_{i+2} 是初始路径连续的 3 个节点，如果 $\text{Line}\left(x_i,x_{i+2}\right)$ 与障碍物不会发生碰撞，则节点 x_{i+1} 可以从路径中删除。根据三角形任意两边之和大于第三边的不等式，可以保证剪枝后的路径长度不大于初始路径长度。路径剪枝框架如下所示。

路径剪枝框架

```
♦ 初始化剪枝路径和迭代变量
P_pruned ← P_init; i ← 1
while i≤|P_init|-2 do
♦ 判断是否会发生碰撞，如会发生碰撞，则该节点可以被删除，否则跳过
    If Line(x_i, x_{i+2}) ⊂ x_free
then
        P_pruned ← P_pruned \ x_{i+1}
    Else
        i ← i + 1
    end if
end while
♦ 返回剪枝路径
Return P_pruned
```

图 3-24 所示为一个路径剪枝示意图，虚线路径和实线路径分别为初始路径和剪枝路径。由该

图可知，初始路径中包含大量冗余节点，而剪枝后的路径大大减少了这种情况并缩短了路径长度。

对于路径非平滑问题，常用 B 样条对路径进行拟合以得到平滑 B 样条曲线。B 样条曲线具有连续性和局部性等优点，在路径规划中的应用非常广泛。k 阶 B 样条曲线的表达式为：

$$C(u)=\sum_{i=0}^{n}N_{i,k}(u)\cdot P_i$$

其中，$P_i\in(0,1)$ 为控制顶点，$0\leqslant i\leqslant n$；$\boldsymbol{u}$ 为节点向量，$\boldsymbol{u}=[u_0,u_1,u_2,\cdots,u_m],m=n+k+1$；$N_{i,k}$ 为 k 次 B 样条基函数，是由 $\boldsymbol{u}$ 决定的 k 次分段多项式，可以通过 Cox-deBoor 递推公式得到：

$$N_{i,0}(u)=\begin{cases}1, & u_i\leqslant u\leqslant u_{i+1}\\ 0, & 其他情况\end{cases}$$

$$N_{i,k}(u)=\frac{u-u_i}{u_{i+k}-u_i}N_{i,k-1}(u)+\frac{u_{i+k+1}-u}{u_{i+k+1}-u_{i+1}}N_{i+1,k-1}(u)$$

若要保证平滑后的曲线路径满足曲率约束，则可以采用均匀 3 次 B 样条。此时 $k=3$，节点向量均匀分布，$u_j=j/m,0\leqslant j\leqslant m$，并以路径节点作为控制顶点，对图 3-25 中的虚线路径进行拟合可以得到图中的实线 B 样条曲线。

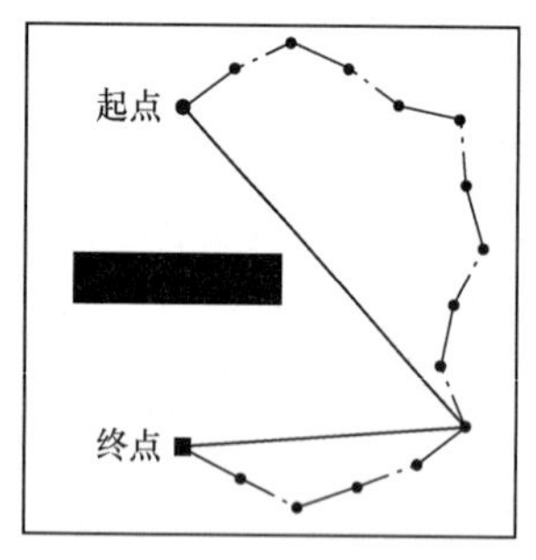

图 3-24　路径剪枝示意图

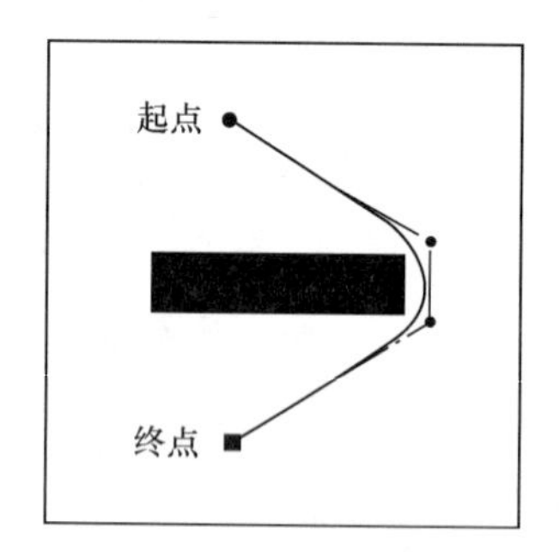

图 3-25　路径平滑示意图

路径剪枝和 B 样条曲线拟合的方法可以用于对 RRT 算法生成的路径进行优化，能够缩短生成路径的长度，并满足曲率连续的约束。

基于障碍物环境较为复杂的 500px × 500px 地图，如图 3-26（a）所示，展示 RRT 算法规划路径的实现和后处理过程。图 3-26（a）中黑色条形区域为障碍物区域，白色区域为可行区域，左下角圆点为起点，右上角方块为终点。在图 3-26（b）中，RRT 算法通过对搜索空间进行随机采样，得到了从起点到终点的包含许多冗余节点的实线初始路径。

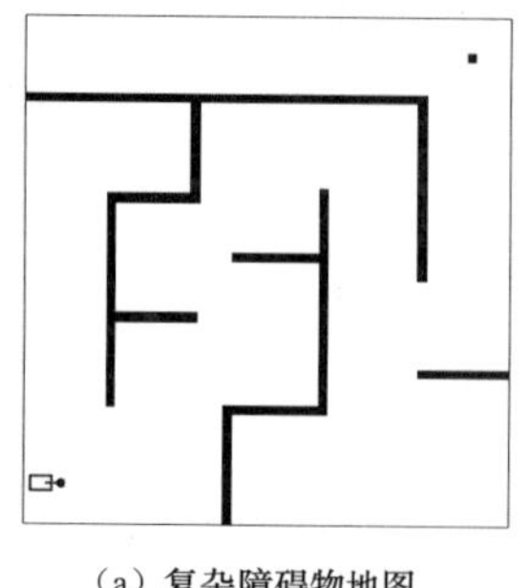

（a）复杂障碍物地图

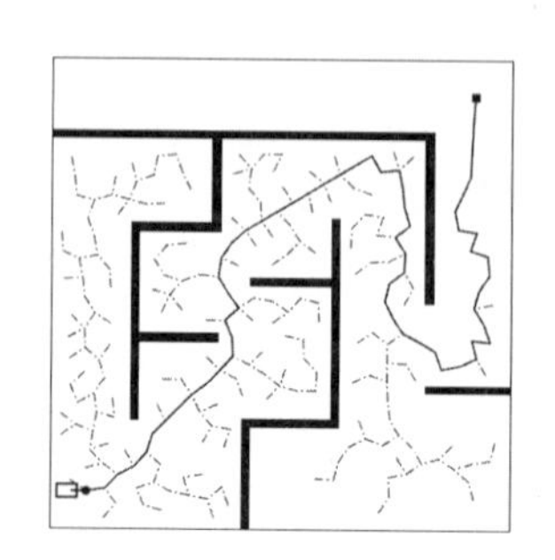

（b）RRT 算法生成路径示意图

图 3-26　复杂障碍物地图和 RRT 算法生成路径示意图

在图 3-27（a）中，RRT 算法通过对初始路径进行剪枝，减少了初始路径中冗余的节点并缩短了路径长度；在图 3-27（b）中，RRT 算法通过 B 样条曲线，将折线路径平滑成了曲率连续的曲线路径。

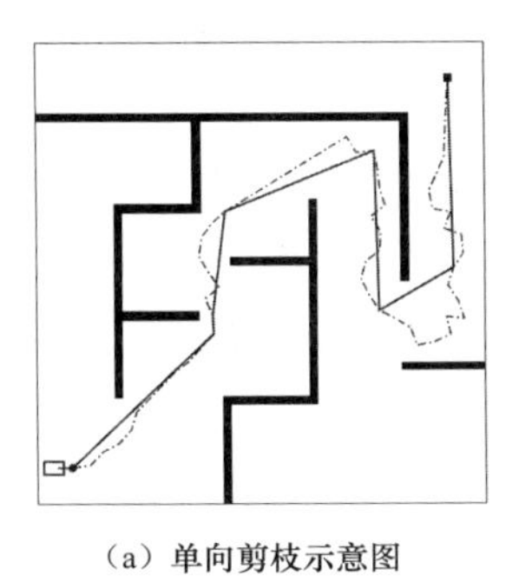
（a）单向剪枝示意图

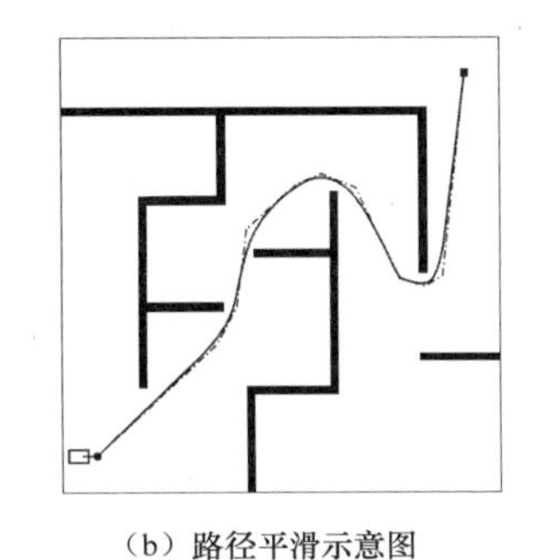
（b）路径平滑示意图

图 3-27　路径后处理示意图

3. 最优算法 RRT*的改进

（1）采样方式的改进。对于 RRT 算法规划所得路径的非最优问题，已有的 RRT*算法通过增量式的重连过程改进 RRT 算法的节点扩展方式，不断优化当前路径。随着节点数量的增加，可以实现最优路径的渐近收敛。

对于 RRT*算法，节点的采样是完全随机的，没有利用任何有价值的信息，这导致最优路径的收敛速度较慢。而在路径的规划过程中，许多有价值的信息可以被利用于指导采样更多、更好的节点，并减少无效节点的采样。

规划过程中已生成的当前最优路径是一个非常有价值的信息，它有潜力被优化成全局的最优路径。当前路径的位置信息可以作为采样的指导信息，当偏向路径周围采样时，能够更快地优化这条路径，尤其是在路径靠近障碍物时，每个节点都非常接近障碍物，此时在障碍物的顶点位置处，更多的节点会被采样，以使路径能够更快地收敛到最优路径。虽然利用当前路径的位置信息，对其周围区域进行有偏向性的采样，可以进一步优化当前的最优路径，但为了保证不陷入局部最优，全局随机的采样仍然是必要的。因此，通过全局随机采样和局部偏向采样，可以在快速优化当前路径的同时，保证全局路径的收敛。

路径的长度也可以作为采样的指导信息。在状态空间中，路径长度和起点、终点可以确定一个超椭球（在二维场景下对应一个椭圆），在这个超椭球内部进行采样才有可能得到更短的路径，而外部的点对于路径的优化是不会有帮助的。因此，将采样区域限制在这个对应的超椭球子集中，可以缩小采样和搜索的范围，加快路径的收敛速度。二维场景下的椭圆采样子集示意图如图 3-28 所示。

该椭圆采样子集由起点、终点和当前最优路径的长度确定。随着规划的进行，当前最优路径的长度不断减小，椭圆采样子集的大小也会随之缩小，从而会进一步减小采样范围。

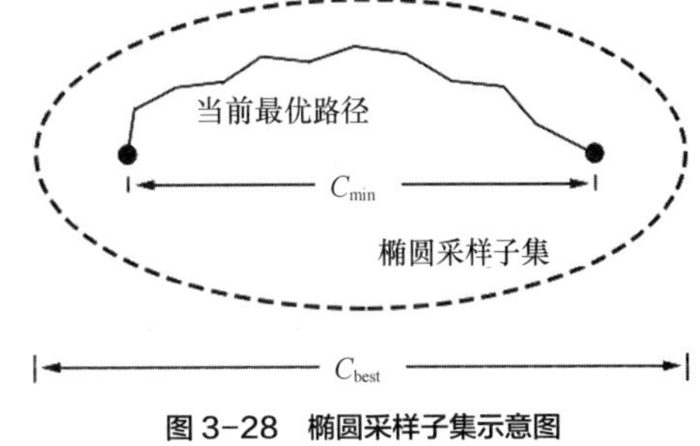

图 3-28　椭圆采样子集示意图

上述两种对最优 RRT*算法的改进方法，都充分利用了采样过程中有价值的信息，包括当前路径的长度和位置信息，从而加快了最优路径的收敛速度。

（2）最近邻搜索方式的改进。在基于采样的路径规划算法中，最近邻搜索是一个最基础的问题。采样所得的每一个有效节点，都需要执行最近邻搜索，以完成节点的扩展。但随着规划的进行，最近邻搜索的计算量会随着节点指数增长而增长，直接降低了算法的收敛速度，这已成为限制 RRT*算法收敛速度的瓶颈。

对于上述问题，可以通过 Kd-Tree 这个高效的数据结构节点存储算法，优化最近邻节点的选取方式，避免通过欧几里得距离寻找相邻节点而产生庞大的计算量。

Kd-Tree，即 K-dimensional Tree，是一种高维索引树形数据结构，常用于在大规模的高维数据空间进行最近邻查找和近似最近邻查找。它的本质是一棵二叉树，树中存储的是 K 维数据。在一个 K 维数据集合上构建一棵 Kd-Tree 代表了对该 K 维数据集合构成的 K 维空间的一个划分，即树中的每个节点都对应一个 K 维的超矩形区域。

Kd-Tree 是每个节点都为 K 维点的二叉树。所有非叶子节点可以被视作用一个超平面把空间分割成两个半空间。节点左边的子树代表在超平面左边的点，节点右边的子树代表在超平面右边的点。选择超平面的方法为：每个节点都与 K 维的中垂直于超平面的那一维有关。因此，如果选择按照 x 轴划分空间，则所有 x 值小于指定值的节点都会出现在左子树，所有 x 值大于指定值的节点都会出现在右子树。这样，超平面可以用该 x 值来确定，其法线为 x 轴的单位向量。

利用 Kd-Tree 算法实现最近邻搜索的过程如下。

① 从根节点开始，递归地往下移。如果输入点在分区面的左边，则进入左子节点；如果在右边，则进入右子节点。

② 一旦移动到叶子节点，就将该节点当作“当前最佳点”。

③ 解开递归，并对每个经过的节点运行下列步骤。

a. 如果当前所在点比当前最佳点更靠近输入点，则将当前所在点变为当前最佳点。

b. 检查另一边的子树中有没有更近的点，如果有，则从该节点往下找。

c. 当根节点搜索完毕时表示完成最邻近搜索。

图 3-29 所示是一棵建造好的 Kd-Tree，通过上述最近邻搜索方式可以快速查找到距离图中实心点最近的节点。由于 Kd-Tree 通过二叉树结构来存储节点数据，节点插入的时间复杂度为 $O(\log n)$，最近邻搜索的时间复杂度为 $O(n^{(d-1)/d})$，其中 d 是规划问题的维度，因此，Kd-Tree 节点插入和搜索的总时间复杂度为 $O(n^{(d-1)/d}+\log n)\approx O(n^{(d-1)/d})$，优于节点遍历的时间复杂度 $O(n)$，可有效提升最邻近搜索的效率，从而进一步提高路径收敛的速度。

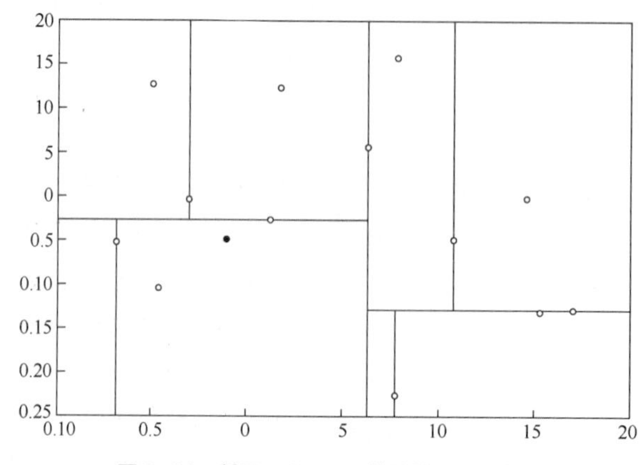

图 3-29　基于 Kd-Tree 算法的最近邻搜索

3.2.4 基于 MPC 的轨迹规划方法

1. 模型预测控制

模型预测控制（Model Predictive Control，MPC）算法是一种通过滚动求解优化问题获取控制序列的方法，已经在工业控制领域得到了广泛应用[36]。模型预测控制算法基于系统模型，预测未来一段时域内系统的状态演进，通过求解最优控制问题使得系统在未来一段时间内的控制误差最小。MPC 包括预测模型、滚动优化和反馈校正 3 个主要的部分。由于其对约束的处理能力强，因此其已被广泛应用于自主智能体系统的控制。

现在已有的 MPC 在简单情况下可以实现控制自主智能体系统跟踪给定轨迹，但是在实际应用中，给定的参考路径可能会被障碍物占据，这时就需要自主智能体系统在跟踪给定路径的同时，在有障碍情况下实时规划新的局部路径，以实现自主智能体系统的有效避碰。建立动态障碍物预测模型后，自主智能体系统在复杂环境中运动就会存在全局和局部路径优化问题。局部路径优化问题的建立就是在全局中考虑自主智能体系统模型和实时的环境约束，局部路径优化问题的求解即实现对自主智能体系统全局路径的局部调整，从而实现局部避障。

无人驾驶车辆模型简单，维数较少，适合采用 MPC 算法进行局部路径规划，下面将 MPC 算法用于无人驾驶车辆的局部路径规划上，以实现无人驾驶车辆在跟踪全局轨迹的同时避开环境中的障碍。图 3-30 给出了一个无人驾驶车辆避障系统的结构框图[37]。避障系统的目标是跟踪全局规划层输出的参考轨迹，同时基于输入的环境信息避开障碍物。值得注意的是，图 3-30 中的 MPC 控制器不是传统的控制器，而是通过重新设计目标函数改进后的控制器，使用该控制器输出的控制序列能够用于驱动车辆避开障碍物，而不仅是跟踪全局路径。

2. 基于凸二次规划模型预测控制的无人驾驶车辆避障算法

MPC 是一种滚动策略：在优化得到的控制序列当中，只有第一个控制信号会被执行，优化将在下一时刻重复进行，直至到达目标点。图 3-31 说明了这种滚动策略。曲线①表示时刻 0 的规划轨迹；曲线②和③分别表示时刻 1 与时刻 2 的规划轨迹；圆形表示障碍物，车辆在道路边界内行驶；$P(0,0)$、$P(1,1)$、$P(2,2)$ 分别表示 0、1、2 时刻的车辆位置，$P(0,0)$、$P(1,1)$、$P(2,2)$ 整体表示避障过程中车辆实际已执行的轨迹；N 表示预测时域的个数。从图 3-31 中可以看出，车辆仅执行时刻 0 规划轨迹的一小部分（对应于控制序列里第一个控制量的部分），舍弃其余部分（即舍弃控制序列里除第一个控制量的其他控制量），到了时刻 1，重复进行以上过程，实现滚动优化。

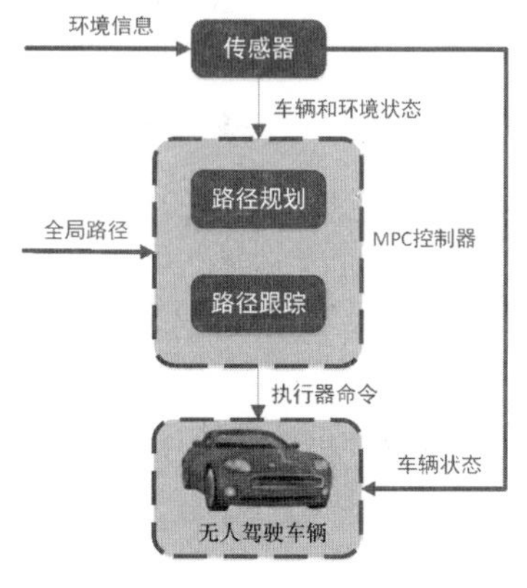

图 3-30 避障系统结构框图

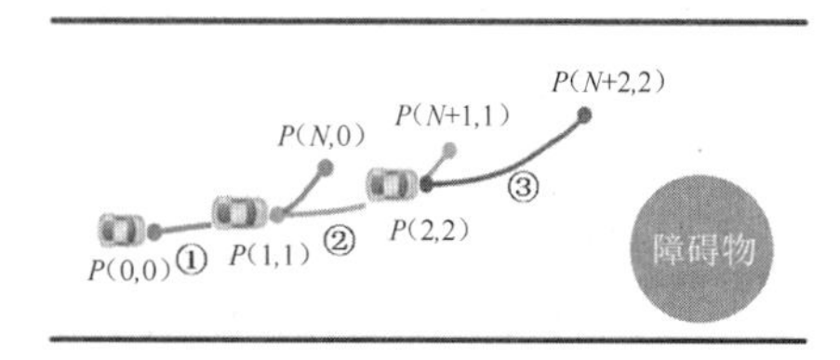

图 3-31 MPC 避障算法的滚动策略

通过模型预测来估计系统未来的输出响应对 MPC 控制过程来说至关重要。过度简化的模型不能全面反映车辆动力学特征，而过于复杂的模型又会影响避障控制器的实时性能。综合考虑，本控制器的设计采用了一种将非线性模型在工作点处进行线性化的方法，从而可以得到无人驾驶车辆动力学的线性时变系统（Linear Time-varying Systems，LTV）模型。

采用的车辆动力学模型基于如下假设：假设只有前轮转向角可控，后轮转向角为 0；假设左右轮的转向角相等；假设车辆纵向速度恒定；假设车辆轮胎侧偏角较小，忽略车辆空气动力学的影响。

基于以上假设，非线性车辆动力学模型[38]描述如下：

$$\begin{cases} m\ddot{y}_{\mathrm{p}} = -m\dot{x}_{\mathrm{p}}\dot{\varphi} + 2[C_{\mathrm{cf}}(\delta_{\mathrm{f}} - \dfrac{\dot{y}_{\mathrm{p}} + a\dot{\varphi}}{\dot{x}_{\mathrm{p}}}) + C_{\mathrm{cr}}\dfrac{b\dot{\varphi} - \dot{y}_{\mathrm{p}}}{\dot{x}_{\mathrm{p}}}] \\ \dot{\varphi} = \dot{\varphi} \\ I_{\mathrm{z}}\ddot{\varphi} = 2[aC_{\mathrm{cf}}(\delta_{\mathrm{f}} - \dfrac{\dot{y}_{\mathrm{p}} + a\dot{\varphi}}{\dot{x}_{\mathrm{p}}}) - bC_{\mathrm{cr}}\dfrac{b\dot{\varphi} - \dot{y}_{\mathrm{p}}}{\dot{x}_{\mathrm{p}}}] \\ \dot{Y}_{\mathrm{p}} = \dot{x}_{\mathrm{p}}\sin\varphi + \dot{y}_{\mathrm{p}}\cos\varphi \\ \dot{X}_{\mathrm{p}} = \dot{x}_{\mathrm{p}}\cos\varphi - \dot{y}_{\mathrm{p}}\sin\varphi \end{cases} \tag{3-1}$$

其中，状态向量和输入向量分别为 $\boldsymbol{x} = \left[\dot{y}_{\mathrm{p}}, \varphi, \dot{\varphi}, Y_{\mathrm{p}}, X_{\mathrm{p}}\right]^{\mathrm{T}}$ 与 $\boldsymbol{u} = \delta_{\mathrm{f}}$，$\dot{y}_{\mathrm{p}}$ 与 $\dot{x}_{\mathrm{p}}$ 分别表示车身坐标系下的横向速度与纵向速度。假设纵向速度 $\dot{x}_{\mathrm{p}}$ 恒定，φ 为横摆角，$\dot{\varphi}$ 为横摆角速度，$\dot{Y}_{\mathrm{p}}$ 和 $\dot{X}_{\mathrm{p}}$ 分别表示全局坐标系下的横向与纵向速度，δ_{f} 为前轮转角，a 和 b 分别表示质心到前轴的距离、质心到后轴的距离，C_{cf} 与 C_{cr} 分别表示轮胎前轮侧偏刚度与后轮侧偏刚度，m 表示车辆总质量，I_{z} 表示车辆的转动惯量。通过将该非线性无人驾驶车辆动力学模型在工作点处进行线性化并离散化，可以得到无人驾驶车辆的线性时变离散模型：

$$\boldsymbol{x}(t+i+1|t) = \boldsymbol{A}_t\boldsymbol{x}(t+i|t) + \boldsymbol{B}_t\boldsymbol{u}(t+i|t) + \boldsymbol{d}_t(t+i|t) \tag{3-2}$$

其中，$\boldsymbol{x}(t+i|t)$ 表示 $t+i$ 时刻的系统状态向量，$\boldsymbol{u}(t+i|t)$ 表示 $t+i$ 时刻的系统输入向量，$\boldsymbol{A}_t$ 与 $\boldsymbol{B}_t$ 表示 t 时刻的系统状态空间矩阵，$\boldsymbol{d}_t(t+i|t)$ 是因泰勒展开而产生的余项。

智能体模型建立之后，设计代价函数并在约束条件下进行优化是设计 MPC 控制器的主要工作。先考虑一个用于轨迹跟踪的 MPC 控制器优化问题：

$$\begin{aligned} &\min_{\Delta U(t)} J_c\left[\boldsymbol{u}(t-1|t), \boldsymbol{x}(t|t), \Delta\boldsymbol{U}(t)\right] = \\ &\sum_{i=0}^{N_p}\left\|\boldsymbol{x}(t+i|t) - \boldsymbol{x}_r(t+i|t)\right\|_{\boldsymbol{Q}}^2 + \sum_{i=0}^{N_c}\left\|\Delta\boldsymbol{u}(t+i|t)\right\|_{\boldsymbol{R}}^2 \end{aligned} \tag{3-3}$$

s.t

$$\boldsymbol{x}(t+i+1|t) = \boldsymbol{A}_t\boldsymbol{x}(t+i|t) + \boldsymbol{B}_t\boldsymbol{u}(t+i|t) + \boldsymbol{d}_t(t+i|t),\ i = 0,1,\cdots,N_p-1 \tag{3-4}$$

$$\boldsymbol{u}(t+i|t) = \boldsymbol{u}(t+i-1|t) + \Delta\boldsymbol{u}(t+i|t),\ i = 0,1,\cdots,N_c-1 \tag{3-5}$$

$$\boldsymbol{u}_{\min} \leqslant \boldsymbol{u}(t+i|t) \leqslant \boldsymbol{u}_{\max},\ i = 0,1,\cdots,N_c-1 \tag{3-6}$$

$$\Delta\boldsymbol{u}_{\min} \leqslant \Delta\boldsymbol{u}(t+i|t) \leqslant \Delta\boldsymbol{u}_{\max},\ i = 0,1,\cdots,N_c-1 \tag{3-7}$$

$$\boldsymbol{x}_{\min} \leqslant \boldsymbol{x}(t+i|t) \leqslant \boldsymbol{x}_{\max},\ i = 0,1,\cdots,N_p-1 \tag{3-8}$$

其中：

$$\Delta \boldsymbol{U}(t)=\left[\Delta \boldsymbol{u}(t\mid t),\Delta \boldsymbol{u}(t+1\mid t),\cdots,\Delta \boldsymbol{u}\left(t+N_c-1\mid t\right)\right]^{\mathrm{T}} \tag{3-9}$$

其中，N_p和N_c分别表示预测时域和控制时域，$\boldsymbol{Q}$和$\boldsymbol{R}$表示权重矩阵，$\boldsymbol{x}_r(t+i\mid t)$表示参考信号，$\Delta \boldsymbol{u}(t+i\mid t)$表示控制增量，$\boldsymbol{u}_{\max}$与$\boldsymbol{u}_{\min}$分别表示控制量的最大值与最小值，$\Delta \boldsymbol{u}_{\max}$与$\Delta \boldsymbol{u}_{\min}$分别表示控制增量的最大值与最小值，$\boldsymbol{x}_{\max}$与$\boldsymbol{x}_{\min}$分别表示状态量的最大值与最小值。优化问题的目标函数式（3-3）中，第一项反映了算法对参考信号的跟踪能力，第二项则反映了算法希望控制增量趋小，即要求控制量能够平稳变化。式（3-4）是系统状态空间模型，用来预测系统未来的状态；式（3-5）表示控制量通过控制增量累积更新；式（3-6）表示系统控制量约束；式（3-7）表示控制增量约束；式（3-8）表示系统状态约束。式（3-9）为了后续运算和表述的方便，将预测时域内的一系列控制增量写成向量的形式，这个向量也是整个优化问题的决策变量。

通过矩阵运算，上述优化问题可以转换为标准的二次规划问题，即上述优化问题可以写成以下形式：

$$\min_{\Delta \boldsymbol{U}(t)} J_c(\Delta \boldsymbol{U}(t))=\Delta \boldsymbol{U}(t)^{\mathrm{T}} \boldsymbol{H}_c \Delta \boldsymbol{U}(t)+\boldsymbol{f}_c^{\mathrm{T}} \Delta \boldsymbol{U}(t) \tag{3-10}$$

$$M \Delta \boldsymbol{U}(t) \leqslant N \tag{3-11}$$

其中，$\boldsymbol{H}_c$为正定矩阵，即目标函数是一个凸二次型函数，优化问题是凸优化问题。

处在复杂环境中的智能体，对避障的实时性要求很高，而对处在复杂交通环境下的无人驾驶车辆而言，更加要求保证车辆的实时安全性，因此具有良好实时性的避障算法是不可或缺的，我们通常使用障碍物威胁函数来实现基于 MPC 的避障算法。相对于非线性规划，求解凸二次规划问题存在更多的算法，需要更少的计算时间。为了保证最终优化问题是凸二次规划，下面提出凸二次规划模型预测控制（Convex Quadratic Programming-based MPC，CMPC）避障算法。

这里通过以下形式的障碍物威胁函数反映障碍物信息。

$$J_{\text{obst}}[\boldsymbol{u}(t-1\mid t),\boldsymbol{x}(t\mid t),\Delta \boldsymbol{U}(t)]=\sum_{i=1}^{N_p}\sum_{j=1}^{N_o} c_{ij} \tag{3-12}$$

$$c_{ij}=\upsilon \xi_j \eta_j \phi\left[Y_p(t\mid t),Y_{o,j}\right] Y_p(t+i\mid t) \tag{3-13}$$

$$\xi_j=\begin{cases}1, & \left[\dfrac{X_p(t\mid t)-X_{o,j}}{X_{\text{ellipsoid}}}\right]^2+\left[\dfrac{Y_p(t\mid t)-Y_{o,j}}{Y_{\text{ellipsoid}}}\right]^2 \leqslant \dfrac{1}{\tau}+\varepsilon \\ 0, & \text{其他情况}\end{cases} \tag{3-14}$$

$$\eta_j=-\log\left\{\left[\frac{X_p(t\mid t)-X_{o,j}}{X_{\text{ellipsoid}}}\right]^2+\left[\frac{Y_p(t\mid t)-Y_{o,j}}{Y_{\text{ellipsoid}}}\right]^2-\varepsilon\right\}\tau \tag{3-15}$$

$$\phi\left(Y_p(t\mid t),Y_{o,j}\right)=\begin{cases}1, & Y_{o,j}>Y_p(t\mid t) \\ \kappa, & Y_{o,j}=Y_p(t\mid t) \\ -1, & Y_{o,j}<Y_p(t\mid t)\end{cases} \tag{3-16}$$

其中，$X_p(t\mid t)$与$Y_p(t\mid t)$分别表示在t时刻惯性坐标系下车辆的横向和纵向坐标，τ、ε、κ、$X_{\text{ellipsoid}}$、$Y_{\text{ellipsoid}}$与υ均为常数，$Y_p(t+i\mid t)$表示第i个预测时域的车辆纵向坐标，$X_{o,j}$与

$Y_{o,j}$ 分别表示第 j 个障碍物的横向与纵向坐标，N_p 表示预测时域的长度，N_o 是障碍物的个数。

将式（3-17）所示的椭圆称为 E_{start}。

$$\left[\frac{X_p(t|t)-X_{o,j}}{X_{\text{ellipsoid}}}\right]^2+\left[\frac{Y_p(t|t)-Y_{o,j}}{Y_{\text{ellipsoid}}}\right]^2=\frac{1}{\tau}+\varepsilon \tag{3-17}$$

车辆在该椭圆内启动避障动作，该椭圆用于过滤过远的障碍物点。如下所示的另一个椭圆称为 E_{unsafe}。

$$\left[\frac{X_p(t|t)-X_{o,j}}{X_{\text{ellipsoid}}}\right]^2+\left[\frac{Y_p(t|t)-Y_{o,j}}{Y_{\text{ellipsoid}}}\right]^2=\varepsilon \tag{3-18}$$

为了车辆的安全性，车辆被禁止进入 E_{unsafe}。因为应用在市区与高速公路环境下的无人驾驶车辆的横向安全距离与纵向安全距离并不相同，所以采用椭圆来描述安全距离。横向势场的影响在预测时域内得到反映，纵向势场的影响则通过 η_j 和 ξ_j 来反映。

通过矩阵运算，避障目标函数可转化为关于决策变量 $\Delta\boldsymbol{U}(t)$ 的表达式：

$$J_{\text{obst}}[\boldsymbol{u}(t-1|t),\boldsymbol{x}(t|t),\Delta\boldsymbol{U}(t)]=\boldsymbol{f}_o^{\mathrm{T}}\Delta\boldsymbol{U}(t)+P \tag{3-19}$$

$$\boldsymbol{f}_o^{\mathrm{T}}=\left\{\sum_{j=1}^{N_o}\upsilon\xi_j\eta_j\phi\left[Y_p(t|t),Y_{o,j}\right]\right\}\boldsymbol{T_c}\boldsymbol{T}_{\Delta U(t)} \tag{3-20}$$

$$\boldsymbol{C}=[0,0,0,1,0] \tag{3-21}$$

$$\boldsymbol{T}_c=[\boldsymbol{C},\boldsymbol{C},\cdots,\boldsymbol{C}] \tag{3-22}$$

其中，P 表示与控制量增量无关的部分。最终可得到如下所示新的优化问题：

$$\begin{aligned}&\min_{\Delta U(t)} J[\boldsymbol{u}(t-1|t),\boldsymbol{x}(t|t),\Delta\boldsymbol{U}(t)]\\&=J_c[\boldsymbol{u}(t-1|t),\boldsymbol{x}(t|t),\Delta\boldsymbol{U}(t)]+J_{\text{obst}}[\boldsymbol{u}(t-1|t),\boldsymbol{x}(t|t),\Delta\boldsymbol{U}(t)]\\&=\Delta\boldsymbol{U}(t)^{\mathrm{T}}\boldsymbol{H}\Delta\boldsymbol{U}(t)+f^{\mathrm{T}}\Delta\boldsymbol{U}(t)+\text{const}\end{aligned} \tag{3-23}$$

其中：

$$M\Delta\boldsymbol{U}(t)\leqslant N \tag{3-24}$$

$$\boldsymbol{H}=\boldsymbol{H}_c \tag{3-25}$$

$$\boldsymbol{f}=\boldsymbol{f}_o+\boldsymbol{f}_c \tag{3-26}$$

const 表示与决策变量无关的项，可以直接舍弃。从式（3-25）可以看到，优化问题目标函数所有的二次项全部来自轨迹跟踪项。由于轨迹跟踪项关于决策变量是凸的，因此式（3-23）也是关于决策变量的凸函数。由于式（3-23）的约束函数为线性的，因此优化问题的凸性可以得到保证。由于凸优化的任意局部最优解也是其全局最优解，因此凸优化问题解的全局最优得到了保证。至此，避障控制器的设计已经完成了。求解上述优化问题获取的控制增量，舍弃除第一个控制增量以外的其他控制增量，将第一个控制增量与上一时刻的控制量累加，得到控制量 $\boldsymbol{u}(t|t)$，并将它作用于系统。在下一个优化时刻到来时，重复上述过程，实现滚动优化。基于上述优化问题的模型预测控制器的无人驾驶车辆，在参考轨迹上没有障碍物的情况下，能够跟踪给定的参考轨迹；在参考轨迹被障碍物占据的情况下，能够避开障碍物。

本书在 MATLAB/Simulink 和 CarSim 联合平台上进行了仿真，利用 CarSim 对车辆动力学进行了精确的仿真；并选用 C 类车辆，采用 MATLAB/Simulink 实现了 CMPC 算法控制器；凸二次规划和非线性规划问题分别用 MATLAB 的 quadprog 和 fincon 函数求解。仿真采用了一台运行 Windows 7 的台式机，其内存为 4GB，CPU 为 i5-4590 3.30GHz 处理器。无人驾驶车辆仿真参数如表 3-4 所示，CMPC 控制参数如表 3-5 所示。

表 3-4　无人驾驶车辆仿真参数

参数	数值	单位
M	1247	kg
I_z	1523	kg·m^2
a	1.016	m
b	1.562	m
N	20	—
N_c	5	—
$\dot{x}_p$	10	m/s

表 3-5　CMPC 控制参数

参数	数值	单位
Q	10^4	—
$\Delta u_{\min}$	−0.15	rad/s
$\Delta u_{\max}$	0.15	rad/s
ε	1	—
υ	10^4	—
κ	1	—
$X_{\text{ellipsoid}}$	10	m
$Y_{\text{ellipsoid}}$	1	m
τ	0.33	—

图 3-32 给出了基于 CMPC 算法的车辆避障轨迹。图中上下两条实线表示路沿，车辆在避障控制器驱动下在道路内行驶，坐标(100,2)所在的中心圆点表示障碍物所在位置。参考轨迹是沿着 $y = 2$ 的一条直线，由于图形比较直观，故其并未在图中画出。内部椭圆是 E_{unsafe}，而外部大的椭圆是 E_{start}。图 3-32 的仿真结果表明：当给定轨迹上没有障碍物时，CMPC 避障控制器可以驱动车辆跟踪给定轨迹；当给定轨迹被障碍物占据时，CMPC 避障控制器可以驱动车辆避开障碍物。正如设计的那样，避障动作在 E_{start} 触发。整个避障轨迹都位于 E_{unsafe} 之外，表示基于提出的避障算法，车辆安全性是能够得到保证的。图 3-33 给出了避障过程中车辆横摆角、横摆角速度、横向速度和转向角的变化曲线，可看出在避障过程中它们是平顺的。

现在对比 CMPC 避障算法与非线性规划模型预测控制（Nonlinear Programming-based MPC，NMPC）避障算法的实时性能。仿真结果如图 3-34 所示，曲线①表示 NMPC 算法在每个控制周期的计算时间，曲线②表示 CMPC 算法在每个控制周期的计算时间。CMPC 避障控制器的计算时间在 0.02s 以内，而 NMPC 避障控制器的计算时间有时甚至需要超过 0.04s。这说明求解凸二次规划问题获取控制序列的 CMPC 算法具有更优的实时性能。

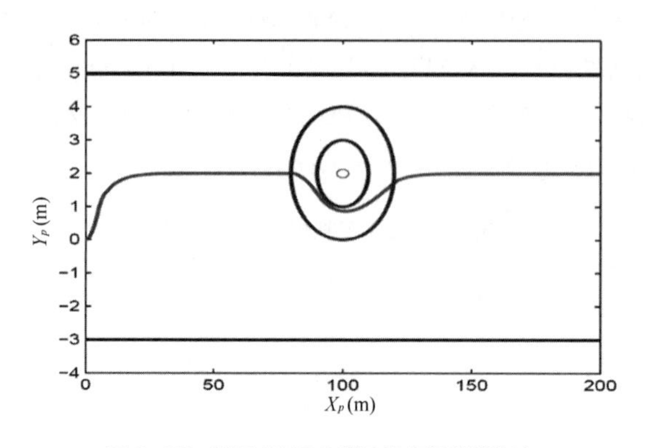

图 3-32　基于 CMPC 算法的车辆避障轨迹

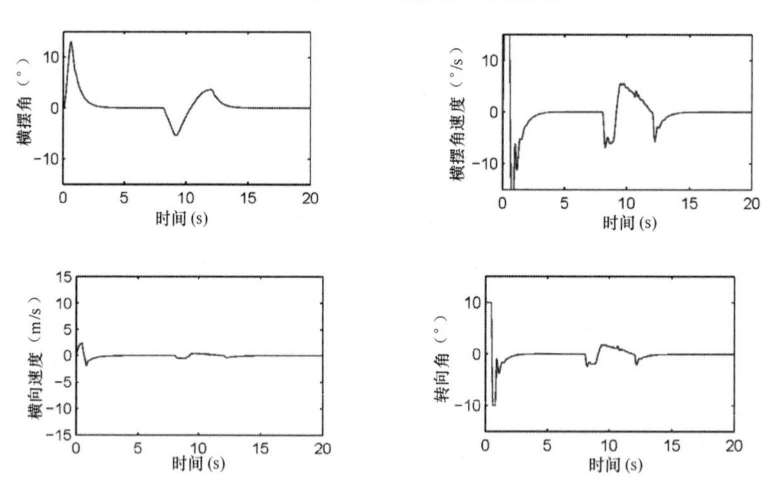

图 3-33　基于 CMPC 算法的车辆避障仿真中车辆参数曲线

3. 区域约束下基于模型预测控制的无人驾驶车辆避障算法

仅将车辆视作一个质点，而完全忽略车辆实际占据区域，这显然并不能保证整个车辆是无碰撞的。下面将车辆实际占据区域描述为一系列约束的析取，为了求解含有车辆实际占据区域约束的最优化问题，在此提出了一种在路径规划意义上近似求解该最优化问题的算法。

将车辆实际占据区域视作一系列线性约束定义的多边形，如图 3-35 所示。

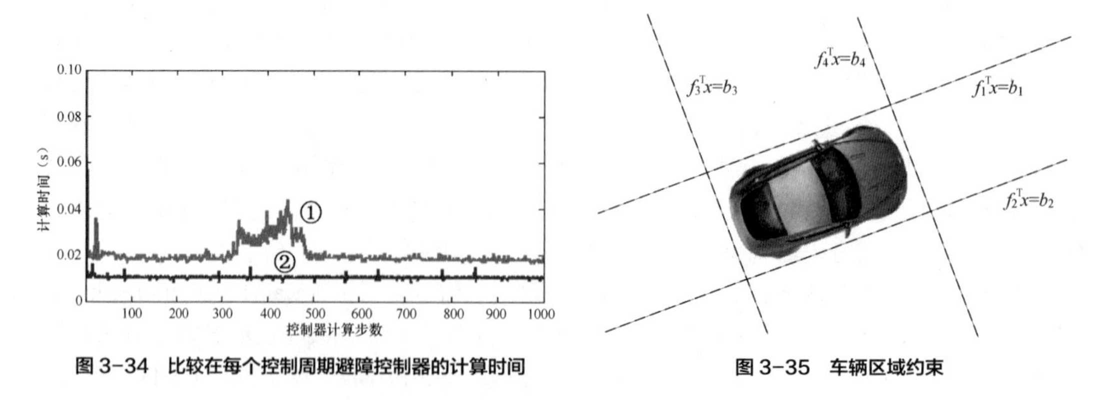

图 3-34　比较在每个控制周期避障控制器的计算时间

图 3-35　车辆区域约束

区域约束下无人驾驶车辆避障的最优化问题可表示如下。

问题 1:

$$\min_{\Delta U(t)} J_c[\Delta \boldsymbol{U}(t)] = \Delta \boldsymbol{U}(t)^{\mathrm{T}} \boldsymbol{H}_c \Delta \boldsymbol{U}(t) + f_c^{\mathrm{T}} \Delta \boldsymbol{U}(t) \tag{3-27}$$

s.t

$$M\Delta \boldsymbol{U}(t) \leqslant N \tag{3-28}$$

$$\begin{aligned} k \,\hat{\in}\, \boldsymbol{Z}_v, i \,\hat{\in}\, \boldsymbol{Z}_p, j \,\hat{\in}\, \boldsymbol{Z}_o \Big| f_{i,k}^{\mathrm{T}}[\Delta \boldsymbol{U}(t), \boldsymbol{x}(t\,|\,t), \boldsymbol{u}(t-1\,|\,t)] - \\ b_{i,k}[\Delta \boldsymbol{U}(t), \boldsymbol{x}(t\,|\,t), \boldsymbol{u}(t-1\,|\,t)] \geqslant 0 \end{aligned} \tag{3-29}$$

式（3-29）表示车辆区域约束。$\boldsymbol{Z}_v$ 是包含定义车身约束的序列的集合，$\boldsymbol{Z}_p$ 是包含预测时域序列的集合，$\boldsymbol{Z}_o$ 是包含障碍物序列的集合。i、j、k 分别是集合 $\boldsymbol{Z}_p$ 、$\boldsymbol{Z}_o$ 与 $\boldsymbol{Z}_v$ 的元素。可以注意到，在预测时域内，$f_{i,k}[\Delta \boldsymbol{U}(t), \boldsymbol{x}(t\,|\,t), \boldsymbol{u}(t-1\,|\,t)]$ 与 $b_{i,k}[\Delta \boldsymbol{U}(t), \boldsymbol{x}(t\,|\,t), \boldsymbol{u}(t-1\,|\,t)]$ 可以表述为关于车辆长度与宽度、质心位置和横摆角的函数。由于预测时域内质心位置和横摆角均可以表述为 $\Delta \boldsymbol{U}(t)$ 、$\boldsymbol{x}(t\,|\,t)$ 与 $\boldsymbol{u}(t-1\,|\,t)$ 的函数，同时车辆的长度与宽度固定，因此 $f_{i,k}[\Delta \boldsymbol{U}(t), \boldsymbol{x}(t\,|\,t), \boldsymbol{u}(t-1\,|\,t)]$ 与 $b_{i,k}[\Delta \boldsymbol{U}(t), \boldsymbol{x}(t\,|\,t), \boldsymbol{u}(t-1\,|\,t)]$ 可以表述为关于 $\Delta \boldsymbol{U}(t)$ 、$\boldsymbol{x}(t\,|\,t)$ 与 $\boldsymbol{u}(t-1\,|\,t)$ 的函数，正方向定义为指向车身朝外的方向，具体的表达式可通过简单的几何关系计算得出。$\wedge$ 表示逻辑与，$\vee$ 表示逻辑或。与基于 CMPC 将障碍物因素包含在优化目标里的做法不同，这里通过约束式（3-29）反映环境信息来处理车辆区域约束。

上述优化问题求解得到的控制序列可以驱动车辆避障，并且避障轨迹对于整个车辆是安全的。问题在于式（3-29）定义的约束的具体形式比较复杂，决策变量是非线性约束且凸性未知。这意味着，上述优化问题是非凸优化问题。然而，目前还不存在快速有效的算法以求解非凸优化问题。

为了解决这个问题，先给出如下优化问题。

问题 2:

$$\min_{\Delta U(t)} J[\Delta \boldsymbol{U}(t)] = J_c[\Delta \boldsymbol{U}(t)] + \sum_{i=1}^{N_p} \sum_{j=1}^{N_o} \eta_j Y_p(t+i\,|\,t) \phi\left[Y_p(t\,|\,t), Y_{o,j}\right] \tag{3-30}$$

s.t

$$M\Delta \boldsymbol{U}(t) \leqslant N$$

其中:

$$\eta_j = \frac{\omega}{\left[X_p(t\,|\,t) - X_{o,j}\right]^2 + \left[Y_p(t\,|\,t) - Y_{o,j}\right]^2}$$

$$\phi\left[Y_p(t\,|\,t), Y_{o,j}\right] = \begin{cases} 1, & Y_{o,j} > Y_p(t\,|\,t) \\ \kappa, & Y_{o,j} = Y_p(t\,|\,t) \\ -1, & Y_{o,j} < Y_p(t\,|\,t) \end{cases}$$

$X_p(t\,|\,t)$ 与 $Y_p(t\,|\,t)$ 分别表示在 t 时刻惯性坐标系下车辆的横向和纵向坐标，ω 与 κ 均为常数，$Y_p(t+i\,|\,t)$ 表示第 i 个预测时域的车辆纵向坐标，$X_{o,j}$ 与 $Y_{o,j}$ 分别表示第 j 个障碍物的横向与纵向坐标，N_p 表示预测时域的长度，N_o 是障碍物的个数。优化问题 2 实际上是基于车辆质点化的避障算法。该算法是利用代价函数而不是区域约束来避障的，障碍物信息通过式（3-30）中的第三项反映，优化问题 2 是基于 CMPC 避障算法的简化形式。通过矩阵运算推导过程，

该优化问题可以表述为易求解的凸二次规划问题。

我们可以利用易处理的优化问题 2 来估计优化问题 1。从路径规划的角度来说，ω 的值决定了避障轨迹在多大程度上偏离从当前点到目标点的直线。考虑车身占据区域，较小的 ω 值具有较低的经济与能耗代价，但是不足以驱动车辆避障，安全性较低；较大的 ω 值安全性较高，但是具有较高的、不必要的经济和能耗代价。存在一个 ω 值，驱动车辆刚好能够满足式（3-29）定义的约束。可利用这一点通过优化问题 2 来估计优化问题 1。

用来估计优化问题 1 的算法步骤如下。

步骤 1：初始化 ω ，$\omega_{\max}$ 与 I 为半经验的常数；初始化 K 为 0。

步骤 2：求解优化问题 2，将优化问题 2 的最优解记为 solution(K)。

步骤 3：验证 solution(K)是否满足表达式（3-29）定义的约束。

步骤 4：如果满足，则返回 solution(K)，算法结束。

步骤 5：如果不满足，则验证是否 $\omega=\omega_{\max}$ 。如果是，则返回不可行；否则，$K=K+1$，$\omega=\omega+KI$ ，转向步骤 2。

通过上述算法获取控制增量序列，舍弃除第一个控制增量以外的其他控制增量，将第一个控制增量与上一时刻的控制量累积，得到控制量 $\boldsymbol{U}(t\mid t)$ ，并将它作用于系统。在下一个优化时刻到来时，重复上述过程，实现滚动优化。使用基于上述算法的模型预测控制器的无人驾驶车辆，能够在避障中有效处理车辆区域约束。

本书在 MATLAB/Simulink 和 CarSim 联合平台上进行了仿真，利用 CarSim 对车辆动力学进行了精确的仿真；并选用 C 类车辆，采用 MATLAB/Simulink 实现了区域约束下的 CMPC 算法控制器；凸二次规划和非线性规划问题分别用 MATLAB 的 quadprog 和 fincon 函数求解。仿真采用了一台运行 Windows 7 的台式机，其内存为 4GB，CPU 为 i5-4590 3.30GHz 处理器。无人驾驶车辆仿真参数如表 3-4 所示，区域约束下 CMPC 控制参数如表 3-6 所示。

表 3-6　区域约束下 CMPC 控制参数

参数	数值	单位
Q	10^4	—
$\Delta u_{\min}$	−0.005	rad/s
$\Delta u_{\max}$	0.005	rad/s
$u_{\min}$	−0.05	rad/s
$u_{\max}$	0.05	rad/s
$\omega_{\max}$	5.4×10^6	—
I	9×10^5	m
ω	9×10^5	—

将车辆视作质点的避障轨迹与区域约束条件下的避障轨迹分别如图 3-36 和图 3-37 所示。四边形表示车辆占据区域，由于缩放比例的原因，图中的车辆占据区域存在变形，即四边形的长边实际上是车辆的短边，四边形的短边实际上是车辆的长边。车辆试图避开运行轨迹上的障碍物。车辆初始位置为(0,0)，目标位置为(400,0)。图 3-36 中，车辆质心是无碰撞的，但是考虑到车辆占据区域，车辆依然避障失败，这表明对于车辆质心而言无碰撞的轨迹也有可能是不安全的。图 3-37 中，不仅车辆质心是无碰撞的，车辆占据区域也是无碰撞的，这表明提出的

区域约束下的避障算法能够保证避障轨迹的安全性。为了更加清晰地呈现避障结果，我们给出了图 3-36 的局部放大图（图 3-38）和图 3-37 的局部放大图（图 3-39）。图 3-36 ~ 图 3-39 验证了提出的车辆区域约束下的避障算法的有效性。

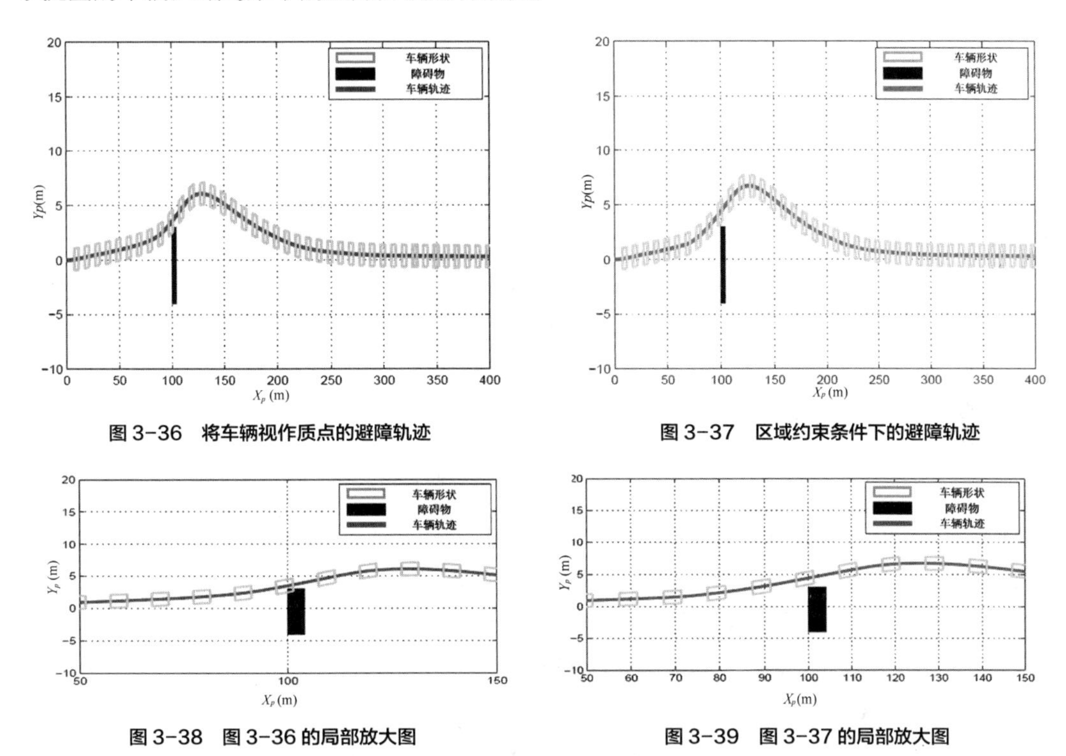

图 3-36　将车辆视作质点的避障轨迹

图 3-37　区域约束条件下的避障轨迹

图 3-38　图 3-36 的局部放大图

图 3-39　图 3-37 的局部放大图

3.3 本章小结

本章介绍了自主智能体系统的决策与规划问题，自主智能体系统的决策与规划能力直接决定了其自主运动的性能。

决策的功能为在环境信息获取和理解的基础上，确定自主智能体系统的行为以指导其下一步的动作。目前，通常采用基于规则的 FSM 来实现自主智能体系统的行为决策系统。为了提升决策系统的泛化能力和学习能力，学习算法常被结合应用到基于规则的行为决策系统中，形成分层分场景的决策系统，保证决策结果的稳健性与正确性。

规划的功能为在相应的约束条件和决策动作的指导下，在状态空间中求解得到合理可行的路径。不同场景对应不同的规划算法，基于图搜索的规划算法适用于栅格地图下低维的全局最优路径规划，基于采样的规划算法则在高维带约束的运动规划场景下有着独特的优势，基于曲线插值和数值优化的规划算法则能够更好地处理存在障碍约束的局部路径规划问题。

3.4 参考文献

[1] 杜明博. 基于人类驾驶行为的无人驾驶车辆行为决策与运动规划方法研究[D]. 合肥: 中国科学技术大学, 2016.

[2] YUKALOV V I, SORNETTE D. Manipulating decision making of typical agents[J]. IEEE Transactions on Systems, Man, and Cybernetics, 2014, 44(9): 1155-1168.

[3] 陈雪梅，田庚，苗一松，等. 城市环境下无人驾驶车辆驾驶规则获取及决策算法[J]. 北京理工大学学报, 2017, 37(5): 492-496.

[4] ZHENG R, LIU C, GUO Q. A decision-making method for autonomous vehicles based on simulation and reinforcement learning[C]//IEEE International Conference on Machine Learning and Cybernetics, July 14-17,2013, Tianjin, 1(1): 362-369.

[5] 熊璐，康宇宸，张培志，等. 无人驾驶车辆行为决策系统研究[J]. 汽车技术, 2018(08):1-9.

[6] 陈平. 辅助驾驶中控制与决策关键技术研究[D]. 上海：上海交通大学, 2011.

[7] FAYJIE A R, HOSSAIN S, OUALID D, et al. Driverless car: autonomous driving using deep reinforcement learning in urban environment[C]//International Conference on Ubiquitous Robots, June 26-30, 2018, Honolulu, HI: 896-901.

[8] 陈佳佳. 城市环境下无人驾驶车辆决策系统研究[D]. 合肥：中国科学技术大学, 2014.

[9] 耿新力. 城区不确定环境下无人驾驶车辆行为决策方法研究[D]. 合肥：中国科学技术大学, 2017.

[10] MONTEMERLO M, BECKER J, BHAT S, et al. Junior: The Stanford entry in the urban challenge[J]. Journal of Field Robotics, 2008, 25(9): 569-597.

[11] 郑睿. 基于增强学习的无人车辆智能决策方法研究[D]. 长沙：国防科学技术大学, 2013.

[12] 余卓平，李奕姗，熊璐. 无人车运动规划算法综述[J]. 同济大学学报（自然科学版），2017,45(8):1150-1159.

[13] HART P, NILSSON N, RAPHAEL B. A formal basis for the heuristic determination of minimum cost paths[J]. IEEE Transactions on Systems Science and Cybernetics, 1968, 4(2): 100-107.

[14] LIKHACHEV M, FERGUSON D, GORDON G. Anytime search in dynamic graphs[J] Artificial Intelligence, 2008, 172(14):1613-1643.

[15] POHL I. Heuristic search viewed as path finding in a graph[J]. Artificial Intelligence, 1970, 1(3):193-204.

[16] FERGUSON D, STENTZ A. Using interpolation to improve path planning: The field D* algorithm[J]. Journal of Field Robotics, 2006, 23(2):79-101.

[17] LAVALLE S M. Rapidly-exploring random trees: A new tool path planning[R]. Ames, USA: Computer Science Department, Iowa State University, 1998.

[18] KAVRAKI L E, SVESTKA P, LATOMBE J C, et al. Probabilistic roadmaps for path planning in high-dimensional configuration spaces[J]. IEEE transactions on Robotics and Automation, 1996, 12(4): 566-580.

[19] MA L, XUE J, KAWABATA K, et al. Efficient sampling-based motion planning for on-road autonomous driving[J]. IEEE Transactions on Intelligent Transportation Systems, 2015, 16(4):1961-1976.

[20] KARAMAN S, FRAZZOLI E. Incremental sampling-based algorithms for optimal motion planning[R]. Cambridge, MA: Laboratory for Information and Decision Systems, Massachusetts

Institute of Technology, 2010.
[21] KUWATA Y, TEO J, FIORE G, et al. Real-time motion planning with applications to autonomous urban driving[J]. IEEE Transactions on Control Systems Technology, 2009, 17(5):1105-118.
[22] HAN L, YASHIRO H. Bézier curve based path planning for autonomous vehicle in urban environment[C]//IEEE Intelligent Vehicles Symposium, June 21-24, 2010, San Diego, CA, USA, 2010:1036-1042.
[23] GOROWARA K K. A problem on Bézier curves and Bézier surfaces[C]//IEEE Conference on Aerospace and Electronics, May 21-25. 1990, Dayton, OH, USA, 2:698-701.
[24] BREZAK M, PETROVIC I. Real-time approximation of clothoids with bounded error for path planning applications[J]. IEEE Transactions on Robot, 2014, 30(2):507-515.
[25] MONTES N, MORA M, TORNERO J. Trajectory generation based on rational Bézier curves as clothoids[C]//IEEE Intelligent Vehicles Symposium, June 13-15, 2007, Istanbul, Turkey: 505-510.
[26] FUNKE J. Up to the limits: Autonomous audi TTS[C]//IEEE Intelligent Vehicles Symposium, June 3-7, 2012, Alcala de Henares, Spain, 2012:541-547.
[27] BERGLUND T, BRODNIK A, JONSSON H, et al. Planning smooth and obstacle-avoiding B-spline paths for autonomous mining vehicles[J]. IEEE Transactions on Automation Science & Engineering, 2010, 7(1):167-172.
[28] SHILLER Z, GWO Y R. Dynamic motion planning of autonomous vehicles[J]. IEEE Transactions on Robotics & Automation, 1991, 7(2):241-249.
[29] QU Z, WANG J, PLAISTED C E. A new analytical solution to mobile robot trajectory generation in the presence of moving obstacles[J]. IEEE Transactions on Robotics, 2004, 20(6):978-993.
[30] LUO W, PENG J, LIU W, et al. A unified optimization method for real-time trajectory generation of mobile robots with kinodynamic constraints in dynamic environment[C]//IEEE Conference on Robotics, November 12-15, 2013, Manila, Philippines:112-118.
[31] KELLY A, NAGY B. Reactive nonholonomic trajectory generation via parametric optimal control[J]. International Journal of Robotics Research, 2003, 23(7-8):583-602.
[32] HOWARD T M, KELLY A. Optimal rough terrain trajectory generation for wheeled mobile Robots[J]. The International Journal of Robotics Research, 2007, 26(2):141-166.
[33] FERGUSON D, HOWARD T M, LIKHACHEV M. Motion planning in urban environments[J]. Journal of Field Robotics, 2012, 25(11-12):939-960.
[34] JEON, J H, COWLAGI, R V, PETERS, S C, et al. Optimal motion planning with the half-car dynamical model for autonomous high-speed driving[C]//American Control Conference, June 17-19, 2013, Washington, DC, USA, 45(1):188-193.
[35] TU K, YANG S, ZHANG H, et al. Hybrid A* based motion planning for autonomous vehicles in unstructured environment[C]//IEEE International Symposium on Circuits and Systems, May 26-29, 2019, Sapporo, Japan, 2019:1-4.
[36] SHEN C, SHI Y, BUCKHAM B. Integrated path planning and tracking control of an AUV: A

unified receding horizon optimization approach[J]. IEEE/ASME Transactions Mechatronics 2017 22(3):1163-1173.

[37] WANG Z, LI G, JIANG H, et al. Collision-Free navigation of autonomous vehicles using convex quadratic programming-based model predictive control[J]. IEEE/ASME Transactions on Mechatronics, 2018, 23(3):1103-1113.

[38] FALCONE P. Nonlinear model predictive control for autonomous vehicles[D]. Benevento, Italy:University of Sannio, 2007.

04 chapter 自主智能体系统的控制方法

本章要点：

- 掌握自主智能体系统的同时点镇定与跟踪控制方法；
- 了解计算负荷、通信受限等因素，掌握利用分布式滤波器进行状态估计的方法；
- 了解反演控制方法的思想。

控制问题是自主智能体系统研究中的核心问题。决策和规划的结果，最终都需要转化为控制问题来实现。控制的优劣对系统性能的好坏起着决定性的作用。自主智能体系统的控制研究主要包括控制算法的设计和对控制器设计所需信息的估计。本章面向实际运行需求，针对不同的自主智能体系统，着重介绍运动控制、状态估计两类关键技术问题，以帮助读者掌握解决基本控制问题的方法。

4.1 控制问题描述

4.1.1 控制问题分类

自主智能体系统的控制，主要是指基于自主智能体系统的运动学和动力学模型，根据具体的性能指标设计控制算法，使自主智能体系统能够按照要求正常工作。

一般的控制系统结构如图 4-1 所示。

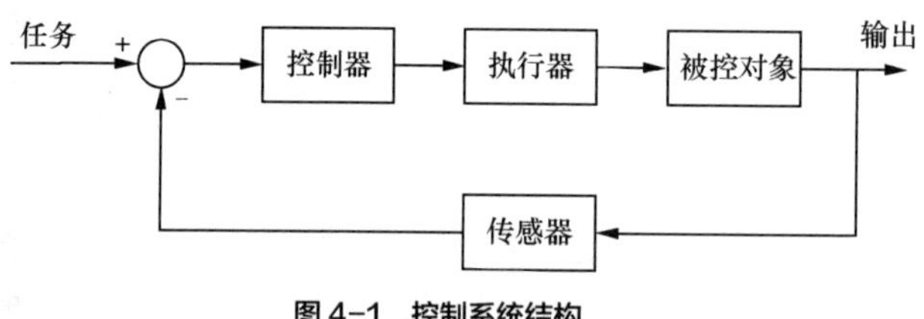

图 4-1　控制系统结构

由图 4-1 可以看出，影响自主智能体系统控制性能的主要因素包括控制器算法和传感器系统的设计。因此，自主智能体系统控制研究包括两类：一类是在假设传感器系统能够满足精确度和信息完整性要求时，设计控制器算法以保证系统收敛于期望的目标状态并保持稳定；另一类是在考虑传感器系统精度有限或部分状态无法测量时，设计估计算法并基于测量值进行估计和优化。控制系统在执行控制或状态估计过程中，均须进行大量运算和数据存储。这些计算和存储给自主智能体系统带来了实时性的要求和制造成本的压力。

在第一类自主智能体系统控制问题的研究中，运动控制问题是最基本的问题，因为决策和规划的结果最终都需要转化为运动控制问题来实现。运动控制的主要目标是设计某种控制算法，使自主智能体系统精确、快速、平稳地自动到达空间某一位置或跟踪空间中的某条曲线。运动控制的主要问题包括轨迹跟踪（Trajectory Tracking）、路径跟随（Path Following）和点镇定（Point Stabilization）。

轨迹跟踪的目标是使自主智能体系统从一个初始状态出发，以渐近的方式跟踪一个与时间相关的参考轨迹。由于参考轨迹是随时间变化的，自主智能体系统需要满足“持续激励”（Persistent Excitation）条件，即在跟踪过程中持续保持运动。轨迹跟踪在日常生活中非常常见，如控制机械手或者移动机器人跟踪期望的工作轨迹以完成一定的任务。以移动机器人为例，轨迹跟踪如图 4-2 所示。

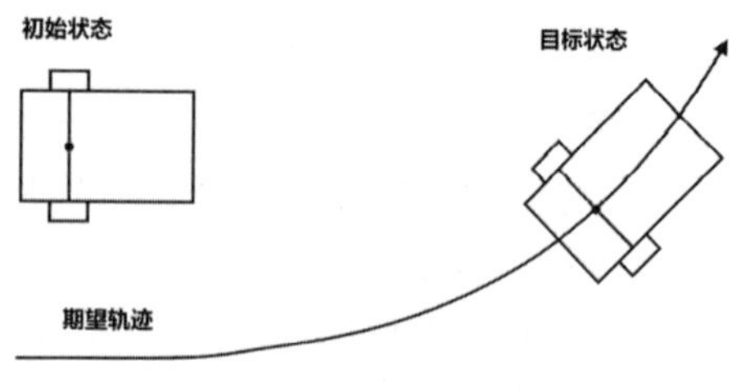

图 4-2　移动机器人的轨迹跟踪

路径跟随与轨迹跟踪很相似，但是路径跟随仅需要控制自主智能体系统跟踪可几何参数化的静态路径即可，不依赖于时间变量，对自主智能体系统到达路径目标点的时间不做要求。轨迹跟踪就像模仿一个虚拟的自主智能体系统的实时运动状态，而路径跟随只要让自主智能体系统到达期望路线上即可。

另一个重要的运动控制问题是点镇定，也称为“姿态校正”（Regulation）。其主要目标是使自主智能体系统能够从一个初始位姿开始，通过自主移动和调整，最后稳定在目标位姿。一个可能的想法是设计一条从起始状态到目标状态的轨迹，利用轨迹跟踪控制方法实现目标。但是与轨迹跟踪问题相比，在点镇定的过程中，自主智能体系统会从一个静止状态到达另一个静止状态，无法满足轨迹跟踪的持续激励条件。事实可以证明，对于具有非完整约束的系统来说，由于其所对应的控制系统无法获得光滑连续的时不变反馈镇定控制律，因此我们只能将不连续、时变或混合控制律应用于自主智能体系统上。移动机器人的点镇定如图 4-3 所示。

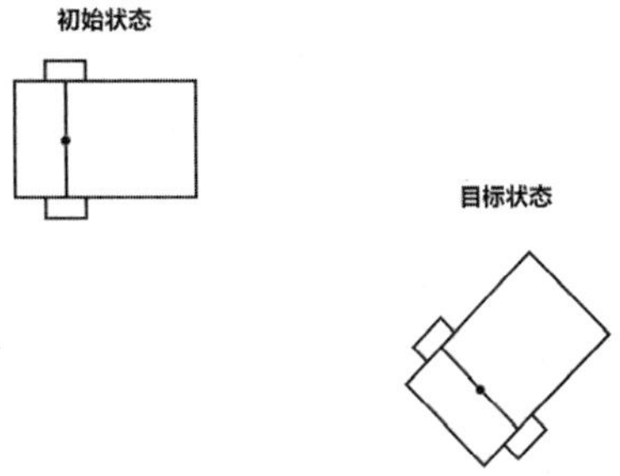

初始状态

目标状态

图 4-3　移动机器人的点镇定

在第二类自主智能体系统控制问题研究中，当传感器系统测量精度有限时，通常会设计状态估计器并基于测量值来进行精确估计。常用的状态估计算法有针对线性系统的卡尔曼滤波（Kalman Filter）算法和分布式 H_∞滤波算法。复杂的自主智能体控制系统，为了应对大量的计算和数据，往往需要成百上千的计算单元和存储单元，这会导致系统研制费用的增加。云计算技术为解决这一问题提供了可能性。云计算是分布式计算的一种，是利用计算机网络将要解决的问题进行分解，然后分发到多台服务器上进行处理后，再将结果进行合并以获得最终结果。云计算理论上有无限的存储空间和计算能力，如果借用云计算平台的计算和存储能力，那么就会降低嵌入式计算单元和存储单元的设计和制造成本。

基于云计算辅助的控制方法需要依赖于网络传输。当大量数据通过网络传输时，网络带宽有限会导致网络堵塞现象时有发生。为了解决这个问题，设计触发机制将连续的数据传输转为周期性的数据传输。其中，事件触发机制是根据已经设计好的事件触发条件来决定是否要传输采样数据的。如果采样数据满足事件触发条件，那么事件触发装置就会释放采样数据，完成一次任务；否则，采样数据会被丢弃。因此，事件触发装置不仅能够保证系统的性能，还能从根本上减轻网络负担。

4.1.2　性能要求和约束条件

对自主智能体系统的控制，主要有以下控制性能要求[1]。

（1）稳定性。稳定性是系统受到短暂的扰动之后其运动性能从偏离平衡点恢复到原平衡点状态的能力。控制系统都含有储能或惯性原件，若闭环系统的参数选取不合理，则系统会产生震荡或发散而无法正常工作。稳定性是一般控制系统必须满足的最基本的要求。

（2）过渡过程性能。可以用平衡性和快速性来描述过渡过程性能。平衡性指系统从初始状态运动到新的平衡状态时具有较小的超调和震荡性；快速性指系统由初始状态运动到新的平衡状态所经历的时间，即系统过渡过程的快速程度。良好的过渡过程性能指系统运动的平衡性和快速性满足要求。

（3）稳态误差。稳态误差是指在过渡过程结束后，期望的稳态输出量与实际的稳态输出量之差。控制系统的稳态误差越小，说明控制精度越高。因此，稳态误差是衡量控制系统性能好坏的一项重要指标，控制系统设计的一个重要目标是在兼顾其他性能指标的情况下使稳态误差尽可能小或者小于某一阈值。

在设计控制系统的过程中，除了须考虑性能指标外，通常还须考虑一些约束条件。常见的约束条件如下。

（1）控制器饱和约束。由于在实际应用中，系统执行器的执行能力是受到限制的，如输出力矩、输出电压等都具有一定的上限，因此在控制器设计过程中，如果控制器的输出超过了执行器的上限，那么就会带来饱和问题。如果执行器长时间处于饱和状态，则会给控制系统带来性能上的影响，并且可能会造成物理结构上的损坏。

（2）通信资源约束。对于自主多智能体系统，各单个智能体之间需要通信以实现协同。而通信资源通常是有限的，长时间频繁的通信会造成系统能源大量消耗。为了减少通信的次数，通常会采用两种解决方案：一种是周期性通信或称为“时间触发通信”，这种通信方式的直接结果是信息滞后，对于一些突然的系统状态变化无法做出及时的反应，会使系统稳定性受到较大影响；另一种是事件触发通信，当系统状态满足某种事件条件时进行通信，这种通信方式可以较好地解决系统状态突变等问题，能够及时更新控制器并有效降低通信量，因此受到了很多学者的关注。

（3）外部环境约束。由于自主智能体系统实际的应用环境通常是比较复杂的，可能会存在影响控制系统运行的因素，如在冰面或沙地上轮子会产生滑移、地面的摩擦力、被控系统模型的不确定性、执行器系统的损耗等，因此在控制器设计过程中应该考虑到这些因素，以使系统具有一定的稳健性，即能够抵抗这些扰动因素。

4.2 自主智能体系统的同时点镇定与轨迹跟踪控制

在 4.1 节中提到，运动控制是自主智能体系统的基本控制问题。其中，轨迹跟踪和点镇定是两个典型的运动控制问题。轮式移动机器人由于具有驱动和控制方便，结构简单，工作效率高，机动灵活等特点，在日常生活中应用广泛。本节将以轮式移动机器人为对象，介绍自主智能体系统的同时点镇定与轨迹跟踪控制方法[2]。

4.2.1 问题描述

轮式移动机器人在轮子与地面只有纯滚动而不发生滑移（横向、纵向）的情况下，是一种典型的非完整系统。由于非完整系统不满足布罗克特（Brockett）[3]光滑状态反馈镇定必要条件，故不存在光滑（连续）静态或动态反馈控制律。轮式移动机器人具有多输入、多输出、耦合欠驱动且高度非线性等特性，这些都让轮式移动机器人的运动控制变得困难。

轮式移动机器人运动控制问题的描述通常需要参考运动学模型，即假设控制输入直接决定了机器人的广义速度。之所以采用这样的简化假设，一是因为在适当的假设下可以通过反馈消除动力学的影响，从而将控制问题转换为二阶运动学模型，并能进一步转换为一阶运动学模型；二是因为底层控制回路是集成在硬件或软件结构中的，所以机器人大体上都不能直接控制转矩。底层控制回路接受与参考速度相关的控制量，这些输入已经用某种标准校正方法（如 PID 控制器）调校得尽可能精准了。在这种情况下，高层控制的实际输入相对参考速度已经相当准确了。

基于运动学模型的控制器设计十分重要。一方面，在实际应用中，将线速度和角速度作为机器人的输入比较符合人们的生活认知，容易被人们接受，并且在对控制精度要求不高的场合，基于运动学模型设计的控制器足以完成指定控制任务；另一方面，在更深层面的模型研究中，可以采用反演控制（Backstepping）的设计思路进行控制器设计。因此，运动学层面的研究进展也会推动动力学层面、执行机构层面的研究进展。基于运动学模型的运动控制研究不仅必要，而且意义重大。因此，本节主要介绍基于运动学模型设计的控制器。

非完整轮式移动机器人的点镇定控制和轨迹跟踪控制多被当作两个不同的问题进行研究，分别设计控制器进行控制。但当非完整轮式移动机器人的参考轨迹未知或需要机器人完全自主运动时，切换使用点镇定控制器和轨迹跟踪控制器对机器人进行控制将不再适用，更为实际的方法是设计一个单独的控制器，同时解决机器人的点镇定和轨迹跟踪问题。

Lee[4]等最先提出设计单独控制器实现机器人点镇定和轨迹跟踪统一控制的思路，该运动学控制器的设计考虑输入受限。文献[5 ~ 9]等对轮式移动机器人点镇定和轨迹跟踪统一控制继续做了相关研究，但在研究成果中，只有文献[7]设计的力矩动力学控制器考虑了控制输入受限。

本节考虑在实际应用中具有重要价值的轮式移动机器人的点镇定和轨迹跟踪统一控制问题，基于运动学模型设计控制受限的运动学控制器，实现轮式移动机器人点镇定和轨迹跟踪的统一控制，且将输入受限区域由矩形扩展到菱形，以使执行机构的控制能力得到更充分的利用，扩大输入受限控制器的适用范围。

假设非完整轮式移动机器人的两个轮子具有相同的机械特性，并且满足相同的输入限制 $|v_{\mathrm{L}}| \leqslant a$ 和 $|v_{\mathrm{R}}| \leqslant a$ ，其中 v_{L} 表示左轮线速度，v_{R} 表示右轮线速度，a 是左右轮线速度的最大值。根据轮式移动机器人线速度(v)、角速度(ω)与左右轮速之间的关系：

$$\begin{cases} v = \left(v_{\mathrm{R}} + v_{\mathrm{L}}\right)/2 \\ \omega = \left(v_{\mathrm{R}} - v_{\mathrm{L}}\right)/2b \end{cases}$$

可得 v 和 ω 满足限制条件：

$$\begin{cases} -(a+v)/b \leqslant \omega \leqslant (a+v)/b, & v \in [-a, 0) \\ -(a-v)/b \leqslant \omega \leqslant (a-v)/b, & v \in [0, a] \end{cases}$$

上式可进一步表示为：

$$|v/a| + |b\omega/a| \leqslant 1 \tag{4-1}$$

其中，b 为轮式移动机器人左右轮距离的一半。

4.2.2 控制器设计

机器人的模型采用非完整约束的移动机器人运动学模型，此处提出以下两个假设条件。

假设条件 1 非完整轮式移动机器人的线速度和角速度 (v, ω) 满足菱形输入限制条件，即式（4-1）。

假设条件 2 $v_r, \omega_r, \dot{v}_r, \dot{\omega}_r$ 有界且 v_r 满足 $v_r \geqslant 0$ ，$\left(v_r, \omega_r\right)$ 是 (v, ω) 的期望值且满足以下限制条件：

$$\left|v_r / a\right| + \left|b\omega_r / a\right| \leqslant 1 - (b\varepsilon_1 / a)$$

其中，ε_1 是正常数且满足 $0 < \varepsilon_1 < (a/b)$ 。

所有参考轨迹的参考速度 v_r, ω_r 包含于以下两种情况。

（C1）存在 $T, o_1 > 0$ 使得 $\forall t \geqslant 0$ 有：

$$\int_t^{t+T} \left[\left|v_r(s)\right| + \left|\omega_r(s)\right|\right] \mathrm{d}s \geqslant o_1$$

（C2）存在$o_2>0$使得：

$$\int_0^{\infty}\left[\left|v_r(s)\right|+\left|\omega_r(s)\right|\right]\mathrm{d}s\leqslant o_2$$

如果存在$\delta,\tau>0$，使得对所有的$t\geqslant 0$，$\int_t^{t+\delta}|f(s)|\,\mathrm{d}s\geqslant\tau$成立，则称可积分方程$f(t)$是持续激励方程。（C1）表明$v_r$或$\omega_r$满足持续激励条件，跟踪一条直线路径和圆形路径包含于情况（C1），点镇定或跟踪最终趋于一个定点的路径包含于情况（C2）。

引理 1　令$\chi(x)$为具有以下性质的标量函数[10]。

对所有$x\in[0,\infty),\chi(x)$是不减连续函数；对所有$x\in(0,\infty),\chi(x)=0$且$0<\chi(x)\leqslant 1$成立；$\lim\limits_{x\to 0^+}\chi'(x)=\chi_0$，其中$\chi_0$是正常数。

定义函数$\Phi(x)$为：

$$\Phi(x)=\begin{cases}\chi(x)/x, & x\in(0,\infty)\\ \chi_0, & x=0\end{cases}\tag{4-2}$$

则$\forall\sigma\in(0,\infty)$，存在正常数$\varphi$和$\psi$使得对所有$x\in[0,\sigma]$都有$\varphi\leqslant\Phi(x)\leqslant\psi$成立。满足引理 1 中 3 个特性的标量函数有：

$$\chi(x)=\tanh(x),\ \chi(x)=\frac{2}{\pi}\arctan(x)$$

在轮式移动机器人的局部坐标系中，误差坐标可重新被定义为$q_e=T(q)\left(q_r-q\right)$，即：

$$\begin{bmatrix}x_e\\ y_e\\ \theta_e\end{bmatrix}=\begin{bmatrix}\cos\theta & \sin\theta & 0\\ -\sin\theta & \cos\theta & 0\\ 0 & 0 & 1\end{bmatrix}\begin{bmatrix}x_r-x\\ y_r-y\\ \theta_r-\theta\end{bmatrix}\tag{4-3}$$

将式（4-3）的等号两边分别求导，得到非完整轮式移动机器人的误差系统模型：

$$\begin{aligned}\dot{x}_e&=\omega y_e-v+v_r\cos\theta_e\\ \dot{y}_e&=-\omega x_e+v_r\sin\theta_e\\ \dot{\theta}_e&=\omega_r-\omega\end{aligned}$$

经过如下坐标变换和输入变换：

$$\begin{bmatrix}x_0\\ x_1\\ x_2\end{bmatrix}=\begin{bmatrix}\theta_e\\ y_e\\ -x_e\end{bmatrix},\begin{bmatrix}u_0\\ u_1\end{bmatrix}=\begin{bmatrix}\omega_r-\omega\\ v-v_r\cos x_0\end{bmatrix}\tag{4-4}$$

可得一个新的误差系统模型：

$$\begin{aligned}\dot{x}_0&=u_0\\ \dot{x}_1&=\left(\omega_r-u_0\right)x_2+v_r\sin x_0\\ \dot{x}_2&=-\left(\omega_r-u_0\right)x_1+u_1\end{aligned}\tag{4-5}$$

首先不考虑输入受限条件，设计参数时变的控制器统一解决轮式移动机器人的点镇定问题和轨迹跟踪问题。定义一个正定李雅普诺夫方程：

$$V_1=x_1^2+x_2^2\tag{4-6}$$

将式（4-6）的等号两边分别求微分，并将误差系统式（4-3）代入得：

$$\dot{V}_1 = 2\left(x_2 u_1 + x_1 v_r \sin x_0\right)$$

控制器 u_1 设计为：

$$u_1 = -k_0(t) x_2 \tag{4-7}$$

然后引入一个新的状态变量，即：

$$\overline{x}_0 = x_0 + \frac{\varepsilon_0 h(t) x_1}{1 + V_1^{\frac{1}{2}}} \tag{4-8}$$

其中，$h(t) = 1 + \gamma\cos(\tau t), 0 < \gamma < 1, 0 < \varepsilon_0 < 1/(1+\gamma)$ 且 $\tau = 1$。由式（4-8）可知，在 $\overline{x}_0 \to 0$ 的前提下，由 $x_1 \to 0$ 可得 $x_0 \to 0$。因此，如果 $\left(\overline{x}_0, x_1, x_2\right)$ 收敛到 0，则 $\left(x_0, x_1, x_2\right)$ 的稳定性也将得到保证。对式（4-8）的等号两边分别求微分可得：

$$\dot{\overline{x}}_0 = \alpha\left(x_1, x_2, t\right) u_0 + \beta\left(x_0, x_1, x_2, t\right) \tag{4-9}$$

其中：

$$\alpha = 1 - \frac{\varepsilon_0 h x_2}{1 + V_1^{\frac{1}{2}}}$$

$$\beta = \varepsilon_0 \left[\frac{h x_1 + h\left(\omega_r x_2 + v_r \sin x_0\right)}{1 + V_1^{\frac{1}{2}}} - \frac{h x_1}{V_1^{\frac{1}{2}}\left(1 + V_1^{\frac{1}{2}}\right)^2}\left(-k_0 x_2^2 + v_r x_1 \sin x_0\right) \right]$$

定义正定李雅普诺夫方程为：

$$V_2 = \frac{1}{2}\overline{x}_0^2$$

将 V_2 求导得到 $\dot{V}_2 = \overline{x}_0^{\mathrm{T}} \dot{\overline{x}}_0$，将式（4-9）代入 $\dot{V}_2$，设计控制器为：

$$u_0 = -\frac{\beta\left(x_0, x_1, x_2, t\right)}{\alpha\left(x_1, x_2, t\right)} - k_1(t)\overline{x}_0 \tag{4-10}$$

可推断 $0 < 1 - \varepsilon_0(1+\gamma) \leqslant \alpha\left(x_1, x_2, t\right) \leqslant 2$。将设计的两个控制器式（4-7）和式（4-10）分别代入 $\dot{V}_1$ 和 $\dot{V}_2$，可得：

$$\begin{aligned} \dot{V}_1 &= -2k_0(t) x_2^2 + 2x_1 v_r \sin x_0 \\ \dot{V}_2 &= -\alpha\left(x_1, x_2, t\right) k_1(t) \overline{x}_0^2 \end{aligned} \tag{4-11}$$

根据式（4-4）所示的输入变换方程，可将速度输入表示为：

$$\begin{aligned} v &= v_r \cos x_0 - k_0(t) x_2 \\ \omega &= \omega_r + \frac{\beta}{\alpha} + k_1(t)\overline{x}_0 \end{aligned} \tag{4-12}$$

其中：

$$\begin{aligned} k_0(t) &= k_0\left(v_r, \omega_r, x_0, x_1, x_2\right) \\ k_1(t) &= k_1\left(\overline{x}_0\right) \end{aligned}$$

假设时变参数满足以下条件。

假设条件 3　$k_1(t)$ 可微分，k_0、k_1 有界且满足：

$$\begin{aligned} &\underline{k_0} \leqslant k_0(t) \leqslant \overline{k}_0 \\ &\underline{k}_1 \leqslant k_1(t) \leqslant \overline{k}_1 \end{aligned} \tag{4-13}$$

其中，k_0、$\overline{k}_0$、k_1、$\overline{k}_1$ 是正常数。

考虑菱形输入受限条件下时变参数的设计，定义以下向量：

$$\begin{gathered} \boldsymbol{OD} = \begin{bmatrix} v \\ \omega \end{bmatrix}, \quad \boldsymbol{OA} = \begin{bmatrix} v_r \cos x_0 \\ \omega_r \end{bmatrix}, \quad \boldsymbol{AB} = \begin{bmatrix} 0 \\ k_1(t)\overline{x}_0 \end{bmatrix} \\ \boldsymbol{BC} = \begin{bmatrix} -k_0(t)x_2 \\ 0 \end{bmatrix}, \quad \boldsymbol{CD} = \begin{bmatrix} 0 \\ \dfrac{\beta}{\alpha} \end{bmatrix} \end{gathered} \tag{4-14}$$

这些向量如图 4-4 所示，且控制输入可表示为：

$$\boldsymbol{OD} = \boldsymbol{OA} + \boldsymbol{AB} + \boldsymbol{BC} + \boldsymbol{CD} \tag{4-15}$$

根据假设条件 3，可得以下关系：

$$\left|\frac{v_r \cos\theta_e}{a}\right| + \left|\frac{kw_r}{a}\right| \leqslant \left|\frac{v_r}{a}\right| + \left|\frac{b\omega_r}{a}\right| \leqslant 1 - \frac{b\grave{o}_1}{a} \tag{4-16}$$

由式（4-16）可知 $\boldsymbol{OA}$ 在菱形区域内且远离图 4-4 所示的菱形输入界线；由式（4-14）中的向量 $\boldsymbol{AB}$ 可知，$\boldsymbol{AB}$ 的大小正比于 $k_1(t)$，且一定存在合适的 $k_1(t)$ 使 $\boldsymbol{OB} = \boldsymbol{OA} + \boldsymbol{AB}$ 一直保持在菱形输入区域内，时变参数 $k_0(t)$ 可使用相同的思路进行设计。下面将进行时变控制参数的设计，以保证所设计的控制器输入保持在菱形限制区域内。时变参数 $k_1(t)$ 可设计为：

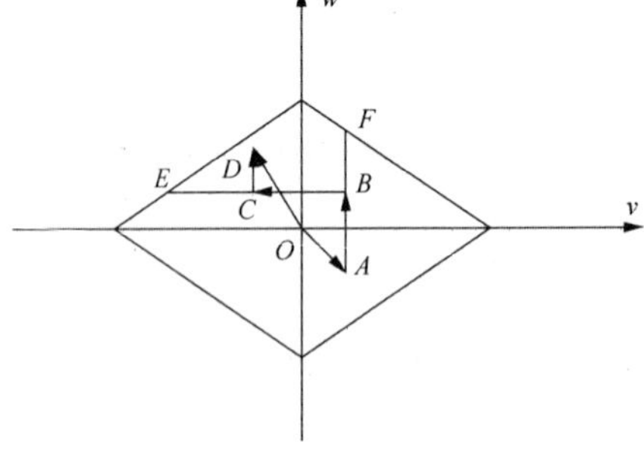

图 4-4　菱形输入受限条件下时变参数设计

$$k_1 = \frac{\lambda\varepsilon_1}{\sqrt{2V_2(t) + \mu^2}} \tag{4-17}$$

将上式等号两边分别求微分可得：

$$\dot{k}_1 = \frac{k_1^2 \alpha\left(x_1, x_2, t\right)\overline{x}_0^2}{\overline{x}_0^2 + \mu^2} \geqslant 0 \tag{4-18}$$

由式（4-18）可得 $\dot{k}_1 \geqslant 0$，故 k_1 是单调递增的。由 $\dot{V}_2 = -\alpha\left(x_1, x_2, t\right)k_1(t)\overline{x}_0^2 \leqslant 0$ 可知李雅普诺夫方程 $V_2(t)$ 不递增，然后由（4-17）可得：

$$0 < \underline{k}_1 = \frac{\lambda\varepsilon_1}{\sqrt{2V_2(0) + \mu^2}} \leqslant k_1 \leqslant \frac{\lambda\varepsilon_1}{\mu} = \overline{k}_1$$

上式满足假设条件 3，通过图 4-4 和之前的讨论可得：

$$\boldsymbol{OB} = \boldsymbol{OA} + \boldsymbol{AB} = \begin{bmatrix} v_r \cos x_0 \\ \omega_r + k_1\overline{x}_0 \end{bmatrix}$$

且 $\boldsymbol{OB}$ 满足：

$$
\begin{aligned}
\boldsymbol{OB} &= \left|\frac{v_r \cos x_0}{a}\right| + \left|\frac{b\left(\omega_r + k_1 \bar{x}_0\right)}{a}\right| \\
&\leqslant \left|\frac{v_r}{a}\right| + \left|\frac{b\omega_r}{a}\right| + \left|\frac{b\lambda\varepsilon_1 \bar{x}_0}{a\sqrt{2V_2+\mu^2}}\right| \\
&\leqslant 1 - \frac{b\varepsilon_1}{a} + \frac{b\lambda\varepsilon_1}{a} \\
&= 1 - \frac{b\varepsilon_1}{a}(1-\lambda) < 1
\end{aligned} \tag{4-19}
$$

$\boldsymbol{OB}$ 被限制在菱形区域内，如图 4-4 所示，$\omega = \omega_r + k_1\bar{x}_0$ 与菱形输入界线相交于两点，其中一点的坐标为：

$$
E\left[\left(b\left|\omega_r + k_1\bar{x}_0\right| - a\right)\operatorname{sgn}\left(x_2\right), \omega_r + k_1\bar{x}_0\right] \tag{4-20}
$$

sgn() 是符号函数方程，其表达式为：

$$
\operatorname{sgn}(x) = \begin{cases} |x|/x, & x \neq 0 \\ 0, & x = 0 \end{cases}
$$

相似地，$v = v_r \cos x_0$ 也与菱形输入界线相交于两点，其中一点的坐标为：

$$
F\left[v_r \cos x_0, \left(\frac{a}{b} - \frac{\left|v_r \cos x_0\right|}{b}\right)\operatorname{sgn}\left(\frac{\beta}{\alpha\varepsilon_0}\right)\right] \tag{4-21}
$$

由式（4-14）、式（4-20）和式（4-21）可得：

$$
\begin{aligned}
&\boldsymbol{BE} = \boldsymbol{OE} - \boldsymbol{OB} \\
&= \left[\left(b\left|\omega_r + k_1\bar{x}_0\right| - a\right)\operatorname{sgn}\left(x_2\right) - v_r \cos x_0, 0\right]^{\mathrm{T}} \\
&= \boldsymbol{OF}' - \boldsymbol{OB} = \left[0, \left(\frac{a}{b} - \frac{\left|v_r \cos x_0\right|}{b}\right)\operatorname{sgn}\left(\frac{\beta}{\alpha\varepsilon_0}\right) - \left(\omega_r + k_1\bar{x}_0\right)\right]^{\mathrm{T}}
\end{aligned} \tag{4-22}
$$

为设计时变参数 $k_0(t)$，令：

$$
BC = \frac{\chi\left(\left|x_2\right|\right)}{2} BE \tag{4-23}
$$

其中 $\chi()$ 是引理 1 中定义的标量函数，由式（4-14）、式（4-22）、式（4-23）可得：

$$
k_0 = \frac{\Phi\left(\left|x_2\right|\right)}{2}\rho_1 \tag{4-24}
$$

其中，$\Phi()$ 是根据式（4-2）定义的函数，且 ρ_1 为：

$$
\rho_1 = a - b\left|\omega_r + k_1\bar{x}_0\right| + v_r \cos x_0 \operatorname{sgn}\left(x_2\right)
$$

由式（4-19）可得：

$$
(1-\lambda)b\varepsilon_1 \leqslant a - b\left|\omega_r + k_1\bar{x}_0\right| - \left|v_r \cos x_0\right| \leqslant \rho_1 \leqslant a + \left|v_r \cos x_0\right| \leqslant 2a
$$

$$
\varphi_1 \leqslant \Phi_1\left(x_2\right) \leqslant \psi_1
$$

进而可得以下关系式：

$$\underline{k_0} = \frac{b\varepsilon_1\varphi_1(1-\lambda)}{2} \leqslant k_0 \leqslant a\psi_1 = \overline{k_0}$$

因为 $\lim\limits_{\varepsilon_0 \to 0^+} \frac{\beta}{\alpha} = 0$ ，故可以选择一个足够小的 $\varepsilon_0 > 0$ 使 $\left|\frac{\beta}{\alpha}\right| < \frac{1}{2}\left(\frac{a}{b} - \frac{|v_r \cos x_0|}{b} - |\omega_r + k_1\overline{x}_0|\right)$ 成立。最终，输入可以重新表示为：

$$OD = \begin{bmatrix} v \\ \omega \end{bmatrix} = \begin{cases} v_r \cos x_0 + \dfrac{\chi(|x_2|)}{2}\left[\left(b|\omega_r + k_1\overline{x}_0| - a\right)\operatorname{sgn}(x_2) - v_r \cos x_0\right] \\ \omega_r + \dfrac{\beta}{\alpha} + \dfrac{\lambda\varepsilon_1}{\sqrt{2V_2 + \mu^2}}\overline{x}_0 \end{cases} \tag{4-25}$$

4.2.3 稳定性和输入受限分析

通过 4.2.2 小节的推导，可以得出以下定理。

定理 1 针对非完整轮式移动机器人模型，参数时变的状态反馈控制器式（4-7）和式（4-10）能够使误差系统式（4-5）全局渐进收敛至 0，进而实现对非完整轮式移动机器人点镇定和轨迹跟踪的统一控制，其中，时变参数 k_0、k_1 满足限制条件式（4-13）。

在证明定理 1 之前，先给出证明过程中需要使用的引理。引理 2（Barbalat 引理）是证明误差系统稳定性所需要的，引理 3 是证明定理 1 所需要的，本小节将给出引理 3 及其证明过程。

引理 2 如果存在函数 $f: R^+ \to R$ 一致连续且 $\int_0^\infty |f(t)|\,\mathrm{d}t$ 有限，那么 $\lim\limits_{t\to\infty} f(t) = 0$ 。

引理 3 对于跟踪误差模型式（4-5），设计控制律式（4-7）和式（4-10），$\overline{x}_0$ 为式（4-8）定义的新的状态变量，则有 $\lim\limits_{t\to\infty} \overline{x}_0 = 0$ 。

引理 3 证明如下。

从式（4-11）中 $\dot{V}_2$ 的表达式可知，$\dot{V}_2(t) \leqslant 0$ 且 $V_2(t) \leqslant V_2(0)$，进而可知 $\overline{x}_0$ 是有界的；从式（4-5）可知 $\dot{x}_0$、$\dot{x}_1$、$\dot{x}_2$ 有界，因此可以得知 $\dot{\alpha}$、$\dot{\overline{x}}_0$ 都是有界的，且可得到以下方程：

$$\begin{aligned} V_2(0) &= V_2(\infty) + \int_0^\infty \alpha(x_1, x_2, t) k_1(t) \overline{x}_0^2 \mathrm{d}t \\ &\geqslant V_2(\infty) + \underline{k}_1 \int_0^\infty \alpha(x_1, x_2, t) \overline{x}_0^2 \mathrm{d}t \\ &\geqslant \underline{k}_1 \int_0^\infty \alpha(x_1, x_2, t) \overline{x}_0^2 \mathrm{d}t \end{aligned}$$

根据引理 2 可得 $\lim\limits_{t\to\infty} \alpha(p_1, x_2, t)\overline{x}_0^2 = 0$ ，而 $\alpha(x_1, x_2, t) \neq 0$ ，因此，$\lim\limits_{t\to\infty} \overline{x}_0^2 = 0$ ，进而可得 $\lim\limits_{t\to\infty} \overline{x}_0 = 0$ 。

定理 1 证明如下。

由引理 3 可知，存在常数 $0 < T_0 < \infty$ ，当 $t \geqslant T_0$ 时有 $\overline{x}_0(t) \leqslant 1 - \varepsilon_0(1+\gamma)$ 和 $|k_1\overline{x}_0(t)| \leqslant b$ ，进而可知对所有 $t \geqslant T_0$ 都有 $|x_0(t)| \leqslant |\overline{x}_0(t)| + \varepsilon_0(1+\gamma) \leqslant 1$ 。定义正数 M，对所有 $t \geqslant 0$ 都满足 $0 \leqslant v_r(t) \leqslant M$ 。然后可得：

$$\dot{V}_1 \leqslant 2|x_1| v_r \leqslant 2\left|x_1^2 + x_2^p\right|^{\frac{1}{2}} M = 2(V_1)^{\frac{1}{2}} M$$

进而得到：

$$V_1^{\frac{1}{2}}(t) \leqslant V_1^{\frac{1}{2}}(0) + Mt < \infty, \forall t \in \left(0, T_0\right] \tag{4-26}$$

因为$V_1\left(x_1, x_2\right)$是正定的，所以从式（4-26）可以推断：当$0 \leqslant t \leqslant T_0$时，$x_1$、$x_2$是有界的。从上述讨论可知，对所有$0 \leqslant t \leqslant T_0$都有$\overline{x}_0$、$x_1$、$x_2$有界，式（4-11）中的$\dot{V}_1$可重写为：

$$\begin{aligned}
\dot{V}_1 &= -2k_0x_2^2 + 2x_1v_r\sin x_0 \\
&= -2k_0x_2^2 + 2v_rx_1\frac{\sin x_0}{x_0}\left(x_0 + \frac{\varepsilon_0hx_1}{1+V_1^{\frac{1}{2}}} - \frac{\varepsilon_0hx_1}{1+V_1^{\frac{1}{2}}}\right) \\
&\leqslant -2k_0x_2^2 - v_r\frac{\varepsilon_0hx_1^2}{1+V_1^{\frac{1}{2}}} + 2v_r\left|\overline{x}_0\right|\left|x_1\right| \\
&\leqslant -2k_0x_2^2 - v_r\frac{\varepsilon_0hx_1^2}{1+V_1^{\frac{1}{2}}} + 2v_r\left|\overline{x}_0\right|V_1^{\frac{1}{2}}
\end{aligned}$$

从引理3可得$\lim\limits_{t\to\infty}\overline{x}_0 = 0$，进一步可得$\int_0^\infty 2v_r\left|\overline{x}_0\right|\mathrm{d}t < \infty$，根据文献[5]的引理4可得以下不等式：

$$\begin{gathered}
V^{\frac{1}{2}}(t) \leqslant V^{\frac{1}{2}}\left(T_0\right) + \int_{T_0}^{t} v_r\left|\overline{x_0}\right|V_1^{\frac{1}{2}}, \quad \forall t \geqslant T_0 \\
\int_{T_0}^{\infty}\left(2k_0x_2^2 + v_r\frac{\varepsilon_0hx_1^2}{1+V_1^{\frac{1}{2}}}\right)\mathrm{d}t = \int_{T_0}^{\infty}2k_0x_2^2\mathrm{d}t + \int_{T_0}^{\infty}v_r\frac{\varepsilon_0hx_1^2}{1+V_1^{\frac{1}{2}}}\mathrm{d}t < \infty
\end{gathered} \tag{4-27}$$

由式（4-27）中的第一个不等式可得，非完整轮式移动机器人的轨迹在时间T_0后仍是有界的。因为$\dot{x}_2(t)$有界且$x_2(t)$一致连续，根据引理2和式（4-27）中的第二个不等式可得$\lim\limits_{t\to\infty}x_2(t) = 0$，所以存在$0 < T_0 \leqslant T_1 < \infty$对所有$t \geqslant T_1$都有$\left|k_0x_2(t)\right| \leqslant a$。下面的证明将分为两种情况，即$v_r$是持续激励的和$v_r$不是持续激励的。

1. v_r是持续激励的

很明显，在这种情况下有$\lim\limits_{t\to\infty}v_r(t) \neq 0$，进而可得$\int_{T_1}^{\infty}v_r(t)\mathrm{d}t = \infty$。

$$\begin{aligned}
\dot{V}_1 &\leqslant -2k_0x_2^2 - v_r\frac{\varepsilon_0hx_1^2}{1+V_1^{\frac{1}{2}}} + 2v_r\left|\overline{x}_0\right|V_1^{\frac{1}{2}} \\
&\leqslant -v_r\left(\frac{2k_0x_2^2}{M} + \frac{\varepsilon_0hx_1^2}{1+V_1^{\frac{1}{2}}}\right) + 2v_r\left|\overline{x}_0\right|V_1^{\frac{1}{2}} \\
&\leqslant -\tilde{n}v_rV_1 + 2v_r\left|\overline{x}_0\right|V_1^{\frac{1}{2}}
\end{aligned}$$

其中$\tilde{n} = \min\left(\frac{2k_0}{M}, \frac{\varepsilon_0(1-\gamma)}{m}\right)$，$m = \sup_{t\geqslant 0}\left(1+V_1^{\frac{1}{2}}\right) < \infty$且$v_r(t) \leqslant M, \forall t \geqslant 0$。根据文献[5]中的引理5可得$\lim\limits_{t\to\infty}V_1\left(x_1, x_2\right) = 0$，因为$\lim\limits_{t\to\infty}x_2(t) = 0$，故$\lim\limits_{t\to\infty}x_1(t) = 0$。此时已证明$t \to \infty$时，$\overline{x}_0$、$x_1$、$x_2$渐近收敛于0，进而可得$x_0$、$x_1$、$x_2$渐近收敛于0。

2. v_r不是持续激励的

很明显，根据引理 2，在这种情况下有 $\lim_{t\to\infty} v_r(t)=0$。通过之前的证明可得 $\lim_{t\to\infty} x_2(t)=0$，因此，鉴于引理 3，后面只须证明 $\lim_{t\to\infty} x_1(t)=0$。将输入 u_1 带入误差系统式（4-5）可得以下方程：

$$\dot{x}_1=\left(\omega_r-u_0\right)x_2+v_r\cos x_0$$
$$\dot{x}_2=-\left(\omega_r-u_0\right)x_1-k_0x_2$$

根据文献[11]中的引理 2 可得：

$$\lim_{t\to\infty}\left(\omega_r(t)-u_0(t)\right)x_1(t)=0 \tag{4-28}$$

为证明收敛性，首先声明一个时间序列 $t_n \mid n\in \mathbf{Z}^+$ 使得 $\lim_{n\to\infty} t_n=\infty$ 且 $\lim_{n\to\infty} x_1\left(t_n\right)=0$ 成立。假设上述声明是错误的，则存在两个常数 ζ 和 $T'(T'\geqslant T_1\geqslant 0)$ 使得 $\left|x_1(t)\right|\geqslant\zeta,\forall t\geqslant T'$ 成立。因此有 $\lim_{t\to\infty}\left(\omega_r(t)-u_0(t)\right)=0$，根据式（4-10）和式（4-28）可得：

$$\lim_{t\to\infty}\left|\frac{-\beta\left(x_0,x_1,x_2,t\right)}{\alpha\left(x_1,x_2,t\right)}-k_1\overline{x}_0-\omega_r(t)\right|=0 \tag{4-29}$$

因为 $\lim_{t\to\infty} x_2\to 0$ 且 $\lim_{t\to\infty}\overline{x}_0\to 0$，所以式（4-29）可重新表示为：

$$\lim_{t\to\infty}\left[\omega_r(t)+\frac{\varepsilon_0\dot{h}(t)x_1(t)}{1+\left|x_1(t)\right|}\right]=0 \tag{4-30}$$

如果 $\lim_{t\to\infty}\omega_r(t)=0$，则可进一步得到：

$$\lim_{t\to\infty}\left[\frac{\varepsilon_0\dot{h}(t)x_1(t)}{1+\left|x_1(t)\right|}\right]=0$$

$\left|x_1(t)\right|\geqslant\zeta,\forall t\geqslant T'$ 和 $\mu=1$ 表明 $\lim_{t\to\infty}\dot{h}(t)=-\lim_{t\to\infty}\gamma\sin(t)=0(\gamma>0)$，因此得出矛盾。如果 $\liminf_{t\to\infty}\left|\omega_r(t)\right|>0$，则根据（4-30）可得：

$$\liminf_{t\to\infty}\left|\frac{\varepsilon_0\dot{h}(t)x_1(t)}{1+\left|x_1(t)\right|}\right|>0$$

进而可得 $\lim_{n\to\infty}\dot{h}(nt)=\lim_{n\to\infty}\gamma\sin(nt)=0$，得到另一个矛盾。因此，$\lim_{t\to\infty}V_1\left[x_1\left(t_n\right),x_2\left(t_n\right)\right]=0$。至此已证得在“$\lim_{t\to\infty} v_r(t)\neq 0$”“$\lim_{t\to\infty} v_r(t)=0,\liminf_{t\to\infty}\left|\omega_r(t)\right|>0$”“$\lim_{t\to\infty} v_r(t)=0,\lim_{t\to\infty}\omega_r(t)=0$”这 3 种情况下都有 $\lim_{t\to\infty}\overline{x}_0(t)=0,\ \lim_{t\to\infty} x_1(t)=0,\ \lim_{t\to\infty} x_2(t)=0$，进而可得 $\lim_{t\to\infty} x_0(t)=0,\lim_{t\to\infty} x_1(t)=0,$ $\lim_{t\to\infty} x_2(t)=0$，即 $\lim_{t\to\infty}\left|x_r(t)-x(t)\right|=0,\ \lim_{t\to\infty}\left|y_r(t)-y(t)\right|=0,\ \lim_{t\to\infty}\left|\theta_r(t)-\theta(t)\right|=0$。至此，定理 1 证明完成。

定理 2　在机器人的实际速度和参考速度分别满足假设条件 1 和假设条件 2 的情况下，将定理 1 中提出的参数时变状态反馈控制律式（4-7）和式（4-10）中的时变参数设计为满足条件式（4-13）的式（4-17）和式（4-24）的形式，可以使机器人运动学控制器满足菱形输入受限条件。

定理 2 证明如下。

根据式（4-14）、式（4-15）和式（4-23），控制器式（4-12）可被重新表示为式（4-25）。

根据引理 3 可得：

$$0 \leqslant \chi\left(\left|x_2\right|\right) \leqslant 1 \tag{4-31}$$

根据式（4-19），式（4-31）可被简化为：

$$a - b\left|\omega_r + k_1\bar{x}_0\right| - \left|v_r \cos x_0\right| > 0 \tag{4-32}$$

然后由式（4-19）、式（4-31）、式（4-32）可得：

$$\begin{aligned}
&|v| + |b\omega| \\
&\leqslant \left[1 - \frac{\chi\left(\left|x_2\right|\right)}{2}\right]\left|v_r \cos x_0\right| + \frac{\chi\left(\left|x_2\right|\right)}{2}\left(a - b\left|\omega_r + k_1\bar{x}_0\right|\right) + b\left|\omega_r + \frac{\beta}{\alpha} + k_1\bar{x}_0\right| \\
&\leqslant \left|v_r \cos x_0\right| + \frac{\chi\left(\left|x_2\right|\right)}{2}\left(a - b\left|\omega_r + k_1\bar{x}_0\right| - \left|v_r \cos x_0\right|\right) + b\left|\omega_r + k_1\bar{x}_0\right| + b\left|\frac{\beta}{\alpha}\right| \\
&\leqslant \left|v_r \cos x_0\right| + \frac{\chi\left(\left|x_2\right|\right)}{2}\left(a - b\left|\omega_r + k_1\bar{x}_0\right| - \left|v_r \cos x_0\right|\right) + b\left|\omega_r + k_1\bar{x}_0\right| + \frac{1}{2}\left(a - \left|b_r \cos x_0\right| - b\left|\omega_r + k_1\bar{x}_0\right|\right) \\
&\leqslant a
\end{aligned}$$

经过上述证明可知，本小节所设计的参数时变的同时处理点镇定问题和轨迹跟踪问题的控制器式（4-7）和式（4-10）满足式（4-1）给定的菱形输入限制条件。至此，运动学控制器的菱形输入受限证明完成。

4.2.4 仿真实验

本小节研究的是非完整轮式移动机器人的点镇定和轨迹跟踪统一控制问题，为验证所设计控制器对机器人点镇定问题和轨迹跟踪问题的控制效果，本小节考虑机器人点镇定和轨迹跟踪问题包含的所有类型，分 3 种情形分别进行仿真实验。

情形 1：点镇定，$v_r = 0$，$\omega_r = 0$。

情形 2：参考轨迹最终趋近于一点，$v_r = 0.3e^{-0.2t}, \omega_r = 0.6d^{-0.6t}$。

情形 3：跟踪一个参考速度时变的轨迹（“8”字型）。

$$x_r = \sin\left(c_1 t\right)$$
$$y_r = 0.5\cos\left(c_2 t\right)$$

非完整轮式移动机器人两轮间距离的一半 $b = 0.27\text{m}$，左右轮线速度的最大值 $a = 0.6\text{ m/s}$。

情形 1 是非完整轮式移动机器人最经典的点镇定问题。目标机器人的初始位姿是 $\boldsymbol{q}_r(0) = [0\text{m},\ 0\text{m},\ 0\text{rad}]$，实际轮式移动机器人的初始位姿是 $\boldsymbol{q}_0 = [1\text{m},\ 1\text{m},\ \pi/2\,\text{rad}]$。针对本节所设计的控制器，情形 1 仿真选择如下控制器参数：

$$k_0 = 0.01,\ \varepsilon_1 = 1,\ \lambda = 0.305,\ \mu = 0.5,\ \gamma = 0.9,\ \eta = 5,\ \tau = 1$$

从图 4-5 可以得到，在本节所提出控制器的作用下，非完整轮式移动机器人都能在 8s 内从初始位置移动到目标位置，实现控制目标。图 4-6（a）和图 4-6（b）分别表示了控制过程中非完整轮式移动机器人的角速度和线速度的变化规律，从图中可以看出机器人线速度和角速度最终都趋近于机器人的目标线速度和目标角速度。从图 4-6（c）可以看出，在控制过程中控制器的控制输入分别满足本节的输入限制条件。通过情形 1 的仿真结果可以得出：本节所设计的控制器能够在满足菱形输入限制条件的前提下实现非完整轮式移动机器人的镇定控制。

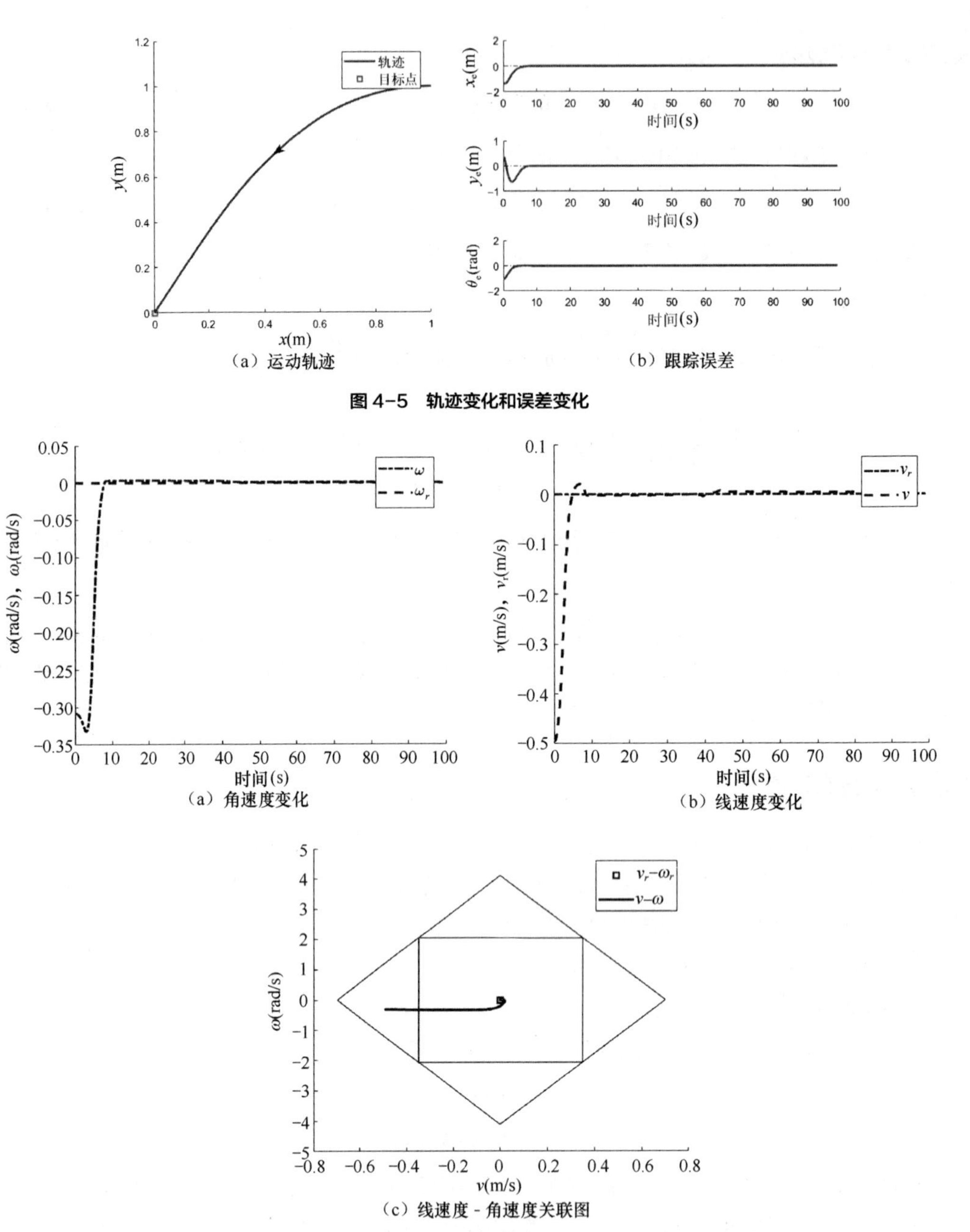

（a）运动轨迹　（b）跟踪误差

图 4-5　轨迹变化和误差变化

（a）角速度变化　（b）线速度变化

（c）线速度 - 角速度关联图

图 4-6　控制器变化

情形 2 研究机器人目标速度逐渐变为 0 的轮式移动机器人的特殊点镇定问题，其中机器人的目标初始位姿和参考速度初始值分别选择为 $\boldsymbol{q}_r(0)=[0\text{m}, 0\text{m/s}, 0\text{rad}]^{\mathrm{T}}$ 和 $\left[v_r(0), \omega_r(0)\right]^{\mathrm{T}}=[0.3\text{m/s}, 0.6\text{rad/s}]^{\mathrm{T}}$，机器人的实际初始位姿为 $\boldsymbol{q}(0)=[1\text{m}, 1\text{m}, \pi/2\text{rad}]^{\mathrm{T}}$。

针对本节所设计的控制器，情形 2 仿真选择如下控制器参数：

$$\varepsilon_0=0.01,\ \varepsilon_1=1,\ \lambda=0.9,\ \mu=0.24,\ \gamma=0.5,\ \eta=5,\ \tau=1$$。

图 4-7 清晰地展示了当机器人的目标速度逐渐变为 0 时，机器人在控制器作用下的实际运动轨迹和误差变化情况。图 4-7（b）表明控制器能够在较短的时间内将误差收敛到 0，实现对机器人的控制目标。从图 4-8（a）和图 4-8（b）可以看出，控制器能够在较短的时间内跟上

机器人的目标速度。图 4-8（c）表明控制器满足输入受限条件。

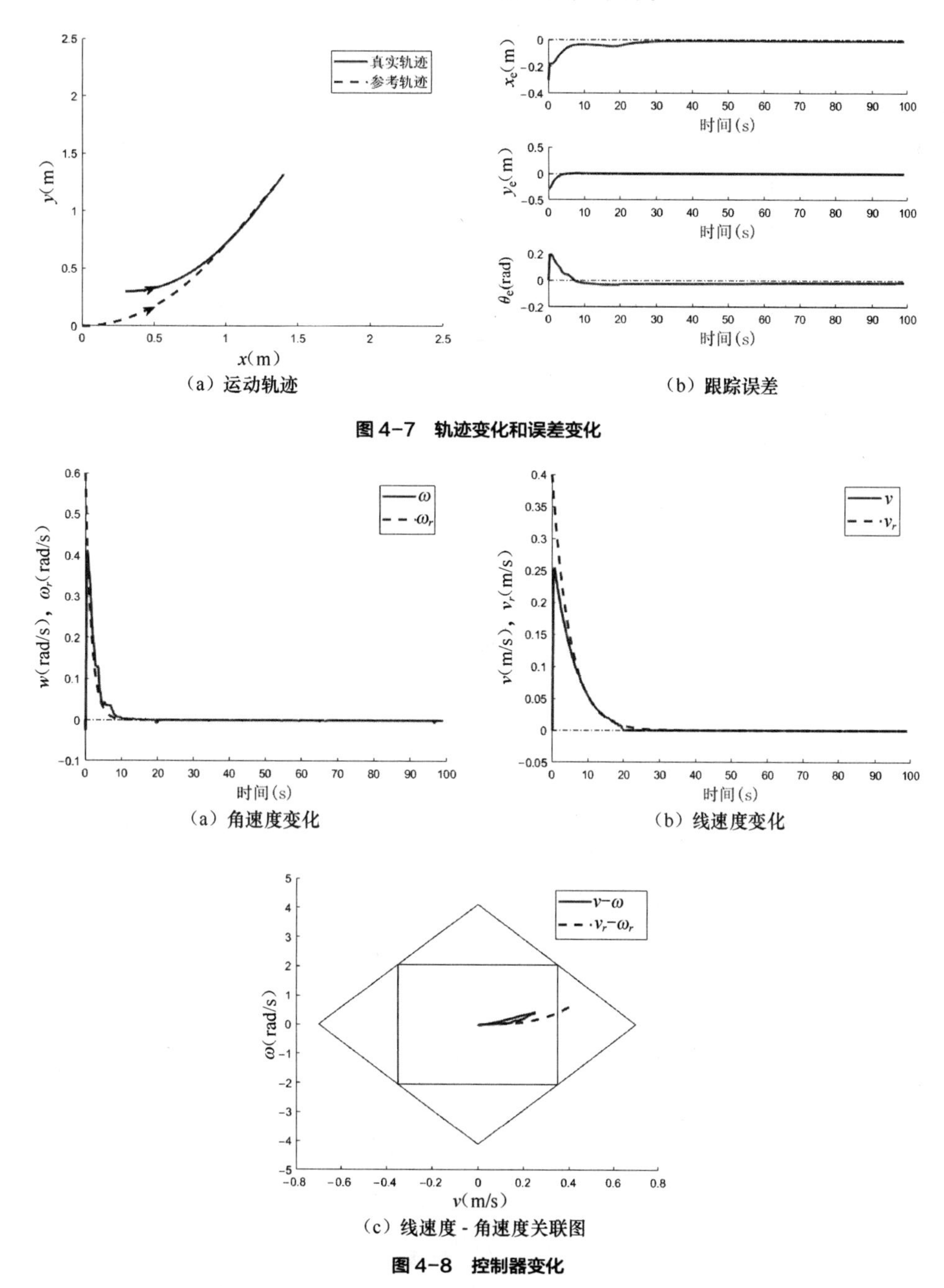

（a）运动轨迹　　（b）跟踪误差

图 4-7　轨迹变化和误差变化

（a）角速度变化　　（b）线速度变化

（c）线速度 - 角速度关联图

图 4-8　控制器变化

情形 3 对参考速度时变的情形进行仿真，目标轨迹的参数选择为：

$$\begin{cases} \dot{x}_r = 3c\cos(3ct)\cos(ct) - nc\sin(3ct)\sin(ct) \\ \dot{y}_r = 3c\cos(3ct)\sin(ct) + nc\sin(3ct)\cos(ct) \end{cases}$$

其中 $n = 1.2, c = 0.15$ ，机器人的目标与实际初始位姿分别为 $\boldsymbol{q}_r(0) = [0\text{m}, 0\text{m}, 0\text{rad}]^{\text{T}}$ 和 $\boldsymbol{q}(0) = [2\text{m}, 2\text{m}, 0\text{rad}]^{\text{T}}$ 。针对本节所设计的控制器，情形 3 仿真选择如下控制器参数：

$$\varepsilon_0 = 0.01,\ \ \varepsilon_1 = 2,\ \ \lambda = 0.4,\ \ \mu = 0.5,\ \ \gamma = 0.1,\ \ \eta = 2,\ \ \tau = 1$$

图 4-9 表明，机器人的实际运动轨迹逐渐跟上了目标运动轨迹，且跟踪误差 x_e、y_e、θ_e 逐渐收敛至 0，实现了轮式移动机器人轨迹跟踪的控制目标。图 4-10（a）和图 4-10（b）分别表示轮式移动机器人角速度和线速度的变化情况，初始时刻，轮式移动机器人的实际速度与目标速度并不相同，之后实际速度逐渐跟上了目标速度。图 4-10（c）中，虚线表示机器人的目标速度，它是时变的且超出估计的最大矩形限制区域，但保持在菱形限制区域内。情形 3 的仿真结果表明本节所设计的控制器具有更大的适用范围。

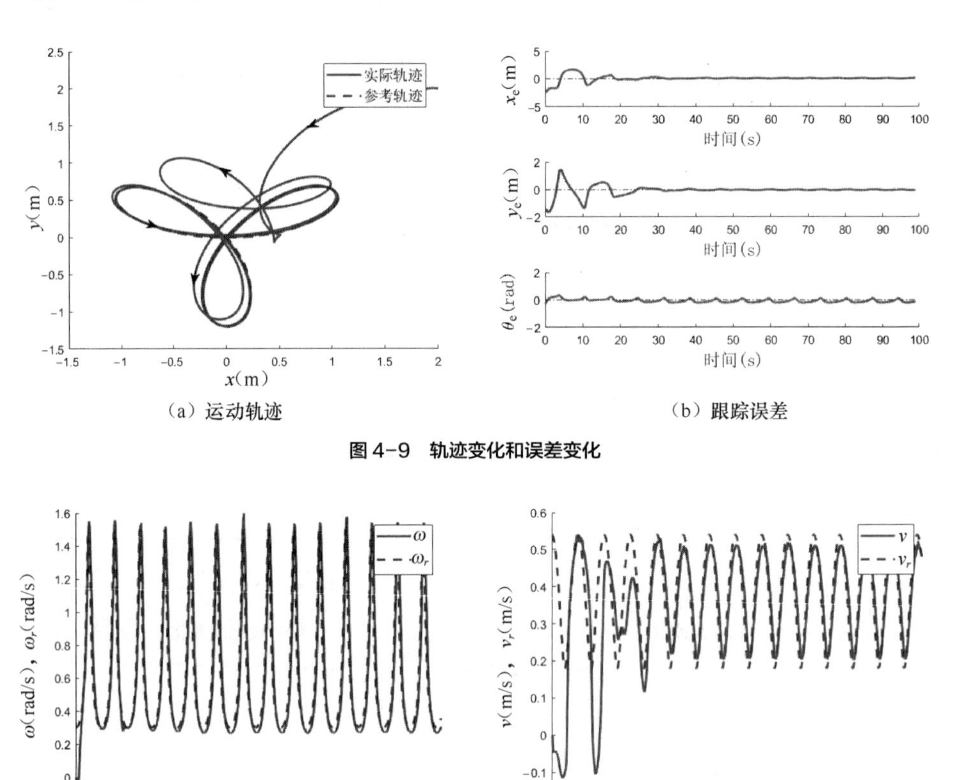

（a）运动轨迹

（b）跟踪误差

图 4-9　轨迹变化和误差变化

（a）角速度变化

（b）线速度变化

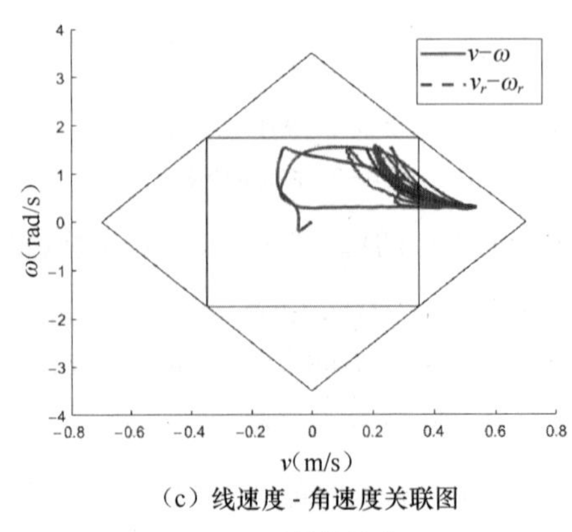

（c）线速度 - 角速度关联图

图 4-10　控制器变化

4.2.5 小结

本节主要以轮式移动机器人的点镇定和轨迹跟踪统一控制问题为例，研究了自主智能体系统的运动控制问题。对于本节所研究的非完整轮式移动机器人模型，点镇定和轨迹跟踪控制问题通常要采用不同的设计方法，本节实现了将两类控制问题用统一的控制方法解决，从而提高了控制效率，拓展了轮式移动机器人的应用场景。另外，本节中轮式移动机器人的速度满足菱形约束条件，有效避免了执行器饱和这一问题。

4.3 云辅助半车主动悬架系统的分布式 H_∞滤波器设计

4.3.1 问题描述

当自主智能体系统的传感器系统精度不足或者系统状态无法测量时，需要设计估计算法以实现对系统状态的估计。常用的状态估计算法包括卡尔曼滤波算法、分布式 H_∞滤波算法等。卡尔曼滤波算法结合了目标的先验估计值与测量反馈，是最优的线性滤波方法，针对具有高斯噪声的线性系统具有良好的滤波效果。分布式 H_∞滤波算法的 H_∞滤波使噪声信号到滤波误差的传递函数的 H_∞范数小于给定指标，避免了卡尔曼滤波要求噪声信号统计特性已知的限制，因而具有更好的稳健性。

随着云计算等技术的发展，人们将智能技术和控制技术相结合，以降低智能体系统中计算和数据存储的负担，同时减少智能体系统的制造费用，这已成为智能体控制的又一关键技术。但由于网络带宽有限，网络堵塞现象时有发生。网络的堵塞会导致网络时延和丢包现象发生，进而影响系统的性能。传统的网络控制系统通常使用时间触发装置周期性地采样系统信息，如果采样周期太短，则采样频率就会增高，较多的数据包会传送到通信网络上，造成网络堵塞等问题；如果采样周期太长，则采样频率就会降低，系统的性能也会受到影响。因此选择一个合适的采样周期是非常重要的。

为了解决这一问题，20 世纪 90 年代，文献[12,13]提出了一种基于事件的触发机制。不同于传统的时间触发机制，事件触发机制根据已经设计好的事件触发条件决定是否要传输采样数据。如果采样数据满足事件触发条件，那么事件触发装置就会释放采样数据，完成一次任务；否则，采样数据会被丢弃。因此，事件触发装置不仅能够保证系统的性能，还能从根本上减轻网络负担。目前，针对事件触发机制的研究主要体现在 3 个方面：输出反馈事件触发装置[14-16]、状态反馈事件触发装置[17]和周期时间触发机制[18,19]。

自主智能体系统当运行于复杂环境中时，往往会受到外部环境因素的扰动，某些系统状态不可测量，进而导致控制器设计难度增大。例如，智能车辆在行驶过程中，车辆悬架结构会在路面起伏等因素的作用下发生振动，振动过于强烈时会极大影响驾驶的舒适性甚至安全性。但悬架系统的运行状态不可直接测量，因此需要通过状态估计来获得运行的状态参数，进而设计最优的控制方法，以提高系统运行的稳定性。本节以智能车辆的主动悬架系统控制为例，介绍考虑网络局限性的情况下云辅助分布式滤波器的设计方法。本节的主要内容来自文献[20,21]。

4.3.2 系统模型

半车主动悬架系统模型如图 4-11 所示，M 为车身质量，I_α 为仰俯轴上的转动惯量，u_f 为前轮悬架系统的执行器输出，u_{r} 为后轮悬架系统的执行器输出，m_{uf} 为前轮轮胎的质量，m_{ur} 为后轮轮胎质量，z_{uf} 为前轮位置，z_{ur} 为后轮位置，a 为前车轴到中心的距离，b 为后车轴到中心的距离，φ 为车身仰角，z_{sf} 和 z_{sr} 分别为前后悬架系统的位置，z_{s} 为车身位置，z_{of} 和 z_{or} 分别为前后轮路面扰动输入。

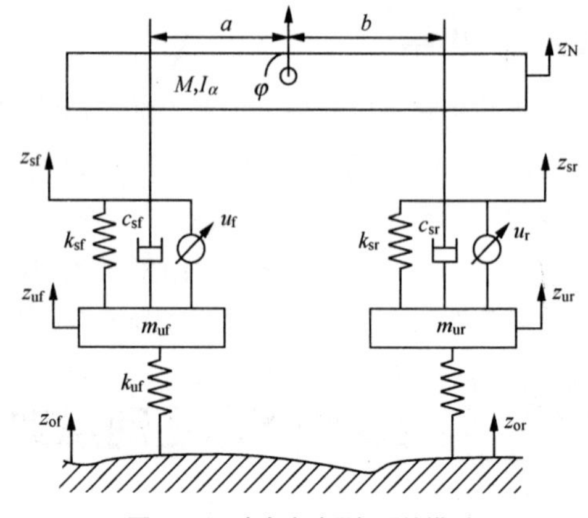

图 4-11 半车主动悬架系统模型

忽略半车主动悬架系统非线性特点，由牛顿第二定律可以得到半车主动悬架系统的运动学方程为：

$$
\begin{aligned}
&M\ddot{z}_{\mathrm{s}}(t)+k_{\mathrm{sf}}\left[z_{\mathrm{sf}}(t)-z_{\mathrm{uf}}(t)\right]+c_{\mathrm{sf}}\left[\dot{z}_{\mathrm{sf}}(t)-\dot{z}_{\mathrm{uf}}(t)\right]+k_{\mathrm{sr}}\left[z_{\mathrm{sr}}(t)-z_{\mathrm{ur}}(t)\right]+c_{\mathrm{sr}}\left[\dot{z}_{\mathrm{sf}}(t)-\dot{z}_{\mathrm{ur}}(t)\right]\\
&=u_{\mathrm{f}}(t)+u_{\mathrm{r}}(t)\\
&I\ddot{\varphi}(t)-ak_{\mathrm{sf}}\left[z_{\mathrm{sf}}(t)-z_{\mathrm{uf}}(t)\right]-ac_{\mathrm{sf}}\left[\dot{z}_{\mathrm{sf}}(t)-\dot{z}_{\mathrm{uf}}(t)\right]+bk_{\mathrm{sr}}\left[z_{\mathrm{sr}}(t)-z_{\mathrm{ur}}(t)\right]+bc_{\mathrm{sr}}\left[\dot{z}_{\mathrm{sr}}(t)-\dot{z}_{\mathrm{ur}}(t)\right]\\
&=-au_{\mathrm{f}}(t)+bu_{\mathrm{r}}(t)\\
&m_{\mathrm{uf}}\ddot{z}_{\mathrm{uf}}(t)-k_{\mathrm{sf}}\left[z_{\mathrm{sf}}(t)-z_{\mathrm{uf}}(t)\right]-c_{\mathrm{sf}}\left[\dot{z}_{\mathrm{sf}}(t)-\dot{z}_{\mathrm{uf}}(t)\right]+k_{\mathrm{tf}}\left[z_{\mathrm{uf}}(t)-z_{\mathrm{of}}(t)\right]=-u_{\mathrm{f}}(t)\\
&m_{\mathrm{uv}}\ddot{r}_{\mathrm{ur}}(t)-k_{\mathrm{sr}}\left[z_{\mathrm{sr}}(t)-z_{\mathrm{ur}}(t)\right]-c_{\mathrm{sr}}\left[\dot{z}_{\mathrm{sr}}(t)-\dot{z}_{\mathrm{ur}}(t)\right]+k_{\mathrm{tr}}\left[z_{\mathrm{ur}}(t)-z_{\mathrm{or}}(t)\right]=-u_{\mathrm{r}}(t)
\end{aligned}
\tag{4-33}
$$

为了得到系统的状态空间表达式，定义如下变量：

$$
l_1=\frac{1}{M}+\frac{a^2}{I_\alpha},\quad l_2=\frac{1}{M}-\frac{ab}{I_\alpha},\quad l_3=\frac{1}{M}+\frac{b^2}{I_\alpha}
$$

定义状态变量：$x_1(t)=z_{\mathrm{sf}}(t)-z_{uf}(t)$ 为前轮悬架行程，$x_2(t)=z_{\mathrm{uf}}(t)-z_{\mathrm{of}}(t)$ 为轮胎上下振动的位移，$x_3(t)=\dot{z}_{\mathrm{sf}}(t)$ 为车身上下振动的速度，$x_4(t)=\dot{z}_{\mathrm{uf}}(t)$ 为轮胎上下振动的速度，$x_5(t)=z_{\mathrm{sr}}(t)-z_{\mathrm{ur}}(t)$ 为后轮悬架行程，$x_6(t)=z_{\mathrm{rf}}(t)-z_{\mathrm{or}}(t)$ 为轮胎上下振动的位移，$x_7(t)=\dot{z}_{\mathrm{sr}}(t)$ 为轮胎悬架上下振动的位移，$x_8(t)=\dot{z}_{\mathrm{ur}}(t)$ 为后轮轮胎上下振动的位移。因此，可以得到半车主动悬架系统的状态空间：

$$
\dot{\boldsymbol{x}}(t)=\boldsymbol{A}\boldsymbol{x}(t)+\boldsymbol{B}\boldsymbol{u}(t)+\boldsymbol{B}_w\boldsymbol{w}(t)
\tag{4-34}
$$

其中：

$$
\boldsymbol{x}(t)=\left[x_1(t)\quad x_2(t)\quad x_3(t)\quad x_4(t)\quad x_5(t)\quad x_6(t)\quad x_7(t)\quad x_8(t)\right]^{\mathrm{T}},\quad \boldsymbol{u}(t)=\left[u_{\mathrm{f}}(t)\ \ u_{\mathrm{r}}(t)\right]^{\mathrm{T}}
$$

$$
\boldsymbol{w}(t)=\left[z_{\mathrm{of}}^{\mathrm{T}}(t)\ \ z_{\mathrm{or}}^{\mathrm{T}}(t)\right]^{\mathrm{T}},\quad \boldsymbol{B}_w=\begin{bmatrix}0&-1&0&0&0&0&0&0\\0&0&0&0&0&-1&0&0\end{bmatrix}^{\mathrm{T}},\quad \boldsymbol{A}=\begin{bmatrix}a_{11}&a_{12}\\a_{21}&a_{22}\end{bmatrix}
$$

$$
\boldsymbol{a}_{11}=\begin{bmatrix}0&0&1&-1\\0&0&0&0\\-l_1k_{\mathrm{sf}}&0&-l_1c_{\mathrm{sf}}&l_1c_{\mathrm{sf}}\\\dfrac{k_{\mathrm{sf}}}{m_{\mathrm{uf}}}&\dfrac{-k_{\mathrm{tf}}}{m_{\mathrm{sf}}}&\dfrac{c_{\mathrm{sf}}}{m_{\mathrm{uf}}}&\dfrac{-c_{\mathrm{sf}}}{m_{\mathrm{uf}}}\end{bmatrix},\quad
\boldsymbol{a}_{21}=\begin{bmatrix}0&0&0&0\\0&0&0&0\\-l_2k_{\mathrm{sf}}&0&-l_2c_{\mathrm{sf}}&l_2c_{\mathrm{sf}}\\0&0&0&0\end{bmatrix},\quad
\boldsymbol{B}=\begin{bmatrix}0&0\\0&0\\l_1&l_2\\-\dfrac{1}{m_{\mathrm{uf}}}&0\\0&0\\0&0\\l_2&l_3\\0&-\dfrac{1}{m_{\mathrm{ur}}}\end{bmatrix}
$$

$$
\boldsymbol{a}_{12}=\begin{bmatrix} 0 & 0 & 0 & 0 \\ 0 & 0 & 0 & 0 \\ -l_2k_{sr} & 0 & -l_2c_{sr} & l_2c_{sr} \\ 0 & 0 & 0 & 0 \end{bmatrix},\quad \boldsymbol{a}_{22}=\begin{bmatrix} 0 & 0 & 1 & -1 \\ 0 & 0 & 1 & -1 \\ 0 & 0 & 0 & 1 \\ -l_3k_{sr} & 0 & -l_3c_{sr} & l_3c_{sr} \\ \dfrac{k_{sr}}{m_{ur}} & \dfrac{-k_{tr}}{m_{ur}} & \dfrac{c_{sr}}{m_{ur}} & \dfrac{-c_{sr}}{m_{ur}} \end{bmatrix}
$$

4.3.3 云辅助半车主动悬架系统的建模

图 4-12 为云辅助半车主动悬架系统框架图。从图中可以看到，半车主动悬架系统的前后轮分别采用了本地的周期采样的传感器。这些传感器将采样得到的数据送给各自的事件触发装置，事件触发装置根据事先设好的事件触发条件决定是否把采样数据传送到网络中。如果事件触发条件得到满足，则采样数据会通过网络传送到云端并作为滤波器的输入值，滤波器根据传送过来的数据估计系统的状态。滤波器的输出值作为云端控制器的输入值，控制器根据其输入值算出最优的控制信号，控制信号通过网络传送到相应的智能车辆，进而提高智能车辆驾驶的舒适性和安全性。云端除了要存储智能车辆的初始数据外，还要存储路况信息，这些路况信息用于系统最优控制和预测控制等。

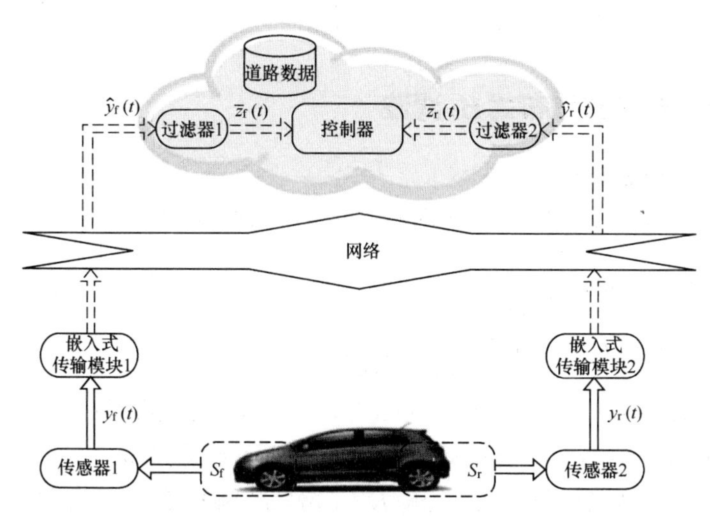

图 4-12　云辅助半车主动悬架系统框架图

值得注意的是，半车主动悬架系统有 8 个状态，这就导致结果维数较大。为了解决这一问题，本节把半车主动悬架系统分为了 3 个部分：前子系统 S_f（前悬架和前轮胎）、后子系统 S_r（后悬架和后轮胎）以及车身。前子系统和后子系统通过车身相互影响。在设计滤波器的过程中，假定控制器输出 $u(t)=0$。

由半车主动悬架系统状态方程式（4-34）可得前子系统的状态方程如下：

$$
\begin{aligned}
\dot{\tilde{\boldsymbol{x}}}_1(t) &= \boldsymbol{A}_1\dot{\tilde{\boldsymbol{x}}}_1 + \boldsymbol{H}_{12}\tilde{\boldsymbol{x}}_2(t) + \boldsymbol{B}_1\boldsymbol{w}_1(t) \\
\tilde{\boldsymbol{y}}_1(t) &= \boldsymbol{C}_1\tilde{\boldsymbol{x}}_1(t) \\
\tilde{\boldsymbol{z}}_1(t) &= \boldsymbol{L}_1\tilde{\boldsymbol{x}}_1(t)
\end{aligned}
\tag{4-35}
$$

其中 $\tilde{\boldsymbol{x}}_1(t)=\begin{bmatrix} x_1 & x_2 & x_3 & x_4 \end{bmatrix}^{\mathrm{T}}$ 为子系统 S_f 的状态，$\tilde{\boldsymbol{y}}_1(t)$ 为子系统 S_f 的测量输出，$\tilde{\boldsymbol{z}}_1(t)$ 为待测系

统状态。常数矩阵 $\boldsymbol{H}_{12}$ 为系统 S_{r} 对系统 S_{f} 的影响矩阵，$\boldsymbol{w}_1(t)$ 为扰动输入并且属于 $L_2[0,+\infty)$，

$$\boldsymbol{B}_1=\begin{bmatrix}0 & -1 & 0 & 0\end{bmatrix},\ \boldsymbol{A}_1=\begin{bmatrix}0 & 0 & 1 & -1\\ 0 & 0 & 0 & 0\\ -l_1k_{\mathrm{sf}} & 0 & -l_1c_{\mathrm{sf}} & l_1c_{\mathrm{sf}}\\ \dfrac{k_{\mathrm{sf}}}{m_{\mathrm{uf}}} & \dfrac{c_{\mathrm{kf}}}{m_{\mathrm{of}}} & \dfrac{c_{\mathrm{sf}}}{m_{\mathrm{of}}} & \dfrac{-c_{\mathrm{sf}}}{m_{\mathrm{uf}}}\end{bmatrix},\ \boldsymbol{H}_{12}=\begin{bmatrix}0 & 0 & 0 & 0\\ 0 & 0 & 0 & 0\\ -l_2k_{\mathrm{sr}} & 0 & -l_2c_{\mathrm{sr}} & l_2c_{\mathrm{sr}}\\ 0 & 0 & 0 & 0\end{bmatrix}。$$

同理可得，后子系统 S_r 的状态方程如下：

$$\begin{aligned}\dot{\tilde{\boldsymbol{x}}}_2(t)&=\boldsymbol{A}_2\tilde{\boldsymbol{x}}_2(t)+\boldsymbol{H}_{21}\tilde{\boldsymbol{x}}_2(t)+\boldsymbol{B}_2\boldsymbol{w}_2(t)\\ \tilde{\boldsymbol{y}}_2(t)&=\boldsymbol{C}_2\tilde{\boldsymbol{x}}_2(t)\\ \tilde{\boldsymbol{z}}_2(t)&=\boldsymbol{L}_2\tilde{\boldsymbol{x}}_2(t)\end{aligned}\tag{4-36}$$

其中 $\tilde{\boldsymbol{x}}_2(t)=\begin{bmatrix}x_5 & x_6 & x_7 & x_8\end{bmatrix}^{\mathrm{T}}$ 为子系统 S_{r} 的状态，$\tilde{\boldsymbol{y}}_2(t)$ 为子系统 S_{r} 的测量输出，$\tilde{\boldsymbol{z}}_2(t)$ 为待测系统状态，$\boldsymbol{H}_{21}$ 为系统 S_{f} 对系统 S_{r} 的影响矩阵，$\boldsymbol{w}_2(t)$ 为子系统 S_{r} 的扰动输入并且属于 $L_2[0,+\infty)$，

$$\boldsymbol{B}_2=\begin{bmatrix}0 & -1 & 0 & 0\end{bmatrix}，\ \boldsymbol{A}_2=\begin{bmatrix}0 & 0 & 1 & -1\\ 0 & 0 & 0 & 1\\ -l_3k_{\mathrm{sr}} & 0 & -l_3c_{\mathrm{sr}} & l_3c_{\mathrm{sr}}\\ \dfrac{k_{\mathrm{sr}}}{m_{\mathrm{ur}}} & \dfrac{-k_{\mathrm{tr}}}{m_{\mathrm{ur}}} & \dfrac{c_{\mathrm{sr}}}{m_{\mathrm{ur}}} & \dfrac{-c_{\mathrm{sr}}}{m_{\mathrm{ur}}}\end{bmatrix}，\ \boldsymbol{H}_{21}=\begin{bmatrix}0 & 0 & 0 & 0\\ 0 & 0 & 0 & 0\\ -l_2k_{\mathrm{sf}} & 0 & -l_2c_{\mathrm{sf}} & l_2c_{\mathrm{sf}}\\ 0 & 0 & 0 & 0\end{bmatrix}。$$

4.3.4 理想传感器下的分布式 H_∞ 滤波

1. 分布式 H_∞ 滤波器建模

如前文所述，本节采用了周期性的事件触发机制，事件触发条件设计如下：

$$\begin{aligned}t_{k+1}^ih=t_k^ih+\min\nolimits_{j>0}\Big\{jh\Big|&\left[\tilde{\boldsymbol{y}}_i\left(t_k^i+jh\right)-\tilde{\boldsymbol{y}}_i\left(t_k^ih\right)\right]^{\mathrm{T}}\boldsymbol{\Phi}_i\left[\tilde{\boldsymbol{y}}_i\left(t_k^i+jh\right)-\tilde{\boldsymbol{y}}_i\left(t_k^ih\right)\right]\\ &\geqslant\delta_i\tilde{\boldsymbol{y}}_i^{\mathrm{T}}\left(t_k^ih+jh\right)\boldsymbol{\Phi}_i\tilde{\boldsymbol{y}}_i\left(t_k^ih+jh\right)\Big]\Big\},\quad(i=1,2)\end{aligned}\tag{4-37}$$

其中，t_k^ih 为事件触发时刻，t_{k+1}^ih 为下一个触发时刻，δ_i 是事件触发参数且大于 0。正定矩阵 $\boldsymbol{\Phi}_i$ 为待设计的权重矩阵，其中 $i=1$ 表示子系统 S_{f}，$i=2$ 表示子系统 S_{r}。

本节不仅考虑了网络带宽的问题，还考虑了网络传输时延。首先假定网络传输时延与事件触发装置的计算时延总和为 τ_k^i，因此被释放的采样数据 $\boldsymbol{y}_i(t_k^ih)$ 实际到达滤波器的时刻为 $t_k^ih+\tau_k^i$。零阶保持器使滤波器在 $[t_k^ih+\tau_k^i,t_{k+1}^ih+\tau_{k+1}^i)$ 之间的输入值保持为 $\boldsymbol{y}_i(t_k^ih)$。

为了后续研究的方便，引入一个常数 M_i，使其满足：

$$t_k^ih+M_ih<t_{k+1}^ih<t_k^ih+\left(M_i+1\right)h$$

因此，$\left[t_k^ih+\tau_k^i,t_{k+1}^ih+\tau_{k+1}^i\right)$ 可以分为以下几个区间：

$$\begin{aligned}I_0&=\left[t_k^ih+\tau_k^i,t_k^ih+h+\overline{\tau}_i\right)\\ I_i&=\bigcup_{j=1}^{M_i-1}\left[t_k^ih+ih+\overline{\tau}_i,t_k^i+jh+h+\overline{\tau}_i\right)\\ I_{M_i}&=\left[t_k^ih+\left(M_i-1\right)h+h+\overline{\tau}_i,t_{k+1}^ih+\tau_{k+1}^i\right)\end{aligned}\tag{4-38}$$

定义$\tau_i(t)$为：

$$\tau_i(t)=\begin{cases}t-t_k^i h, & t\in I_0\\ t-t_k^i h-ih, & t\in I_j\\ t-t_k^i h-\left(M_f-1\right)h, & t\in I_{M_i}\end{cases} \tag{4-39}$$

其中$\tau_{i\min}\leqslant\tau_k^i\leqslant\tau_i(t)\leqslant h+\tau_{k+1}^i=\bar{\tau}_i$且$\tau_{i\min}=\min\left\{\tau_k^i \mid k=1,2,\cdots\right\}$。

定义事件触发时刻值$\hat{\boldsymbol{y}}_i(t)=\tilde{\boldsymbol{y}}_i\left(t_k^i h\right)$与传感器采样值$\tilde{\boldsymbol{y}}_i\left(t_k^i h+jh\right)$的差值$\boldsymbol{e}\left(t_k^i h\right)$为：

$$\boldsymbol{e}\left(t_k^i h\right)=\tilde{\boldsymbol{y}}_i\left(t_k^i h+jh\right)-\tilde{\boldsymbol{y}}_i\left(t_k^i h\right) \tag{4-40}$$

因此，事件触发时刻值$\hat{\boldsymbol{y}}_i(t)$在$t\in\left[t_k^i h+\tau_k^i, t_{k+1}^i h+\tau_{k+1}^i\right)$区间内可以被重新写为：

$$\hat{\boldsymbol{y}}_i(t)=\tilde{\boldsymbol{y}}_i\left(t-\tau_i(t)\right)-\boldsymbol{e}\left(t_k^i h\right) \tag{4-41}$$

根据上面的描述可知，事件触发条件等价于：

$$\boldsymbol{e}\left(t_k^i h\right)\boldsymbol{\Phi}_i\boldsymbol{e}\left(t_k^i h\right)>\delta_i\tilde{\boldsymbol{y}}_i^{\mathrm{T}}\left[t-\tau_i(t)\right]\boldsymbol{\Phi}_i\tilde{\boldsymbol{y}}_i\left[t-\tau_i(t)\right] \tag{4-42}$$

本节的目的是设计一个滤波器，因此：

$$\begin{aligned}\dot{\tilde{\boldsymbol{x}}}_{fi}(t)&=\boldsymbol{A}_{fi}\tilde{\boldsymbol{x}}_{fi}(t)+\boldsymbol{B}_{fi}\hat{\boldsymbol{y}}_i(t)\\ \tilde{\boldsymbol{z}}_{fi}(t)&=\boldsymbol{L}_{fi}\tilde{\boldsymbol{x}}_{fi}(t)\end{aligned} \tag{4-43}$$

其中，$\tilde{\boldsymbol{x}}_{fi}\in\mathbf{R}^4$和$\tilde{\boldsymbol{z}}_{fi}\in\mathbf{R}^{4\times4}$分别是滤波器的状态和输出，$\hat{\boldsymbol{y}}_i(t)$为滤波器输入，$\boldsymbol{A}_{fi}$、$\boldsymbol{B}_{fi}$和$\boldsymbol{L}_{fi}$是具有适当维数的待设计矩阵。

将式（4-43）代入式（4-36），可以得到在$t\in\left[t_k^i h+\tau_k^i, t_{k+1}^i h+\tau_{k+1}^i\right)$区间内的估计误差系统：

$$\begin{cases}\dot{\breve{\boldsymbol{x}}}_i(t)=\bar{\boldsymbol{A}}_i\breve{\boldsymbol{x}}_i(t)+\bar{\boldsymbol{A}}_{i1}\breve{\boldsymbol{x}}_i\left(t-\tau_i(t)\right)+\bar{\boldsymbol{B}}_i\boldsymbol{e}\left(t_k^i h\right)+\bar{\boldsymbol{A}}_{wi}\boldsymbol{w}_i(t)+\bar{\boldsymbol{H}}_{ij}\boldsymbol{x}_j(t)\\ \breve{\boldsymbol{z}}_i(t)=\left[\boldsymbol{L}_i-\boldsymbol{L}_{fi}\right]\breve{\boldsymbol{x}}_i(t)\end{cases} \tag{4-44}$$

其中，$\breve{\boldsymbol{x}}_i=\left[\tilde{\boldsymbol{x}}_i^{\mathrm{T}}(t)\ \tilde{\boldsymbol{x}}_{fi}^{\mathrm{T}}(t)\right]^{\mathrm{T}}$，$\breve{\boldsymbol{z}}_i(t)=\tilde{\boldsymbol{z}}_i(t)-\tilde{\boldsymbol{z}}_{fi}(t)$，$\bar{\boldsymbol{H}}_{ij}=\left[\boldsymbol{H}_{ij}^{\mathrm{T}}\quad \mathbf{0}^{\mathrm{T}}\right]^{\mathrm{T}}$，$\bar{\boldsymbol{A}}_i=\begin{bmatrix}\boldsymbol{A}_i & 0\\ 0 & \boldsymbol{A}_{fi}\end{bmatrix}$，$\bar{\boldsymbol{A}}_{i1}=\begin{bmatrix}0 & 0\\ \boldsymbol{B}_{fi}\boldsymbol{C}_i & 0\end{bmatrix}$，$\bar{\boldsymbol{B}}_i=\begin{bmatrix}0\\ \boldsymbol{B}_{fi}\end{bmatrix}$，$\bar{\boldsymbol{A}}_{wi}=\begin{bmatrix}\boldsymbol{A}_{wi}\\ 0\end{bmatrix}$。

为了后续的研究，引用两个引理。

引理4 对给定的对称矩阵$\boldsymbol{S}=\begin{bmatrix}\boldsymbol{S}_{11} & \boldsymbol{S}_{12}\\ \boldsymbol{S}_{21} & \boldsymbol{S}_{22}\end{bmatrix}$，以下3个条件是等价的。

（1）$\boldsymbol{S}<0$。

（2）$\boldsymbol{S}_{11}<0, \boldsymbol{S}_{22}-\boldsymbol{S}_{12}^{\mathrm{T}}\boldsymbol{S}_{11}^{-1}\boldsymbol{S}_{12}<0$。

（3）$\boldsymbol{S}_{22}<0, \boldsymbol{S}_{11}-\boldsymbol{S}_{12}\boldsymbol{S}_{22}^{-1}\boldsymbol{S}_{12}^{\mathrm{T}}<0$。

引理5 存在正定矩阵$\boldsymbol{M}\in\mathbf{R}^{n\times n}$，标量$0<h(t)<h$以及向量函数$\dot{\boldsymbol{x}}(t):[-h,0]\to\mathbf{R}^n$，使得下面的不等式成立。

$$-h\int_{t-h}^{t}\dot{\boldsymbol{x}}^{\mathrm{T}}(s)\boldsymbol{R}_i\dot{\boldsymbol{x}}(s)\mathrm{d}s\leqslant\begin{bmatrix}\boldsymbol{x}(t)\\ \boldsymbol{x}(t-h(t))\\ \boldsymbol{x}(t-h)\end{bmatrix}^{\mathrm{T}}\begin{bmatrix}-\boldsymbol{M} & \boldsymbol{M} & 0\\ \boldsymbol{M} & -2\boldsymbol{M} & \boldsymbol{M}\\ 0 & \boldsymbol{M} & -\boldsymbol{M}\end{bmatrix}\begin{bmatrix}\boldsymbol{x}(t)\\ \boldsymbol{x}(t-h(t))\\ \boldsymbol{x}(t-h)\end{bmatrix}$$

2. 分布式 H_∞滤波器设计

为了得到半车主动悬架系统的分布式H_∞滤波器，我们给出了两个定理。定理 3 给出了分布式H_∞滤波器估计系统状态的条件，定理 4 给出了求解分布式H_∞滤波器参数的方法。

定理 3　给定标量$\gamma_i > 0$，在事件触发条件式（4-42）的作用下，如果存在正定矩阵$\boldsymbol{P}_i$、$\boldsymbol{Q}_i$、$\boldsymbol{R}_i$、$\boldsymbol{H}_i$和$\boldsymbol{\Phi}_i$满足不等式：

$$\boldsymbol{\Pi}_i = \begin{bmatrix} \boldsymbol{\Omega}_{i1} & \boldsymbol{\Omega}_{i2} & \boldsymbol{\Omega}_{i3} \\ * & -\boldsymbol{P}_i\boldsymbol{R}_i^{-1}\boldsymbol{P}_i & 0 \\ * & * & -\boldsymbol{I} \end{bmatrix} < 0 \tag{4-45}$$

其中：

$$\boldsymbol{\Omega}_{i1} = \begin{bmatrix} \boldsymbol{Y}_i & \boldsymbol{P}_i\bar{\boldsymbol{A}}_{i1}\boldsymbol{F} + \boldsymbol{R}_i 0 & 0 & \boldsymbol{P}_i\bar{\boldsymbol{B}}_i & \boldsymbol{P}_i\bar{\boldsymbol{A}}_{wi} \\ * & \boldsymbol{\Psi}_i & \boldsymbol{R}_i & 0 & 0 \\ * & * & -\boldsymbol{Q}_i - \boldsymbol{R}_i & 0 & 0 \\ * & * & -\boldsymbol{\Phi}_i & 0 & 0 \\ * & * & * & * & -\gamma_i^2\boldsymbol{I} \end{bmatrix},\quad \boldsymbol{\Omega}_{i3} = \begin{bmatrix} \boldsymbol{P}_i\bar{\boldsymbol{A}}_{wi} \\ 0 \\ 0 \\ 0 \\ 0 \end{bmatrix},\quad \boldsymbol{\Omega}_{i2} = \begin{bmatrix} \bar{\boldsymbol{\tau}}_i\boldsymbol{P}_i\bar{\boldsymbol{A}}_i \\ \bar{\boldsymbol{\tau}}_i\boldsymbol{P}_i\bar{\boldsymbol{A}}_{i1} \\ 0 \\ \bar{\boldsymbol{\tau}}_i\boldsymbol{P}_i\bar{\boldsymbol{B}}_i \\ \bar{\boldsymbol{\tau}}_i\boldsymbol{P}_i\bar{\boldsymbol{A}}_{wi} \end{bmatrix}$$

$$\boldsymbol{Y}_i = \mathrm{sym}\left(\boldsymbol{P}_i\bar{\boldsymbol{A}}_i + \boldsymbol{P}_i\bar{\boldsymbol{H}}_{ji}\right) + \boldsymbol{Q}_i - \boldsymbol{R}_i,\ \boldsymbol{\Psi}_i = -2\boldsymbol{R}_i + \delta_i\boldsymbol{F}^{\mathrm{T}}\boldsymbol{C}_i^{\mathrm{T}}\boldsymbol{\Phi}\boldsymbol{C}_i\boldsymbol{F}$$

那么，存在滤波器式（4-43）使得估计误差系统式（4-44）满足以下条件。

（1）当$\boldsymbol{w}(t) = \boldsymbol{0}$时，估计误差系统是渐近稳定的。

（2）当闭环系统初始状态为 **0** 时，估计误差系统有以下H_∞特性。

$$\int_0^t \breve{z}_i^{\mathrm{T}}(t)\breve{z}_i(t)\mathrm{d}t \leqslant \gamma_i\int_0^t \boldsymbol{w}_i^{\mathrm{T}}(t)\boldsymbol{w}_i(t)\mathrm{d}t$$

证明如下。

选取一个 Lypunov-Krasovskii 泛函，即：

$$V_i(t) = \breve{\boldsymbol{x}}_i^{\mathrm{T}}(t)\boldsymbol{P}_i\breve{\boldsymbol{x}}_i(t) + \int_{t-\bar{\tau}_i}^{t}\breve{\boldsymbol{x}}_i^{\mathrm{T}}(s)\boldsymbol{Q}_i\breve{\boldsymbol{x}}_i(s)\mathrm{d}t + \bar{\tau}_i\int_{t-\bar{\tau}_i}^{t}\int_s^t \dot{\breve{\boldsymbol{x}}}_i^{\mathrm{T}}(s)\boldsymbol{R}_i\dot{\boldsymbol{x}}_i(s)\mathrm{d}s\mathrm{d}t \tag{4-46}$$

其中，$\boldsymbol{P}_i$、$\boldsymbol{Q}_i$和$\boldsymbol{R}_i$为正定矩阵。

在$t \in \left[t_k^i h + \tau_k^i, t_{k+1}^i h + \tau_{k+1}^i\right)$区间内，$V_i(t)$的导数为：

$$\begin{aligned} \dot{V}_i(t) = {} & 2\breve{\boldsymbol{x}}_i^{\mathrm{T}}(t)\boldsymbol{P}_i\dot{\boldsymbol{x}}_i(t) + \breve{\boldsymbol{x}}_i^{\mathrm{T}}(t)\boldsymbol{Q}_i\breve{\boldsymbol{x}}_i(t) - \breve{\boldsymbol{x}}_i^{\mathrm{T}}\left(t-\bar{\tau}_i\right)\boldsymbol{Q}_i\breve{\boldsymbol{x}}_i\left(t-\bar{\tau}_i\right) + \\ & \bar{\tau}_i^2\dot{\boldsymbol{x}}_i^{\mathrm{T}}(t)\boldsymbol{R}_i\dot{\boldsymbol{x}}_i(t) - \bar{\tau}_i\int_{t-\bar{\tau}_i}^{t}\dot{\boldsymbol{x}}_i^{\mathrm{T}}(s)\boldsymbol{R}_i\dot{\boldsymbol{x}}_i(s)\mathrm{d}s \end{aligned} \tag{4-47}$$

将式（4-44）代入式（4-47），可得：

$$\begin{aligned} \dot{V}_i(t) = {} & 2\breve{\boldsymbol{x}}_i^{\mathrm{T}}(t)\boldsymbol{P}_i\left\{\bar{\boldsymbol{A}}_i\breve{\boldsymbol{x}}_i(t) + \bar{\boldsymbol{A}}_{i1}\breve{\boldsymbol{x}}_i\left[t-\tau_i(t)\right] + \bar{\boldsymbol{B}}_i\boldsymbol{e}\left(t_k^i h\right) + \right. \\ & \left.\bar{\boldsymbol{A}}_{wi}\boldsymbol{w}_i(t) + \bar{\boldsymbol{H}}_{ij}\boldsymbol{x}_j(t)\right\} + \breve{\boldsymbol{x}}_i^{\mathrm{T}}(t)\boldsymbol{Q}_i\breve{\boldsymbol{x}}_i(t) - \breve{\boldsymbol{x}}_i^{\mathrm{T}}\left(t-\bar{\tau}_i\right) \times \\ & \boldsymbol{Q}_i\breve{\boldsymbol{x}}_i\left(t-\bar{\tau}_i\right)\boldsymbol{R}_i - \bar{\tau}_i\int_{t-\bar{\tau}_i}^{c}\dot{\boldsymbol{x}}_i^{\mathrm{T}}(s)\boldsymbol{R}_i\dot{\breve{\boldsymbol{x}}}_i(s)\mathrm{d}s + \left\{\bar{\boldsymbol{A}}_i\breve{\boldsymbol{x}}_i(t) + \right. \\ & \left.\bar{\boldsymbol{A}}_{i1}\breve{\boldsymbol{x}}_i\left[t-\tau_i(t)\right] + \bar{\boldsymbol{B}}_i\mathrm{e}\left(t_k^i h\right) + \bar{\boldsymbol{A}}_{wi}\boldsymbol{w}_i(t) + \bar{\boldsymbol{H}}_{ij}\boldsymbol{x}_j(t)\right\}^{\mathrm{T}} \times \\ & \boldsymbol{R}_i\left\{\bar{\boldsymbol{A}}_i\breve{\boldsymbol{x}}_i(t) + \bar{\boldsymbol{A}}_{i1}\breve{\boldsymbol{x}}_i\left[t-\tau_i(t)\right] + \bar{\boldsymbol{B}}_i\boldsymbol{e}\left(t_k^i h\right) + \right. \\ & \left.\bar{\boldsymbol{A}}_{wi}\boldsymbol{w}_i(t) + \bar{\boldsymbol{H}}_{ij}\boldsymbol{x}_j(t)\right\} \end{aligned} \tag{4-48}$$

由引理 5 可得：

$$\begin{aligned}&-\overline{\tau}_i\int_{t-\overline{\tau}_i}^{t}\dot{\breve{\boldsymbol{x}}}_i^{\mathrm{T}}(s)\boldsymbol{R}_i\dot{\boldsymbol{x}}_i(s)\mathrm{d}s\\&\leqslant-\breve{\boldsymbol{x}}_i^{\mathrm{T}}(t)\boldsymbol{R}_i\breve{\boldsymbol{x}}_i(t)+\breve{\boldsymbol{x}}_i^{\mathrm{T}}\left[t-\tau_i(t)\right]\boldsymbol{R}_i\breve{\boldsymbol{x}}_i(t)+\breve{\boldsymbol{x}}_i^{\mathrm{T}}(t)\boldsymbol{R}_i\breve{\boldsymbol{x}}_i\left[t-\tau_i(t)\right]-\\&\quad 2\breve{\boldsymbol{x}}_i^{\mathrm{T}}\left(t-\tau_i(t)\right)\boldsymbol{R}_i\breve{\boldsymbol{x}}_i\left[t-\tau_i(t)\right]+\breve{\boldsymbol{x}}_i^{\mathrm{T}}\left[t-\overline{\tau}_i)\right]\boldsymbol{R}_i\breve{\boldsymbol{x}}_i\left[t-\tau_i(t)\right]+\\&\quad\breve{\boldsymbol{x}}_i^{\mathrm{T}}\left[t-\tau_i(t)\right]\boldsymbol{R}_i\breve{\boldsymbol{x}}_i\left[t-\overline{\tau}_i)\right]-\breve{\boldsymbol{x}}_i^{\mathrm{T}}\left[t-\overline{\tau}_i)\right]\boldsymbol{R}_i\breve{\boldsymbol{x}}_i\left[t-\overline{\tau}_i)\right]\end{aligned}\tag{4-49}$$

根据式（4-48）和式（4-49），有：

$$\begin{aligned}\dot{V}_t(t)\leqslant{}&2\breve{\boldsymbol{x}}_i^{\mathrm{T}}(t)\boldsymbol{P}_i\left\{\overline{\boldsymbol{A}}_i\breve{\boldsymbol{x}}_i(t)+\overline{\boldsymbol{A}}_{i1}\breve{\boldsymbol{x}}_i\left[t-\tau_i(t)\right]\right\}+\overline{\boldsymbol{B}}_i\boldsymbol{e}\left(t_k^ih\right)+\\&\overline{\boldsymbol{A}}_{wi}\boldsymbol{w}_i(t)+\overline{\boldsymbol{H}}_{ij}\boldsymbol{x}_j(t)+\breve{\boldsymbol{x}}_i^{\mathrm{T}}(t)\boldsymbol{Q}_i\breve{\boldsymbol{x}}_i(t)-\breve{\boldsymbol{x}}_i^{\mathrm{T}}\left(t-\overline{\tau}_i\right)\times\\&\boldsymbol{Q}_i\breve{\boldsymbol{x}}_i\left(t-\overline{\tau}_i\right)\boldsymbol{R}_i+\left\{\overline{\boldsymbol{A}}_i\breve{\boldsymbol{x}}_i(t)+\overline{\boldsymbol{A}}_{i1}\breve{\boldsymbol{x}}_i\left[t-\tau_i(t)\right]+\overline{\boldsymbol{B}}_i\boldsymbol{e}\left(t_k^ih\right)+\right.\\&\left.\overline{\boldsymbol{A}}_{wi}\boldsymbol{w}_i(t)+\overline{\boldsymbol{H}}_{ij}\boldsymbol{x}_j(t)\right\}^{\mathrm{T}}\boldsymbol{R}_i\left\{\overline{\boldsymbol{A}}_i\breve{\boldsymbol{x}}_i(t)+\overline{\boldsymbol{A}}_{i1}\breve{\boldsymbol{x}}_i[t-\tau_i(t)]+\right.\\&\left.\overline{\boldsymbol{B}}_i\boldsymbol{e}\left(t_k^ih\right)+\overline{\boldsymbol{A}}_{wi}\boldsymbol{w}_i(t)+\overline{\boldsymbol{H}}_{ij}\boldsymbol{x}_j(t)\right\}-\breve{\boldsymbol{x}}_i^{\mathrm{T}}(t)\boldsymbol{R}_i\breve{\boldsymbol{x}}_i(t)+\\&\breve{\boldsymbol{x}}_i^{\mathrm{T}}\left\{t-\tau_i(t)\boldsymbol{R}_i\breve{\boldsymbol{x}}_i(t)+\breve{\boldsymbol{x}}_i^{\mathrm{T}}(t)\boldsymbol{R}_i\breve{\boldsymbol{x}}_i[t-\tau_i(t)]\right\}-\\&2\breve{\boldsymbol{x}}_i^{\mathrm{T}}\left[t-\tau_i(t)\right]\boldsymbol{R}_i\breve{\boldsymbol{x}}_i\left[t-\tau_i(t)\right]+\breve{\boldsymbol{x}}_i^{\mathrm{T}}\left(t-\overline{\tau}_i\right)\boldsymbol{R}_i\breve{\boldsymbol{x}}_i\left[t-\tau_i(t)\right]+\\&\breve{\boldsymbol{x}}_i^{\mathrm{T}}\left[t-\tau_i(t)\right]\boldsymbol{R}_i\breve{\boldsymbol{x}}_i\left(t-\overline{\tau}_i\right)-\breve{\boldsymbol{x}}_i^{\mathrm{T}}\left(t-\overline{\tau}_i\right)\boldsymbol{R}_i\breve{\boldsymbol{x}}_i\left(t-\overline{\tau}_i\right)\end{aligned}\tag{4-50}$$

值得注意的是，在 f 区间内，无法满足事件触发条件式（4-42）。因此，下列不等式成立：

$$\begin{aligned}&\dot{V}_i(t)+\breve{z}_i^{\mathrm{T}}(t)\breve{z}_i(t)-\gamma_i\boldsymbol{w}_i^{\mathrm{T}}(t)\boldsymbol{w}_i(t)\\&\leqslant\dot{V}_i(t)+\breve{\boldsymbol{x}}_i^{\mathrm{T}}\overline{\boldsymbol{L}}_i^{\mathrm{T}}\overline{\boldsymbol{L}}_i\breve{x}_i-\gamma_i\boldsymbol{w}_i^{\mathrm{T}}\boldsymbol{w}_i+\delta_i\tilde{\boldsymbol{x}}_i^{\mathrm{T}}\left[t-\tau_i(t)\right]\boldsymbol{F}^{\mathrm{T}}\boldsymbol{C}_i^{\mathrm{T}}\times\boldsymbol{\varPhi}_i\boldsymbol{F}\tilde{\boldsymbol{x}}_i\left[t-\tau_i(t)\right]\boldsymbol{C}_i-\boldsymbol{e}^{\mathrm{T}}\left(t_k^i\right)\boldsymbol{\varPhi}\boldsymbol{e}\left(t_k^i\right)\\&\leqslant\boldsymbol{\zeta}_i^{\mathrm{T}}(t)\left(\boldsymbol{\varOmega}_{i1}+\boldsymbol{\varOmega}_{i3}^{\mathrm{T}}\boldsymbol{P}_i^{-1}\boldsymbol{R}_i\boldsymbol{P}_i^{-1}\boldsymbol{\varOmega}_{13}+\boldsymbol{\varOmega}_{i4}^{\mathrm{T}}\boldsymbol{\varOmega}_{i4}\right)\zeta_i(t)\end{aligned}$$

其中：

$$\zeta_i(t)=\left\{\breve{\boldsymbol{x}}_i^{\mathrm{T}}(t)\quad\breve{\boldsymbol{x}}_i^{\mathrm{T}}[t-\tau_i(t)]\quad\breve{\boldsymbol{x}}_i^{\mathrm{T}}(t-\overline{\tau}_i)\quad\boldsymbol{e}^{\mathrm{T}}\left(t_k^i\right)\quad\boldsymbol{w}_i^{\mathrm{T}}(t)\right\}^{\mathrm{T}}$$

根据引理 6，式（4-45）可以保证下面的不等式成立：

$$\dot{V}_i(t)+\breve{z}_i^{\mathrm{T}}(t)\breve{z}_i(t)-\gamma_i^2\boldsymbol{w}_i^{\mathrm{T}}(t)\boldsymbol{w}_i(t)<0\tag{4-51}$$

不等式（4-51）两边分别从 0 到任意 t 积分，有：

$$V_i(t)-V_i(0)-\int_0^t\breve{z}_i^{\mathrm{T}}(t)\breve{z}_i(t)\mathrm{d}t-\gamma_i\int_0^t\boldsymbol{w}_i^{\mathrm{T}}(t)\boldsymbol{w}_i(t)\mathrm{d}t<0$$

在零初始条件下，有 $V_i(0)=0$ 和 $V_i(\infty)\geqslant 0$，进而可以得到：

$$\int_0^t\breve{z}_i^{\mathrm{T}}(t)\breve{z}_i(t)\mathrm{d}t\leqslant\gamma_i\int_0^t\boldsymbol{w}_i^{\mathrm{T}}(t)\boldsymbol{w}_i(t)\mathrm{d}t$$

基于上述推导，可知估计误差系统式（4-44）在零初始条件下有 H_∞ 特性。当 $\boldsymbol{w}_i(t)=0$ 时，$\dot{V}(t)<0$，因此系统是渐近稳定的。至此证明完毕。

推论 1 给定参数 $\delta_i>0$，在事件触发装置式（4-37）的作用下，如果不等式（4-45）成立，那么优化问题：

$$\min_{P_i, H_i, Q_{i1}, Q_{i2}, R_{i1}, R_{i2}} \gamma_i$$

可以通过 MATLAB 的优化工具箱 mincx 得到。由于定理 3 中的表达式是非紧缩形式，不能用 MATLAB 的 LMI 工具包解得，因此需要把定理 3 进行线性化，以便使用 MATLAB 直接解得滤波器参数，进而有了定理 4。

定理 4 给定标量 $\delta_i > 0$ 和 γ_i，如果存在矩阵 $\boldsymbol{H}_i > 0$，$\boldsymbol{\Phi}_i > 0$，$\bar{\boldsymbol{P}}_i > 0$，$\bar{\boldsymbol{R}}_i > 0$，$\bar{\boldsymbol{Q}}_i > 0$，$\bar{\boldsymbol{A}}_{fi}$，$\mu_1, \mu_2, \cdots, \mu_n$ 和 $\mu_1^f, \mu_2^f, \cdots, \mu_n^f$ 满足下面的不等式：

$$\boldsymbol{\Pi}_i = \begin{bmatrix} \tilde{\boldsymbol{\Omega}}_{i1} & \tilde{\boldsymbol{\Omega}}_{i2} & \tilde{\boldsymbol{\Omega}}_{i3} \\ * & \sigma_i^2 \bar{\boldsymbol{R}}_i - 2\sigma_i \bar{\boldsymbol{R}}_i & 0 \\ * & * & -\boldsymbol{I} \end{bmatrix} < 0 \tag{4-52}$$

其中：

$$\tilde{\boldsymbol{\Omega}}_{i1} = \begin{bmatrix} \tilde{\boldsymbol{Y}}_i & \tilde{\boldsymbol{A}}_{i1} + \bar{\boldsymbol{R}}_i & 0 & \tilde{\boldsymbol{B}}_i & \tilde{\boldsymbol{A}}_{wi} \\ * & \boldsymbol{\Psi}_i & \bar{\boldsymbol{R}}_i & 0 & 0 \\ * & * & -\bar{\boldsymbol{Q}}_i - \bar{\boldsymbol{R}}_i & 0 & 0 \\ * & * & -\boldsymbol{\Phi}_i & 0 & 0 \\ * & * & * & * & -\gamma_i^2 \boldsymbol{I} \end{bmatrix}, \quad \mu_i^f = \sum_{k=0}^{n} (\mu_i \pm \beta\sigma)^f$$

$$\tilde{\boldsymbol{\Omega}}_{i3} = [\tilde{\boldsymbol{L}}_i \quad 0 \quad 0 \quad 0 \quad 0]^{\mathrm{T}}, \quad \tilde{\boldsymbol{Y}}_i = \mathrm{sym}(\tilde{\boldsymbol{A}} + \tilde{\boldsymbol{H}}_{ji}) + \tilde{\boldsymbol{Q}}_i - \tilde{\boldsymbol{R}}_i, \quad \bar{\boldsymbol{\Psi}}_i = -2\bar{\boldsymbol{R}}_i + \delta_i \boldsymbol{F}^{\mathrm{T}} \boldsymbol{C}_i^{\mathrm{T}} \boldsymbol{\Phi}_i \boldsymbol{C}_i \boldsymbol{F}$$

$$\tilde{\boldsymbol{\Omega}}_{i2} = \begin{bmatrix} \tilde{\tau}_i \tilde{\boldsymbol{A}}_i + \tilde{\boldsymbol{H}}_{ji} & \tilde{\tau}_i \tilde{\boldsymbol{A}}_{i1} & 0 & \tilde{\tau}_i \tilde{\boldsymbol{B}}_i & \tilde{\tau}_i \tilde{\boldsymbol{A}}_{wi} \end{bmatrix}^{\mathrm{T}}, \quad \tilde{\boldsymbol{B}}_i = \begin{bmatrix} \bar{\boldsymbol{B}}_{fi}^{\mathrm{T}} & \bar{\boldsymbol{B}}_{fi}^{\mathrm{T}} \end{bmatrix}^{\mathrm{T}}, \quad \tilde{\boldsymbol{L}}_i = \begin{bmatrix} \boldsymbol{L}_i & -\bar{\boldsymbol{L}}_{fi} \end{bmatrix}, \quad \tilde{\boldsymbol{A}}_{wi} = \begin{bmatrix} \boldsymbol{P}_{i1} \boldsymbol{A}_{wi} \\ \boldsymbol{H}_{i1} \boldsymbol{A}_{wi} \end{bmatrix}$$

那么存在滤波器式（4-43），使得估计误差系统式（4-44）在 $\boldsymbol{w}(t) = 0$ 时是渐近稳定的。当闭环系统的初始状态为 0 时，估计误差系统有以下 H_∞ 特性：

$$\int_0^t \breve{z}_i^{\mathrm{T}}(t) \breve{z}_i(t) \mathrm{d}t \leqslant \gamma_i \int_0^t \boldsymbol{w}_i^{\mathrm{T}}(t) \boldsymbol{w}_i(t) \mathrm{d}t$$

除此之外，可以解得滤波器的参数为：

$$\boldsymbol{A}_{fi} = \boldsymbol{H}_i^{-1} \bar{\boldsymbol{A}}_{fi}, \boldsymbol{B}_{fi} = \boldsymbol{H}_i^{-1} \bar{\boldsymbol{B}}_{fi}, \boldsymbol{L}_{fi} = \bar{\boldsymbol{L}}_{fi} \tag{4-53}$$

证明如下。

为了解决定理 3 中表达式非线性这一问题，需要进行如下变换：

$$\boldsymbol{P}_i = \begin{bmatrix} \boldsymbol{P}_{i1} & \boldsymbol{P}_{i2} \\ \boldsymbol{P}_{i2}^{\mathrm{T}} & \boldsymbol{P}_{i3} \end{bmatrix}, \quad \boldsymbol{J}_i = \begin{bmatrix} \boldsymbol{I} & 0 \\ 0 & \boldsymbol{P}_{i2} \boldsymbol{P}_{i3}^{-1} \end{bmatrix}$$

定义变量 $\bar{\boldsymbol{P}}_i = \boldsymbol{J}_i \boldsymbol{P}_i \boldsymbol{J}_i^{\mathrm{T}}$，$\bar{\boldsymbol{Q}}_i = \boldsymbol{J}_i \boldsymbol{Q}_i \boldsymbol{J}_i^{\mathrm{T}}$，$\bar{\boldsymbol{R}}_i = \boldsymbol{J}_i \boldsymbol{R}_i \boldsymbol{J}_i^{\mathrm{T}}$，$\boldsymbol{H}_i = \boldsymbol{P}_{i2} \boldsymbol{P}_{i3}^{-1} \boldsymbol{P}_{i2}^{\mathrm{T}}$，$\bar{\boldsymbol{A}}_{fi} = \boldsymbol{P}_{i2} \boldsymbol{A}_{fi} \boldsymbol{P}_{i3}^{-1} \boldsymbol{P}_{i2}^{\mathrm{T}}$，$\bar{\boldsymbol{B}}_{fi} = \boldsymbol{P}_{i2} \boldsymbol{B}_{fi}$ 和 $\bar{\boldsymbol{L}}_{fi} = \boldsymbol{L}_{fi} \boldsymbol{P}_{i3}^{-1} \boldsymbol{P}_{i2}^{\mathrm{T}}$，并且有 $-\boldsymbol{P}_i \boldsymbol{R}_i \boldsymbol{P}_i \leqslant \sigma_i^2 \boldsymbol{R}_i - 2\sigma_i \boldsymbol{P}_i$，其中 σ_i 是一个任意正常数。

不等式（4-45）两边分别左乘 $\boldsymbol{L} = \mathrm{diag}\{\boldsymbol{J}_i, \boldsymbol{J}_i, \boldsymbol{J}_i, \boldsymbol{I}, \boldsymbol{I}, \boldsymbol{J}_i, \boldsymbol{J}_i, \boldsymbol{J}_i\}$ 和它的转置，可以得到不等式（4-52）。由于 $\boldsymbol{L} = \mathrm{diag}\{\boldsymbol{J}_i, \boldsymbol{J}_i, \boldsymbol{J}_i, \boldsymbol{I}, \boldsymbol{I}, \boldsymbol{J}_i, \boldsymbol{J}_i, \boldsymbol{J}_i\}$ 是非奇异的，所以不等式（4-45）和不等式（4-52）是等价的，即不等式（4-52）成立能够保证不等式（4-45）成立。值得注意的是，式（4-52）是线性的，因此可以应用 MATLAB 的 LMI 工具包解出 $\bar{\boldsymbol{A}}_{fi} = \boldsymbol{P}_{i2} \boldsymbol{A}_{fi} \boldsymbol{P}_{i3}^{-1} \boldsymbol{P}_{i2}^{\mathrm{T}}$，$\bar{\boldsymbol{B}}_{fi} = \boldsymbol{P}_{i2} \boldsymbol{B}_{fi}$，$\bar{\boldsymbol{L}}_{fi} = \boldsymbol{L}_{fi} \boldsymbol{P}_{i3}^{-1} \boldsymbol{P}_{i2}^{\mathrm{T}}$。进一步即可得到分布式 H_∞ 滤波器的参数：$\boldsymbol{A}_{fi} = \boldsymbol{H}_i^{-1} \bar{\boldsymbol{A}}_{fi}, \boldsymbol{B}_{fi} = \boldsymbol{H}_i^{-1} \bar{\boldsymbol{B}}_{fi}, \boldsymbol{L}_{fi} = \bar{\boldsymbol{L}}_{fi}$。至此证明完毕。

4.3.5 非理想传感器下的分布式 H_∞ 滤波

1. 分布式 H_∞ 滤波器的建模

众所周知，长期工作的传感器会不可避免地发生老化、零点漂移、磁化等问题，这些问题都会影响传感器的性能。本书把传感器的随机故障描述为以下形式：

$$\bar{\boldsymbol{y}}_i(t)=\eta_i\tilde{\boldsymbol{y}}_i(t) \tag{4-54}$$

其中，$\eta_i\in\left[0,\eta_{\max i}\right]$，$\eta_{\max i}\geqslant 1$。当$\eta_i=0$时，传感器完全不工作；当$\eta_i\in(0,1)$时，传感器的测量值被减小；当$\eta_i=1$时，传感器正常工作；当$\eta_i\in(1,\eta_{\max i}]$时，传感器的输出值被放大。假定$\eta_i$的期望和方差分别为$\bar{\eta}_i$和$\beta_i^2$，考虑了有传感器故障的事件触发条件为：

$$\left[\bar{\eta}_i\hat{\boldsymbol{y}}_i(t)-\bar{\eta}_i\tilde{\boldsymbol{y}}_i(t_k^ih)\right]^{\mathrm{T}}\boldsymbol{\Phi}_i\left[\bar{\eta}_i\hat{\boldsymbol{y}}_i(t)-\bar{\eta}_i\tilde{\boldsymbol{y}}_i(t_k^ih)\right]\geqslant\delta_i\hat{\boldsymbol{y}}_i^{\mathrm{T}}(t)\bar{\eta}_i\boldsymbol{\Phi}_i\bar{\eta}_i\hat{\boldsymbol{y}}_i^{\mathrm{T}}(t) \tag{4-55}$$

其中，$\hat{\boldsymbol{y}}_i(t)=\tilde{\boldsymbol{y}}_i[(t_k^i+l)h]$，$\delta_i$是给定的事件触发参数，正定矩阵$\boldsymbol{\Phi}_i$是有适当维数的待设计的事件触发权重矩阵。根据式（4-38）和式（4-39），可以得到：

$$\bar{\eta}_i\boldsymbol{e}(t_k^ih)=\bar{\eta}_i\tilde{\boldsymbol{y}}_i[t-\tau_i(t)]-\bar{\eta}_i\tilde{\boldsymbol{y}}_i(t_k^ih)$$

因此事件触发释放值为：$\bar{\boldsymbol{y}}_i\left(t_k^ih\right)=\eta_i\tilde{\boldsymbol{y}}_i\left[t-\tau_i(t)\right]-\bar{\eta}_i\boldsymbol{e}_i\left(t_k^ih\right)$。所以，当$t\in[t_k^ih+\tau_k^i,\ t_{k+1}^ih+\tau_{k+1}^i)$时，事件触发条件式（4-55）可以重写为：

$$\boldsymbol{e}_i^{\mathrm{T}}(t_k^ih)\bar{\eta}_i\boldsymbol{\Phi}_i\bar{\eta}_i\boldsymbol{e}_i(t_k^ih)<\delta_i\hat{\boldsymbol{y}}_i^{\mathrm{T}}(t)\bar{\eta}_i\boldsymbol{\Phi}_i\bar{\eta}_i\hat{\boldsymbol{y}}_i(t) \tag{4-56}$$

时延$\tau_i^k(t)$通常是随机分布的，为了能够更加充分地描述时延随机分布的特点，本文采用了时延分布相关（delay-distribution dependent）方法[22]。

$$\begin{cases}\tau_{i1}(t)=\rho_i(t)\tau_i(t), & \tau_{i\min}\leqslant\tau_i(t)<\bar{\tau}_{i1}\\ \tau_{i2}(t)=[1-\rho_i(t)]\tau_i(t), & \bar{\tau}_{i1}\leqslant\tau_i(t)\leqslant\bar{\tau}_i\end{cases} \tag{4-57}$$

假定ρ_i的期望为$\bar{\rho}_i$，$\bar{\tau}_{i1}$是$\tau_{\min i}$与$\bar{\tau}_i$的平均值。

注 1　如果$\rho_i(t)\equiv 1$，$\tau_{\min i}=0$，那么$\tau_k^i(t)\in\left[0,\bar{\tau}_{i1}\right)$，时延分布相关方法就变成了一般时延方法。如果$\rho_i(t)\equiv 0$，$\tau_i(t)\in[\bar{\tau}_{i1},\bar{\tau}_i)$，那么该方法就将为区间延时，并且我们还可以把上述时延分布相关方法扩展到 3 个或多个时延区间。例如，假设时延随机分布在 n 个时延区间内，则每个区间的上限为$\bar{\tau}_{i1}=\dfrac{1}{n}\bar{\tau}_i$，$\bar{\tau}_{i2}=\dfrac{2}{n}\bar{\tau}_i,\ldots,\bar{\tau}_{in}=\bar{\tau}_i$。

设计H_∞滤波器为：

$$\begin{aligned}\dot{\bar{\boldsymbol{x}}}_i(t)&=\bar{\boldsymbol{A}}_{fi}\bar{\boldsymbol{x}}_i(t)+\bar{\boldsymbol{B}}_{fi}\bar{\boldsymbol{y}}_i(t_k^fh)\\ \bar{\boldsymbol{z}}_{fi}(t)&=\bar{\boldsymbol{L}}_{fi}\bar{\boldsymbol{x}}_i(t),\end{aligned} \tag{4-58}$$

其中$\bar{\boldsymbol{A}}_{fi}$，$\bar{\boldsymbol{B}}_{fi}$和$\bar{\boldsymbol{L}}_{fi}$是待设计的常数矩阵，$\bar{\boldsymbol{x}}_i(t)$和$\bar{z}_{fi}(t)$分别是滤波器的状态和输出，$\bar{\boldsymbol{y}}_i(t_k^ih)$为滤波器输入。$\xi_i(t)=\left[\boldsymbol{x}_i^{\mathrm{T}}(t)\quad\bar{\boldsymbol{x}}_i^{\mathrm{T}}(t)\right]^{\mathrm{T}}$，$\tilde{z}_i(t)=z_i(t)-\bar{z}_i(t)$。进而可以得到当$t\in[t_k^ih+\tau_k^i,t_{k+1}^ih+\tau_{k+1}^i)$时，观测误差系统为：

$$\begin{aligned}\dot{\xi}_i(t)=&\tilde{\boldsymbol{A}}_i\xi_i(t)+\rho_i\tilde{\boldsymbol{A}}_{i1}\xi_f[t-\tau_{i1}(t)]+(1-\rho_i)\times\tilde{\boldsymbol{A}}_{i1}\xi_i[t-\tau_{i2}(t)]\\ &+\tilde{\boldsymbol{B}}_i\boldsymbol{e}_f(t_k^ih)+\tilde{\boldsymbol{A}}_{wi}\bar{\boldsymbol{w}}_i(t)+\tilde{\boldsymbol{H}}_{ij}\boldsymbol{x}_j(t)\\ \tilde{z}_i(t)=&(\boldsymbol{L}_i-\bar{\boldsymbol{L}}_i)\xi_i(t)\end{aligned} \tag{4-59}$$

其中：

$$\tilde{A}_i=\begin{bmatrix}A_i & 0\\ 0 & \bar{A}_i\end{bmatrix},\ \tilde{A}_{i1}=\begin{bmatrix}0 & 0\\ \bar{B}_i\eta_iC_i & 0\end{bmatrix},\ \tilde{L}_i=\begin{bmatrix}L_i & -\bar{L}_i\end{bmatrix},\ \tilde{B}_i=\begin{bmatrix}0\\ -\bar{B}_i\eta_i\end{bmatrix},\ \tilde{H}_{ij}=\begin{bmatrix}H_{ij}^{\mathrm{T}} & 0\end{bmatrix}^{\mathrm{T}}$$

$$\tilde{A}_{wi}=\begin{bmatrix}A_{wi} & 0 & 0\\ 0 & \bar{B}_i\rho_iD_i & \bar{B}_i(1-\rho_i)D_i\end{bmatrix},\ \bar{w}_i=\begin{bmatrix}w_i^{\mathrm{T}}(t) & v_{oi}^{\mathrm{T}}[t-\tau_{i1}(t)] & v_{oi}^{\mathrm{T}}[t-\tau_{i2}(t)]\end{bmatrix}^{\mathrm{T}}$$

2. 分布式 H_∞滤波器设计

本小节的目的是设计 H_∞ 滤波器参数 $\bar{A}_{fi},\bar{B}_{fi}$ 和 $\bar{L}_{fi}$ 以及事件触发权重矩阵 Φ_i，以使滤波器式（4-58）能够很好地估计系统式（4-66）的状态。

定理 5 给定正常数 γ_i 和 δ_i 以及滤波器参数矩阵 $\bar{A}_{fi}$ 、$\bar{B}_{fi}$ 和 $\bar{L}_{fi}$ ，如果存在正定矩阵 P_i、H_i、Q_{ik}、R_{ik} $(k=1,2)$ 和 Φ_i 满足以下不等式：

$$\Pi_i=\begin{bmatrix}\Pi_{i1} & \Pi_{i2}\\ * & \Pi_{i3}\end{bmatrix}<0 \tag{4-60}$$

其中：

$$\Pi_{i1}=\begin{bmatrix}\Pi_{i11} & \Pi_{i12}\\ * & \Pi_{i22}\end{bmatrix},\ \tilde{A}_{wi1}=\begin{bmatrix}A_{wi} & 0 & 0\\ 0 & B_i\bar{\eta}_iD_i & B_i\bar{\eta}_iD_i\end{bmatrix},\ Y_{f13}=(1-\bar{\rho}_i)P_i\tilde{A}_{i11}+R_{i2},$$

$$|y_i(t)|<y_{\max i},\ i=1,2,3,4,\ \Pi_{i11}=\begin{bmatrix}Y_{i11} & \bar{\rho}_iP_i\tilde{A}_{i11}+R_{i1} & Y_{i13}\\ * & Y_{i22} & 0\\ * & * & Y_{i33}\end{bmatrix},\ \Pi_{i12}=\begin{bmatrix}0 & 0 & P_i\tilde{B}_i & P_i\tilde{A}_{wi1}\\ R_{i2} & 0 & 0 & \Pi_{i122}\\ 0 & R_{i2} & 0 & \Pi_{i133}\end{bmatrix},$$

$$\Omega_{i4}=\begin{bmatrix}\tilde{L}_i & 0 & 0 & 0 & 0 & 0 & 0\end{bmatrix}^{\mathrm{T}},\ \hat{A}_{i12}=\begin{bmatrix}0 & 0\\ \bar{B}_iC_i & 0\end{bmatrix},\ \hat{A}_{wi2}=\begin{bmatrix}0 & 0 & 0\\ 0 & \bar{B}_iD_i & \bar{B}_iD_i\end{bmatrix},\ \tilde{A}_{i11}=\begin{bmatrix}0 & 0\\ \bar{B}_i\bar{\eta}_iC_i & 0\end{bmatrix},$$

$$\Pi_{f2}=\begin{bmatrix}\bar{\tau}_{f1}\Omega_{f2} & \bar{\tau}_i\Omega_{i2} & \bar{\tau}_{i1}\Omega_{i3} & \bar{\tau}_i\Omega_{i3} & \Omega_{i4}\end{bmatrix},$$

$$F=\begin{bmatrix}I_{4\times4} & 0_{4\times4}\end{bmatrix},\ \Pi_{i22}=\mathrm{diag}\{-R_{i1},-R_{i2},-\bar{\eta}_i^{\mathrm{T}}\Phi_i\bar{\eta}_i,-\gamma_i^2I+\breve{D}_i\bar{\eta}_i^{\mathrm{T}}\Phi_i\bar{\eta}_i\},\ \Sigma_i=1-\bar{\rho}_i,$$

$$Y_{i11}=\mathrm{sym}(P_i\tilde{A}_i+P_i\tilde{H}_{ij}F)+Q_{f1}+Q_{f2}-R_{f1}-R_{f2},\ Y_{i22}=-Q_{i1}-2R_{i1}+\delta_i\bar{\rho}_iF^{\mathrm{T}}C_i^{\mathrm{T}}\bar{\eta}_i^{\mathrm{T}}\Phi_i\bar{\eta}_iC_iF,$$

$$\breve{D}_i=\mathrm{diag}\{0,\bar{\rho}_iD_i^{\mathrm{T}}D_i,(1-\bar{\rho}_i)D_i^{\mathrm{T}}D_i\},\ \Omega_{i3}=\begin{bmatrix}P_i(\tilde{A}_i+\tilde{H}_{ij}),\bar{\rho}_i\tilde{A}_{i11},\Sigma_i\tilde{A}_{i11},0,0,P_i\tilde{B}_i,P_i\tilde{A}_{wi1}\end{bmatrix}^{\mathrm{T}},$$

$$Y_{i33}=-Q_{i2}-2R_{i2}+\delta_i\Sigma_iF^{\mathrm{T}}C_i^{\mathrm{T}}\bar{\eta}_i^{\mathrm{T}}\Phi\bar{\eta}_iC_iF,\ \Pi_{i122}=\delta_iF^{\mathrm{T}}C_i^{\mathrm{T}}\bar{\eta}_i^{\mathrm{T}}\Phi_i\bar{\eta}_i[0\ \bar{\rho}_iD_i\ 0],$$

$$\Omega_{i2}=\begin{bmatrix}0 & \sqrt{\bar{\rho}_i\Sigma_i}\hat{A}_{i1} & \sqrt{\bar{\rho}_i\Sigma_i}\hat{A}_{i1} & 0 & 0 & 0 & \hat{A}_{\omega i2}\end{bmatrix}^{\mathrm{T}},\ \Pi_{i133}=\delta_iF^{\mathrm{T}}C_i^{\mathrm{T}}\bar{\eta}_i^{\mathrm{T}}\Phi_i\bar{\eta}_i[0\ 0\ (1-\bar{\rho}_i)\bar{\rho}_iD_i],$$

$$\Pi_{i3}=\mathrm{diag}\{-P_iR_{i1}^{-1}P_i,-P_iR_{i2}^{-1}P_i,-P_iR_{i1}^{-1}P_i,-P_iR_{i2}^{-1}P_i,-I\}。$$

那么存在滤波器式（4-43），可使估计误差系统式（4-44）满足以下条件。

（1）当 $w(t)=0$ 时，估计误差系统是渐近稳定的。

（2）当闭环系统初始状态为 0 时，估计误差系统有以下 H_∞ 特性：

$$\int_0^t\breve{z}_i^{\mathrm{T}}(t)\breve{z}_i(t)\mathrm{d}t\leqslant\gamma_i\int_0^t w_i^{\mathrm{T}}(t)w_i(t)\mathrm{d}t$$

证明如下。

选择 Lyapunov-Krasovskii 方程为：

$$V_i(t)=V_{i1}(t)+V_{i2}(t) \tag{4-61}$$

其中：

$$V_{i1}(t)=\xi_i^{\mathrm{T}}(t)\boldsymbol{P}_i\xi_i(t)+\int_{t-\tau_1}^{t}\xi_i^{\mathrm{T}}(s)\boldsymbol{Q}_{i1}\xi_i(s)\mathrm{d}s+\int_{t-\tau_i}^{t}\xi_i^{\mathrm{T}}(s)\boldsymbol{Q}_{i2}\xi_i(s)\mathrm{d}s$$

$$V_{i2}(t)=\overline{\tau}_{i1}\int_{t-\tau_{11}}^{t}\int_{s}^{t}\xi_i^{\mathrm{T}}(v)\boldsymbol{R}_i\xi_i(v)\mathrm{d}v\mathrm{d}s+\overline{\tau}_i\int_{t-\tau_i}^{t}\int_{s}^{t}\xi_i^{\mathrm{T}}(v)\boldsymbol{R}_{i2}\xi_i(v)\mathrm{d}v\mathrm{d}s$$

$V_{i1}(t)$ 沿着式（4-61）的导数的期望为：

$$\begin{aligned}&E\{\dot{V}_{i1}(t)\}\\&=2\xi_i^{\mathrm{T}}(t)\boldsymbol{P}_i\left\{\tilde{\boldsymbol{A}}_i\xi_i(t)+\overline{\rho}_i\tilde{\boldsymbol{A}}_{i11}\xi\left[t-\tau_{i1}(t)\right]+\left(1-\overline{\rho}_i\right)\times\right.\\&\left.\tilde{\boldsymbol{A}}_{i11}\xi\left[t-\tau_{i2}(t)\right]+\tilde{\boldsymbol{B}}_i\boldsymbol{e}_i\left(t_k^ih\right)+\tilde{\boldsymbol{A}}_{wi1}\overline{\boldsymbol{w}}_i(t)+\tilde{\boldsymbol{H}}_{ij}\boldsymbol{x}_r(t)\right\}+\\&\xi_i^{\mathrm{T}}(t)\boldsymbol{Q}_{i1}\xi_i(t)-\xi_i^{\mathrm{T}}\left(t-\overline{\tau}_{i1}\right)\boldsymbol{Q}_{i1}\xi_i\left(t-\overline{\tau}_{i1}\right)-\\&\xi_i^{\mathrm{T}}\left(t-\overline{\tau}_i\right)\boldsymbol{Q}_{i2}\xi_i\left(t-\overline{\tau}_i\right)+\xi_i^{\mathrm{T}}(t)\boldsymbol{Q}_{i2}\xi_i(t)\end{aligned}\tag{4-62}$$

$V_{i2}(t)$ 沿着式（4-61）的导数的期望为：

$$\begin{aligned}&E\{\dot{V}_{i2}(t)\}\\&\leqslant E\left[\xi_i^{\mathrm{T}}(t)\left(\overline{\tau}_{i1}^2\boldsymbol{R}_{f1}+\overline{\tau}_i^2\boldsymbol{R}_{i2}\right)\dot{\xi}_i(t)\right]-\xi_i^{\mathrm{T}}(t)\left(\boldsymbol{R}_{i1}+\boldsymbol{R}_{i2}\right)\xi_i(t)+\xi_i^{\mathrm{T}}(t)\boldsymbol{R}_{i1}\times\\&\xi_i\left[t-\tau_{i1}(t)\right]+\xi_i^{\mathrm{T}}\left[t-\tau_{i1}(t)\right]\boldsymbol{R}_{i1}\xi_i(t)-2\xi_i^{\mathrm{T}}\left[t-\tau_{i1}(t)\right]\boldsymbol{R}_{i1}\xi_i\left[t-\tau_{i1}(t)\right]+\\&\xi_i^{\mathrm{T}}\left[t-\tau_{i1}(t)\right]\boldsymbol{R}_{i1}\xi_i\left(t-\overline{\tau}_{i1}\right)+\xi_i^{\mathrm{T}}\left(t-\overline{\tau}_{i1}\right)\boldsymbol{R}_{i1}\xi_i\left[t-\tau_{i1}(t)\right]-\xi_i^{\mathrm{T}}\left(t-\overline{\tau}_{i1}\right)\times\\&\boldsymbol{R}_{i1}\xi_i\left(t-\overline{\tau}_{i1}\right)+\xi_i^{\mathrm{T}}(t)\boldsymbol{R}_{i2}\xi_i\left[t-\tau_{i2}(t)\right]+\xi_i^{\mathrm{T}}\left[t-\tau_{i2}(t)\right]\boldsymbol{R}_{i2}\xi_i(t)-\\&2\xi_i^{\mathrm{T}}\left[t-\tau_{i2}(t)\right]\boldsymbol{R}_{i2}\xi_i\left[t-\tau_{i2}(t)\right]+\xi_i^{\mathrm{T}}\left[t-\tau_{i2}(t)\right]\boldsymbol{R}_{i2}\xi_i\left(t-\overline{\tau}_i\right)+\\&\xi_i^{\mathrm{T}}\left(t-\overline{\tau}_i\right)\boldsymbol{R}_{i2}\xi_i\left[t-\tau_{i2}(t)\right]-\xi_i^{\mathrm{T}}\left(t-\overline{\tau}_i\right)\boldsymbol{R}_i\xi_i\left(t-\overline{\tau}_i\right)\end{aligned}\tag{4-63}$$

其中，不等式（4-63）右边的第一项可以写为：

$$\begin{aligned}&E\left[\xi_i^{\mathrm{T}}(t)\boldsymbol{\Gamma}_i\dot{\xi}_i(t)\right]\\&=\left\{\tilde{\boldsymbol{A}}_i\xi_i(t)+\overline{\rho}_i\tilde{\boldsymbol{A}}_{i11}\xi_i\left[t-\tau_{i1}(t)\right]+\left(1-\overline{\rho}_i\right)\tilde{\boldsymbol{A}}_{i1}\xi_i\left[t-\tau_{i2}(t)\right]\tilde{\boldsymbol{B}}_i\boldsymbol{e}_i\left(t_k^ih\right)+\right.\\&\tilde{\boldsymbol{A}}_{wi1}\overline{\boldsymbol{w}}_i(t)+\tilde{\boldsymbol{H}}_{ij}\xi_j(t)]^{\mathrm{T}}\boldsymbol{\Gamma}_i\left[\tilde{\boldsymbol{A}}_i\xi_i(t)+\overline{\rho}_i\tilde{\boldsymbol{A}}_{i1}\xi_i\left[t-\tau_{i1}(t)\right]+\left(1-\overline{\rho}_i\right)\tilde{\boldsymbol{A}}_{i11}\times\right.\\&\left.\xi_i\left[t-\tau_{i2}(t)\right]+\tilde{\boldsymbol{B}}_i\boldsymbol{e}_i\left(t_k^ih\right)+\tilde{\boldsymbol{A}}_{wi1}\overline{\boldsymbol{w}}_i(t)+\tilde{\boldsymbol{H}}_{ij}\xi_i(t)\right\}+\beta_i^2\overline{\rho}_i^2\xi_i^{\mathrm{T}}\left[t-\tau_{i1}(t)\right]\times\\&\hat{\boldsymbol{A}}_{i12}^{\mathrm{T}}\boldsymbol{\Gamma}_i\hat{\boldsymbol{A}}_{i12}\xi_i\left[t-\tau_{i1}(t)\right]+\left(1-\overline{\rho}_i\right)\overline{\rho}_i\xi_i^{\mathrm{T}}\left[t-\tau_{i1}(t)\right]\tilde{\boldsymbol{A}}_{i11}^{\mathrm{T}}\boldsymbol{\Gamma}_i\tilde{\boldsymbol{A}}_{i1}\xi_i\left[t-\tau_{i1}(t)\right]+\\&\beta_i^2\left(1-\overline{\rho}_i\right)\overline{\rho}_i\xi_i^{\mathrm{T}}\left[t-\tau_{i1}(t)\right]\hat{\boldsymbol{A}}_{i12}^{\mathrm{T}}\boldsymbol{\Gamma}_i\hat{\boldsymbol{A}}_i\left[t-\tau_{i1}(t)\right]+\beta_i^2\left(1-\overline{\rho}_i\right)^2\xi_i^{\mathrm{T}}\left[t-\tau_{i2}(t)\right]\times\\&\hat{\boldsymbol{A}}_{i12}^{\mathrm{T}}\boldsymbol{\Gamma}_i\hat{\boldsymbol{A}}_{i12}\xi_i\left[t-\tau_{i2}(t)\right]+\left(1-\overline{\rho}_i\right)\overline{\rho}_i\xi_i^{\mathrm{T}}\left[t-\tau_{i2}(t)\right]\tilde{\boldsymbol{A}}_{i11}^{\mathrm{T}}\boldsymbol{\Gamma}_i\tilde{\boldsymbol{A}}_{i11}\xi_i\left[t-\tau_{i2}(t)\right]+\\&\beta_i^2\left(1-\overline{\rho}_i\right)\overline{\rho}_i\xi_i^{\mathrm{T}}\left[t-\tau_{i2}(t)\right]\hat{\boldsymbol{A}}_{i12}^{\mathrm{T}}\boldsymbol{\Gamma}_i\hat{\boldsymbol{A}}_{i12}\xi_i\left[t-\tau_{i2}(t)\right]+\beta_i^2\overline{\boldsymbol{w}}_i^{\mathrm{T}}(t)\hat{\boldsymbol{A}}_{wi2}^{\mathrm{T}}\boldsymbol{\Gamma}_i\hat{\boldsymbol{A}}_{wi2}\overline{\boldsymbol{w}}_i(t)\end{aligned}\tag{4-64}$$

其中，$\boldsymbol{\Gamma}_i=\overline{\tau}_{i1}^2\boldsymbol{R}_{i1}+\overline{\tau}_i^2\boldsymbol{R}_{i2}$。当 $t\in\left[t_k^ih+\tau_k^i,t_{k+1}^ih+\tau_{k+1}^i\right)$ 时，没有采样数据传送到网络中，即事件触发条件（4-57）未满足，所以有 $\boldsymbol{e}_i^{\mathrm{T}}\left(t_k^ih\right)\overline{\eta}_i\boldsymbol{\Phi}\overline{\eta}_i\boldsymbol{e}_i\left(t_k^ih\right)\leqslant\delta_i\tilde{\boldsymbol{y}}_i^{T}(t)\overline{\eta}_i\boldsymbol{\Phi}\overline{\eta}_i\tilde{\boldsymbol{y}}_i(t)$。因此，由式（4-56）~式（4-64）可得：

$$\begin{aligned}&E[\dot{V}_i(t)+\tilde{\boldsymbol{z}}_i^{\mathrm{T}}(t)\tilde{\boldsymbol{z}}_i(t)-\gamma_i\overline{\boldsymbol{w}}_i^{\mathrm{T}}(t)\overline{\boldsymbol{w}}_i(t)]\\&\leqslant E\left(\dot{V}_i(t)\right)+\delta_i\overline{\rho}_i\xi_i^{\mathrm{T}}\left[t-\tau_{i1}(t)\right]\boldsymbol{F}^{\mathrm{T}}\boldsymbol{C}_i^{\mathrm{T}}\overline{\eta}_i\boldsymbol{\Phi}\overline{\eta}_i\boldsymbol{C}_f\boldsymbol{F}\xi_i\left[t-\tau_{i1}(t)\right]+\\&2\delta_i\xi_i^{\mathrm{T}}\left[t-\tau_{i1}(t)\right]\boldsymbol{F}^{\mathrm{T}}\boldsymbol{C}_i^{\mathrm{T}}\overline{\eta}_i\boldsymbol{\Phi}\overline{\eta}_i\left[0\overline{\rho}_i\boldsymbol{D}_i0\right]\overline{\boldsymbol{w}}_i(t)+\\&2\delta_i\xi_i^{\mathrm{T}}\left[t-\tau_{i2}(t)\right]\boldsymbol{F}^{\mathrm{T}}\boldsymbol{C}_i^{\mathrm{T}}\overline{\eta}_i\boldsymbol{\Phi}\overline{\eta}_i\left[00\left(1-\overline{\rho}_i\right)\boldsymbol{D}_i\right]\overline{\boldsymbol{w}}_i(t)+\\&\delta_i\overline{\boldsymbol{w}}_i^{\mathrm{T}}(t)\breve{\boldsymbol{D}}_i^{\mathrm{T}}\overline{\eta}_i\boldsymbol{\Phi}\overline{\eta}_i\overline{\boldsymbol{D}}_i\overline{\boldsymbol{w}}_i-\boldsymbol{e}_i^{\mathrm{T}}\left(t_k^ih\right)\overline{\eta}_i\boldsymbol{\Phi}\overline{\eta}_i\boldsymbol{e}_i\left(t_k^ih\right)-\\&\gamma_i^2\overline{\boldsymbol{w}}_i^{\mathrm{T}}(t)\overline{\boldsymbol{w}}_i(t)\end{aligned}\tag{4-65}$$

根据式（4-65），可以得到：

$$E\left[\dot{V}_i(t)+\tilde{z}_i^{\mathrm{T}}(t)\tilde{z}_i(t)-\gamma_i^2\bar{\boldsymbol{w}}_i^{\mathrm{T}}(t)\bar{\boldsymbol{w}}_i(t)\right]\leqslant\boldsymbol{\zeta}_i^{\mathrm{T}}(t)\boldsymbol{\varPi}_i\boldsymbol{\zeta}_i(t)<0 \tag{4-66}$$

其中$\boldsymbol{\zeta}_i(t)=\left[\boldsymbol{\xi}_i^{\mathrm{T}}(t)\ \boldsymbol{\xi}_i^{\mathrm{T}}\left(t-\tau_{i1}(t)\right)\ \boldsymbol{\xi}_i^{\mathrm{T}}\left(t-\tau_{i2}(t)\right)\ \boldsymbol{\xi}_i^{\mathrm{T}}\left(t-\bar{\tau}_{i1}\right)\ \boldsymbol{\xi}_i^{\mathrm{T}}\left(t-\bar{\tau}_i\right)\ \boldsymbol{e}_i^{\mathrm{T}}\left(t_k^i h\right)\ \bar{\boldsymbol{w}}_i^{\mathrm{T}}(t)\right]^{\mathrm{T}}$。

对不等式（4-65）两边求积分，有：

$$E\left[V_i(t)-V_i(0)+\int_0^t\tilde{z}_i^{\mathrm{T}}(t)\tilde{z}_f(t)\mathrm{d}t-\int_0^t\gamma_i^2\bar{\boldsymbol{w}}_i^{\mathrm{T}}(t)\bar{\boldsymbol{w}}_i(t)\mathrm{d}t\right]<0$$

在零初始条件下，有$V_i(0)=0$和$V_i(\infty)\geqslant 0$，进而可以得到：

$$\int_0^t\tilde{z}_i^{\mathrm{T}}(t)\tilde{z}_i(t)\mathrm{d}t\leqslant\int_0^t\gamma_i^2\bar{\boldsymbol{w}}_i^{\mathrm{T}}(t)\bar{\boldsymbol{w}}_i(t)\mathrm{d}t \tag{4-67}$$

可以推断出$\|\tilde{z}_i(t)\|<\gamma_i^2\|\bar{\boldsymbol{w}}_i(t)\|$。当$\bar{\boldsymbol{w}}_i(t)=0$时，式（4-62）通过舒尔布引理可得$E\left(\dot{V}_i(t)\right)<0$，系统的渐近稳定得以证明。至此证明完毕。

定理 6 给定常数$\gamma_i>0$和$\sigma_{ik}>0\ (k=1、2、3、4、5)$。在事件触发装置式（4-61）的作用下，如果存在矩阵$\boldsymbol{H}_i>0$、$\boldsymbol{\varPhi}_i>0$、$\bar{\boldsymbol{P}}_i>0$、$\bar{\boldsymbol{R}}_{i1}>0$、$\bar{\boldsymbol{R}}_{i2}>0$、$\bar{\boldsymbol{Q}}_{i1}>0$、$\bar{\boldsymbol{Q}}_{i2}>0$、$\hat{\boldsymbol{A}}_{fi}$、$\hat{\boldsymbol{B}}_{fi}$和$\hat{\boldsymbol{L}}_{fi}$满足以下不等式：

$$\boldsymbol{\varPi}_i=\begin{bmatrix}\boldsymbol{\varOmega}_{i1} & \boldsymbol{\varOmega}_{i2}\\ * & \boldsymbol{\varOmega}_{i3}\end{bmatrix}<0 \tag{4-68}$$

其中：

$$\boldsymbol{\varOmega}_{i1}=\begin{bmatrix}\boldsymbol{Y}_i & \boldsymbol{P}_i\bar{\boldsymbol{A}}_{i1}\boldsymbol{F}+\boldsymbol{R}_i0 & 0 & \boldsymbol{P}_i\bar{\boldsymbol{B}}_i & \boldsymbol{P}_i\bar{\boldsymbol{A}}_{wi}\\ * & \boldsymbol{\varPsi}_i & \boldsymbol{R}_i & 0 & 0\\ * & * & -\boldsymbol{Q}_i-\boldsymbol{R}_i & 0 & 0\\ * & * & -\boldsymbol{\varPhi}_i & 0 & 0\\ * & * & * & * & -\gamma_i^2\boldsymbol{I}\end{bmatrix},\quad \boldsymbol{\varOmega}_{i3}=\begin{bmatrix}\boldsymbol{P}_i\bar{\boldsymbol{A}}_{wi}\\ 0\\ 0\\ 0\\ 0\end{bmatrix},\quad \boldsymbol{\varOmega}_{i2}=\begin{bmatrix}\bar{\tau}_i\boldsymbol{P}_i\bar{\boldsymbol{A}}_i\\ \bar{\tau}_i\boldsymbol{P}_i\bar{\boldsymbol{A}}_{i1}\\ 0\\ \bar{\tau}_i\boldsymbol{P}_i\bar{\boldsymbol{B}}_i\\ \bar{\tau}_i\boldsymbol{P}_i\bar{\boldsymbol{A}}_{wi}\end{bmatrix}$$

$$\boldsymbol{Y}_i=\mathrm{sym}\left(\boldsymbol{P}_i\bar{\boldsymbol{A}}_i+\boldsymbol{P}_i\bar{\boldsymbol{H}}_{ji}\right)+\boldsymbol{Q}_i-\boldsymbol{R}_i,\ \boldsymbol{\varPsi}_i=-2\boldsymbol{R}_i+\delta_i\boldsymbol{F}^{\mathrm{T}}\boldsymbol{C}_i^{\mathrm{T}}\boldsymbol{\varPhi}_i\boldsymbol{C}_i\boldsymbol{F}$$

那么存在滤波器式（4-60），可使测量误差系统式（4-61）满足以下条件。

（1）当$\boldsymbol{w}(t)=\boldsymbol{0}$时，测量误差系统是渐近稳定的。

（2）当闭环系统初始状态为0时，测量误差系统有以下H_∞特性。

$$\int_0^t\tilde{z}_i^{\mathrm{T}}(s)\tilde{z}_i(s)\mathrm{d}s\leqslant\gamma_i^2\int_0^t\bar{\boldsymbol{w}}_i^{\mathrm{T}}(s)\bar{\boldsymbol{w}}_i(s)\mathrm{d}s$$

除此之外，还可以解得滤波器的参数为：

$$\bar{\boldsymbol{A}}_{fi}=\boldsymbol{\varLambda}_i^{-1}\hat{\boldsymbol{A}}_{fi},\ \bar{\boldsymbol{B}}_{fi}=\boldsymbol{\varLambda}_i^{-1}\hat{\boldsymbol{B}}_{fi},\ \bar{\boldsymbol{L}}_{fi}=\hat{\boldsymbol{L}}_{fi} \tag{4-69}$$

证明如下。

同定理 4 证明过程类似，在不等式（4-59）的两边分别左乘和右乘$\boldsymbol{J}=\mathrm{diag}\{\boldsymbol{J}_i,\boldsymbol{J}_i,\boldsymbol{J}_i,\boldsymbol{J}_i,\boldsymbol{J}_i,\boldsymbol{I},\boldsymbol{I},\boldsymbol{J}_i,\boldsymbol{J}_i,\boldsymbol{J}_i,\boldsymbol{I}\}$和它的转置，可以得到不等式（4-57）。应用 MATLAB 的 LMI 工具包可以得到滤波器式（4-59）。至此证明完毕。

注 2 本节关于求解半车主动悬架系统的滤波器的方法，还可以扩展到全车主动悬架系统上。可以把全车主动悬架系统[23]分割为 5 个子系统：右前子系统 S_{fr}，左前子系统 S_{fl}，右后子系统 S_{rr}，左后子系统 S_{rl} 以及车身 S_{c}。车身与其他 4 个子系统相互连接、相互影响。运用本节提出的分布式 H_∞滤波器方法，就可以解决全车主动悬架系统滤波的问题。

3. 仿真实验

下面将通过仿真实验来进一步验证设计的分布式 H_∞滤波器的有效性。将设计的滤波器用在一个半车主动悬架系统上，模型参数如表 4-1 所示。

表 4-1　不同事件触发阈值下的释放值

$\delta_{\mathrm{f}}/\delta_{\mathrm{r}}$	数据包传送个数 S_{f}	数据包传送个数 S_{r}
0.01	437	483
0.05	283	320
0.1	277	259
0.15	193	211
0.20	161	188

假定 η_{f} 的期望和方差分别为 $\bar{\eta}_{\mathrm{f}}=0.3$ 和 $\beta_{\mathrm{f}}^2=0.25$，$\eta_{\mathrm{r}}$ 的期望和方差分别为 $\bar{\eta}_{\mathrm{r}}=0.5$ 和 $\beta_{\mathrm{r}}^2=0.25$。选择事件触发参数 $\delta_{\mathrm{f}}=\delta_{\mathrm{r}}=0.01$。利用定理 6，在 γ_{f} 和 γ_{r} 最优的条件下，解得滤波器参数和事件触发装置加权矩阵为：

$$\tilde{\boldsymbol{A}}_{\mathrm{f}1}=\begin{bmatrix}-1.9 & 0.2 & 1.1 & -1.0\\ 0.6 & -0.9 & -0.1 & 1.0\\ -43.1 & 2.8 & -5.6 & 2.6\\ 400.0 & -4370.7 & 13.6 & -24.8\end{bmatrix},\quad \tilde{\boldsymbol{B}}_{\mathrm{f}1}=\begin{bmatrix}-12.0\\ 5.4\\ 43.4\\ -495.5\end{bmatrix},\quad \tilde{\boldsymbol{A}}_{\mathrm{f}2}=\begin{bmatrix}-2.1 & 0.1 & 1.1 & -1.0\\ 0.7 & -0.7 & -0.2 & 1.0\\ -59.9 & 9.3 & -8.4 & 3.0\\ 550.3 & -4924.4 & 21.8 & -28.1\end{bmatrix}$$

$$\tilde{\boldsymbol{L}}_{\mathrm{f}1}=\begin{bmatrix}-0.7345 & 0.2225 & -0.0007 & -0.0003\\ 0.1631 & -0.6499 & -0.0191 & 0.0001\\ 0.0037 & -0.0736 & -0.9623 & 0.0007\\ 3.5753 & 6.9229 & -0.3838 & -0.9892\end{bmatrix},\quad \tilde{\boldsymbol{L}}_{\mathrm{f}2}=\begin{bmatrix}-0.6763 & 0.2641 & 0.0028 & -0.0004\\ 0.1917 & -0.6137 & -0.0163 & -0.0000\\ 0.0023 & -0.1164 & -0.9503 & 0.0000\\ 4.5718 & 8.6406 & -0.4704 & -0.9891\end{bmatrix}$$

$$\tilde{\boldsymbol{B}}_{\mathrm{f}2}=\begin{bmatrix}-5.9 & 2.8 & 80.9 & -577.4\end{bmatrix},\ \boldsymbol{\Phi}_1=1656.9,\ \boldsymbol{\Phi}_2=1944.5$$

首先给出包块路面扰动信号，即：

$$z_{\mathrm{o}}(t)=\begin{cases}A/2\left(1-\cos\left(\dfrac{2\pi V}{L}t\right)\right), & 0\leqslant t\leqslant\dfrac{L}{V}\\ 0, & \dfrac{L}{V}<t\end{cases}$$

其中，$A=50\mathrm{mm}$ 和 $L=6\mathrm{m}$ 分别是包块的高度和宽度，智能车辆驾驶速度 $V=35\mathrm{km/h}$。

图 4-13 和图 4-14 分别对子系统 S_{f} 和子系统 S_{r} 的自身状态与滤波器估计状态进行了比较。从图中可以看出，分布式 H_∞ 滤波器在 2s 左右就能够估计出系统的状态。为了能够进一步验证设计的分布式 H_∞ 滤波器的效果，本文采用了文献[24]提出的智能车主动悬架系统的控制器设计方法，基于滤波器的估计状态设计了控制器。控制器对半车主动悬架系统的车身和仰俯角上下振动加速度的作用效果如图 4-15 所示。为了方便比较，主动悬架系统和被动悬架系统的时间响应情况均在图 4-15 中进行了呈现。从仿真图 4-15 中可以看出，与被动悬架系

统相比，主动悬架系统无论在振动速度峰值方面还是在系统稳定时间方面，对智能车驾驶的舒适性都有很好的改善。图 4-16 分别给出了路面扰动对智能车上下振动位移和仰俯角的频率响应曲线，可以看出在 4～18Hz 范围内，主动悬架系统的幅值与被动悬架系统相比较小，并且主动悬架系统对由智能车结构所引起的振动峰值有很好的抑制作用。子系统 S_f 和子系统 S_r 的事件触发装置的时序图分别如图 4-17 所示。其中纵坐标值越大，表示所丢的包越多，即两相邻时间事件触发间隔越大。前子系统 S_f 的事件触发装置在 0～8s 内的传输个数为 437，后子系统 S_f 的事件触发装置在 0～8s 内的传输个数为 483，即事件触发装置传送了传感器采样值的约 50%，很好地减轻了网络的负担，并且也有很好的效果。

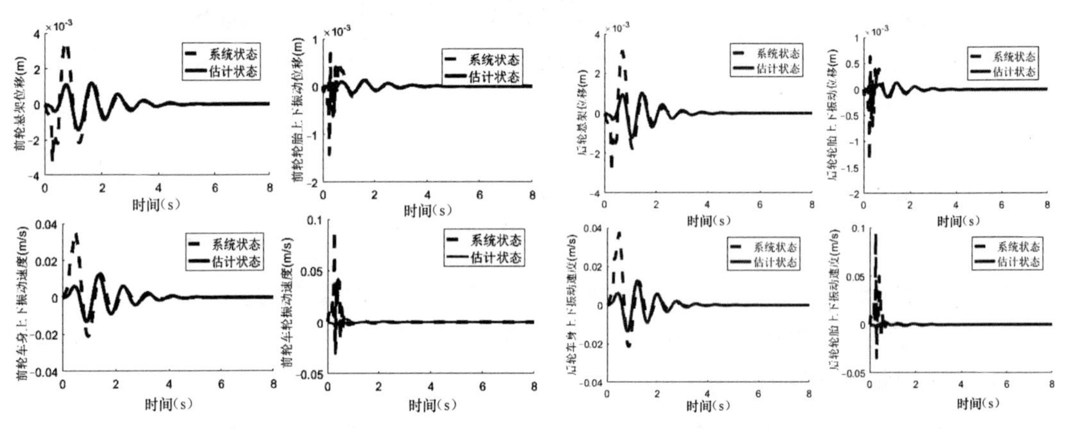

图 4-13　滤波器估计状态和子系统 S_f 状态对比图　　图 4-14　滤波器估计状态和子系统 S_r 状态对比图

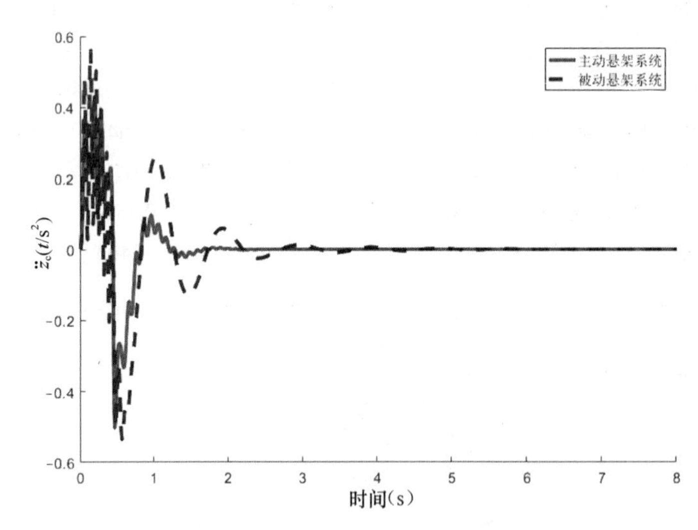

图 4-15　车身和仰俯角上下振动加速度的时域响应

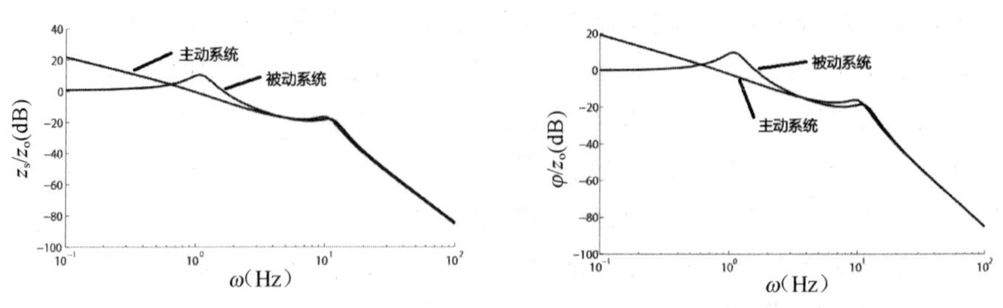

图 4-16　智能车上下振动位移和仰俯角的频率响应

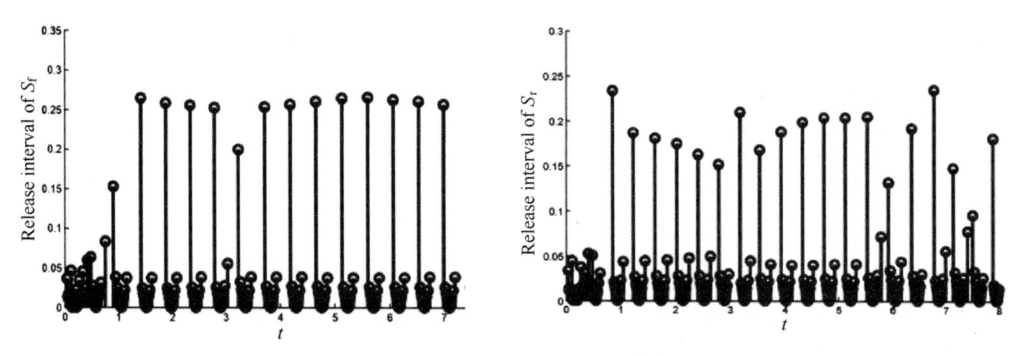

图 4-17 子系统 S_f 和子系统 S_r 的事件触发装置的时序图

在不同的事件触发参数 δ_i 下，事件触发装置释放的采样值个数如表 4-1 所示。从表中我们能够很清楚地看出，事件触发的阈值越大，释放的采样数据个数越少。表 4-2 是在不同的时延上限下扰动抑制参数 γ_f 和 γ_r 的值，清楚地表明了时延上限越大，扰动抑制参数越大，扰动对估计误差系统式（4-61）的影响越大。

表 4-2 扰动抑制参数在不同时延上限下的值

时延上限	γ_f	γ_r
$\delta_i = 0.02$	437	483
$\delta_i = 0.04$	283	320
$\delta_i = 0.06$	277	259
$\delta_i = 0.08$	193	211

4.3.6 小结

本节研究了云辅助的半车主动悬架系统的滤波问题。在云辅助半车主动悬架系统框架下，智能车信息和路况信息保存在云存储器中，云计算单元根据这些数据设计了滤波器，实现了系统状态的估计。本节在设计滤波器的过程中，考虑了网络的有限带宽以及网络传输时延。为了减轻网络负担，本节采用了事件触发机制。经统计，网络的传输时延随机分布在不同区间内，为了能够全面地描述网络时延的特点，本节采用了时延相关分布方法。为了减少结果矩阵的维数，半车主动悬架系统在物理上被分为了两个子系统。本节分别在理想传感器和非理想传感器状态下，针对每个子系统设计了各自的滤波器，并且通过仿真实验验证了滤波器的有效性。

4.4 云辅助全车主动悬架系统的自适应反演控制

4.4.1 问题描述

4.3 节中介绍了云辅助的线性半车主动悬架系统的分布式估计问题，智能车主动悬架系统是由刚性弹簧、阻尼器和执行器组成的，这些组件都有非线性特性。除此之外，半车和全车主动悬架系统在遇到故障时，车身上下、左右以及前后的振动是相互耦合的，这也造成了系统有非线性特性。因此，研究智能车主动悬架系统的非线性模型是非常有意义的。近年来，面向非线性系统的控制策略有很多种[25-35]，本节采用了反演控制（Backstepping）策略。反演控制策略是处理级联非线性系统控制问题的一种优越策略，它可以通过引入虚拟控制器对复杂控制器的设计过程进行分解，进而实现最终的控制目标。

本节针对云辅助的全车主动悬架系统设计了自适应的反演控制器。由于车身质量会随着乘客的数量和体重的变化而变化，因此车身质量是一个变化的参数，并且转动惯量和质量之间存在关系：$I=\int_{\Omega} r^2 \mathrm{d}M$。随着车身质量的改变，仰俯角和翻转角的转动惯量也在改变。通过以上描述可以了解到：全车主动悬架系统是一个参数不确定的非线性系统。自适应控制策略对于参数不确定系统有很好的作用，通过设计合适的自适应律在线估计未知参数的值，可以保证控制器在有参数不确定性时对系统有很好的效果。反演控制算法控制着系统沿着预先设计好的参考轨迹运动，让系统能够在有限的时间内平滑地达到稳定状态。在云辅助的智能车主动悬架系统的框架下，智能车信息、路况信息以及参考路径均保存在云存储单元中，自适应的反演控制算法也保存在云计算单元中。本节的主要内容来自文献[36]。

4.4.2 系统模型和问题描述

7 自由度的全车主动悬架系统模型如图 4-18 所示。M 为车身质量，m_i $(i=1,2,3,4)$ 分别为前右轮、前左轮、后右轮、后左轮的簧下质量，I_{xx} 和 I_{zz} 分别为左右翻滚角和前后仰俯角转动惯量，$F_{di}(t)$ 为阻尼器输出力，$F_{si}(t)$ 为弹簧输出力，k_{ti} 为轮胎的刚性系数，$y(t)$ 为车身上下振动位移，$\theta(t)$ 为车身仰俯角度，$\phi(t)$ 为车身翻滚角度，$y_i(t)$ 为簧上质量位移，$y_{oi}(t)$ 为路面扰动输入，$u_i(t)$ 为执行力输入，a、b、c 和 d 分别表示前右轮、前左轮、右后轮、左后轮与智能车中心点之间的距离。

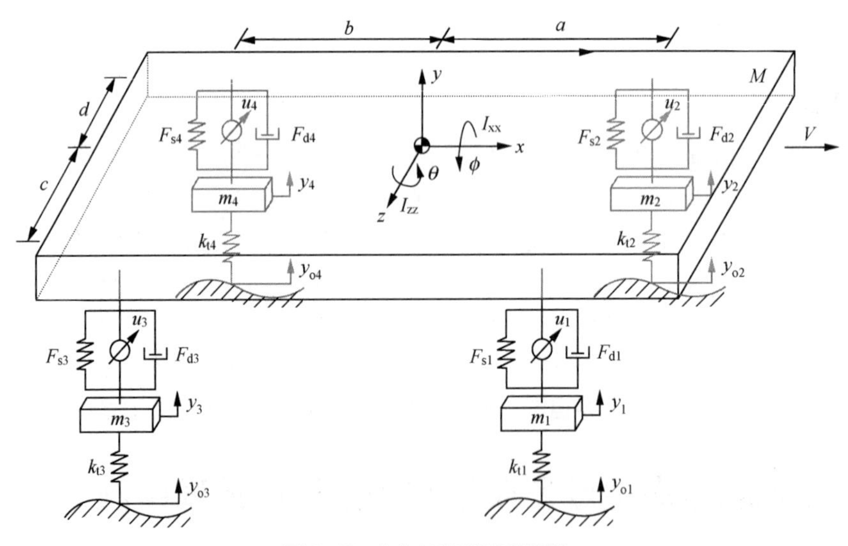

图 4-18 全车主动悬架系统模型

运用牛顿第二定律，可以获得全车主动悬架系统的动力学方程如下：

$$
\begin{aligned}
& M\ddot{y}(t)+F_{d1}(t)+F_{d2}(t)+F_{d3}(t)+F_{d4}(t)+ \\
& F_{s1}(t)+F_{s2}(t)+F_{s3}(t)+F_{s4}(t) \\
& =u_y(t)+g_y(t) \\
& I_{zz}\ddot{\theta}(t)+\cos\theta(t)\left\{a\left[F_{d1}(t)+F_{d2}(t)+F_{s1}(t)+F_{s2}(t)\right]-\right. \\
& \left.b\left[F_{d3}(t)+F_{d4}(t)+F_{s3}(t)+F_{s4}(t)\right]\right\} \\
& =u_\theta(t)+g_\theta(t)
\end{aligned}
$$

$$
\begin{aligned}
&I_{xx}\ddot{\phi}(t)+\cos\phi(t)\{d[F_{d2}(t)+F_{d4}(t)+F_{s2}(t)+F_{s4}(t)]-\\
&c[F_{d1}(t)+F_{d3}(t)+F_{s1}(t)+F_{s3}(t)]\}\\
&=u_{\phi}(t)+g_{\phi}(t)\\
&m_1\ddot{y}_1(t)-F_{d1}(t)-F_{s1}(t)+k_{t1}[y_1(t)-y_{o1}(t)]=-u_1(t),\\
&m_2\ddot{y}_2(t)-F_{d2}(t)-F_{s2}(t)+k_{t2}[y_2(t)-y_{o2}(t)]=-u_2(t),\\
&m_3\ddot{y}_3(t)-F_{d3}(t)-F_{s3}(t)+k_{t3}[y_3(t)-y_{o3}(t)]=-u_3(t),\\
&m_4\ddot{y}_4(t)-F_{d4}(t)-F_{s4}(t)+k_{t4}[y_4(t)-y_{o4}(t)]=-u_4(t)
\end{aligned}
\tag{4-70}
$$

其中:

$$
\begin{aligned}
&u_y(t)=u_1(t)+u_2(t)+u_3(t)+u_4(t)\\
&u_{\theta}(t)=a[u_1(t)+u_2(t)]-b[u_3(t)+u_4(t)]\\
&u_{\phi}(t)=d[u_2(t)+u_4(t)]-c[u_1(t)+u_3(t)]
\end{aligned}
\tag{4-71}
$$

$g_y(t)$、$g_{\theta}(t)$和 $g_{\phi}(t)$是执行器未建模动态。假设非线性不确定项满足:

$$
\|\frac{g_y(t)}{M}\|\leqslant\eta_y\|\boldsymbol{x}(t)\|,\ \|\frac{g_{\theta}(t)}{I_{zz}}\|\leqslant\eta_{\theta}\|x(t)\|,\ \|\frac{g_{\phi}(t)}{I_{xx}}\|\leqslant\eta_{\phi}\|\boldsymbol{x}(t)\|
$$

其中，η_y, η_{θ}和 η_{ϕ}为未知的常数。弹簧、阻尼器输出力的动态表达式为:

$$
\begin{aligned}
&F_{si}=k_i[\Delta y_i(t)]+k_{ni}[\Delta y_i(t)]^3\\
&F_{di}=\begin{cases}b_{ei}\Delta\dot{y}_i(t), & \Delta\dot{y}_i(t)>0\\ b_{ci}\Delta\dot{y}_i(t), & \Delta\dot{y}_i(t)\leqslant 0\end{cases}
\end{aligned}
$$

其中，k_i和 k_{ni}表示弹簧刚性系数，b_{ei}和 b_{ci}表示阻尼器的刚性系数，悬架行程Δy_i为:

$$
\begin{aligned}
&\Delta y_1(t)=y(t)+a\sin\theta(t)-c\sin\phi(t)-y_1(t)\\
&\Delta y_2(t)=y(t)+a\sin\theta(t)+d\sin\phi(t)-y_2(t)\\
&\Delta y_3(t)=y(t)-b\sin\theta(t)-c\sin\phi(t)-y_3(t)\\
&\Delta y_4(t)=y(t)-b\sin\theta(t)+d\sin\phi(t)-y_4(t)
\end{aligned}
\tag{4-72}
$$

为了得到主动悬架系统的状态方程，状态变量的定义如下:

$$
\begin{aligned}
&x_1(t)=y(t),x_2(t)=\dot{y}(t),x_3(t)=\theta(t),x_4(t)=\dot{\theta}(t),x_5(t)=\phi(t),\\
&x_6(t)=\dot{\phi}(t),x_7(t)=y_1(t),x_8(t)=\dot{y}_1(t),x_9(t)=y_2(t),x_{10}(t)=\dot{y}_2(t),\\
&x_{11}(t)=y_3(t),x_{12}(t)=\dot{y}_3(t),x_{13}(t)=y_4(t),x_{14}(t)=\dot{y}_4(t)
\end{aligned}
$$

根据式（4-70），全车主动悬架系统的状态方程表达式可以写为:

$$
\begin{aligned}
&\dot{x}_1(t)=x_2(t)\\
&\dot{x}_2(t)=-\frac{1}{M}[F_{d1}(t)+F_{d2}(t)+F_{d3}(t)+F_{d4}(t)+F_{s1}(t)+\\
&\qquad F_{s2}(t)+F_{s3}(t)+F_{s4}(t)]+\frac{1}{M}[u_y(t)+g_y(t)]\\
&\dot{x}_3(t)=x_4(t)
\end{aligned}
$$

$$
\begin{aligned}
\dot{x}_4(t) = & -\frac{1}{I_{zz}}\cos\left[x_3(t)\right]\left\{-a\left[F_{\mathrm{d1}}(t)+F_{\mathrm{d2}}(t)+F_{\mathrm{s1}}(t)+\right.\right.\\
& \left.\left.F_{\mathrm{s2}}(t)\right]+b\left[F_{\mathrm{d3}}(t)+F_{\mathrm{d4}}(t)+F_{\mathrm{s3}}(t)+F_{\mathrm{s4}}(t)\right]\right\}+\\
& \frac{1}{I_{zz}}\left[u_\theta(t)+g_\theta(t)\right]\\
\dot{x}_5(t) = & \, x_6(t)\\
\dot{x}_6(t) = & -\frac{1}{I_{xx}}\cos\left[x_5(t)\right]\left\{-d\left[F_{\mathrm{d2}}(t)+F_{\mathrm{d4}}(t)+F_{\mathrm{s2}}(t)+\right.\right.\\
& \left.\left.F_{\mathrm{s4}}(t)\right]+c\left[F_{\mathrm{d1}}(t)+F_{\mathrm{d3}}(t)+F_{\mathrm{s1}}(t)+F_{\mathrm{s3}}(t)\right]\right\}+\\
& \frac{1}{I_{xx}}\left[u_\phi(t)+g_\phi(t)\right]\\
\dot{x}_7(t) = & \, x_8(t)\\
\dot{x}_8(t) = & \frac{1}{m_1}\left\{F_{\mathrm{d1}}(t)+F_{\mathrm{s1}}(t)-k_{\mathrm{t1}}\left[y_1(t)-y_{\mathrm{o1}}(t)\right]-u_1(t)\right\}\\
\dot{x}_9(t) = & \, x_{10}(t)\\
\dot{x}_{10}(t) = & \frac{1}{m_2}\left\{F_{\mathrm{d2}}(t)+F_{\mathrm{s2}}(t)-k_{\mathrm{t2}}\left[y_2(t)-y_{\mathrm{o2}}(t)\right]-u_2(t)\right\}\\
\dot{x}_{11}(t) = & \, x_{12}(t)\\
\dot{x}_{12}(t) = & \frac{1}{m_3}\left\{F_{\mathrm{d3}}(t)+F_{\mathrm{s3}}(t)-k_{\mathrm{t3}}\left[y_3(t)-y_{\mathrm{o3}}(t)\right]-u_3(t)\right\}\\
\dot{x}_{13}(t) = & \, x_{14}(t)\\
\dot{x}_{14}(t) = & \frac{1}{m_4}\left\{F_{\mathrm{d4}}(t)+F_{\mathrm{s4}}(t)-k_{\mathrm{t4}}\left[y_4(t)-y_{\mathrm{o4}}(t)\right]-u_4(t)\right\}
\end{aligned} \qquad (4\text{-}73)
$$

主动悬架系统除了要保证智能车行驶的舒适性以外，还要保证智能车行驶的安全性、悬架行程以及执行器饱和性能。

（1）悬架行程限制。为了避免损坏智能车的机械结构，主动悬架系统的行程不能超过允许的范围，即要满足：

$$
|\,y_i(t)\,|< y_{\max i},\quad i=1,2,3,4 \qquad (4\text{-}74)
$$

式中，$\Delta y_{\max i}$ 为悬架行程允许的最大范围。

（2）为了确保智能车行驶的安全，车辆行驶过程中的动载必须要小于静载，即：

$$
\begin{aligned}
&\left|k_{\mathrm{t1}}\left(y_1-y_{\mathrm{o1}}\right)\right|<F_1,\quad \left|k_{\mathrm{t2}}\left(y_2-y_{\mathrm{o2}}\right)\right|<F_2\\
&\left|k_{\mathrm{t3}}\left(y_3-y_{\mathrm{o3}}\right)\right|<F_3,\quad \left|k_{\mathrm{t4}}\left(y_4-y_{\mathrm{o4}}\right)\right|<F_4
\end{aligned} \qquad (4\text{-}75)
$$

其中，$F_i\ (i=1,2,3,4)$ 可以通过下式计算：

$$
\begin{aligned}
&\left(F_1+F_2+F_3+F_4\right)=\left(M+m_1+m_2+m_3+m_4\right)g\\
&\left(F_1+F_2\right)(a+b)=Mgb+\left(m_1+m_2\right)g(a+b)\\
&\left(F_1+F_3\right)(c+d)=Mgd+\left(m_3+m_4\right)g(c+d)\\
&F_1c+F_2d=m_1gc-m_2gd
\end{aligned} \qquad (4\text{-}76)
$$

（3）执行器幅值约束。执行器的输出应该在一定的范围之内，超出这个范围会造成闭环系统不稳定甚至执行器损坏。因此执行器的输出必须满足：

$$\left|u_i(t)\right| < u_{\max i}, \quad i = 1,2,3,4 \tag{4-77}$$

其中，$u_{\max i}$ 为执行器允许输出的最大力。

因此，本节的目的是设计一个自适应反演控制器，使得：

（1）智能车在行驶过程中如果遇到路面扰动，车身上下振动位移、车身前后仰俯角以及车身左右翻滚角能够在有限的时间内平缓地趋于 0；

（2）智能车行驶的安全性、悬架行程的限制和执行器输出力的限制都能够得到保证。

4.4.3 自适应反演控制器设计

云辅助的半车主动悬架系统框架图如图 4-12 所示。在这个框图中，本地传感器将采样到的原始信息通过网络传送到云存储器中；云存储器除了保存智能车的信息外，还保存路况信息以及参考路径；云存储器和云计算单元通过路由器相互传送信息；云计算单元基于存储器传送的信号计算出控制信号；控制器的输出信号会通过网络传送到被控制的智能车，以提高驾驶的舒适性和安全性。云辅助的全车主动悬架系统的自适应反演控制流程图如图 4-19 所示。本地的智能车信号通过网络传送到云端，在云计算单元中会先判断智能车是否超载。如果超载，则邻近的服务站就会接收到报警信号；否则，云计算单元会根据路况信息和智能车信息选择合适的参考路径，最后计算单元会根据这些信息得到最优的控制信号，控制信号会通过网络被传送到相应的智能车上。

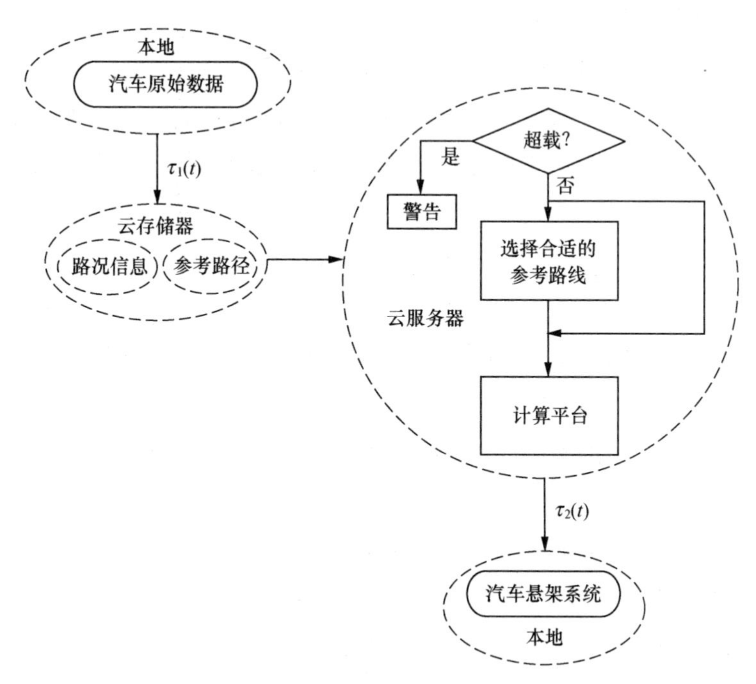

图 4-19　云辅助全车主动悬架系统自适应反演控制流程图

在进行控制器设计之前，需要做出如下假设。

假设条件 4　为了能够达到设计目的，参考轨迹 $x_r(t)$为光滑曲线并且存在一阶、二阶导数。

为了保证智能车车身的上下振动位移能够在有限的时间内平缓地趋于 0，首先设计控制器 $u_y(t)$。车身上下振动的状态方程为：

$$\begin{cases}\dot{x}_1(t)=x_2(t)\\ \dot{x}_2(t)=-\dfrac{1}{M}\left[-F_y(t)+u_y(t)\right]+\eta_y(t)\end{cases} \tag{4-78}$$

其中 $F_y(t)=F_{d1}(t)+F_{d2}(t)+F_{d3}(t)+F_{d4}(t)+F_{s1}(t)+F_{s2}(t)+F_{s3}(t)+F_{s4}(t)$。如上所述，智能车悬架系统的簧上质量 M、翻滚角转动惯量 I_{xx} 及仰俯角转动惯量 I_{zz} 是不确定的，但是有界的，即满足：

$$\hat{M}\leqslant M\leqslant\breve{M},\ \hat{I}_{zz}\leqslant I_{zz}\leqslant\breve{I}_{zz},\ \hat{I}_{xx}\leqslant I_{xx}\leqslant\breve{I}_{xx}$$

其中，$\hat{M}$ 和 $\breve{M}$、$\hat{I}_{zz}$ 和 $\breve{I}_{zz}$、$\hat{I}_{xx}$ 和 $\breve{I}_{xx}$ 分别为 M、I_{zz}、I_{xx} 的上下限。为了方便后续的研究，定义变量 $\xi_y=\dfrac{1}{M}\in\left[\hat{\xi}_y,\xi_y\right]$，有 $\hat{\xi}_y=\dfrac{1}{\breve{M}}$，$\breve{\xi}_y=\dfrac{1}{\hat{M}}$。

假设车身垂直运动的参考路径为 $x_{r1}(t)$，则它的跟踪误差及其导数为：

$$e_1(t)=x_1(t)-x_{r1}(t),\ \dot{e}_1(t)=x_2(t)-\dot{x}_{r1}(t)$$

为了使车身垂直运动能够跟踪参考路径 $x_{r1}(t)$，选择 $\alpha_1(t)$ 为跟踪误差 $e_1(t)$ 的虚拟控制输入。定义变量 $e_2(t)=x_2(t)-\alpha_1(t)$，其中 $\alpha_1(t)=-k_1e_1(t)+\dot{x}_{r1}(t)$，$k_1$ 是给定的正常数。选择李雅普诺夫函数如下：

$$V_1(t)=\frac{1}{2}e_1^2(t) \tag{4-79}$$

对 $V_1(t)$ 沿式（4-79）求导可得：

$$\dot{V}_1(t)=e_1(t)\dot{e}_1(t)=-k_1e_1^2(t)+e_1(t)e_2(t) \tag{4-80}$$

根据式（4-80）可以得到，当 $e_2(t)=0$ 时，$\dot{V}_1(t)=-k_1e_1^2(t)\leqslant 0$，即车身垂直运动轨迹能够跟踪参考路径 $x_{r1}(t)$。因此，接下来将设计控制器 $u_y(t)$，以使 $e_2(t)$ 能够收敛于 0。选择李雅普诺夫函数 $V_2(t)$ 为：

$$V_2(t)=\frac{1}{2}e_1^2(t)+\frac{1}{2}e_2^2(t)+\frac{1}{2r_1}\tilde{\xi}_y^2(t)+\frac{1}{2q_1}\tilde{\eta}_y^2(t) \tag{4-81}$$

其中，$\tilde{\xi}_y(t)=\hat{\xi}_y(t)-\xi_y$，$\hat{\xi}_y(t)$ 为 ξ_y 的估计值；$\tilde{\eta}_y(t)=\hat{\eta}_y(t)-\eta_y$，$\hat{\eta}_y(t)$ 为 η_y 的估计值。对 $V_2(t)$ 求导可得：

$$\dot{V}_2(t)=e_1(t)\dot{e}_1(t)+e_2(t)\dot{e}_2(t)+r_1^{-1}\tilde{\xi}_y(t)\dot{\hat{\xi}}_y(t)+q_1^{-1}\tilde{\eta}_y(t)\dot{\hat{\eta}}_y(t) \tag{4-82}$$

其中：

$$\dot{e}_2(t)=\dot{x}_2(t)-\dot{\alpha}_1(t)=\dot{x}_2(t)+k_1\dot{e}_1(t)-\ddot{x}_{r1}(t) \tag{4-83}$$

将式（4-83）代入式（4-82）可得：

$$\begin{aligned}\dot{V}_2(t)=&-k_1e_1^2(t)+e_1(t)e_2(t)-\frac{1}{M}\left[-F_y(t)+u_y(t)\right]+\eta_y(t)\\&+\dot{x}_2(t)e_2(t)+r_1^{-1}\tilde{\xi}_y(t)\dot{\hat{\xi}}_y(t)+q_1^{-1}\tilde{\eta}_y(t)\dot{\hat{\eta}}_y(t)\end{aligned} \tag{4-84}$$

为保证 $\dot{V}_2(t)$ 小于 0，选择 $u_y(t)$ 为：

$$u_y(t)=\frac{1}{\hat{\xi}_y}\Gamma_1(t)+F_y(t) \tag{4-85}$$

其中，$\varGamma_1(t)=-k_2e_2(t)-k_1\dot{e}_1(t)+\ddot{x}_{r1}(t)-e_1(t)-\hat{\eta}_y(t)\|\boldsymbol{x}(t)\|$，自适应参数$\hat{\xi}_y(t)$和$\hat{\eta}_y(t)$满足下面的条件：

$$\dot{\hat{\xi}}_y(t)=\operatorname{proj}_{\hat{y}}\left(r_1\varGamma_1\right)=\begin{cases}0, & \text{其他情况} \\ \dfrac{1}{\xi}r_1\varGamma_1(t)e_2(t), & \hat{\xi}_y\leqslant\xi_y\leqslant\breve{\xi}_y\end{cases} \tag{4-86}$$

$$\dot{\hat{\eta}}_y(t)=q_1\|\boldsymbol{x}(t)\|\ e_2(t)$$

其中，r_1和q_1是给定的正常数。

把式（4-85）和式（4-86）代入式（4-84）可得：

$$\begin{aligned}\dot{V}_2(t)&=e_1(t)\dot{e}_1(t)+e_2(t)\dot{e}_2(t)+r_1^{-1}\tilde{\xi}_y(t)\dot{\hat{\xi}}_y(t)+q_1^{-1}\tilde{\eta}_y(t)\dot{\eta}_y(t)\\&=-k_1e_1^2-k_2e_2^2+\tilde{\xi}_y\Big\{r_1^{-1}\dot{\hat{\xi}}-\frac{1}{\hat{\varepsilon}}\big[-k_2e_2(t)-k_1\dot{e}_1(t)+\\&\quad\ddot{x}_{r1}(t)-e_1(t)-\hat{\eta}_y(t)\|\boldsymbol{x}(t)\|\big]e_2(t)\Big\}+\tilde{\eta}_y(t)\Big[q_1^{-1}\dot{\hat{\eta}}_y(t)-\\&\quad\|\boldsymbol{x}(t)\|\ e_2\Big]\leqslant-k_1e_1^2(t)-k_2e_2^2(t)\leqslant0\end{aligned} \tag{4-87}$$

因此可以得出结论：在控制器$u_y(t)$的作用下，可以保证$e_1(t)$收敛于 0，即车身垂直运动轨迹能够跟踪参考路径$x_{r1}(t)$。

与求解控制器$u_y(t)$的方法相同，可以得到仰俯角度控制器$u_\theta(t)$为：

$$u_\theta(t)=\frac{1}{\hat{\xi}_\theta}\varGamma_2(t)+F_\theta(t) \tag{4-88}$$

其中：

$$\begin{aligned}&F_\theta(t)=a\cos\left[\hat{\eta}_\theta(t)\right]\left[F_{\mathrm{d}1}(t)+F_{\mathrm{d}2}(t)+F_{\mathrm{s}1}(t)+F_{\mathrm{s}2}(t)\right]-\\&\qquad b\cos\left[\hat{\eta}_\theta(t)\right]\left[F_{\mathrm{d}3}(t)+F_{\mathrm{d}4}(t)+F_{\mathrm{s}3}(t)+F_{\mathrm{s}4}(t)\right]\\&\varGamma_2(t)=-k_4e_4(t)-k_3\dot{e}_3(t)+\ddot{x}_{r2}(t)-e_3(t)-\hat{\eta}_\theta(t)\|\boldsymbol{x}(t)\|\\&e_3(t)=x_3(t)-x_{r2}(t)\\&\alpha_2(t)=-k_3e_3+\dot{x}_{r2}(t)\\&e_4(t)=x_4(t)-\alpha_2(t)\\&\dot{\xi}_\theta(t)=\operatorname{Proj}_\theta\left(r_2\varGamma_2\right)\\&\dot{\eta}_\theta(t)=q_2\|\boldsymbol{x}(t)\|\ e_4(t)\end{aligned} \tag{4-89}$$

翻滚角度控制器$u_\phi(t)$为：

$$u_\phi(t)=\frac{1}{\hat{\xi}_\phi}(t)\varGamma_3(t)+F_\phi(t) \tag{4-90}$$

其中：

$$\begin{aligned}&F_\phi(t)=d\cos\left[\hat{\eta}_\phi(t)\right]\left[F_{\mathrm{d}2}(t)+F_{\mathrm{d}4}(t)+F_{\mathrm{s}2}(t)+F_{\mathrm{s}4}(t)\right]-\\&\qquad c\cos\left[\hat{\eta}_\phi(t)\right]\left[F_{\mathrm{d}1}(t)+F_{\mathrm{d}3}(t)+F_{\mathrm{s}1}(t)+F_{\mathrm{s}3}(t)\right]\\&\varGamma_3(t)=-k_6e_6(t)-k_5\dot{e}_5(t)+\ddot{x}_{r3}(t)-e_3(t)-\hat{\eta}_\phi\|\boldsymbol{x}(t)\|\\&\mathrm{e}_5(t)=x_5(t)-x_{r3}(t)\\&\alpha_4(t)=-k_5e_5+\dot{x}_{r3}(t)\end{aligned}$$

$$
\begin{aligned}
&e_6(t)=x_6(t)-\alpha_4(t)\\
&\dot{\hat{\xi}}_\phi(t)=\mathrm{Proj}_{\,\phi}(r_3\Gamma_3)\\
&\dot{\hat{\eta}}_\phi(t)=q_3\|\boldsymbol{x}(t)\|\ e_6(t)
\end{aligned}
\tag{4-91}
$$

为了保证智能车在行驶过程中不会发生翻滚，后轮执行力 $u_3(t)$ 和 $u_4(t)$ 要满足[34]：

$$
cu_3(t)-du_4(t)=0 \tag{4-92}
$$

由式（4-71）、式（4-87）、式（4-89）和式（4-91）可以计算出实际控制输入 $u_i(t), (i=1,2,3,4)$ 如下：

$$
\begin{aligned}
u_1(t)&=\frac{bdu_y(t)+du_\theta(t)-(a+b)u_\phi(t)}{(a+b)(c+d)}\\
u_2(t)&=\frac{cbu_y(t)+cu_\theta(t)+(a+b)u_\phi(t)}{(a+b)(c+d)}\\
u_3(t)&=\frac{adu_y(t)-du_\theta(t)}{(a+b)(c+d)}\\
u_4(t)&=\frac{acu_y(t)-cu_\theta(t)}{(a+b)(c+d)}
\end{aligned}
\tag{4-93}
$$

以上设计的控制器可以保证主动悬架系统舒适性相关参数 $y(t)$、$\theta(t)$ 和 $\phi(t)$ 能够很好地跟踪它们的参考轨迹。也就是说，如果能够根据路况信息以及车身信息选择合适的参考路径，那么就能保证主动悬架系统的舒适性。下面将要给出智能车行驶安全性的条件。

众所周知，智能车在行驶过程中轮胎不离开地面的前提下，智能车轮胎上升的位移总小于包块的高度，即：

$$
|y_i(t)|<\|y_{oi}(t)\|_\infty,\quad i=1,2,3,4 \tag{4-94}
$$

那么通过上式，可以估计主动悬架系统的悬架行程上界为：

$$
\begin{aligned}
|\Delta y_1|&\leqslant\sqrt{2V_1(0)}+a\sqrt{2V_3(0)}+c\sqrt{2V_5(0)}+\|x_{r1}\|_\infty+a\|x_{r3}\|_\infty+c\|x_{r5}\|_\infty+\|y_{o1}\|_\infty\leqslant\Delta y_{\max 1}\\
|\Delta y_2|&\leqslant\sqrt{2V_1(0)}+a\sqrt{2V_3(0)}+d\sqrt{2V_5(0)}+\|x_{r1}\|_\infty+a\|x_{r3}\|_\infty+d\|x_{r5}\|_\infty+\|y_{o2}\|_\infty\leqslant\Delta y_{\max 2}\\
|\Delta y_3|&\leqslant\sqrt{2V_1(0)}+b\sqrt{2V_3(0)}+c\sqrt{2V_5(0)}+\|x_{r1}\|_\infty+b\|x_{r3}\|_\infty+c\|x_{r5}\|_\infty+\|y_{o3}\|_\infty\leqslant\Delta y_{\max 3}\\
|\Delta y_4|&\leqslant\sqrt{2V_1(0)}+b\sqrt{2V_3(0)}+d\sqrt{2V_5(0)}+\|x_{r1}\|_\infty+b\|x_{r3}\|_\infty+d\|x_{r5}\|_\infty+\|y_{o4}\|_\infty\leqslant\Delta y_{\max 4}
\end{aligned}
\tag{4-95}
$$

进一步可以估计智能车行驶过程中的动载上限为：

$$
\begin{aligned}
&|k_{t1}[y_1(t)-y_{o1}(t)]|\leqslant 2k_{t1}\|y_{o1}(t)\|_\infty\\
&|k_{t2}[y_2(t)-y_{o2}(t)]|\leqslant 2k_{t2}\|y_{o2}(t)\|_\infty\\
&|k_{t3}[y_3(t)-y_{o2}(t)]|\leqslant 2k_{t3}\|y_{o2}(t)\|_\infty\\
&|k_{t4}[y_4(t)-y_{o4}(t)]|\leqslant 2k_{t4}\|y_{o4}(t)\|_\infty
\end{aligned}
\tag{4-96}
$$

同理，可以估计 $|u_y|$、$|u_\theta|$ 和 $|u_\phi|$ 的上界为：

$$
\begin{aligned}
|u_y|\leqslant{}&M\left[k_1|\dot{e}_1|+k_2|e_2|+\|\ddot{x}_{r1}\|_\infty+|e_1|+\hat{\eta}_y\|\boldsymbol{x}(t)\|\right]+|F_{d1}|+\\
&|F_{d2}|+|F_{d3}|+|F_{d4}|+|F_{s1}|+|F_{s2}|+|F_{s3}|+|F_{s4}|\\
={}&u_{\max y}
\end{aligned}
$$

$$
\begin{aligned}
|u_\theta| &\leqslant \breve{I}_{zz}\left[k_3|\dot{e}_3|+k_4|e_4|+\|\ddot{x}_{r3}\|_\infty+|e_3|+\hat{\eta}_\theta\|\boldsymbol{x}(t)\|\right]+\\
&\quad a\left(|F_{\mathrm{d}1}|+|F_{\mathrm{d}2}|+|F_{\mathrm{s}1}|+|F_{\mathrm{s}2}|\right)+\\
&\quad b\left(|F_{\mathrm{d}3}|+|F_{\mathrm{d}4}|+|F_{\mathrm{s}3}|+|F_{\mathrm{s}2}|\right)\\
&= u_{\max\theta}\\
|u_\phi| &\leqslant \breve{I}_{xx}\left[k_5|\dot{e}_5|+k_6|e_6|+\|\ddot{x}_{r5}\|_\infty+|e_5|+\hat{\eta}_\alpha\|\boldsymbol{x}(t)\|\right]+\\
&\quad d\left(|F_{\mathrm{d}2}|+|F_{\mathrm{d}4}|+|F_{\mathrm{s}2}|+|F_{\mathrm{s}4}|\right)+c\left(|F_{\mathrm{d}1}|+|F_{\mathrm{d}3}|+|F_{\mathrm{s}1}|+|F_{\mathrm{s}3}|\right)\\
&= u_{\max\phi}
\end{aligned}
\tag{4-97}
$$

进而可以得到u_i（$i = 1,2,3,4$）的上界为：

$$
\begin{aligned}
|u_1| &\leqslant \frac{bdu_{\max y}+du_{\max\theta}+(a+b)u_{\max\phi}}{(a+b)(c+d)}=u_{\max 1}\\
|u_2| &\leqslant \frac{cdu_{\max y}+cu_{\max\theta}+(a+b)u_{\max\phi}}{(a+b)(c+d)}=u_{\max 2}\\
|u_3| &\leqslant \frac{adu_{\max y}+du_{\max\theta}}{(a+b)(c+d)}=u_{\max 3}\\
|u_4| &\leqslant \frac{acu_{\max y}+cu_{\max\theta}}{(a+b)(c+d)}=u_{\max 4}
\end{aligned}
\tag{4-98}
$$

为了保证执行器的最大输出$u_i(t) < u_{\max i}$，本节需要选择合适的参数$k_j\,(j=1, 2, 3, 4, 5)$。至此证明完毕。

4.4.4 仿真实验

本部分通过仿真实验来进一步验证设计的自适应反演控制器的有效性。下面将设计的控制器用在一个全车主动悬架系统上，系统模型参数如表 4-3 所示。

表 4-3 系统模型参数

参数	值	单位	参数	值	单位
M	1200	kg	$b_{\mathrm{e}1}=b_{\mathrm{e}2}$	1500	Ns/m
$m_1=m_2$	25	kg	$b_{\mathrm{c}1}=b_{\mathrm{c}2}$	1000	Ns/m
$m_3=m_4$	45	kg	$b_{\mathrm{c}3}=b_{\mathrm{c}4}$	1500	Ns/m
I_{xx}	15	kN/m	$k_{\mathrm{t}1}=k_{\mathrm{t}2}$	250	kNs/m
I_{zz}	1848	kg	$k_{\mathrm{t}3}=k_{\mathrm{t}4}$	250	kNs/m
$k_1=k_2$	15	kN/m	a	1.2	m
$k_3=k_4$	17	kN/m	b	1.4	m
$k_{\mathrm{n}1}=k_{\mathrm{n}2}$	150	kN/m^3	c	0.7	m
$k_{\mathrm{n}3}=k_{\mathrm{n}4}$	170	kN/m^3	d	0.8	m
$b_{\mathrm{e}3}=b_{e4}$	1500	Ns/m	V	20	m/s

1. 包块路面

选取包块路面输入的函数为：

$$y_{oi}(t)=\begin{cases}\dfrac{h[1-\cos(8\pi t)]}{2}, & 1\leqslant t\leqslant 1.25\\ 0, & \text{其他情况}\end{cases}$$

为了保证车身垂直，仰俯和翻滚运动能够在有限的时间内稳定，本小节规划了一种特殊的多项式作为参考路径，即：

$$x_{rj}(t)=\begin{cases}a_{0j}+a_{1j}t+a_{2j}t^2+a_{3j}t^3+a_{4j}t^4, & t<T_{jr}\\ 0, & t\geqslant T_{jr}\end{cases}$$

其中 j、a_{ij}、i 均为被设计参数，$j=1,2,3$，$i=1,2,3,4$。

$$x_{rj}(0)=a_{0j}=x_j(0)$$
$$\dot{x}_{rj}(0)=a_{1j}=x_{j+1}(0)$$
$$x_{rj}\left(T_{rj}\right)=a_{0j}+a_{1j}T_{rj}+a_{2j}T_{rj}^2+a_{3j}T_{rj}^3+a_{4j}T_{rj}^4=0$$
$$\dot{x}_{rj}\left(T_{rj}\right)=a_{1j}+2a_{2j}T_{rj}+3a_{3j}T_{rj}^2+4a_{4j}T_{rj}^3=0$$
$$\ddot{x}_{rj}\left(T_{rj}\right)=2a_{2j}T_{rj}+6a_{3j}T_{rj}+12a_{4j}T_{rj}^2=0$$

图 4-20 展示了全车主动悬架系统的垂直位移、仰俯角位移和翻转角位移响应曲线。图 4-21 展示了全车主动悬架系统的垂直加速度、仰俯角加速度和翻转角加速度响应曲线。为了方便比较，被动悬架系统和主动悬架系统的响应都在图中给出了，我们从图中可以很清楚地看到，主动悬架系统在稳定时间和动态性能上都有很好的改善。

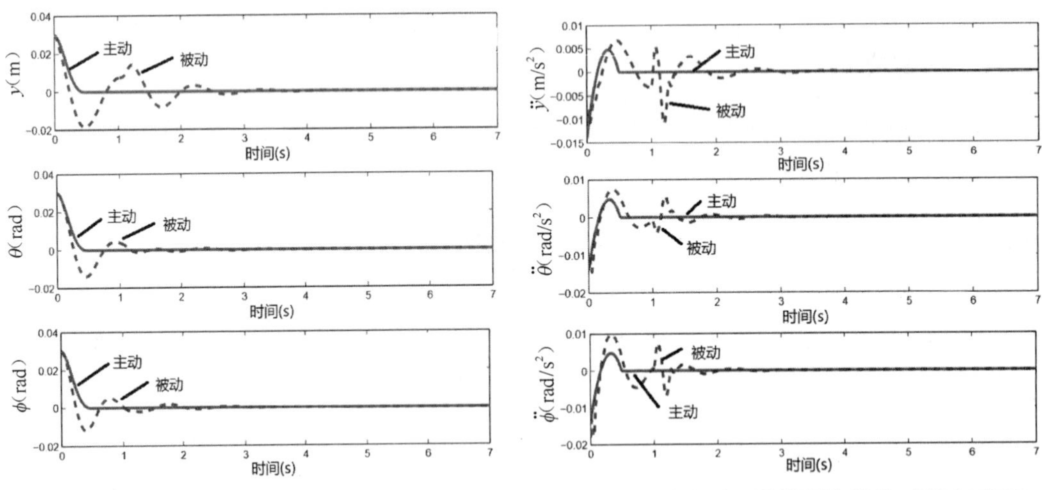

图 4-20　全车主动悬架系统的垂直位移、仰俯角位移和翻转角位移

图 4-21　全车主动悬架系统的垂直加速度、仰俯角加速度和翻转角加速度

全车主动悬架系统的悬架行程响应曲线如图 4-22 所示，从图中可以看出主动悬架系统的悬架行程均小于悬架系统允许的最大值 $\Delta y_{\max i}=0.2\text{m}$。执行器控制信号输入力如图 4-23 所示，从图中可以看出执行器的输入信号均小于允许的最大值 $u_{\max i}=5000\text{N}$。图 4-24 展示了轮胎的动载力大小。根据式（4-76）可以计算 4 个轮胎的静载为：$F_1=3699\text{N}, F_2=2486\text{N}, F_3=2434\text{N}, F_4=2980\text{N}$。从图 4-24 中可以看出 4 个轮胎的动载力均小于各自的静载。因此可知：设计的控制器不仅能够提高智能车行驶的舒适性，还能够保证主动智能车行驶的安全性。

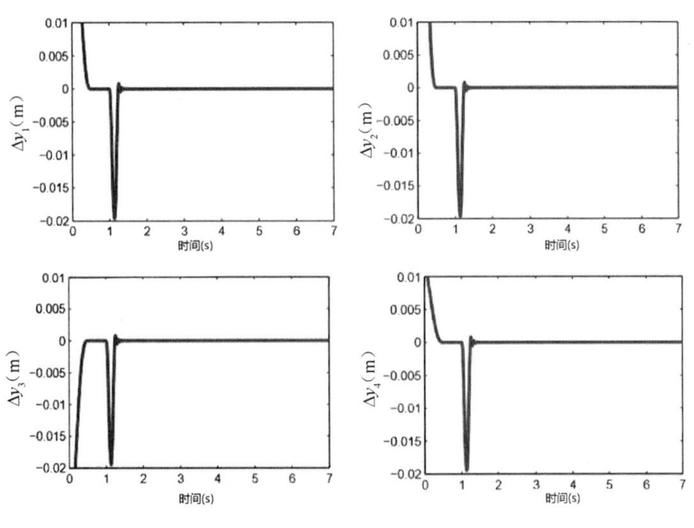

图 4-22　全车主动悬架系统悬架行程响应曲线

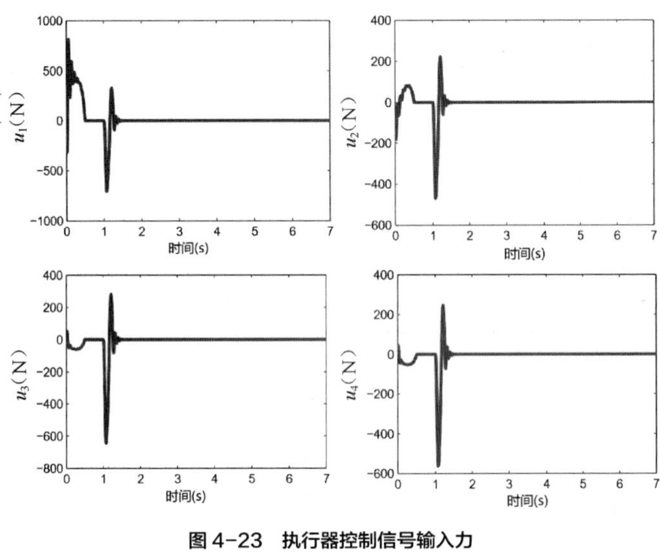

图 4-23　执行器控制信号输入力

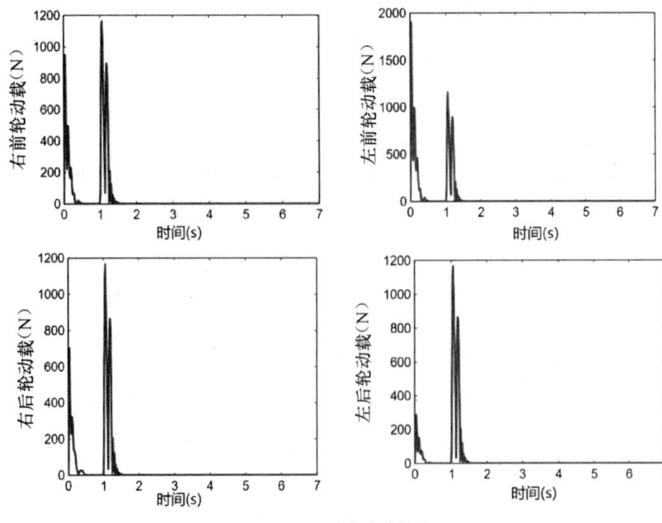

图 4-24　轮胎动载力

图 4-25 和图 4-26 分别给出了 $\xi(t)$ 和 $\eta(t)$的估计曲线，从图中可以看出它们都收敛于一个常数。因此，$\xi(t)$ 和 $\eta(t)$的估计值也达到了我们期望的结果。

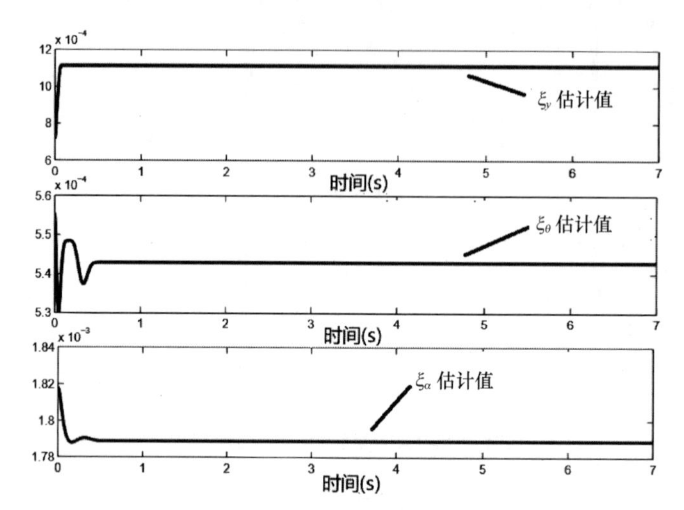

图 4-25　车身质量、仰俯角转动惯量以及翻转角转动惯量估计曲线

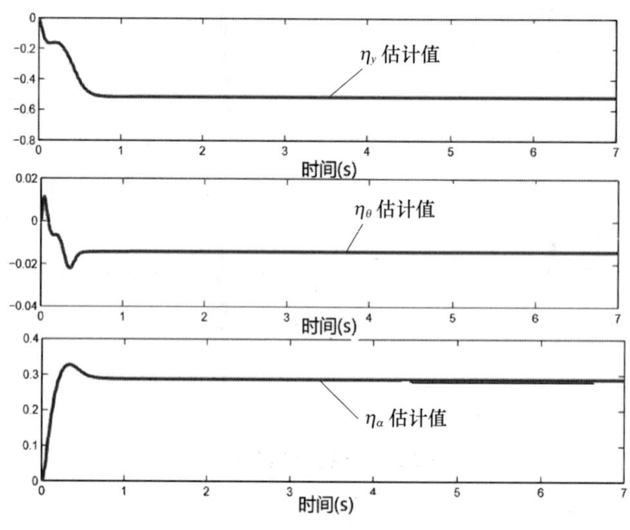

图 4-26　未建模动态的估计曲线

2. 上坡路面

为了能够更进一步地验证所设计的控制器的有效性，我们假设智能车行驶在一个上坡的路面，该路面为：

$$y_{\alpha i}(t)=\begin{cases}0, & 0\leqslant t<1\\ 10h(t-1), & 1\leqslant t<1.1\\ h, & 1.1\leqslant t<7\end{cases}$$

为了避免主动悬架系统的悬架行程为 0，假设主动悬架系统的垂直振动位移等于簧上质量在重力的作用下的有效值，并把这个有效值作为原始的参考路径，即：

$$\hat{y}_{\mathrm{r}}=\frac{b\left(dy_1+cy_2\right)+a\left(dy_3+cy_4\right)}{(a+b)(c+d)}$$

为了能够周期性地得到参考路径的原始值，定义在Δt时间间隔内的原始参考路径的平均值为：

$$y_{\mathrm{rav}}=\frac{1}{\Delta t}\int_{t-\Delta t}^{t}\hat{y}_{\mathrm{r}}\mathrm{d}t$$

其中 $\Delta t=\begin{cases}1, & \dfrac{\alpha}{s+\alpha}T\leqslant 1\\ \dfrac{\alpha}{s+\alpha}T, & \dfrac{\alpha}{s+\alpha}T>1\end{cases}$，$T$为采样周期。

为了避免高频率的信号对参考路径的干扰，此处引入一个低通滤波器，进而可以得到垂直位移的参考路径为：

$$y_r(t)=\frac{\grave{o}}{s+\grave{o}}y_{\mathrm{rav}}$$

其中$\grave{o}$为一个给定的常数。因此主动悬架系统的垂直位移的参考路径为：

$$\dot{y}_{\mathrm{r}}(t)=\grave{o}\left[y_{\mathrm{rav}}(t)-y_{\mathrm{r}}(t)\right]$$

在上坡路面的扰动下，智能车悬架的垂直位移$y(t)$、仰俯角位移$\theta(t)$和翻转角位移$\varphi(t)$以及它们的加速度曲线如图 4-27 所示。从图中可以看出，主动悬架系统在智能车驾驶的舒适性和安全性方面都有提高。

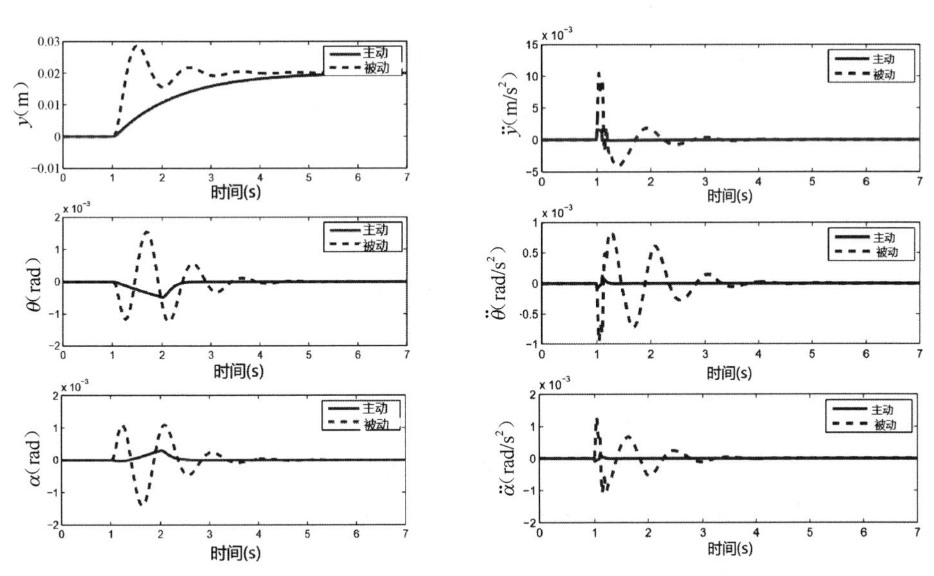

图 4-27　智能车悬架垂直位移、仰俯角位移、翻转角位移和加速度曲线

主动悬架系统的执行器输入力曲线如图 4-28 所示。主动悬架系统的悬架行程曲线如图 4-29 所示。我们可以看到，主动悬架系统的执行器输入力和悬架行程都在它们各自允许的范围之内。

为了能够得到主动悬架系统的 bode 图，我们要忽略车身各部分运动之间的耦合所带来的非线性以及弹簧和阻尼器的非线性。图 4-30 所示为扰动对主动悬架系统垂直位移$y(t)$、仰俯角$\theta(t)$和翻转角$\varphi(t)$作用的频率响应曲线。从图中我们可以看到，与被动悬架系统相比，主动悬架系统垂直位移$y(t)$、仰俯角$\theta(t)$和翻转角$\varphi(t)$的幅值处于一个低频段，相对较小；并且主动悬架系统还可以抑制由悬架结构造成的峰值。

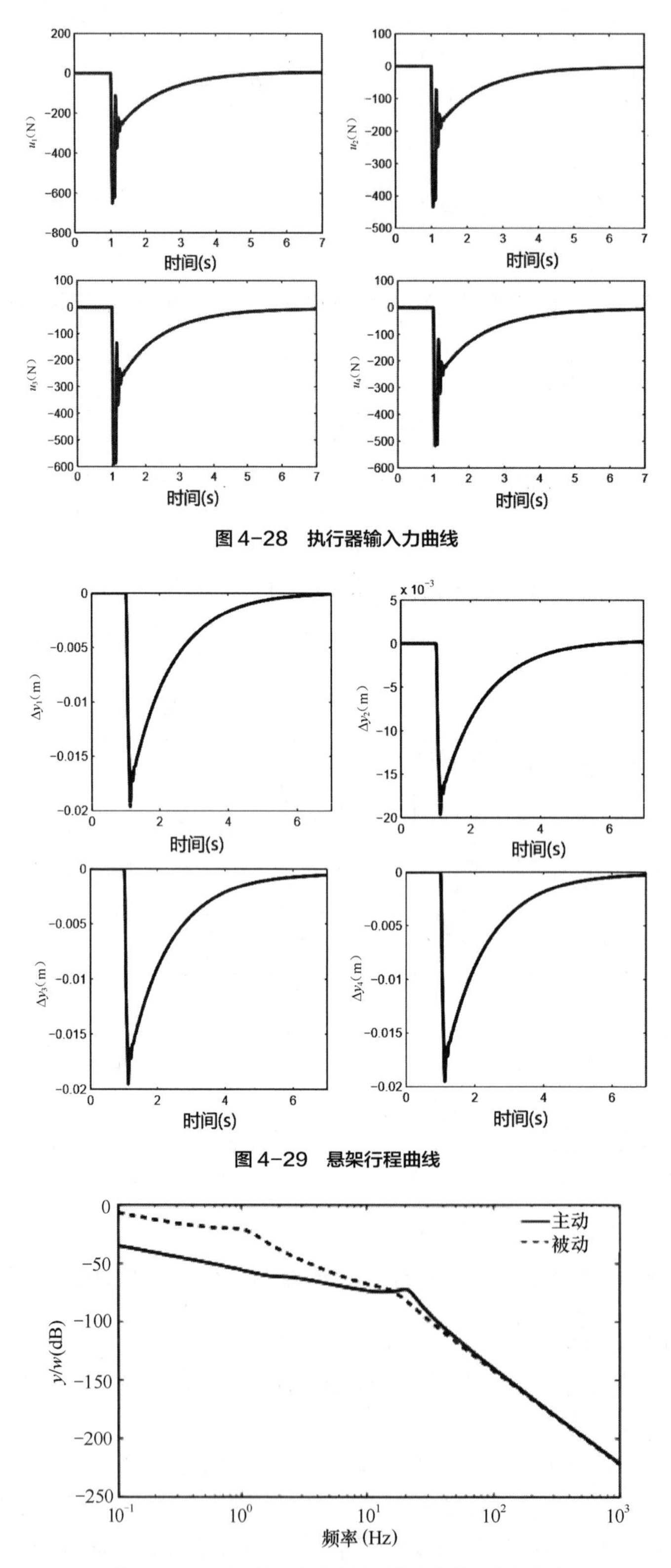

图 4-28　执行器输入力曲线

图 4-29　悬架行程曲线

图 4-30　垂直位移、俯仰角和翻转角的频率响应曲线

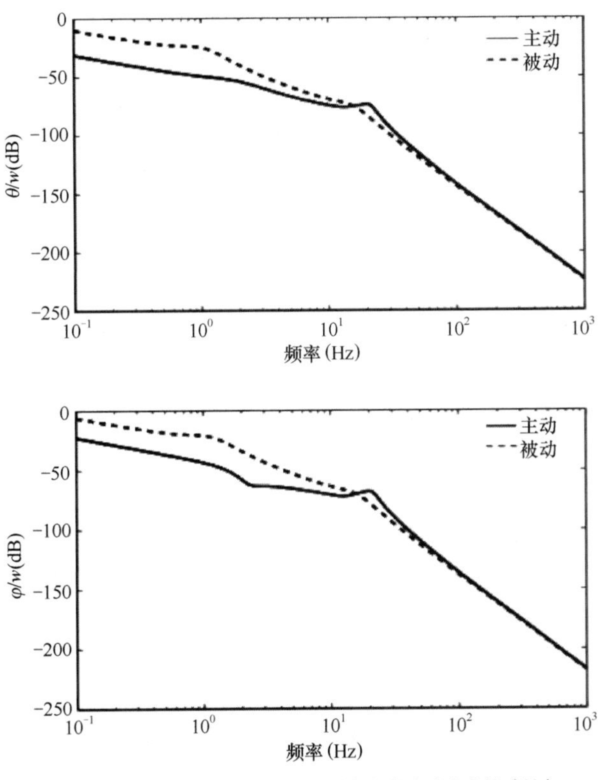

图 4-30　垂直位移、俯仰角和翻转角的频率响应曲线（续）

3. 车身加速度的均方根

智能车车身加速度的均方根与乘客的舒适度密切相关，因此，均方根通常会作为一种较为合适的衡量驾驶舒适性的指标。n 维 $\boldsymbol{x}$ 的均方根值计算公式为：

$$x_{\text{RMS}} = \frac{\|\boldsymbol{x}\|}{\sqrt{n}} = \sqrt{\frac{1}{n}\sum_{i=1}^{n} x_j^2}, \quad j = 1, \cdots, n$$

其中$\|\cdot\|$表示欧氏范数。

表 4-4 所示为舒适性提高百分比。

表 4-4　舒适性提高百分比

路面类型	$\ddot{y}(t)$	$\ddot{\theta}(t)$	$\ddot{\varphi}(t)$
包块路面（%）	85.2	81.3	82.1
上坡路面（%）	86.5	85.2	89.7

从表 4-4 中可以看出，主动悬架系统的各方面舒适性（垂直加速度、仰俯角加速度以及翻转角加速度）与被动悬架系统相比都提高了 80%以上。上述仿真结果表明，所设计的自适应反演控制器可以大幅度地降低路面对智能车舒适度的影响。

4.4.5　小结

本节主要针对非线性全车主动悬架系统模型进行了研究，考虑了由于全车主动悬架系统车身运动相互耦合而导致的系统非线性，同时还考虑了实际生活中由于智能车车身质量不确定而带来的角转动惯量的不确定。本节针对这个参数不确定的非线性全车主动悬架系统设计了自适应反演控制器。设计合适的自适应律可以很好地消减参数不确定对系统带来的影响。反演控制器使系统能够很好地跟踪预选取的参考路径，从而可以使车身垂直位移、仰俯角位移以及翻转角位移能够在有限的时间内平缓地趋于 0。除此之外，系统信息、路况信息以及参考路径都将被保存在云存储中，云中的计算单元会根据这些信息给出悬架系统控制信号，进而提高智能车行驶的舒适性和安全性。

4.5 本章小结

本章主要针对自主智能体系统的两类控制问题，分别结合具体的案例进行了问题解析和控制方法设计。

（1）针对理想传感器系统下的运动控制问题，本章针对非完整轮式移动机器人，基于运动学模型设计了控制受限的运动学控制器，实现了轮式移动机器人点镇定和轨迹跟踪的统一控制，并将输入受限区域由矩形扩展到菱形，使执行机构的控制能力得到了更充分的利用，扩大了输入受限控制器的适用范围。

（2）针对考虑传感器系统误差的控制问题，本章还研究了云辅助的智能车悬架系统的状态估计和控制问题，采用分布式滤波器进行状态估计，并基于自适应反演方法进行了控制器设计，提高了状态估计精度与智能车行驶的舒适性与安全性。为了降低网络通信负载和节省系统能量，本章还采用了事件触发机制。

4.6 参考文献

[1] 陈恳, 杨向东, 刘莉, 等. 机器人技术与应用[M]. 北京: 清华大学出版社，2006.

[2] WANG Z, LI G, CHEN X, et al. Simultaneous Stabilization and Tracking of Nonholonomic WMRs with Input Constraints: Controller Design and Experimental Validation[J], IEEE Transactions on Industrial Electronics, 2019, 66(7): 5343 - 5352.

[3] BROCKETT R W, MILLMAN R S, SUSSMAN H J. Asymptotic stability and feedback stabilization[J]. Differential Geomitric Control Theorey, 1983, 27:181-191.

[4] LEE T C, SONG K T. Tracking control of unicycle-modeled mobile robots using a saturation feedback controller[J]. IEEE Transactions on Control Systems Technology, 2001,9(2): 305-317.

[5] DO K D, JIANG Z P, PAN J. Simultaneous tracking and stabilization of mobile Robots: an adaptive approach[J]. IEEE Transactions on Automatic Control, 2004, 49(7): 1147-1152.

[6] DO K D, JIANG Z P, PAN J. A global output-feedback controller for simultaneous tracking and stabilization of unicycle-type mobile robots[J]. IEEE Transactions on Robot Automatic, 2004, 20(3): 589-594.

[7] HUANG J S, WEN C Y, WANG W, et al. Adaptive stabilizaton and tracking control of nonholonomic mobile robot with input saturation and disturbance[J]. System Control Letter, 2013, 62: 234-241.

[8] MA M M, LI S, LIU X J. Tracking control and stabilization of robots by nonlinear model

predictive control[C]//Proceedings of Chinese Control Conference, 2012: 4056-4061.
[9] WANG Y N, MIAO Z Q, ZHONG H, et al. Simultaneous stabilization and tracking of nonholonomic mobile robots: a Lyapunov-based approach[J]. IEEE Transactions on Systems Technology, 2015, 23(4): 1440-1450.
[10] CHEN X H, JIA Y M, MATSUNO F. Tracking control for differential-drive mobile robots with dimand-shaped input constraints[J]. IEEE Transactions on Control Systems Technology, 2014, 22(5): 1999-2000.
[11] JING Z P, NIJMEIJER H. Tracking control of mobile robots: A case study in backstepping[J]. Automatica, 1997, 33(7): 1393-1399.
[12] ARZÉN K E. A simple event based PID controller[C]//14th IFAC World Congress, July 5-9, 1999, Kidlington, UK: Elsevier Sci., 1999: 423-428.
[13] ASTROM K, BERNHARDSSON B. Comparison of periodic and event based sampling for first order stochastic systems[C]// 14th IFAC World Congress, July 5-9, 1999, Kidlington, UK: Elsevier Sci., 1999: 301-306.
[14] DONKERS M C F. Output-based event-triggered control with guaranteedgain and improved and decentralized event-triggering[J]. IEEE Transactions on Automatic Control, 2012, 57(6): 1362-1367.
[15] ZHANG H, FENG G, YAN H, et al. Observer-based output feedback event-triggered control for consensus of multi-agent systems[J]. IEEE Transactions on Industrial Electronics, 2014, 61(9): 4885-4894.
[16] ZHANG X M, HAN Q L. Event-triggered dynamic output feedback control for networked control system[J]. IET Control Theory and Applications, 2013, 8(4): 226-234.
[17] 李富强，豆根生，郑宝周. 基于事件触发机制的多智能体网络平均一致性研究[J]. 计算机应用技术，2017，3: 1-8.
[18] PENG C, HAN Q L. A novel event-triggered transmission scheme and L2 control co-design for sampled-data control systems[J]. IEEE Transactions. Automatic Control, 2013, 58(10): 2620-2626.
[19] 曹慧超，李炜. 离散事件触发不确定 NNCS 鲁棒容错控制[J]. 吉林大学学报，2014， 44: 1-12.
[20] ZHENG X, ZHANG H, WANG Z. Distributed H_∞ filtering for active semi-vehicle suspension systems through network with limited capacity[C]//The 35th Chinese Control Conference, July 27-29, 2016, Piscataway, NJ, USA: IEEE, 2016: 7352-7357.
[21] ZHANG H, ZHENG X, YAN H, et al. Codesign of event-triggered and distributed H_∞ filtering for active semi-vehicle suspension systems[J]. IEEE/ASME Transactions on Mechatronics, 2017, 22(2): 1047-1058.
[22] YUE D, TIAN E G, ZHANG Y J, et al. Delay-distribution-dependent robust stability of uncertain systems with time-varying delay[J]. International Journal of Robust and Nonlinear Control, 2009:19(4): 377-393.
[23] MORTEZA M, AFEF F. A stability guaranteed robust fault tolerant control desigh for vehicle

suspension systems subject to actuator faults and disturbances[J]. IEEE Transactions on Control Systems Technology, 2015, 23(3): 1164-1171.

[24] SUN W C, GAO H J, KAYNAK O. Vibration Isolation for Active Suspensions with Performance Constraints and Actuator Saturation[J]. IEEE/ASME Transactions on Mechatronics, 2015, 20(2): 675-683.

[25] DESHPANDE V S, PHADKE S B. Sliding mode control of active suspension systems using an uncertainty and disturbance estimator in Robust Control[J]. Computational Intelligence and Information Technology, 2011, 25:15-20.

[26] AL-HOLOU N, LAHDHIRI T, JOO D, et al. Sliding mode neural network inference fuzzy logic control for active suspension systems[J]. IEEE Transactions on Fuzzy Systems, 2002, 10(2): 234-246.

[27] LI H Y, YU J Y, HILTON C, et al. Adaptive sliding-mode control for nonlinear active suspension vehicle systems using T-S fuzzy approach[J]. IEEE Transactions on Industrial Electronic, 2013, 60(8): 3328-3338.

[28] MORADI M, FEKIH A. Adaptive PID-sliding-mode fault-tolerant control approach for vehicle suspension systems subject to actuator faults[J]. IEEE Transactions on Vehicle Techbology, 2014, 63(3): 1041-1054.

[29] CHAMSEDDINE A, NOURA H. Control and sensor fault tolerance of vehicle active syspension[J]. IEEE Transactions on Control Systems Technology, 2008, 16(3): 416-432.

[30] SUN W C, GAO H J, OKYAY K. Adaptive backstepping control for active suspension systems with hard constraints[J]. IEEE Transactions on Mechatronics, 2013, 18(3): 1072-1079.

[31] BASARI A A, SAM Y M, HAMZAH N. Nonlinear active suspension system with backstepping control strategy[J]. IEEE Conference Industrial Electronic Appliaction, 2007(1): 554-558.

[32] SUN W C, GAO H J. Vibration control for active seat suspension systems via dynamic output feedback with limited frequency characteristic[J]. Mechatronics, 2011, 21: 250-260.

[33] KARLSSON N, TEEL A, HROVAT D. A backstepping approach to control of active suspensions [C]//the 40th IEEE Conference Decision And Contol, December 4-7, 2001, Piscataway, NJ, USA: IEEE, 2001: 4170-4175.

[34] LIN J, HUANG C. Nonlinear backstepping active suspension design applied to a halfcar model[J]. Vehicle System Dynamics, 2004, 42(6): 373-393.

[35] YAGIZ N, HACIOGLU Y. Backstepping control of a vehicle with active suspensions[J]. Control Engineering Practice, 2008, 16: 1457-1467.

[36] ZHENG X, ZHANG H, YAN H, et al. Active full-vehicle suspension control via cloud-aided adaptive backstepping approach[J]. IEEE Transactions on Cybernetics, 2019, 99: 1-12.

05 chapter 自主多智能体系统一致性

本章要点：

- 了解自主多智能体系统一致性的相关概念；
- 掌握自主多智能体系统拓扑网络的数学模型；
- 了解基于事件触发的自主多智能体系统一致性问题；
- 了解传感器网络动态簇模型与移动多机器人编队。

自主多智能体系统是指由多个单智能体组成的系统，每个单智能体只能获得整个系统的部分信息，它们通过局部协同作用即可完成单个智能体所不能完成的复杂任务。本章依托控制领域的研究重点，从多智能体系统的角度介绍自主多智能体系统的概念、涉及的关键技术（如基于传感器网络的一致性滤波）以及实际应用（如移动多机器人一致性编队）。

5.1 自主多智能体系统一致性基础

5.1.1 自主多智能体系统一致性问题沿革

自主多智能体系统的控制目标包括聚集、群集、编队以及一致性等，每个目标都衍生出了一系列相关的研究课题。本章重点介绍自主多智能体系统的一致性问题。

一致性问题是自主多智能体系统协同控制的一个基本问题，其目标是使自主多智能体系统的状态渐近趋近一致。作为相关领域的一个热点问题，一致性和 H_∞一致性问题引起了学者们的广泛研究。目前，主要使用连续控制和周期采样控制解决一致性问题。

一致性问题是指单个智能体通过与相邻智能体进行局部信息交换、互相协同工作以使所有智能体的状态最终趋于一致。即对于系统中的各个智能体，它们各自的状态向量 $x_i \in \mathbf{R}^n$ 最终趋于一致，用数学公式可表达为：

$$\lim_{t\to\infty}\left\|\boldsymbol{x}_i(t)-\boldsymbol{x}_j(t)\right\|=0 \tag{5-1}$$

一致性问题的关键在于如何相互协同，即如何设计一致性控制方法以使所有智能体的状态趋于一致。关于一致性控制方法的研究已经有很长一段时间了，1995 年，匈牙利物理学家维泽克（Vicsek）提出的粒子模型[1]使一致性控制的研究有了革命性的进展。贾德巴（Jadbabaie）等人利用矩阵理论和图论等知识对维泽克提出的粒子模型进行了简化，并给出了进一步的解释[2]。之后奥法提·萨博（Olfati-saber）[3]和任伟[4,5]等人研究了在切换拓扑和时延存在的情况下的一阶自主多智能体系统的一致性问题，系统性地给出了解决自主多智能体系统一致性问题的理论框架，奠定了自主多智能体系统一致性问题的研究基础。在此基础上，相继有非常多的研究者分别从不同的角度（如模型、通信方式、控制方法等）对一致性问题进行了深入的研究与探索，获得了许多非常有意义的研究成果。例如，从模型角度出发，许多实际系统都可以被抽象为二阶系统，因此许多学者将目光聚焦于二阶自主多智能体系统的一致性问题，取得了丰硕的研究成果。任伟在多车辆系统的环境下，给出了使二阶自主多智能体系统趋于一致的充要条件，将一阶系统的一致性扩展到了二阶系统；同时证明了与一阶系统不同，有向生成树是二阶系统寻求一致性的必要条件而非充分条件；并且对信息交换拓扑与一致性增益、特别是信息状态相对于其导数的强度进行了定性分析。有许多研究者对现实生活中广泛存在的非线性系统也进行了一致性研究。例如，有位研究者研究了一类二阶非线性自主多智能体系统的一致性问题，当智能体状态无法获得时，使用测量输出设计了控制器；当吸引域为半全局时，设计的控制器完全可以处理非线性系统。

5.1.2 通信网络拓扑与拉普拉斯矩阵

自主多智能体系统中的各个智能体并不是独立工作的，它们彼此之间为了达成状态的一致需要进行一些基础的信息交换，因此我们需要一个可以通信的信息交换网络以使各个智能体可以进行“交流”。通信网络的连接情况可以被抽象成一个拓扑图。在图论中抽象图形可以简化为顶点和边的组合。因此，任意的通信网络都可以简化成一个对应的拓扑图，用数学公式表示为一个集合 $\boldsymbol{G}=\{\boldsymbol{V},\boldsymbol{E}\}$，其中 $\boldsymbol{V}$ 是图顶点的集合，$\boldsymbol{E}$ 是图边的集合（边集）。如果已经知道图中有 N 个确定的顶点，则集合 $\boldsymbol{V}$ 可以表达为 $\boldsymbol{V}=\{1,2,\cdots,N\}$ ，$\boldsymbol{V}\in\mathbf{R}^n$ ，边集 $\boldsymbol{E}=\{\boldsymbol{V},\boldsymbol{V}\}$ ，$\boldsymbol{E}\in\mathbf{R}^n\times\mathbf{R}^n$ 。对于连接顶点 j 和 k 的边，可以将它描述为一对数列 (j,k)，在不同类型的图中，它可以具有不同的属性。

自主多智能体系统拓扑图可以分为有向图和无向图。有向图中包含有固定指向的图边，即每个连接 (j,k) 都是有序对，如图 5-1 所示。有序对 (j,k) 表示连接的方向是从顶点 j 到顶点 k，它对应的逆连接 (k,j) 则表示连接的方向是从顶点 k 到顶点 j。对于无向图，其中的连接不包含方向信息，此时数对 (k,j) 和 (j,k) 均表示顶点 j 与顶点 k 之间的无向连接，如图 5-2 所示，无向图中的连接不包含特定的方向信息。

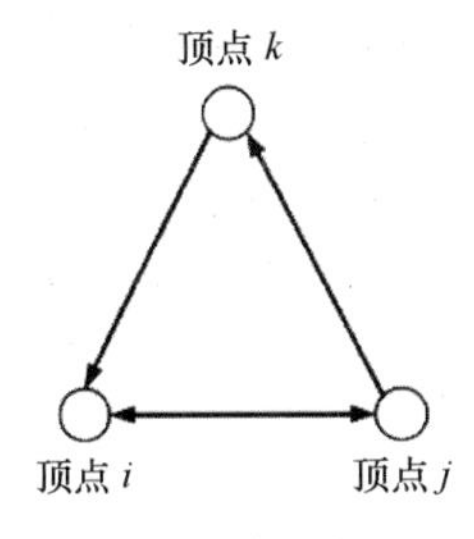

图 5-1　三顶点有向图

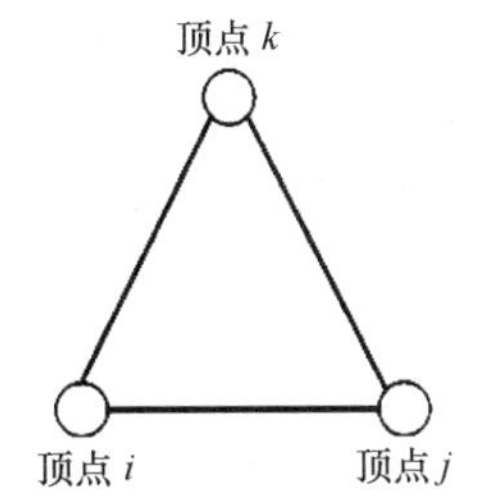

图 5-2　三顶点无向图

然而在数学计算时，往往更需要的是顶点连接情况的简明数学表达，从而构建相应的控制器。这里定义一个矩阵，矩阵中的每个元素表示两个顶点之间的连接情况。在矩阵中，元素 a_{ij} 表示顶点 i 和顶点 j 之间的连接情况，若 $a_{ij}>0$，则表示从顶点 i 到顶点 j 存在一条通信连接；若 $a_{ij}=0$，则表示该连接不存在。通过这样定义对应的矩阵元素，我们可以用一个矩阵表示通信网络中 N 个顶点的连接通信情况，这样的矩阵称为“邻接矩阵”（Adjacency Matrix），其数学表达如下：

$$a_{ij}=\begin{cases}1, & ((i,j)\in\boldsymbol{E})\\ 0, & ((i,j)\in\boldsymbol{E})\end{cases}\tag{5-2}$$

在此基础上可以定义一个对角阵，称为“度矩阵”（Degree Matrix）。度矩阵主对角线上第 i 行元素表示与顶点 i 相连的其他顶点的数量，也就是说度矩阵的每个元素包含了每个对应顶点的出度或入度的信息。度矩阵的具体数学表达式如下：

$$d_{ij}=\begin{cases}\deg(v_i), & (i=j)\\ 0, & (i\neq j)\end{cases}\tag{5-3}$$

将度矩阵与邻接矩阵相减，便可得到拓扑图的拉普拉斯矩阵（Laplacian Matrix）：

$$L_{i,j}=\begin{cases}\deg(v_i), & (i=j)\\ -a_{ij}, & (i\neq j)\end{cases}\tag{5-4}$$

式（5-4）的矩阵表达为：

$$\boldsymbol{L}=\begin{pmatrix}\sum_{j=1}^{n}a_{1j} & -a_{12} & \cdots & -a_{1n}\\ -a_{21} & \sum_{j=1}^{n}a_{2j} & \cdots & -a_{2n}\\ \vdots & \vdots & \ddots & \vdots\\ -a_{n1} & -a_{n2} & \cdots & \sum_{j=1}^{n}a_{nj}\end{pmatrix}\tag{5-5}$$

拉普拉斯矩阵又称为“基尔霍夫矩阵”“导纳矩阵”“离散拉普拉斯矩阵”，它是一个矩阵表示法，完整包含了各顶点的出度或入度信息以及相应的连接情况，因此使用拉普拉斯矩阵可完整地描述图形拓扑结构。在控制器的构建与稳定性证明中，拉普拉斯矩阵将会频繁出现。

5.1.3 通信网络的事件触发机制

在自主多智能体系统中有一个值得注意的地方：自主多智能体系统往往是大规模的网络，智能体之间需要进行信息交互，并且智能体之间的传输网络往往非常复杂，因此，虽然自主多智能体系统具有十分广泛的应用前景，但是智能体有限的能量和通信能力制约了自主多智能体系统的进一步发展。鉴于此，自主多智能体系统的控制在实际应用时不得不考虑到网络资源、计算量等问题。哈佛大学的施奈尔（Shnayer）等学者模拟了大量传感器网络的功耗，发现传输 1bit 信息所需的能量相当于开展 1000 ~ 3000 次计算所需的能量。因此，降低智能体之间的通信次数不仅可以减少网络通信负载，还可以降低智能体的能量消耗。为了解决这一问题，人们开始寻找有效的解决方法。使用传统的时间触发机制进行控制时，系统进行周期通信，其采样周期是基于最坏情况设计的，且所有的采样信号都会通过网络进行传输，没有考虑系统与网络的特征，因此时间触发机制会占用大量的网络资源，降低了网络使用效率，并且无法从根本上减少数据的传输次数。有许多研究者注意到了这些问题并进行了相关研究，其中最典型的研究成果是事件触发机制[6]。事件触发机制不像传统的周期采样按照固定的周期执行控制任务，它是一种按照外部事件是否发生来决定是否执行控制任务的控制方式。卡尔（Karl）等人利用损失函数严格地证明了：若达到相同的控制性能，周期采样的信息传输量是事件触发采样信息传输量的 4.7 倍。

值得一提的是，在事件触发机制中，我们总是会考虑避免芝诺现象（Zeno Phenomenon）[7][8]。芝诺现象是指事件触发控制策略在有限的时间段内存在无限次触发时刻的不合理设计，所以在采用事件触发控制策略时，总是需要证明所设计的事件触发算法能避免芝诺现象，即任意相邻的事件触发时刻间隔总是存在一个正的下界。

5.1.4 基于事件触发的 H_∞ 一致性问题

考虑一个包含 N 个节点的离散线性多智能体系统，其动力学表示如下[9]：

$$\boldsymbol{x}_i(k+1)=\boldsymbol{A}\boldsymbol{x}_i(k)+\boldsymbol{B}\boldsymbol{u}_i(k)+\boldsymbol{C}\boldsymbol{v}_i(k) \tag{5-6}$$

其中 $\boldsymbol{x}_i(k)\in\mathbf{R}^n$ 表示节点 i 的状态，$\boldsymbol{u}_i(k)\in\mathbf{R}^m$ 表示节点 i 的控制输入，$\boldsymbol{v}_i(k)$ 表示作用于节点 i 的扰动，$\boldsymbol{A}$，$\boldsymbol{B}$ 和 $\boldsymbol{C}$ 为常矩阵。

设计基于事件触发的控制器为：

$$\boldsymbol{u}_i(k)=\boldsymbol{K}^{r(k)}\sum_{j\in N_i^{r(k)}}\left[\boldsymbol{y}_{ij}(k)-\boldsymbol{E}_{ij}\boldsymbol{x}_i\left(k_l^i\right)\right],\ k\in\left[k_l^i,k_{l+1}^i\right) \tag{5-7}$$

其中 $\boldsymbol{K}^{r(k)}\in\mathbf{R}^{m\times n}$ 为反馈增益矩阵，k_l^i，$i\in\boldsymbol{V}$，$l=0,1,2,\cdots$ 为事件触发时刻，因此，节点 i 的事件触发时间序列可以表示为 $k_0^i,k_1^i,\cdots$。$\boldsymbol{y}_{ij}(k)$ 是从节点 i 传到节点 j 的信号，可以表示为：

$$\boldsymbol{y}_{ij}(k)=\boldsymbol{E}_{ij}\boldsymbol{x}_j\left(k_{l'}^j\right)+\boldsymbol{G}_{ij}\boldsymbol{\vartheta}_{ij}(k) \tag{5-8}$$

其中 $\boldsymbol{\vartheta}_{ij}(k)$=0 是信道噪声，满足 $\boldsymbol{E}\left\{\boldsymbol{\vartheta}_{ij}(k)\right\}=0$；$\boldsymbol{E}_{ij}\in\mathbf{R}^{n\times n}$ 和 $\boldsymbol{G}_{ij}\in\mathbf{R}^{n\times n}$ 为已知常矩阵，且有：

$$l^{'}(k)=\arg\max\left\{\vartheta\mid k\geqslant k^{j}\right\} \tag{5-9}$$

定义测量误差为：

$$\hat{\boldsymbol{\omega}}_{i}^{r(k)}(k)=\sum_{j\in \mathrm{N}_{i}^{r(k)}}a_{ij}\left[\boldsymbol{x}_{i}\left(k_{l}^{i}\right)-\boldsymbol{x}_{j}\left(k_{l}^{j}\right)\right] \tag{5-10}$$

$$\boldsymbol{e}_{i}(k)=\boldsymbol{x}_{i}\left(k_{l}^{i}\right)-\boldsymbol{x}_{i}(k) \tag{5-11}$$

设计事件触发机制为：

$$\boldsymbol{e}_{i}^{\mathrm{T}}(k)\boldsymbol{\varPhi}[r(k)]\boldsymbol{e}_{i}(k)\leqslant\boldsymbol{\varepsilon}[r(k)]\hat{\boldsymbol{\omega}}_{i}^{r(k)\mathrm{T}}(k)\boldsymbol{\varPhi}[r(k)]\hat{\boldsymbol{\omega}}_{i}^{r(k)}(k) \tag{5-12}$$

其中$\boldsymbol{\varepsilon}[r(k)]>0$，$\boldsymbol{\varPhi}[r(k)]\in\mathbf{R}^{n\times n}>0$表示权重矩阵。

假设智能体之间的通信拓扑切换服从马尔可夫链（Markov Chain）$\{r(k),k\geqslant 0\}$，这个马尔可夫链会在一个有限集合$\boldsymbol{S}=\{1,2,\cdots,n_0\}$中取值，则传递概率矩阵为：

$$\boldsymbol{P}\{r(k+1)=t\mid r(k)=s\}=\pi_{st}(k),\ \forall s,t\in\boldsymbol{S} \tag{5-13}$$

其中$\pi_{st}(k)\geqslant 0$，$\forall s,t\in\boldsymbol{S}$是从$s$到$t$的传递概率，满足$\sum_{t=1}^{n_0}\pi_{st}(k)=1$。

假设$\boldsymbol{\varPi}(k)$是一个以$\boldsymbol{\varPi}^{(m)}$, $m=1,2,\cdots,m_0$为顶点的凸多面体，定义$\boldsymbol{\varPi}(k)$如下：

$$\boldsymbol{\varPi}(k)=\sum_{m=1}^{m_0}\alpha_{m}(k)\boldsymbol{\varPi}^{(m)} \tag{5-14}$$

其中$\boldsymbol{\varPi}^{(m)}=\left[\pi_{st}^{m}\right]$是给定矩阵，$\sum_{m=1}^{m_0}\alpha_{m}(k)=1$且$\alpha_{m}(k)\geqslant 0$。

给定参数$\gamma>0$，在控制策略式（5-7）的作用下，对于可实现的H_∞性能指标γ，如果满足下列条件，则自主多智能体系统式（5-6）就能够实现全局H_∞一致。

（1）当系统扰动$\nu_i=0$和信道噪声$\vartheta_{ij}=0$时，自主多智能体系统式（5-6）能够实现全局一致，即：

$$\lim_{k\to\infty}\left\|\boldsymbol{x}_{i}(k)-\boldsymbol{x}_{j}(k)\right\|=0,\ \forall i,j=1,2,\cdots,N \tag{5-15}$$

（2）在零初始条件下，性能变量z满足：

$$E\left\{\sum_{k=0}^{\infty}z^{r(k)}(k)\right\}\leqslant\frac{1}{\gamma}\left(\sum_{k=0}^{\infty}\|\ \boldsymbol{\nu}(k)\|^{2}+\sum_{k=0}^{\infty}\sum_{i=1}^{N}\sum_{j\in\mathrm{N}_{i}^{r(k)}}E\left\{\left\|\boldsymbol{\vartheta}_{ij}(k)\right\|^{2}\right\}\right) \tag{5-16}$$

其中，$\boldsymbol{\nu}(k)=\left[\boldsymbol{\nu}_{1}^{\mathrm{T}}(k),\cdots,\boldsymbol{\nu}_{N}^{\mathrm{T}}(k)\right]^{\mathrm{T}}$。

5.2 基于传感器网络的一致性滤波

5.2.1 无线传感器网络与卡尔曼滤波

随着智能制造工业时代的到来，以及无线通信和电子领域研究的进步，低成本的无线传感器网络得以发展。相对于一般的自组织网络，无线传感器网络容易随机部署在难以接近的地形或灾害发生地区，并且每个节点均具有本地计算能力。因此，无线传感器网络在战地监控、智能交通、野外探测、工业监测等领域得到了广泛应用[10-12]。无线传感器网络研究的一个基础问题是状态估计，通过状态估计可以获得目标对象的各个物理状态。近年来，基于传感器网络的分布式状态估计技术得到了快速发展，并广泛应用于工业设备检测、地图创建与绘制、分布式多目标追踪等诸多领域。总体来说，分布式状态估计的目的是通过一组具有随机给定的网络拓扑结构的传感器组来观测系统的动态过程，使各自的观测器估计值不仅依赖自己的观测数据，还依赖其他节点的观测数据[13,14]。随之而来的一个根本性问题是如何发展分布式滤波算法以更有效地估计系统的状态，通常称这个问题为分布式估计。分布式估计主要采用一致性理论，在此基础上针对线性系统、非线性系统、随机系统等发展了一系列分布式滤波算法。

目前，针对线性系统的状态估计主要采用卡尔曼滤波（Kalman Filter）算法。卡尔曼滤波算法结合了目标的先验估计值与测量反馈，是最优的线性滤波方法，针对具有高斯噪声的线性系统具有良好的滤波效果。考虑到实际系统多为非线性的，在卡尔曼滤波的基础上又延伸出了扩展卡尔曼滤波[15]、无迹卡尔曼滤波等滤波方法，可以近似估计出非线性系统的状态。但是对于高度非线性化的系统，基于卡尔曼滤波的方法处理起来十分困难，因此在 20 世纪 40 年代，粒子滤波被梅特罗波利斯（Metropolis）提出。粒子滤波器是完全的非线性估计器，其基于概率进行滤波，并将贝叶斯状态估计作为基础。粒子滤波的核心思想是采用一系列带有权重的随机采样来表示目标状态的后验概率密度，其对非线性系统通常具有良好的估计效果。在分布式滤波的基础上，为了进一步提高滤波效果，同时考虑到多传感器的应用，数据融合也成为了研究的关键问题之一[16]。多传感器的数据融合是源于军事需求的一项新兴技术，适用于战场监视、自动目标识别、遥感、导航和自主车辆控制等场景。

近年来，多传感器融合技术已被广泛地应用于各种民用领域，如复杂机械检测、医疗诊断、视频和图像处理以及智能系统设计等。多传感器数据融合技术从多信息的角度对数据进行处理，剔除信息中的无用和错误部分，保留有用和正确部分，其实质是将来自多个传感器的信息以及相关的数据集信息进行融合，比仅使用单个传感器可获得更高精度的估计和更合理的推断。

5.2.2 基于动态簇与一致性的自适应分布式卡尔曼滤波器

目标的状态方程可以描述为[17,18]：

$$\boldsymbol{x}(k+1)=\boldsymbol{A}\boldsymbol{x}(k)+\omega(k) \tag{5-17}$$

其中，$\boldsymbol{x}\in\mathbf{R}^m$ 是状态向量，初始状态 $\boldsymbol{x}(0)$ 是零高斯的，具有协方差 $\Pi_0\geqslant 0$。$\omega(k)\in\mathbf{R}^m$ 是过程噪声，同样假设其为零均值高斯白噪声，其协方差为 $E\left\{\omega_k\omega_j^{\mathrm{T}}\right\}=\delta_{ij}Q\geqslant 0$，其中，$\delta_{kk}=1,\ \ \delta_{kj}=0(k\neq j)$。对于所有的 $k\geqslant 0$，$\boldsymbol{x}(0)$都与 k 无关。

假设目标状态由 N 个以有向图 $\boldsymbol{G}\in\{\boldsymbol{V},\boldsymbol{E},\boldsymbol{A}\}$形式分布的传感器进行观测，则第 i 个传感器的量测方程为：

$$\boldsymbol{x}_i(k+1)=\boldsymbol{A}\boldsymbol{x}_i(k)+\boldsymbol{B}\boldsymbol{u}_i(k)+\boldsymbol{C}\boldsymbol{v}_i(k) \tag{5-18}$$

其中，$\boldsymbol{v}_i(k)\in\mathbf{R}^m$ 是零均值高斯量测噪声，具有协方差 $R_i>0$。对于任意的 k、i，$\boldsymbol{v}_i(k)$ 与 $\boldsymbol{x}(0)$ 和 $\omega(k)$ 都无关，并且，当 $i\neq j$ 或者 $k\neq s$ 时，$\boldsymbol{v}_i(k)$ 与 $\boldsymbol{v}_j(s)$ 无关。此外，矩阵 $\boldsymbol{A}$ 和 $\boldsymbol{H}_i$ 具有合适的维度。

为了追踪移动目标，对于第 i 个节点，设计以下基于一致性的分布式滤波器：

$$\hat{\boldsymbol{x}}_i(k+1)=\boldsymbol{A}\hat{\boldsymbol{x}}_i(k)+\boldsymbol{K}_i(k)\left[\boldsymbol{y}_i(k)-\boldsymbol{H}_i\hat{\boldsymbol{x}}_i(k)\right]-\boldsymbol{\alpha}_i(k)\varepsilon\boldsymbol{A}\sum_{i=1}a_{ij}(k)\left[\hat{\boldsymbol{x}}_i(k)-\hat{\boldsymbol{x}}_j(k)\right] \quad (5\text{-}19)$$

其中，$\hat{\boldsymbol{x}}_i(k)\in\mathbf{R}^m$ 是在第 i 个节点得到的状态 $\boldsymbol{x}(k)$的估计值，$\boldsymbol{K}_i(k)$ 是增益矩阵，$\boldsymbol{A}$ 是一致性增益。在 $(0,1/\Delta)$ 内，$\Delta=\max\left(d_i\right)$，$\boldsymbol{\alpha}_i(k)$ 是自适应因子。

接下来考虑滤波器增益矩阵 $\boldsymbol{K}_i(k)$，以使设计的滤波器式（5-19）是一个最小均方误差估计器。

第 i 个节点的估计误差定义为 $\boldsymbol{e}_i\left(k\right)=\hat{\boldsymbol{x}}_i\left(k\right)-\boldsymbol{x}(k)$，其中 $\hat{\boldsymbol{x}}_i\left(k\right)$ 是 $\boldsymbol{x}(k)$ 的无偏估计，因此 $E\left\{\boldsymbol{e}_i(k)\right\}=0,\forall i\in\boldsymbol{V}$。交叉协方差 $\boldsymbol{P}_{ij}(k)$可表示为 $\boldsymbol{P}_{ij}(k)=E\left\{\boldsymbol{e}_i(k)\boldsymbol{e}_j^{\mathrm{T}}(k)\right\}$。令 $\boldsymbol{F}_{\mathrm{i}}\left(k\right)=\boldsymbol{A}-\boldsymbol{K}_{\mathrm{i}}\left(k\right)\boldsymbol{H}_i$，则关于 $\boldsymbol{P}_{ij}(k)$的迭代方程可表示为：

$$\begin{aligned}\boldsymbol{P}_{ij}(k+1)=&\boldsymbol{F}_i(k)\boldsymbol{P}_{ij}(k)\boldsymbol{F}_j^{\mathrm{T}}(k)+\boldsymbol{Q}+\boldsymbol{K}_i(k)\boldsymbol{R}_{ij}\boldsymbol{K}_j^{\mathrm{T}}(k)+\\&\boldsymbol{\alpha}_i(k)\boldsymbol{\alpha}_j(k)\varepsilon^2\boldsymbol{A}\sum_{s\in N_i r\in N_j}a_{is}(k)a_{jr}(k)\left[\boldsymbol{P}_{ij}(k)-\right.\\&\left.\boldsymbol{P}_{ir}(k)-\boldsymbol{P}_{sj}(k)+\boldsymbol{P}_{sr}(k)\right]\boldsymbol{A}^{\mathrm{T}}+\boldsymbol{\alpha}_j(k)\varepsilon\times\\&\boldsymbol{F}_i(k)\sum_{r\in N_j}a_{jr}\left[\boldsymbol{P}_{ij}(k)-\boldsymbol{P}_{ir}(k)\right]\boldsymbol{A}^{\mathrm{T}}+\boldsymbol{\alpha}_i(k)\varepsilon\times\\&\boldsymbol{A}\sum_{s\in N_i}a_{is}(k)\left[\boldsymbol{P}_{ij}(k)-\boldsymbol{P}_{sj}(k)\right]\boldsymbol{F}_j^{\mathrm{T}}(k)\end{aligned} \quad (5\text{-}20)$$

其中，$\boldsymbol{R}_{ij}$ 是 $\boldsymbol{v}_i(k)$和 $\boldsymbol{v}_j(k)$的交叉协方差。类似地，$\boldsymbol{P}_{ii}$ 的误差协方差可表示为：

$$\begin{aligned}\boldsymbol{P}_i(k+1)=&\boldsymbol{F}_i(k)\boldsymbol{P}_i(k)\boldsymbol{F}_i^{\mathrm{T}}(k)+\boldsymbol{Q}+\boldsymbol{K}_i(k)\boldsymbol{R}_i\boldsymbol{K}_i^{\mathrm{T}}(k)+\\&\left[\boldsymbol{\alpha}_i(k)\varepsilon\right]^2\boldsymbol{A}\sum_{r,s\in N_i}a_{is}(k)a_{ir}(k)\left[\boldsymbol{P}_i(k)-\right.\\&\boldsymbol{P}_{ir}(k)-\boldsymbol{P}_{si}(k)+\boldsymbol{P}_{rs}(k)]\boldsymbol{A}^{\mathrm{T}}+\left[\boldsymbol{\alpha}_i(k)\varepsilon\right]^2\times\\&\boldsymbol{A}\sum_{r\in N_i}\boldsymbol{a}_{ir}(k)\left[\boldsymbol{P}_i(k)+\boldsymbol{P}_r(k)-\boldsymbol{P}_{ir}(k)-\right.\\&\boldsymbol{P}_{ri}(k)]\boldsymbol{A}^{\mathrm{T}}-\boldsymbol{\alpha}_i(k)\varepsilon\boldsymbol{F}_i(k)\sum_{r\in N_i}a_{ir}(k)\left[\boldsymbol{P}_i(k)-\right.\\&\boldsymbol{P}_{ir}(k)]\boldsymbol{A}^{\mathrm{T}}-\boldsymbol{\alpha}_i(k)\varepsilon\boldsymbol{A}\sum_{r\in N_i}a_{ir}(k)\left[\boldsymbol{P}_i(k)-\right.\\&\boldsymbol{P}_{ri}(k)]\boldsymbol{F}_i^{\mathrm{T}}(k)\end{aligned} \quad (5\text{-}21)$$

从式（5-21）可得：

$$\begin{aligned}\boldsymbol{P}_i(k+1)=&\boldsymbol{A}\{\boldsymbol{P}_i(k)-2\boldsymbol{\alpha}_i(k)\varepsilon\sum_{r\in N_i}a_{ir}(k)\boldsymbol{P}_i(k)+\boldsymbol{\alpha}_i(k)^2\times\varepsilon^2\sum_{r\in N_i}a_{ir}^2(k)\boldsymbol{P}_i(k)+\left[\boldsymbol{\alpha}_i(k)\varepsilon\right]^2\sum_{r,s\in N_{ir}}a_{ir}(k)\times\\&a_{is}(k)\boldsymbol{P}_i(k)\}\boldsymbol{A}^{\mathrm{T}}+\boldsymbol{A}\{\sum_{r\in N_i}a_{ir}(k)\left[\boldsymbol{\alpha}_i(k)\varepsilon-\left[\boldsymbol{\alpha}_i(k)\varepsilon\right]^2a_{ir}(k)-\left[\boldsymbol{\alpha}_i(k)\varepsilon\right]^2\sum_{s\in N_i}a_{is}(k)\right]\times\\&\left[\boldsymbol{P}_n(k)+\boldsymbol{P}_{ir}(k)\right]\}\boldsymbol{A}^{\mathrm{T}}+\left[\boldsymbol{\alpha}_i(k)\varepsilon\right]^2\times\boldsymbol{A}\sum_{r,s\in N_i}a_{ir}(k)a_{is}(k)\boldsymbol{P}_{rs}(k)\boldsymbol{A}^{\mathrm{T}}+\left[\boldsymbol{\alpha}_i(k)\varepsilon\right]^2\times\\&\boldsymbol{A}\sum_{r\neq s}a_{ir}^2(k)\boldsymbol{P}_r(k)\boldsymbol{A}^{\mathrm{T}}-\boldsymbol{A}\left\{\boldsymbol{P}_i(k)+\boldsymbol{\alpha}_i(k)\times\varepsilon\sum_{r\in N_i}a_{ir}(k)\left[\boldsymbol{P}_n(k)-\boldsymbol{P}_i(k)\right]\right\}\boldsymbol{H}_i\boldsymbol{M}_i^{-1}(k)\times\\&\boldsymbol{H}_i^{\mathrm{T}}\left\{\boldsymbol{P}_i(k)+\boldsymbol{\alpha}_i(k)\varepsilon\sum_{r\in N_i}a_{ir}(k)\left[\boldsymbol{P}_{ir}(k)-\boldsymbol{P}_i(k)\right]\right\}\boldsymbol{A}^{\mathrm{T}}+\left[\boldsymbol{K}_i(k)-\boldsymbol{K}_i^*(k)\right]\boldsymbol{M}_i(k)\times\\&\left[\boldsymbol{K}_i(k)-\boldsymbol{K}_i^*(k)\right]^{\mathrm{T}}\end{aligned} \quad (5\text{-}22)$$

其中，$\boldsymbol{M}_i(k)=\boldsymbol{H}_i\boldsymbol{P}_i(k)\boldsymbol{H}_i^{\mathrm{T}}+\boldsymbol{R}_i$，由式（5-22）可得最优增益为：

$$\boldsymbol{K}_i^*(k)=\boldsymbol{A}\left\{\boldsymbol{P}_i(k)+\boldsymbol{\alpha}_i(k)\varepsilon\sum_{r\in N_i}a_{ir}(k)\left[\boldsymbol{P}_{ri}(k)-\boldsymbol{P}_i(k)\right]\right\}\times\boldsymbol{H}_i\boldsymbol{M}_i^{-1}(k) \tag{5-23}$$

由于均方误差的定义为 $\mathrm{MSE}=\dfrac{1}{N}\sum_{i=1}^{N}\boldsymbol{e}_i(k)\boldsymbol{e}_i^{\mathrm{T}}(k)$，所以当 $\boldsymbol{P}_i(k)$最小时，可以得到最小均方误差估计器。再者，在最优增益中，$\boldsymbol{P}_{ri}(k)$ 用来排除误差的不一致性，以使每个传感器均可在协同估计的情况下获得更准确的状态估计值。

将自适应率 $\boldsymbol{P}_{ri}(k)$ 设计为：

$$\boldsymbol{\alpha}_i(k+1)=\begin{cases}\boldsymbol{\alpha}_i(k), & \mathrm{ADoE}\leqslant\beta\\ \boldsymbol{\alpha}_i(k)-a\boldsymbol{\alpha}_i(k)\left(l-\dfrac{1}{l-ADoE}\right)^b, & \mathrm{ADoE}>\beta\end{cases} \tag{5-24}$$

其中，ADoE 是所有传感器之间估计的平均不一致性（Average Disagreement of the Estimates），其可表述为 $\mathrm{ADoE}=\dfrac{1}{N}\sum_{i=1}^{N}\left\|\hat{\boldsymbol{x}}_i-\dfrac{1}{N}\sum_{i=1}^{N}\hat{\boldsymbol{x}}_i\right\|^2$；$a$ 用来决定变化幅度，b 用来调节减小的比例，l 表示过去的 l 步步长；β 是需要的阈值，其由实际需要决定。在过去的 l 步步长里，计算 ADoE，如果它超出阈值 β，则调整 $\boldsymbol{\alpha}_i(k)$ 以调整一致性增益 ε；否则，$\boldsymbol{\alpha}_i(k)$ 不变。也就是说，一旦一致性满足需求，自适应机制就将停止工作，只有当一致性被外部扰动或其他因素破坏时，自适应机制才会重新开始工作。此外，从式（5-23）可以看出，$\bar{\boldsymbol{K}}$ 和 $\boldsymbol{P}_i(k+1)$ 与 $\boldsymbol{\alpha}_i(k)$ 有关，当 $\boldsymbol{\alpha}_i(k)$ 减小时，$\bar{\boldsymbol{K}}$ 也减小，因此 $\boldsymbol{P}_i(k+1)$ 的上界将会变小。$\boldsymbol{P}_i(k+1)$ 的上界越小，说明估计效果越好，因此将其加入自适应机制可以提高估计效果。

5.2.3 数据融合以及动态簇机制设计

本小节主要设计一种两阶段的分层融合结构来估计目标的状态。在第一阶段，设计一种最优的分布式滤波器来获得移动目标的局部估计值，此内容已在 5.2.2 小节中讲解。在本小节，关注的是分层融合的第二阶段。在此阶段，利用卡尔曼融合方法来融合从每个簇中的成员节点获得的局部估计，进而即可获得移动目标的全局估计值。

本小节中的数据融合是基于簇的，每个簇的簇头进行数据融合的任务，如图 5-3 所示。当融合节点 h 能够获得由估计器式（5-19）计算出来的局部估计值时，h 即可利用这些收集到的局部估计值以及卡尔曼融合方法来产生融合估计值。

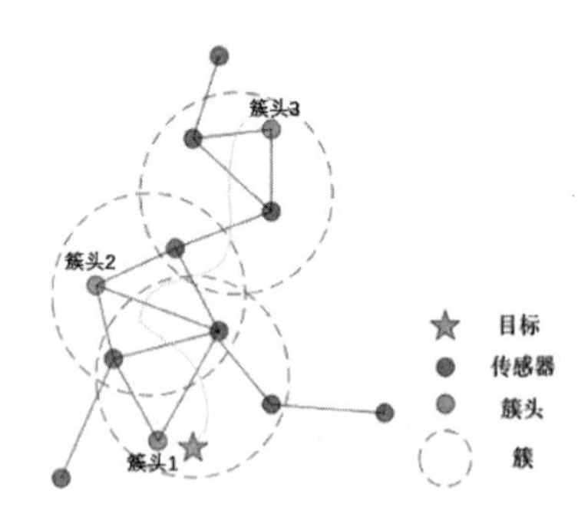

图 5-3 分布式状态估计结构

假设在一个簇中有 l_s 个成员节点。定义根据堆叠法，可将所有的估计值写成向量形式，由此得到：

$$\begin{aligned}\boldsymbol{e}(k+1)=&\left\{(\boldsymbol{I}_{l_s}\otimes\boldsymbol{A})-\varepsilon\,\mathrm{diag}\left[\boldsymbol{I}_m\boldsymbol{\alpha}_i(k)\right](\boldsymbol{L}(k)\otimes\boldsymbol{A})-\right.\\&\left.\mathrm{diag}\left[\boldsymbol{K}_i(k)\boldsymbol{H}_i\right]\right\}\boldsymbol{e}(k)+\mathrm{diag}\left[\boldsymbol{K}_i(k)\right]\boldsymbol{v}(k)-\boldsymbol{1}_{l_s}\otimes\boldsymbol{\omega}(k)\\=&\boldsymbol{Y}(k)\boldsymbol{e}(k)+\boldsymbol{\Omega}(k)\end{aligned} \tag{5-25}$$

其中：

$$\boldsymbol{Y}(k)=\left(\boldsymbol{I}_{l_l}\otimes\boldsymbol{A}\right)-\varepsilon\operatorname{diag}\left[\boldsymbol{I}_m\boldsymbol{\alpha}_i(k)\right][\boldsymbol{L}(k)\otimes\boldsymbol{A}]-\operatorname{diag}\left[\boldsymbol{K}_i(k)\boldsymbol{H}_i\right]$$

$$\boldsymbol{\Omega}(k)=\operatorname{diag}\left[\boldsymbol{K}_i(k)\right]\boldsymbol{v}(k)-\mathbf{1}_{l_s}\otimes\boldsymbol{\omega}(k)$$

令 $\boldsymbol{P}(k)=\boldsymbol{E}\left\{\boldsymbol{e}(k)\boldsymbol{e}^{\mathrm{T}}(k)\right\}$，则有：

$$\boldsymbol{P}(k+1)=\boldsymbol{Y}(k)\boldsymbol{P}(k)\boldsymbol{Y}^{\mathrm{T}}(k)+\boldsymbol{E}\left[\boldsymbol{\Omega}(k)\boldsymbol{\Omega}^{\mathrm{T}}(k)\right] \tag{5-26}$$

根据卡尔曼融合方法可以得到：

$$\hat{\boldsymbol{x}}_0(k)=\boldsymbol{P}^{-\mathrm{T}}(k)\boldsymbol{e}^{\mathrm{T}}\left[\boldsymbol{e}^{\mathrm{T}}\boldsymbol{P}^{-1}(k)\boldsymbol{e}\right]^{-\mathrm{T}}\hat{\boldsymbol{x}}(k)\boldsymbol{P}_0(k)=\left[\boldsymbol{e}^{\mathrm{T}}\boldsymbol{P}^{-1}(k)\boldsymbol{e}\right]^{-1} \tag{5-27}$$

其中，$\boldsymbol{e}=\left[\boldsymbol{I}_m,\cdots,\boldsymbol{I}_m\right]^{\mathrm{T}}$。

接下来具体介绍分布式状态估计的工作机制。无线传感器网络（Wireless Sensor Network，WSN）的整体结构如图 5-3 所示。将$\boldsymbol{x}(k)$的位置变量定义为$\vartheta(k)$，假设$\vartheta(0)$的初始状态已知。移动传感器由测距法来监测。在监测区域布置了许多雷达传感器，它们的坐标固定，位置可记为$\vartheta_{si}(k)$。将目标视为一个圆圈的中心，在这个圆圈内的传感器会被激活，也就是说，当目标与传感器 i 之间的距离限制在 $\overline{d}$ 以内时，传感器 i 开始工作，否则传感器 i 处于睡眠状态。在初始时刻，传感器与目标之间的距离可以被计算出来，然后那些满足距离限制的传感器被激活，这样第一个簇便形成了。当目标移动时，簇中的一些节点会逐渐远离目标，然后被“踢出”圈外。在每个簇中，有一个节点会被选为簇头。簇头仅进行两个工作，一是融合数据以获得更加完整和准确的目标信息，二是计算下一个时间步每个传感器与目标之间的距离。簇头会向整个网络广播哪些传感器将被唤醒。此外，当目标移动时，如果簇头被踢出圈外，则会选择一个新的簇头。

5.2.4 仿真验证

采用状态空间参数模型：

$$\boldsymbol{A}=\begin{bmatrix}1.01 & 0\\ 0 & 1.01\end{bmatrix},\qquad \boldsymbol{Q}=\begin{bmatrix}2 & 0\\ 0 & 2\end{bmatrix}$$

$$\boldsymbol{H}_i=\begin{bmatrix}2\delta_i & 0\\ 0 & 2\delta_i\end{bmatrix},\qquad \boldsymbol{R}_i=\begin{bmatrix}2v_i & 0\\ 0 & 2v_i\end{bmatrix}$$

其中，对于所有 i，δ_i，$v_i\in(0,1]$。初始状态设定为$\boldsymbol{x}^{(0)}$ =[1.253; 2.877]，状态$x^{(1)}$表示速度分量，$x^{(2)}$表示位置分量。此外，$\overline{f}=1.2, f=0.8, \overline{h}_i=2, h_i=0.1, \overline{q}=2, q=1, \overline{r}_i=2, r_i=0.1, \theta=15, \kappa=0.5$。在滤波器式（5-19）中，选$\varepsilon=0.01$，$\alpha_i(0)=1$。现在，考虑一个由 1000 个传感器组成的网络，网络拓扑图如图 5-4 所示。传感器随机分布在一个 3.5km × 3.5km 的正方形区域，两个相邻的传感器之间的最长距离为 0.2km，所有传感器之间的连接都是随机的。由于每个簇都具有相同的工作机制，所以只以第一个簇中的 100 个传感器为例来描述估计性能。

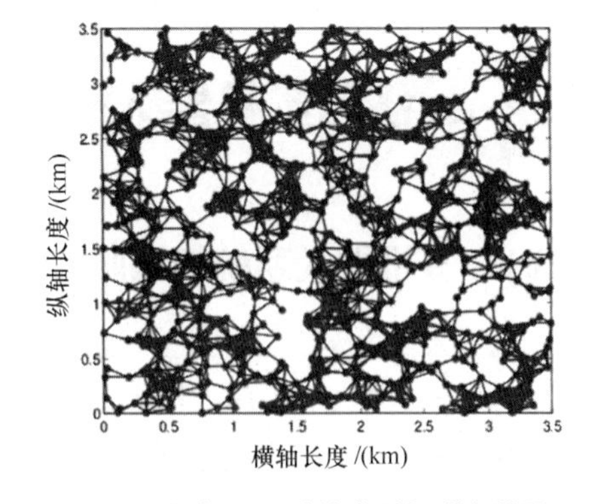

图 5-4　具有 1000 个传感器的网络拓扑图

图 5-5（a）显示了目标位置的真实值（箭头标注曲线）和传感器 i 的估计轨迹（其余未标注曲线），

从图中可以看出，所有的 100 个传感器都可以很好地追踪目标的位置并且保持良好的一致性。图 5-5（b）显示了移动目标的速度，其中，箭头标注曲线是移动目标的真实值，其余未标注曲线是 100 个传感器的估计值，从图中也可以看出，传感器可以很好地追踪目标的速度。

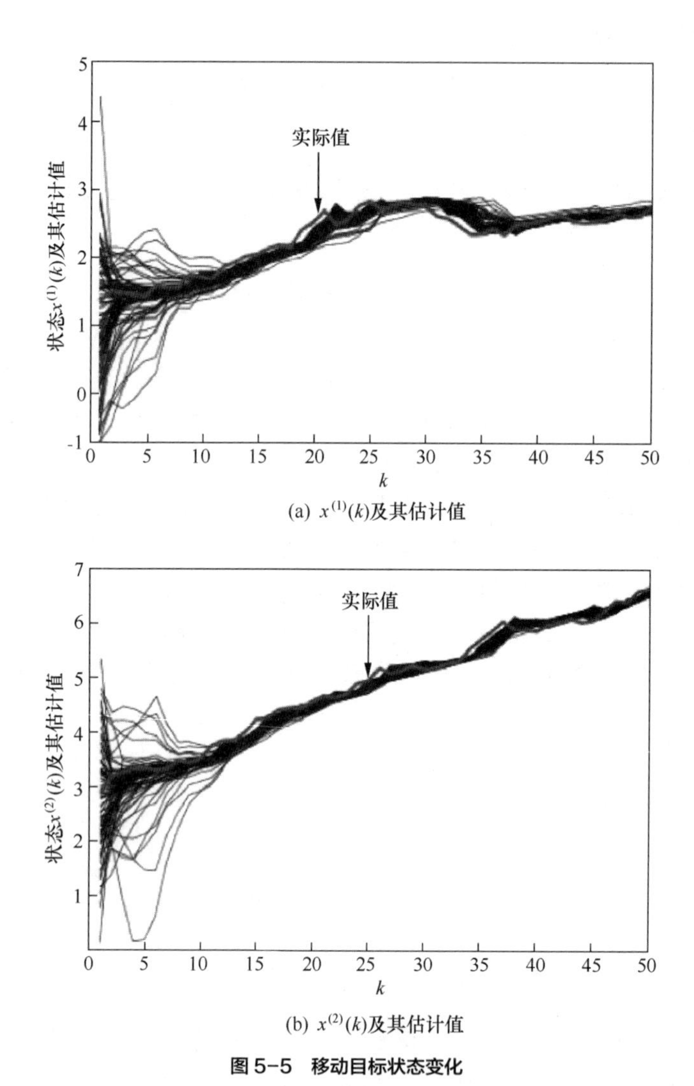

图 5-5　移动目标状态变化

5.3 移动多机器人一致性编队

5.3.1 多机器人系统与编队

机器人技术作为 20 世纪人类最伟大的发明之一，自问世以来，经历了 50 多年的发展，并已取得长足的进步。机器人技术的发展极大地提高了社会的生产水平以及人类的生活质量。机器人的研发、制造和应用是衡量一个国家科技创新和高端制造业水平的重要标志，鉴于此，机器人主要制造商纷纷加紧布局，抢占技术和市场制高点。

纵观近年来机器人技术的发展，机器人研究呈现出了两大趋势。一个趋势是致力于单机器人性能的不断提升。例如，波士顿动力（Boston Dynamics）公司近年来推出了一款新型的轮式机器人 Handle，它可以实现深蹲甚至跨越障碍物等一系列复杂的动作。此外，谷歌、百度、特斯拉等公司在无人驾驶领域也在进行深入探索。另一个趋势是研究多机器人系统，考虑到单机器人的性能（如负载能力、工作效率、探测视野等）具有有限性，因此可以利用群体优势克服单体局限，进而提高系统整体性能。

多机器人系统拥有很多优点，例如，对于复杂的任务和环境，使用多机器人系统可以把复杂的任务分解成多个简单的子任务，然后利用分布在不同区域内的多个机器人同时工作，从而提高工作效率；多个机器人分布在一个区域较大的环境中，各自感知自身的环境信息，并通过机器人间的通信网络共享各自获取的信息，这极大地扩展了系统的感知范围；多机器人系统还具有可扩展性，可根据不同的要求对自身进行扩展，从而可以完成新的任务。相比单机器人，多机器人系统有着不可替代的优越性。因此，在单机器人发展的基础上开展多机器人协作研究具有十分重要的研究意义。

多机器人编队是一种典型的多机器人协作系统，针对它的研究对多机器人技术以及多机器人协作系统具有不可忽视的推动和促进作用。多机器人编队在通常意义上由两部分组成，即多机器人的编队形成控制和编队保持控制。其中，多机器人的编队形成是指多机器人的队形从任意的初始状态收敛到期望的几何形态的过程[19]；多机器人的编队保持是指多机器人组成的编队能够保持一定的几何形态向特定方向或目标运动的过程，并且在运动的过程中能够适应环境的约束[20-22]。图 5-6 展示了常见的几种多智能体编队控制的应用实例。多机器人编队控制在航空航天[23]、军事、交通运输、农业等领域均有非常好的应用前景。例如，在军事上，多机器人编队可以用于侦察、搜寻、排雷、绘制环境地图以及安全巡逻等场景；在交通运输领域，多无人车协同编队运输可以极大地降低人力成本、提升物流效率；在农业领域，多机器人编队技术可用于大规模的农作物播种等。

（a）多机器人编队

（b）多无人机编队

图 5-6　多智能体编队控制应用实例

在多机器人编队控制方面，控制算法是它的关键与核心问题。常见的多机器人编队控制算法有跟随领航法、基于行为法、虚结构法等。

（1）跟随领航法是指指定某个机器人作为整个系统的领导者，带领整个队伍向前运动，其余机器人作为它的跟随者，跟随者通过保持与领导者之间的相对距离和相对角度形成期望的编队队形。这种方法的优点主要在于结构清晰且易于实现，因而该方法也是应用最为广泛的一种编队控制方法；缺点是主机一旦出现故障，可能导致整个系统崩溃。

（2）基于行为法是指先给每个机器人规定一些基本的行为，通常包括跟踪、保持队形、避碰、避障等，每个机器人的输出是这些基本行为的控制量的加权平均值。基于行为法的优点是并行性、分布性和实时性好，而它的主要缺点是很难通过理论证明系统的稳定性等。

（3）虚结构法是指将编队结构设想成一个刚体结构，对其中的每个顶点都预先设计好运动轨迹，每个机器人对应一个顶点，然后通过设计每个机器人的控制器，使每个机器人都与对应顶点重合，进而即可实现期望的编队目标。虚结构法与跟随领航法在形式上是比较相似的，可以理解为将跟随领航法中的真实主机变为虚拟主机，但虚结构法不适用于编队结构频繁改变的情况。

随着人们对编队控制算法研究的深入，人工势场法、模型预测控制法、强化学习法等也被应用到了多机器人的编队控制。

5.3.2 基于边权函数的多机器人编队控制

1. 问题描述

考虑一组由 m 个移动机器人组成的系统，机器人的标号为 $R_1, R_2, \cdots, R_m$。本小节涉及两种机器人的运动学模型，第一种是线性的一阶积分器模型，其运动学方程为[24]：

$$\dot{x}_i = u_i \tag{5-28}$$

其中，x_i 表示第 i 个机器人的位置，u_i 表示第 i 个机器人的控制输入。

第二种是非完整性轮式移动机器人的运动学模型，其运动学方程为：

$$\begin{cases} \dot{x}_i = v_i \cos\theta_{it} \\ \dot{y}_i = v_i \sin\theta_i \\ \dot{\theta}_i = \omega_r \end{cases} \tag{5-29}$$

其中，$[x_i, y_i]^{\mathrm{T}}$ 表示机器人 R_i 在惯性坐标系中的位置坐标，θ_i 表示机器人 R_i 的航向角。$[v_i, \omega_i]^{\mathrm{T}}$ 是机器人 R_i 的控制输入，其中 v_i 表示线速度，ω_i 表示角速度。需要注意：θ_i 与 $\theta_i + 2k\pi$ 表示的是相同的角度，k 为任意整数。

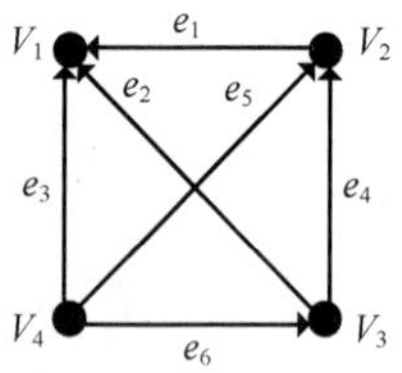

本节的主要目标是结合一致性理论与人工势场法来实现多机器人系统的协同编队控制。

对有向图 $\boldsymbol{G}(\boldsymbol{V}, \boldsymbol{E})$ 中的边进行加权之后得到的图，被称为“有向加权图”，如图 5-7 所示。将边 e_k 的权值记为 w_k，那么可以得到一个加权图的拉普拉斯矩阵：

图 5-7 多机器人系统中的有向加权图

$$\begin{cases} \boldsymbol{L}_w = \boldsymbol{I} \cdot \boldsymbol{W} \cdot \boldsymbol{I}^{\mathrm{T}} \\ \boldsymbol{W} = \mathrm{diag}(\{w_k, \forall e_k \in \boldsymbol{E}\}) \end{cases} \tag{5-30}$$

2. 控制器设计

接下来将探究如何将图论与人工势场法相结合，从而实现线性智能体的分布式协同控制。在自主多智能体系统中，如果能够巧妙地设计机器人之间的边权，那么就可以实现期望的编队目标。也就是说，如果可以控制任意两个机器人之间的距离收敛到期望距离时，多机器人系统就会收敛到期望的队形。为了满足编队的要求，并且能够直观地反映在编队形状要求等方面的考虑，为多机器人系统通信拓扑中的边设计了以下势场函数：

$$V_{ij}(x)=\begin{cases}\lambda_{ij}(\|\boldsymbol{l}_{ij}\|+\dfrac{K_{ij}^2}{\|\boldsymbol{l}_{ij}\|-\delta}-C_{ij}), & (v_i,v_j)\in \boldsymbol{E}\\ 0, & \text{其他情况}\end{cases} \tag{5-31}$$

其中 K_{ij}，δ，C_{ij}，λ_{ij} 都是正常数，$\|\boldsymbol{l}_{ij}\|$ 是机器人 v_i 和 v_j 之间的期望距离。λ_{ij} 是弹性系数，用于决定机器人之间相互影响的强度。

进一步定义 $C_{ij}=2K_{ij}+\delta$，从而有：

$$\min V_{ij}=0 \tag{5-32}$$

这样就可以保证势场函数的全局最小值等于 0。

通过式（5-31）可知，当 $\|\boldsymbol{l}_{ij}\|=D_{ij}$ 时，势场函数取到全局最小值，其中：

$$D_{ij}=K_{ij}+\delta \tag{5-33}$$

图 5-8 展示了当 $\lambda_{ij}=1$ 时，势场强度随着距离变化的曲线图。通过曲线图可以看出，当 $\|\boldsymbol{l}_{ij}\|=D_{ij}$ 时，势场函数取到全局最小值 0；而当 $\|\boldsymbol{l}_{ij}\|$ 过大或过小时，势场强度都会急剧增大。当两个机器人的距离太远或太近时，它们都会受到相应的吸引力或排斥力，最终这个距离达到 D_{ij} 时，势场强度为 0，吸引力和排斥力都消失，达到目标距离。由于 δ 是一个常数，因此，根据式（5-33）以及图 5-8，很容易就可以发现期望的编队队形与控制参数 K_{ij} 之间的关系，也就是说，通过设计通信拓扑图中条边所对应的控制参数 K_{ij} 的值，可以实现期望的编队队形。

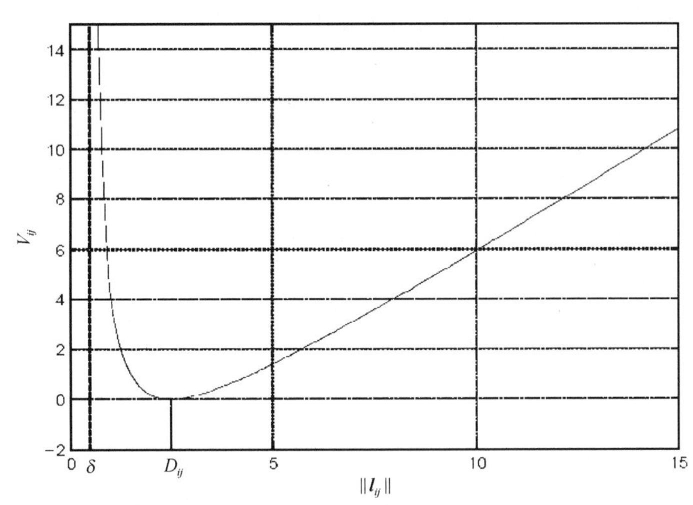

图 5-8 势场强度随着距离变化的曲线图

在定义了任意两个机器人之间的势场函数之后，可以得到整个多机器人系统的势能：

$$V(x)=\frac{1}{2}\sum_{i=1}^{N}\sum_{j=1}^{N}V_{ij}(x) \tag{5-34}$$

通过对系统的势能进行求导，可以得到：

$$\frac{\partial V_{ij}(x)}{\partial \boldsymbol{x}_i}=\begin{cases}\lambda_{ij}(1-\dfrac{K_{ij}^2}{(\|\boldsymbol{l}_{ij}\|-\delta)^2})\cdot\dfrac{(x_i-x_j)}{\|\boldsymbol{l}_{ij}\|}, & (v_i,v_j)\in \boldsymbol{E}\\ 0, & \text{其他情况}\end{cases} \tag{5-35}$$

根据式（5-35），为每条边设计以下权值函数：

$$w_{ij}=\lambda_{ij}(1-\frac{K_{ij}^{\ 2}}{(\|\boldsymbol{l}_{ij}-\delta\|)^2}) \tag{5-36}$$

基于一致性理论与有向加权图理论，进一步可以设计出每个机器人的分布式编队控制器：

$$\dot{\boldsymbol{x}}_i=-\sum_{j\in N_i}w_{ij}(\boldsymbol{x}_i-\boldsymbol{x}_j) \tag{5-37}$$

为了将所研究的理论结果应用到实际的轮式移动机器人上，本小节将在上一小节分析结果的基础上，进一步将所提出的基于边权函数与一致性理论的编队方法拓展到非完整性轮式移动机器人的模型式（5-29）上，具体研究方法如下。

对于第 i 个轮式移动机器人 R_i 而言，它拥有 Δ_i 个邻居，因此可以定义以下变量[25]：

$$\begin{cases}\bar{e}_{x,i}=\dfrac{1}{\Delta_i+1}\sum_{j=1}^{\Delta_i}[-L_{i,j}\cdot e_{i,j}\cdot\cos(\alpha_{i,j})]\\ \bar{e}_{y,i}=\dfrac{1}{\Delta_i+1}\sum_{j=1}^{\Delta_i}[-L_{i,j}\cdot e_{i,j}\cdot\sin(\alpha_{i,j})]\end{cases} \tag{5-38}$$

其中，$L_{i,j}$ 是系统通信拓扑图进行加权后的拉普拉斯矩阵 $\boldsymbol{L}_w$ 中的元素值，$e_{i,j}$ 表示机器人 R_i 和 R_j 之间的距离，$\alpha_{i,j}$ 表示 R_j 相对于 R_i 的角度，机器人 R_i 与其邻居的关系示意图如图 5-9 所示。用 $\boldsymbol{c}_i=[\bar{e}_i,\bar{\alpha}_i]^{\mathrm{T}}$ 来表示机器人 R_i 的全局误差，其中：

$$\begin{cases}\bar{e}_i=\sqrt{\bar{e}_{x,i}^2+\bar{e}_{y,i}^2}\\ \bar{\alpha}_i=a\tan 2(\bar{e}_{y,i},\bar{e}_{x,i})\end{cases} \tag{5-39}$$

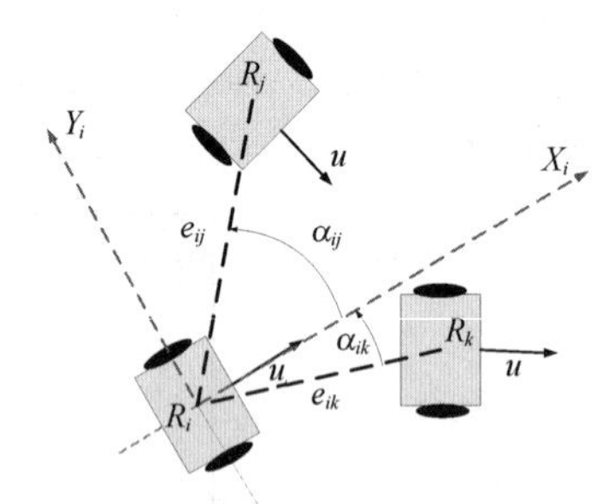

图 5-9　局部变量的关系示意图

全局误差 c_i 对应着各个机器人 R_i 的目标地点，根据全局误差可以设计以下控制量：

$$\begin{cases}u_i=\beta_1\cdot\bar{e}_i\cdot\cos(\bar{\alpha}_i)\\ w_i=\beta_1\cdot\sin(\bar{\alpha}_i)\cdot\cos(\bar{\alpha}_i)+\beta_2\cdot\bar{\alpha}_i\end{cases} \tag{5-40}$$

对于一个非完整轮式移动机器人系统式（5-29），按照式（5-30）对系统所对应的有向图进行加权之后，系统在式（5-40）所示的控制律的作用下，能够保证整个系统收敛到期望的编队队形。

证明如下。

考虑以下李雅普诺夫函数：

$$V(\bar{\boldsymbol{c}})=V_1(\boldsymbol{c}_1)+\cdots+V_n(\boldsymbol{c}_n)=\sum_{i=1}^{N}V_i(\boldsymbol{c}_i) \tag{5-41}$$

其中：

$$V_i(\boldsymbol{c}_i)=\frac{1}{2}\bar{e}_i^2+\frac{1}{2}\bar{\alpha}_i^2 \tag{5-42}$$

$$\bar{\boldsymbol{c}} = [\boldsymbol{c}_1, \cdots, \boldsymbol{c}_N]^{\mathrm{T}} \tag{5-43}$$

由式（5-42）可知：

$$\begin{cases} V_i(\boldsymbol{c}_i) > 0, \forall \boldsymbol{c}_i \neq 0 \\ V_i(\boldsymbol{c}_i) = 0, \forall \boldsymbol{c}_i = 0 \end{cases} \tag{5-44}$$

对式（5-42）求导可得：

$$\dot{V}_i(\boldsymbol{c}_i) = \bar{e}_i\dot{\bar{e}}_i + \bar{\alpha}_i\dot{\bar{\alpha}}_i \tag{5-45}$$

再根据机器人的运动学特性，可得以下方程组：

$$\begin{cases} \dot{\bar{e}}_i = -u_i \cos(\bar{\alpha}_i) \\ \dot{\bar{\alpha}}_i = -w_i + \dfrac{u_i \sin(\bar{\alpha}_i)}{\bar{e}_i} \end{cases} \tag{5-46}$$

那么，式（5-45）可以重写为：

$$\dot{V}_i = -u_i\bar{e}_i \cos(\bar{\alpha}_i) + \bar{\alpha}_i(-w_i + \frac{u_i \sin(\bar{\alpha}_i)}{\bar{e}_i}) \tag{5-47}$$

结合所设计的控制器式（5-40），可以得到：

$$\dot{V}_i = -\beta_1(\bar{e}_i \cos(\bar{\alpha}_i))^2 - \beta_2(\bar{\alpha}_i)^2 \tag{5-48}$$

由于 $\beta_1, \beta_2 > 0$，因此可以得到：

$$\begin{cases} \dot{V}_i(\boldsymbol{c}_i) < 0,\ \forall c_i \neq 0 \\ \dot{V}_i(\boldsymbol{c}_i) = 0,\ \forall c_i = 0 \end{cases} \tag{5-49}$$

根据李雅普诺夫理论，系统将收敛到平衡点，即形成所期望实现的编队队形。

5.3.3 仿真验证

本小节将会通过仿真实验来验证上文中所提出的控制器的有效性。这里考虑一组由 4 个机器人组成的系统，标号为机器人 1 ~ 机器人 4，机器人之间的通信拓扑图如图 5-7 所示。下文中所有的变量均采用国际单位制。

在多机器人系统中，不存在主机，即所有机器人的功能是相同的，并且所有机器人均可知道期望的线速度和角速度。机器人的初始位置为：$\boldsymbol{p}_1(0) = [0.8\ 1]^{\mathrm{T}}, \boldsymbol{p}_2(0) = [1\ 2.7]^{\mathrm{T}}, \boldsymbol{p}_3(0) = [3\ 3]^{\mathrm{T}}, \boldsymbol{p}_4(0) = [2.8\ 1.5]^{\mathrm{T}}, \theta_1(0) = 0, \theta_2(0) = 0, \theta_3(0) = 0, \theta_4(0) = 0$。对整个系统而言，期望的线速度均为 1m/s，期望的角速度均为 0，并且所有机器人初始的线速度和角速度均为 0。机器人之间期望的距离分别是 $e_1=e_3=e_4=e_6=1$，$e_2=e_5=\sqrt{2}$，所选择的控制参数为 $\beta_1=1$, $\beta_2=1$, $\delta=0.01$, $K_{12}=K_{14}=K_{23}=K_{34}=0.99$, $K_{12}=K_{24}=\sqrt{2}-0.01$ ($\forall e_{ij} \in \boldsymbol{E}$, $K_{ij}=K_{ji}$),$\lambda_{ij}=5$ ($\forall e_{ij} \in \boldsymbol{E}$)。

图 5-10 展示了所有机器人在 0 ~ 10s 内的运动轨迹，由图 5-10 可以看出，多机器人系统可以达到期望的编队队形。机器人间距变化曲线如图 5-11 所示，可以看出，e_1,e_3,e_4,e_6 渐进收敛到 1，e_2，e_5 渐进收敛到 $\sqrt{2}$，这与所期望达到的间距是相符合的。图 5-12 和图 5-13 展示了所有机器人的线速度和角速度变化曲线，它们也收敛到了期望的值。通过这些仿真可知，前面提出的控制器的有效性得到了验证。

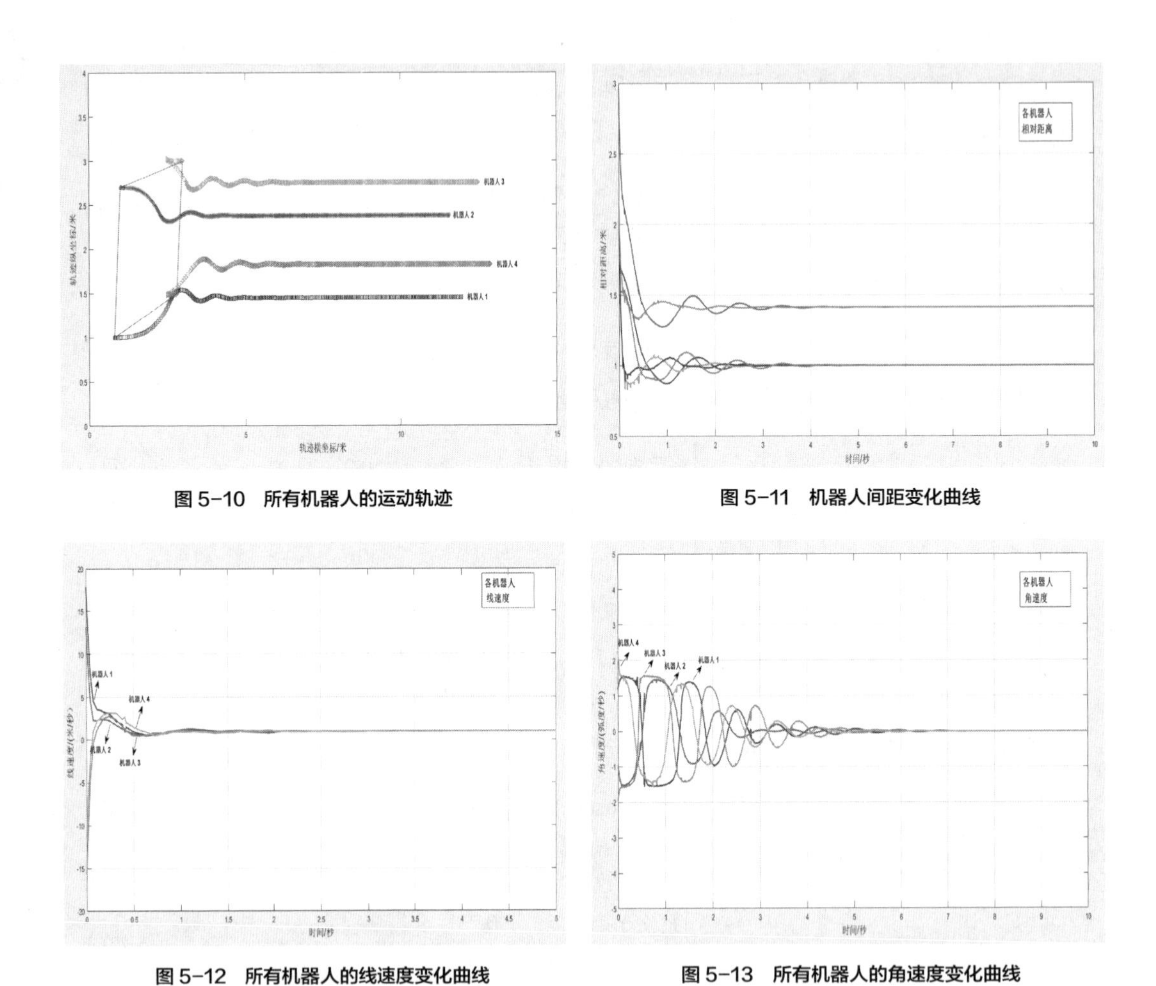

图 5-10　所有机器人的运动轨迹

图 5-11　机器人间距变化曲线

图 5-12　所有机器人的线速度变化曲线

图 5-13　所有机器人的角速度变化曲线

5.4 本章小结

本章介绍了自主多智能体系统的相关概念，并引出了控制领域研究热点之一的自主多智能体系统一致性问题；针对多传感器网络状态估计与移动多机器人编队控制问题构建了相应的自主多智能体系统模型，基于图论的数学方法模拟各智能体之间的通信网络模型，并在此基础上构建了相应的一致性控制器且进行了完备的稳定性分析；在考虑通信网络负载量可能过大的情况下，介绍了基于状态采样的事件触发通信机制，有效减少了自主多智能体系统的通信负载，提高了控制器的实用性。

5.5 参考文献

[1] BENJACOB E. Novel type of phase transition in a system of self-driven particles[J]. Physical Review Letters, 1995, 75(6):1226.

[2] JADBABAIE A, LIN J, MORSE A S. Coordination of groups of mobile autonomous agents using nearest neighbor rules[J]. IEEE Transactions on Automatic Control, 2003,48(6):988-1001.

[3] OLFATI-SABER R, MURRAY R M. Consensus problems in networks of agents with switching

topology and time-delays[J]. IEEE Transactions on Automatic Control, 2004, 49(9):1520-1533.

[4] REN W, BEARD R W. Consensus seeking in multiagent systems under dynamically changing interaction topologies[J]. IEEE Transactions on Automatic Control, 2005, 50(5): 655-661.

[5] REN W, ATKINS E. Distributed multi-vehicle coordinated control via local information exchange[J]. International Journal of Robust and Nonlinear Control, 2007, 17.

[6] 杨旭升，张文安，俞立. 适用于事件触发的分布式随机目标跟踪方法[J]. 自动化学报，2017(8).

[7] ZHANG H, YANG R, YAN H, et al. H_∞ Consensus of Event-based Multi-agent Systems with Switching Topology[J]. Information Sciences, 2015, 370-371:623-635.

[8] ZHANG H, FENG G, YAN H, et al. Observer-based output feedback event-triggered control for consensus of multi-agent systems[J]. IEEE Transactions on Industrial Electronics, 2014, 61(9):4885-4894.

[9] ZHANG H, WANG Z, YAN H, et al. Adaptive event-triggered transmission scheme and h_∞ filtering co-design over a filtering network with switching topology[J]. IEEE Transactions on Cybernetics, 2018.

[10] AKYILDIZ I F. A survey on sensor networks[J]. IEEE Commun. Mag. 2002, 40(8):102-114.

[11] 马祖长，孙怡宁，梅涛. 无线传感器网络综述[J]. 通信学报, 2004, 25(4):114-124.

[12] 陶晓艳. 无线传感器网络综述[J]. 信息通信, 2010(5).

[13] VALERY. Conditions for detectability in distributed consensus-based observer networks[J]. IEEE Transactions on Automatic Control, 2013, 58(10):2659-2664.

[14] 王长城，戚国庆，李银伢，等. 传感器网络一致性分布式滤波算法[J]. 控制理论与应用，2012, 29(12):1645-1650.

[15] 佘致廷，邹薇，董旺华，等. 扩展卡尔曼滤波结合前馈补偿永磁同步电机位置估计[J]. 控制理论与应用, 2016(10).

[16] OLFATI-SABER R, SHAMMA J S. Consensus filters for sensor networks and distributed sensor fusion[C]//Proceedings of the 44th IEEE Conference on Decision and Control, Seville, Spain, 2005:6698-6703.

[17] ZHANG H, ZHOU X, WANG Z, et al. Adaptive consensus-based distributed target tracking with dynamic cluster in sensor networks[J]. IEEE Transactions on Cybernetics, 2018.

[18] ZHANG H, ZHOU X, WANG Z, et al. Maneuvering target tracking with event-based mixture kalman filter in mobile sensor networks[J]. IEEE Transactions on Cybernetics, 2018.

[19] YAZICIOGLU A Y, EGERSTEDT M, SHAMMA J S. Formation of robust multi-agent networks through self-organizing random regular graphs[J]. IEEE Transactions on Network Science and Engineering, 2015, 2(4): 139-151.

[20] ALONSO-MORA J, MONTIJANO E, SCHWAGER M, et al. Distributed multi-robot formation control among obstacles: A geometric and optimization approach with consensus[J]. IEEE International Conference on Robotics and Automation (ICRA), 2016: 5356-5363.

[21] MONTIJANO E, CRISTOFALO E, ZHOU D, et al. Vision-based distributed formation control without an external positioning system[J]. IEEE Transactions on Robotics, 2016:1-13.

[22] MONTIJANO E, CRISTOFALO E, SCHWAGER M, et al. Distributed formation control of non-holonomic robots without a global reference frame[C]//IEEE International Conference on Robotics and Automation. 2016, 5248-5254.

[23] TURPIN M, MICHAEL N, KUMAR V. Decentralized formation control with variable shapes for aerial robots[C]//IEEE International Conference on Robotics and Automation. 2012, 23-30.

[24] WANG Z P, WANG L, ZHANG H, et al. A graph based formation control of nonholonomic wheeled robots using a novel edge-weight function[J]. IEEE International Conference on Systems, Man and Cybernetics, 2017(1):1477-1481.

[25] WANG Z P, WANG L, ZHANG H, et al. Distributed formation control of nonholonomic wheeled mobile robots subject to longitudinal slippage constraints[J]. IEEE Transactions on Systems, Man, and Cybernetics: Systems, 2018.

06 chapter 自主多智能体系统输出调节

本章要点：

- 了解自主多智能体系统输出调节的基本方法；
- 了解异步切换自主多智能体系统的协同输出调节问题；
- 掌握基于事件触发的拓扑切换异构自主多智能体系统协同输出调节方法；
- 掌握基于自触发的异构自主多智能体系统的输出调节方法。

本章讨论具有拓扑切换、异构特征的自主多智能体系统的输出调节问题，并考虑如何减少控制过程中的连续网络通信，以节省系统资源。

6.1 自主多智能体系统输出调节基本方法

输出调节问题的研究可以追溯到 1976 年[1,2]，单个控制对象的输出调节问题旨在设计一个合适的控制器，使其在追踪外部输入信号的同时能够抑制外部扰动。与单个对象的协同输出调节目标类似，自主多智能体系统的协同输出调节目标是令整个系统能够追踪外部信号并能抑制外部扰动。由于该问题的一般性，因此其结论中将包含其他一些问题，如趋同、同步、编队等其他自主多智能体系统协同控制问题。在协同输出调节问题中，并非所有的自主多智能体系统都能够接收到外部系统的信号，因此不能使用集中控制和分散式控制解决问题。

浙江大学首先提出了一种基于附加可检测条件的前馈控制，用于控制同构线性自主多智能体系统[3]。这种方法的缺点是可检测条件由前馈增益决定，因此不能在控制器设计前进行检验。之后，香港中文大学的学者弱化了文献[3]所需要的可测量条件[4]。中国科学院数学与系统科学研究院的洪奕光使用具有前馈信号的动态状态反馈控制器研究了同构线性自主多智能体系统的分布式 p 重内模设计问题[5]。输出调节理论也被韩国的基姆（Kim）[6]和德国的维兰德（Wieland）等[7]用于研究无领导的一致性问题，不同的是，文献[6]基于内模设计，而文献[7]基于前馈设计。香港中文大学提出了线性自主多智能体系统分别在静态与切换拓扑网络下的协同输出调节问题[8]，并通过建立分布式的观测器实现了外部系统信息从第一类子系统向第二类子系统传递。香港城市大学在文献[8]研究的基础上用自适应控制解决了协同输出调节问题[9]。

上述研究都假设了自主多智能体系统的系统矩阵完全可知。然而在实际应用中，由于各种原因，自主多智能体系统可能存在参数不确定的情况。根据这种情况，人们开始研究自主多智能体系统的协同鲁棒输出调节问题。哈尔滨工业大学研究了固定拓扑下自主多智能体系统的分布式协同鲁棒输出调节问题[10]，并假设通信拓扑包含一个以节点 0 为根的有向生成树且没有环路。然而无环假设是一个较强的假设，因为在此假设下，这种控制策略不能应用到通信拓扑为无向图的自主多智能体系统中。为了去掉这一假设，文献[11]针对参数不确定的线性自主多智能体系统提出了一种新的分布式控制策略。北京大学的学者针对有向拓扑下的参数不确定自主多智能体系统提出了一种分布式自适应控制器[12]，这种控制器不需要知道通信拓扑拉普拉斯矩阵的特征值。为了减少自主多智能体系统之间的数据传输量，在事件触发一致性的启发下，哈尔滨工业大学[13]和香港城市大学[14]研究了基于事件触发的协同输出调节问题。分别基于稳态和动态反馈、针对同构线性自主多智能体系统，文献[13]设计了两种事件触发控制策略，文献[14]研究了基于事件触发和自触发的异构自主多智能体系统协同输出调节问题，并在每个自主多智能体系统上均设计了一种内部参考模型。

6.2 异步切换自主多智能体系统的协同输出调节

6.2.1 问题描述

切换系统可以被定义为一组由微分方程描述并由切换规则驱动的子系统[15]。许多实际系统都可以被描述为切换系统，如蔡氏电路（Chuas Circuit）[16]、直流-直流（Direct Current-Direct Current，DC-DC）转换器[17]、开关连续搅拌反应釜[18]等。在研究领域，切换系统作为一类特殊的混杂系统，出现了许多有意义的研究成果。作为一种研究方法，切换系统还被用于处理切换拓扑问题[19]。

利伯逊（Liberzon）[20]最早给出了关于切换系统的综述，包括任意切换系统的稳定性与设计、驻留时间（DT）和平均驻留时间（ADT）的定义，给出了如何构造使系统稳定的切换序列。阿勒汉德（Allerhand）[21]给出了使具有多面体参数不确定性和驻留时间的线性切换系统稳定的充要条件，设计了在切换时刻非增、在驻留时间内线性变换的二次型李雅普诺夫方程，并将该方程用于标称状态和不确定情况下的状态反馈镇定。然而，基于驻留时间选择的切换信号在每个驻留时间段内都不能大于某个固定值，这个条件对于切换信号的选择来说具有较高的保守性。因此，文献[22]研究了一类连续时间和离散时间具有平均驻留时间的线性切换系统的异步切换控制问题，设计了 Lyapunov-like 函数，在激活的子系统运行过程中允许 Lyapunov-like 函数有一定程度的增加，这极大程度地降低了切换信号的保守性。在此基础上，文献[23]研究了一类离散时间切换神经网络和具有模态持续驻留时间（MPDT）的混合时延切换神经网络的状态估计问题，提出的 MPDT 切换协议不仅涵盖了 DT 和 ADT 切换，而且证明了 MPDT 更具有一般性。

切换系统已经被用于研究模型已知或未知的参数变化问题、网络控制系统。自然地，有一部分研究人员将目光聚焦到了切换系统在自主多智能体系统中的应用。切换系统可以被看作一种特殊的混杂系统，由于它的特殊性和复杂性，处理方法不能简单地移植普通非切换系统的方法，这导致分析和设计的难度加大。将单个切换系统的稳定性问题扩展为复杂系统的协同控制问题更加具有挑战性。塞万提斯（Cervantes）等人已经对此方向进行了初步探索。例如，塞万提斯提出了用一个时不变控制器解决线性切换系统的输出调节问题[24]，选取了一个共同的李雅普诺夫方程以确保切换调节和一致误差的稳定性。然而，在实际调节过程中，共同李雅普诺夫方程通常较难选取。因此，文献[25]设计了一个分段李雅普诺夫方程，将切换系统分为稳定子系统和不稳定子系统，切换信号的选取依赖于 ADT，设计了基于观测器的分布式控制方法，解决了线性切换自主多智能体系统的输出调节问题。值得注意的是，上述文献都没有考虑通信时延的问题，即假设了系统模态的切换与控制器的切换是同步的。然而，在实际网络中，由于存在时延，系统模态的切换往往与控制器的切换不同步。造成传输时延的原因通常有网络负载、带宽限制、硬件失效等。

关于固定系统模态的输出调节问题，也已经诞生了许多有意义的成果。例如，文献[26]假设外部系统的状态仅可被一部分自主智能体系统获得，剩余节点使用父节点获取的信息设计估计器以估计外部系统的状态，当且仅当通信拓扑包含一个生成树时，同步输出调节问题才可解。文献[27]将输出调节问题转换成了调节方程解的问题。上述关于协同输出调节问题的文献均忽略了一个问题：控制增益的选取均与全局通信拓扑信息相关。因此，为了避免使用全局拓扑信息，文献[28]设计了一个自适应控制方法，自主智能体系统之间的耦合系数根据自身与邻居之间的状态误差动态地更新。在文献[29]中，作者在自适应控制方法中引入了一个非增函数，用于增加额外的自由度。

综上可知，异步切换自主多智能体系统的输出调节问题是一个非常新颖的研究方向，因此，本章研究异步切换自主多智能体系统的输出调节问题，本章的主要创新点为建立了异步切换自主多智能体系统输出调节的框架，提出了两种分布式自适应控制器，控制器的切换与系统模态之间的切换是异步的，这能避免使用全局通信拓扑信息，并且切换信号的选取只需要满足一个宽松的 ADT 条件即可。

6.2.2 系统建模

考虑以下由 N 个自主智能体系统组成的切换自主多智能体系统：

$$\begin{aligned} \dot{\boldsymbol{x}}_i(t) &= \boldsymbol{A}_i(\sigma_{i,t})\boldsymbol{x}_i(t) + \boldsymbol{B}_i(\sigma_{i,t})\boldsymbol{u}_i(t) + \boldsymbol{E}_i(\sigma_{i,t})\boldsymbol{v}(t) \\ \boldsymbol{e}_i(t) &= \boldsymbol{C}_i(\sigma_{i,t})\boldsymbol{x}_i(t) + \boldsymbol{F}_i(\sigma_{i,t})\boldsymbol{v}(t) \\ \boldsymbol{y}_{mi}(t) &= \boldsymbol{C}_{mi}(\sigma_{i,t})\boldsymbol{x}_i(t) + \boldsymbol{F}_{mi}(\sigma_{i,t})\boldsymbol{v}(t) \end{aligned} \tag{6-1}$$

其中，$\boldsymbol{x}_i(t) \in \mathbf{R}^{n_i}$、$\boldsymbol{u}_i(t) \in \mathbf{R}^{m_i}$、$\boldsymbol{e}_i(t) \in \mathbf{R}^{p_i}$、$\boldsymbol{y}_{mi}(t) \in \mathbf{R}^{p_{mi}}$ 分别为自主智能体系统 i 的状态、控制输入、被调输出和测量输出，$\boldsymbol{A}_i(\sigma_{i,t})$、$\boldsymbol{B}_i(\sigma_{i,t})$、$\boldsymbol{C}_i(\sigma_{i,t})$、$\boldsymbol{C}_{mi}(\sigma_{i,t})$、$\boldsymbol{E}_i(\sigma_{i,t})$、$\boldsymbol{F}_i(\sigma_{i,t})$、$\boldsymbol{F}_{mi}(\sigma_{i,t})$ 为已知常数矩阵。切换信号 $\sigma_{i,t}:[0,\infty) \to \boldsymbol{S}_i$ 为分段常数方程，其中 $\boldsymbol{S}_i = \{1,2,\cdots,s_i\}$，$s_i$ 为有限正整数，用于表示自主智能体系统 i 的系统模态数，假设 $\sigma_{i,t}$ 为右连续。为了方便起见，使用 σ_i 代替 $\sigma_{i,t}$。对于每个可能的 $\sigma_i = j$，$j \in \boldsymbol{S}_i$，矩阵 $\boldsymbol{A}_i(\sigma_i) = \boldsymbol{A}_i(j)$、$\boldsymbol{B}_i(\sigma_i) = \boldsymbol{B}_i(j)$、$\boldsymbol{C}_i(\sigma_i) = \boldsymbol{C}_i(j)$、$\boldsymbol{C}_{mi}(\sigma_i) = \boldsymbol{C}_{mi}(j)$、$\boldsymbol{E}_i(\sigma_i) = \boldsymbol{E}_i(j)$、$\boldsymbol{F}_i(\sigma_i) = \boldsymbol{F}_i(j)$、$\boldsymbol{F}_{mi}(\sigma_i) = \boldsymbol{F}_{mi}(j)$ 为自主智能体系统 i 在系统模态 j 下的系统矩阵。自主智能体系统 i 的切换信号 σ_i 对应切换序列 $\{(j_0,t_0),(j_1,t_1),\cdots,(j_k,t_k),\cdots \mid j_k \in \boldsymbol{S}_i, k=0,1,\cdots\}$，$t_0 = 0$，其中 (j_k,t_k) 表示在 $t \in [t_k,t_{k+1})$ 时刻模态 j_k 被激活。

由参考输入和外部扰动组成的信号 $\boldsymbol{v}(t) \in \mathbf{R}^q$ 被称为外部信号，其动力学方程如下：

$$\dot{\boldsymbol{v}}(t) = \boldsymbol{A}_v \boldsymbol{v}(t) \tag{6-2}$$

其中，$\boldsymbol{A}_v$ 为已知实常数矩阵。接下来给出关于解决切换自主多智能体系统的输出调节问题的定义。

定义 1 对于切换自主多智能体系统式（6-1）、外部系统式（6-2），设计切换的自适应控制协议 $\boldsymbol{u}_i(t)$ 和切换信号 σ_i，使系统满足对于任意切换信号 σ_i，闭环系统渐近稳定；对于任意初始条件 $\boldsymbol{x}_i(0)$ 和 $\boldsymbol{v}(0)$，被调输出 $\boldsymbol{e}_i(t)$ 满足：

$$\lim_{t\to\infty} \boldsymbol{e}_i(t) = 0,\ i \in N$$

进而可说明控制协议 $\boldsymbol{u}_i(t)$ 解决了切换自主多智能体系统的输出调节问题。

下面给出即将用到的假设。

假设条件 1 通信拓扑 $\overline{\boldsymbol{G}}$ 包含一个有向生成树。

假设条件 2 矩阵 $\boldsymbol{A}_v$ 无负实部特征值。

假设条件 3 对于所有的 $\lambda \in \varsigma(A_v)$，$\varsigma(A_v)$ 为 $\boldsymbol{A}_v$ 的谱，且有：

$$\operatorname{rank}\left(\begin{bmatrix} \boldsymbol{A}_i(\sigma_i) - \lambda \boldsymbol{I} & \boldsymbol{B}_i(\sigma_i) \\ \boldsymbol{C}_i(\sigma_i) & 0 \end{bmatrix}\right) = n_i + p_i$$

由文献[30]可知，假设条件 1 是为了保证矩阵 $\boldsymbol{H}$ 的所有特征值都具有正实部的。假设条件 2 为不失一般性的标准假设。假设条件 3 的秩条件确保了以下调节方程的可解性。

$$\begin{aligned} \boldsymbol{A}_i(\sigma_i)\boldsymbol{X}_i + \boldsymbol{B}_i(\sigma_i)\boldsymbol{U}_i(\sigma_i) + \boldsymbol{E}_i(\sigma_i) &= \boldsymbol{X}_i\boldsymbol{A}_v \\ \boldsymbol{C}_i(\sigma_i)\boldsymbol{X}_i + \boldsymbol{F}_i(\sigma_i) &= 0 \end{aligned} \tag{6-3}$$

即对于方程式（6-3），存在解 $(\boldsymbol{X}_i, \boldsymbol{U}_i(\sigma_i))$。当系统模态固定时，假设条件 3 退化为一般假设。

对于切换系统式（6-1），设计以下具有分段常数反馈增益的控制协议：

$$
\begin{aligned}
&\boldsymbol{u}_i(t)=\boldsymbol{K}_{1i}(\sigma_{i,t}^{'})\boldsymbol{x}_i(t)+\boldsymbol{K}_{2i}(\sigma_{i,t}^{'})\boldsymbol{\eta}_i(t)\\
&\dot{\boldsymbol{\eta}}_i(t)=\boldsymbol{A}_v\boldsymbol{\eta}_i(t)+(d_i(t)+\varpi_i(t))\boldsymbol{L}_v\boldsymbol{\psi}_i(t)\\
&\dot{d}_i(t)=\gamma_i\left[\boldsymbol{\psi}_i^{\mathrm{T}}(t)\boldsymbol{\varUpsilon}\boldsymbol{\psi}_i(t)+\bar{\boldsymbol{\eta}}_i^{\mathrm{T}}(t)\bar{\boldsymbol{\eta}}_i(t)\right]
\end{aligned}
\tag{6-4}
$$

其中，$\boldsymbol{\psi}_i(t)=\sum_{j=0}^{N}\boldsymbol{a}_{ij}\left[\boldsymbol{\eta}_j(t)-\boldsymbol{\eta}_i(t)\right]$，$\boldsymbol{\eta}_i(t)\in\mathbf{R}^q$ 为外部系统 $\boldsymbol{v}(t)$ 的估计状态，$\bar{\boldsymbol{\eta}}_i(t)=\boldsymbol{\eta}_i(t)-\boldsymbol{v}(t)$，$d_i(t)$ 为自主智能体系统 i 的耦合增益，$d_i(0)>1$，γ_i 为正标量，$\boldsymbol{K}_{1i}(\sigma_{i,t}^{'}),\boldsymbol{K}_{2i}(\sigma_{i,t}^{'}),\boldsymbol{L}_v$ 为增益矩阵加权矩阵，$\boldsymbol{\varUpsilon}>0$ 和参数 $\varpi_i(t)$ 将在后面确定，$\sigma_{i,t}^{'}$ 为控制器切换信号。

同理，用 $\sigma_i^{'}$ 来替代 $\sigma_{i,t}^{'}$。对于 $\sigma_i^{'}=l$，$l\in\boldsymbol{\mathcal{S}}_i$，在控制器模态 l 下的增益矩阵为 $\boldsymbol{K}_{1i}(\sigma_i^{'})=\boldsymbol{K}_{1i}(l),\boldsymbol{K}_{2i}(\sigma_i^{'})=\boldsymbol{K}_{2i}(l)$。在本书中，控制器切换时间滞后于系统模态的切换时间。因此，对应于系统模态切换序列，控制器模态切换序列可以描述为 $\{(j_0,t_0),(j_1,t_1+h_1),\cdots,(j_k,t_k+h_k),\cdots|j_k\in\boldsymbol{\mathcal{S}}_i,k=0,1,\cdots\}$，其中 h_k 为系统与控制器模态之间的切换时延，满足 $0\leqslant h_k\leqslant\bar{h}_k\leqslant\tau_a$，$(j_k,t_k+h_k)$ 表示在 $t\in[t_k+h_k,t_{k+1}+h_{k+1})$ 时间间隔内，控制器模态 j_k 被激活，控制器切换时间滞后于上一次系统模态切换的时间 h_k。图 6-1 描述了系统与控制器模态切换序列间的关系。

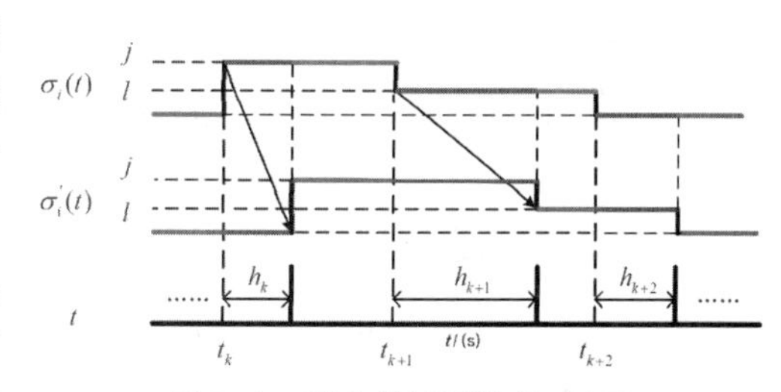

图 6-1　系统与控制器的切换时序图

文献[25,30]假设系统模态和控制器的切换时刻是同步的。同步切换是指系统模态和控制器模态同时切换，即系统模态与控制器模态相匹配。如果系统模态和控制器模态不发生切换，则问题会退化为普通的线性自主多智能体系统输出调节问题。而异步切换是指系统模态和控制器模态不匹配，在实际应用过程中，由于存在通信时延和执行器时延，因此控制器的切换时刻与系统模态的切换时刻往往是不同步的。在同步切换的假设下设计的控制器往往不能应用到实际工程中，因此本章的考虑更加合理。

令 $\boldsymbol{\eta}(t)=[\boldsymbol{\eta}_1^{\mathrm{T}}(t),\cdots,\boldsymbol{\eta}_N^{\mathrm{T}}(t)]^{\mathrm{T}},\boldsymbol{D}=\mathrm{diag}[d_1(t),\cdots,d_N(t)],\bar{\boldsymbol{W}}=\mathrm{diag}[\varpi_1(t),\cdots,\varpi_N(t)]$，则式（6-4）中的第二式可以写为：

$$
\dot{\boldsymbol{\eta}}(t)=\left[\boldsymbol{I}_N\otimes\boldsymbol{A}_v-(\boldsymbol{D}+\bar{\boldsymbol{W}})\boldsymbol{H}\otimes\boldsymbol{L}_v\right]\boldsymbol{\eta}(t)+\left[(\boldsymbol{D}+\bar{\boldsymbol{W}})\boldsymbol{\varLambda}\otimes\boldsymbol{L}_v\right]\tilde{\boldsymbol{v}}(t)
\tag{6-5}
$$

其中，$\tilde{\boldsymbol{v}}(t)=\mathbf{1}_N\otimes\boldsymbol{v}(t)$。

令 $\boldsymbol{\theta}(t)=\boldsymbol{D}+\bar{\boldsymbol{W}},\bar{\boldsymbol{\eta}}(t)=\left[\bar{\boldsymbol{\eta}}_1^{\mathrm{T}}(t),\cdots,\bar{\boldsymbol{\eta}}_N^{\mathrm{T}}(t)\right]^{\mathrm{T}}$，将式（6-5）代入等式 $(\boldsymbol{\varLambda}\otimes\boldsymbol{I}_q)(\mathbf{1}_N\otimes\boldsymbol{v})=(\boldsymbol{H}\otimes\boldsymbol{I}_q)(\mathbf{1}_N\otimes\boldsymbol{v})$ 可得：

$$
\dot{\bar{\boldsymbol{\eta}}}(t)=\left[\boldsymbol{I}_N\otimes\boldsymbol{A}_v-\boldsymbol{\theta}(t)\boldsymbol{H}\otimes\boldsymbol{L}_v\right]\bar{\boldsymbol{\eta}}(t)
\tag{6-6}
$$

接下来给出式（6-4）中的自适应估计器可以渐近估计外部系统状态的引理。

引理 1　在假设条件 1 的情况下，求解下列黎卡提（Riccati）方程：

$$
\boldsymbol{P}_v\boldsymbol{A}_v+\boldsymbol{A}_v^{\mathrm{T}}\boldsymbol{P}_v-\boldsymbol{P}_v^2+\nu\boldsymbol{I}=0
\tag{6-7}
$$

其中 $\nu\geqslant1$。令 $\gamma_i>0$，选择权重矩阵 $\boldsymbol{\varUpsilon}=\boldsymbol{P}_v^2$，令增益矩阵 $\boldsymbol{L}_v=\boldsymbol{P}_v$，并且定义 $\varpi_i(t)=\gamma_i\boldsymbol{\psi}_i^{\mathrm{T}}(t)\boldsymbol{P}_v\boldsymbol{\psi}_i(t)$。则式（6-4）中的自适应估计器可以渐近估计外部系统状态，即 $\lim_{t\to\infty}\bar{\boldsymbol{\eta}}_i(t)=0,i=1,2,\cdots,N$，并且 $d_i(t)$ 最终趋近于某个常数。

证明如下。

由 $\boldsymbol{\psi}_i(t)$ 的定义可得：

$$\boldsymbol{\psi}(t) = -(\boldsymbol{H} \otimes \boldsymbol{I}_q)\bar{\boldsymbol{\eta}}(t) \tag{6-8}$$

由式（6-8）可知：当 $\lim_{t\to\infty}\boldsymbol{\psi}_i(t)=0$ 成立时，有 $\lim_{t\to\infty}\bar{\boldsymbol{\eta}}_i(t)=0$。结合式（6-6）和式（6-8）可得：

$$\dot{\boldsymbol{\psi}}(t) = \left[\boldsymbol{I}_N \otimes \boldsymbol{A}_v - \boldsymbol{H}\boldsymbol{\theta}(t)\otimes \boldsymbol{L}_v\right]\boldsymbol{\psi}(t) \tag{6-9}$$

接下来构造以下李雅普诺夫方程：

$$V(t) = \sum_{i=1}^{N}\frac{\left[2d_i(t)+\varpi_i(t)\right]\varpi_i(t)}{2\gamma_i} + \sum_{i=1}^{N}\frac{\left[d_i(t)-c\right]^2}{2\gamma_i}. \tag{6-10}$$

令 $V_1(t) = \sum_{i=1}^{N}\frac{1}{2\gamma_i}\left[2d_i(t)+\varpi_i(t)\right]\varpi_i(t)$，$V_2(t)=\sum_{i=1}^{N}\frac{1}{2\gamma_i}\left[d_i(t)-c\right]^2$。根据式（6-9）对 $V(t)$ 求导可得：

$$\begin{aligned}
\dot{V}_1(t) &= \sum_{i=1}^{N}\frac{1}{\gamma_i}\left\{\left[d_i(t)+\varpi_i(t)\right]\dot{\varpi}_i(t)+\dot{d}_i(t)\varpi_i(t)\right\}\\
&= \sum_{i=1}^{N}\left\{2\left[d_i(t)+\varpi_i(t)\right]\boldsymbol{\psi}_i^{\mathrm{T}}(t)\boldsymbol{P}_v\dot{\boldsymbol{\psi}}_i(t)+\varpi_i(t)\boldsymbol{\psi}_i^{\mathrm{T}}(t)\boldsymbol{\Upsilon}\boldsymbol{\psi}_i(t)+\varpi_i(t)\bar{\boldsymbol{\eta}}_i^{\mathrm{T}}(t)\bar{\boldsymbol{\eta}}_i(t)\right\}\\
&= 2\boldsymbol{\psi}^{\mathrm{T}}(t)\left[\boldsymbol{\theta}(t)\otimes\boldsymbol{P}_v\right]\dot{\boldsymbol{\psi}}(t)+\boldsymbol{\psi}^{\mathrm{T}}(t)(\bar{\boldsymbol{W}}\otimes\boldsymbol{\Upsilon})\boldsymbol{\psi}(t)+\bar{\boldsymbol{\eta}}^{\mathrm{T}}(t)(\bar{\boldsymbol{W}}\otimes\boldsymbol{I})\bar{\boldsymbol{\eta}}(t)
\end{aligned}$$

由式（6-8）和式（6-9）可得：

$$\dot{V}_1(t) = \boldsymbol{\psi}^{\mathrm{T}}(t)(\boldsymbol{\theta}(t)\otimes(\boldsymbol{P}_v\boldsymbol{A}_v+\boldsymbol{A}_v^{\mathrm{T}}\boldsymbol{P}_v)+\bar{\boldsymbol{W}}\otimes\boldsymbol{\Upsilon}-\boldsymbol{\theta}(t)\boldsymbol{\kappa}(H)\boldsymbol{\theta}(t)\otimes\boldsymbol{P}_v\boldsymbol{L}_v+\boldsymbol{H}^{-\mathrm{T}}\bar{\boldsymbol{W}}\boldsymbol{H}^{-1}\otimes\boldsymbol{I})\boldsymbol{\psi}(t)$$

其中，$\boldsymbol{\kappa}(H)=\boldsymbol{H}+\boldsymbol{H}^{\mathrm{T}}$。令 $\underline{\lambda}=\lambda_{\min}(\boldsymbol{\kappa}(\boldsymbol{H})), \boldsymbol{L}_v=\boldsymbol{P}_v, \boldsymbol{\Upsilon}=\boldsymbol{P}_v^2$，则有：

$$\begin{aligned}
\dot{V}_1(t) \leqslant\ & \boldsymbol{\psi}^{\mathrm{T}}(t)(\boldsymbol{\theta}(t)\otimes(\boldsymbol{P}_v\boldsymbol{A}_v+\boldsymbol{A}_v^{\mathrm{T}}\boldsymbol{P}_v)+\bar{\boldsymbol{W}}\otimes\boldsymbol{P}_v^2-\\
& \underline{\lambda}\boldsymbol{\theta}(t)^2\otimes\boldsymbol{P}_v^2+\boldsymbol{H}^{-\mathrm{T}}\bar{\boldsymbol{W}}\boldsymbol{H}^{-1}\otimes\boldsymbol{I})\boldsymbol{\psi}(t)
\end{aligned} \tag{6-11}$$

同理可得：

$$\begin{aligned}
\dot{V}_2(t) &= \sum_{i=1}^{N}\frac{1}{\gamma_i}(d_i(t)-c)\dot{d}_i(t)\\
&= \sum_{i=1}^{N}(d_i(t)-c)(\boldsymbol{\psi}_i^{\mathrm{T}}(t)\boldsymbol{P}_v^2\boldsymbol{\psi}_i(t)+\bar{\boldsymbol{\eta}}_i^{\mathrm{T}}(t)\bar{\boldsymbol{\eta}}_i(t))\\
&= \boldsymbol{\psi}^{\mathrm{T}}(t)\left[(\boldsymbol{D}-c\boldsymbol{I})\otimes\boldsymbol{P}_v^2+\boldsymbol{H}^{-\mathrm{T}}(\boldsymbol{D}-c\boldsymbol{I})\times\boldsymbol{H}^{-1}\otimes\boldsymbol{I}\right]\boldsymbol{\psi}(t)
\end{aligned} \tag{6-12}$$

结合式（6-11）和式（6-1）有：

$$\begin{aligned}
\dot{V}(t) \leqslant\ & f_\psi(t)+\boldsymbol{\psi}^{\mathrm{T}}(t)\left\{\left[-\underline{\lambda}\boldsymbol{\theta}(t)^2+\bar{\boldsymbol{W}}+\boldsymbol{D}-c\boldsymbol{I}\right]\otimes\boldsymbol{P}_v^2\right\}\boldsymbol{\psi}(t)+\\
& \boldsymbol{\psi}^{\mathrm{T}}(t)\left\{\boldsymbol{H}^{-\mathrm{T}}\left[\bar{\boldsymbol{W}}+(\boldsymbol{D}-c\boldsymbol{I})\right]\boldsymbol{H}^{-1}\otimes\boldsymbol{I}\right\}\boldsymbol{\psi}(t)
\end{aligned}$$

其中，$f_\psi(t)=\boldsymbol{\psi}^{\mathrm{T}}(t)\left[\boldsymbol{\theta}(t)\otimes(\boldsymbol{P}_v\boldsymbol{A}_v+\boldsymbol{A}_v^{\mathrm{T}}\boldsymbol{P}_v)\right]\boldsymbol{\psi}(t)$。又因为 $d_i(t)$ 单调递增，并且有 $d_i(0)>1$，$\varpi_i(t)>0$，所以可得 $c>1, \boldsymbol{\theta}(t)>\boldsymbol{I}, \boldsymbol{\theta}(t)^2>\boldsymbol{\theta}(t)$。令 $\hat{\lambda}=\lambda_{\max}(\boldsymbol{H}^{-1})$ 可得：

$$\begin{aligned}
\dot{V}(t) &\leqslant f_\psi(t)+\boldsymbol{\psi}^{\mathrm{T}}(t)\{[(1-\underline{\lambda})\boldsymbol{\theta}(t)-c\boldsymbol{I}]\otimes\boldsymbol{P}_v^2\}\boldsymbol{\psi}(t)+\hat{\lambda}^2\boldsymbol{\psi}^{\mathrm{T}}(t)\{[\boldsymbol{\theta}(t)-c\boldsymbol{I}]\otimes\boldsymbol{I}\}\boldsymbol{\psi}(t)\\
&\leqslant f_\psi(t)+(1-c\underline{\lambda})\boldsymbol{\psi}^{\mathrm{T}}(t)[\boldsymbol{\theta}(t)\otimes\boldsymbol{P}_v^2]\boldsymbol{\psi}(t)+\hat{\lambda}^2\boldsymbol{\psi}^{\mathrm{T}}(t)[\boldsymbol{\theta}(t)\otimes\boldsymbol{I}]\boldsymbol{\psi}(t)
\end{aligned}$$

选择常数 c 足够大，并令 $\boldsymbol{P}_v > \boldsymbol{I}$ ，可以得到：

$$\dot{V}(t) \leqslant \boldsymbol{\psi}^{\mathrm{T}}(t)[\boldsymbol{\theta}(t) \otimes (\boldsymbol{P}_v \boldsymbol{A}_v + \boldsymbol{A}_v^{\mathrm{T}} \boldsymbol{P}_v - \boldsymbol{P}_v^2)]\boldsymbol{\psi}(t)$$

又由黎卡提方程式（6-7）可得下列不等式成立：

$$\dot{V}(t) \leqslant -\boldsymbol{\psi}^{\mathrm{T}}(t)[\boldsymbol{\theta}(t) \otimes \boldsymbol{\nu I}]\boldsymbol{\psi}(t) \leqslant -\| \boldsymbol{\psi}(t) \|^2 \leqslant 0$$

进而可以得到 $\lim_{t\to\infty} \boldsymbol{\psi}_i(t) = 0$ ，即 $\lim_{t\to\infty} \bar{\boldsymbol{\eta}}_i(t) = 0$ ，并且随着时间的增长，$d_i(t)$ 将趋近某个常数 c 。至此证明完毕。

6.2.3　控制器设计

1. 自适应状态反馈控制器

在假设条件 3 成立的情况下，令 $\bar{\boldsymbol{x}}_i(t) = \boldsymbol{x}_i(t) - \boldsymbol{X}_i \boldsymbol{v}(t)$ 。使用引理 1、式（6-1）和式（6-3）可得：

$$\dot{\bar{\boldsymbol{x}}}_i(t) = \boldsymbol{A}_i(\bar{\sigma}_i)\bar{\boldsymbol{x}}_i(t) + \boldsymbol{B}_i(\sigma_i)\bar{\boldsymbol{U}}_i(\bar{\sigma}_i)\boldsymbol{v}(t) \tag{6-13}$$

其中，$\boldsymbol{A}_i(\bar{\sigma}_i) = \boldsymbol{A}_i(\sigma_i) + \boldsymbol{B}_i(\sigma_i)\boldsymbol{K}_{1i}(\sigma_i^{'})$，$\bar{\boldsymbol{U}}_i(\bar{\sigma}_i) = \boldsymbol{U}_i(\sigma_i^{'}) - \boldsymbol{U}_i(\sigma_i)$ 。

由于不同的自主智能体系统具有不同的切换信号，并且系统与控制器之间还存在切换时延，因此，可以将整个闭环系统式（6-2）看作一个切换系统，整个系统的切换信号为 $\phi = ((\sigma_1, \sigma_1^{'}), \cdots, (\sigma_n, \sigma_n^{'})) \in [0, \infty) \to \boldsymbol{S}$ ，其中 $\boldsymbol{S} = \boldsymbol{S}_1 \times \cdots \times \boldsymbol{S}_n = \{1, 2, \cdots, s\}$ 。对于 $\phi = k$，$k \in \boldsymbol{S}$ ，控制器切换序列为 $\{(k_0, t_0^{'}), (k_1, t_1^{'}), \cdots, (k_z, t_z^{'}), \cdots \mid k_z \in \boldsymbol{S}, z = 0, 1, \cdots\}$ 。容易得到 $N_\phi(t_1, t_2) = N_{\sigma_1}(t_1, t_2) + \cdots + N_{\sigma_n}(t_1, t_2) \leqslant nN_0 + (t_2 - t_1)/\tau_\phi$ ，其中 $\tau_\phi = (\sum_{i=1}^{N} \frac{1}{\tau_{ai}})^{-1}$ 。为了不失一般性，令 $N_0 = 0$ 。

令 $\boldsymbol{T}_I(t_0, t)$ 和 $\boldsymbol{T}_D(t_0, t)$ 分别表示在时间段 $[t_0, t)$ 内李雅普诺夫方程递增和递减的时间段。

接下来给出采用本章提出的自适应异步切换控制器解决切换自主多智能体系统输出调节问题的充分条件。

定理 1　考虑切换自主多智能体系统式（6-1）和式（6-2），并且满足假设条件 1 至假设条件 3。在自适应异步切换控制器式（6-4）的作用下，若对于 $\sigma_i(t) = j, \sigma_i^{'}(t) = l, \{j, l\} \in \boldsymbol{S}_i, j \neq l$ ，存在矩阵 $\boldsymbol{P}_i(\phi) > 0$ ，标量 $\alpha > 0$、$\beta > 0$、$\mu > 1$ ，使得：

$$\begin{gathered}
\boldsymbol{A}_i^{\mathrm{T}}(j)\boldsymbol{P}_i(r) + \boldsymbol{P}_i(r)\boldsymbol{A}_i(j) - \beta \boldsymbol{P}_i(r) - \boldsymbol{P}_i(r)\boldsymbol{B}_i(j)\boldsymbol{B}_i^{\mathrm{T}}(j)\boldsymbol{P}_i(r) \leqslant 0 \\
\boldsymbol{A}_i^{\mathrm{T}}(j)\boldsymbol{P}_i(k) + \boldsymbol{P}_i(k)\boldsymbol{A}_i(j) + \alpha \boldsymbol{P}_i(k) - \boldsymbol{P}_i(k)\boldsymbol{B}_i(j)\boldsymbol{B}_i^{\mathrm{T}}(j)\boldsymbol{P}_i(k) \leqslant 0 \\
\boldsymbol{P}_i(k) \leqslant \mu \boldsymbol{P}_i(r)
\end{gathered} \tag{6-14}$$

则可说明自适应异步切换控制器式（6-4）解决了切换自主多智能体系统的协同输出调节问题。切换矩阵选取为 $\boldsymbol{K}_{1i}(j) = -\boldsymbol{B}_i^{\mathrm{T}}(j)\boldsymbol{P}_i(k), \boldsymbol{K}_{2i}(j) = -\boldsymbol{K}_{1i}(j)\boldsymbol{X}_i$ ，并且联合切换信号 ϕ 的约束条件为：

$$\tau_\phi \geqslant \tau_\phi^* = [\bar{T}_I(\alpha + \beta) + \ln \mu]/\alpha \tag{6-15}$$

证明如下。

考虑以下 Lyapunov-like 方程：

$$V_\phi(t) = \sum_{i=1}^{N} \bar{\boldsymbol{x}}_i^{\mathrm{T}}(t)\boldsymbol{P}_i(\phi)\bar{\boldsymbol{x}}_i(t)$$

其中，$\boldsymbol{P}_i(\phi) > 0$ 为切换的正定矩阵，其切换规则为 ϕ 。沿着轨迹式（6-2）对 $V_\phi(t)$ 求导可得：

$$\dot{V}_{\phi}(t)=\sum_{i=1}^{N}\bar{\boldsymbol{x}}_i^{\mathrm{T}}(t)[\boldsymbol{A}_i^{\mathrm{T}}(\bar{\sigma}_i)\boldsymbol{P}_i(\phi)+\boldsymbol{P}_i(\phi)\boldsymbol{A}_i(\bar{\sigma}_i)]\bar{\boldsymbol{x}}_i(t)+$$
$$\sum_{i=1}^{N}\bar{\boldsymbol{x}}_i^{\mathrm{T}}(t)\boldsymbol{P}_i(\phi)\boldsymbol{B}_i(\sigma_i)\bar{\boldsymbol{U}}_i(\bar{\sigma}_i)\boldsymbol{v}(t)+\sum_{i=1}^{N}\boldsymbol{v}^{\mathrm{T}}(t)\bar{\boldsymbol{U}}_i^{\mathrm{T}}(\bar{\sigma}_i)\boldsymbol{B}_i^{\mathrm{T}}(\sigma_i)\boldsymbol{P}_i(\phi)\bar{\boldsymbol{x}}_i(t)$$

令 $\boldsymbol{K}_{1i}(\sigma_i^{'})=-\boldsymbol{B}_i^{\mathrm{T}}(\sigma_i)\boldsymbol{P}_i(\phi)$，为了简便起见，使用 $\bar{\boldsymbol{U}}_i$ 表示 $\bar{\boldsymbol{U}}_i(\bar{\sigma}_i)$。因此，可以得到：

$$\dot{V}_{\phi}(t)\leqslant\sum_{i=1}^{N}\bar{\boldsymbol{x}}_i^{\mathrm{T}}(t)[\boldsymbol{A}_i^{\mathrm{T}}(\sigma_i)\boldsymbol{P}_i(\phi)+\boldsymbol{P}_i(\phi)\boldsymbol{A}_i(\sigma_i)-\boldsymbol{P}_i(\phi)\boldsymbol{B}_i(\sigma_i)\boldsymbol{B}_i^{\mathrm{T}}(\sigma_i)\boldsymbol{P}_i(\phi)]\bar{\boldsymbol{x}}_i(t)+\sum_{i=1}^{N}\boldsymbol{v}^{\mathrm{T}}(t)\bar{\boldsymbol{U}}_i^{\mathrm{T}}\bar{\boldsymbol{U}}_i\boldsymbol{v}(t) \quad (6\text{-}16)$$

对于 $t\in\boldsymbol{T}_D(t_{z-1}^{'},t)$，由 $\bar{\boldsymbol{U}}_i=0$ 可得 $\boldsymbol{v}^{\mathrm{T}}(t)\bar{\boldsymbol{U}}_i^{\mathrm{T}}\bar{\boldsymbol{U}}_i\boldsymbol{v}(t)=0$。因此，对于 $\sigma_i(t)=\sigma_i^{'}(t)=j$，$j\in\boldsymbol{S}_i,\phi=k$，结合式（6-3）和式（6-5）可以得到：

$$\dot{V}_k(t)\leqslant-\alpha V_k(t) \quad (6\text{-}17)$$

同理，对于 $t\in\boldsymbol{T}_I(t_{z-1}^{'},t),\sigma_i(t)=j,\sigma_i^{'}(t)=l,\{j,l\}\in\boldsymbol{\mathcal{S}}_i,\phi=r$，由 $\bar{\boldsymbol{U}}_i(\bar{\sigma}_i),\boldsymbol{K}_{1i}(\sigma_i),\boldsymbol{K}_{2i}(\sigma_i)$ 和 $\boldsymbol{U}_i(\sigma_i)$ 的定义可得 $\bar{\boldsymbol{U}}_i=0$。因此，由式（6-3）和式（6-5）可得：

$$\dot{V}_r(t)\leqslant\beta V_r(t) \quad (6\text{-}18)$$

假设在 $t_z^{'}$ 时刻联合系统的模态从 r 切换到了 k，则由式（6-3）可得：

$$V_k(t)\leqslant\mu V_r(t) \quad (6\text{-}19)$$

对于 $t\in[t_{z-1}^{'},t)$，由式（6-6）至式（6-8）可得：

$$\begin{aligned}V_{\phi}(t)&\leqslant e^{-\alpha\boldsymbol{T}_D(t_{z-1}^{'},t)+\beta\boldsymbol{T}_I(t_{z-1}^{'},t)}V_{\phi(t_{z-1}^{'})}(t_{z-1}^{'})\\&\leqslant e^{-\alpha(t-t_{z-1}^{'})+(\alpha+\beta)\boldsymbol{T}_I(t_{z-1}^{'},t)}V_{\phi(t_{z-1}^{'})}(t_{z-1}^{'})\\&\leqslant e^{-\alpha(t-t_{z-1}^{'})}e^{(\alpha+\beta)\bar{\boldsymbol{T}}_I}\mu V_{\phi(t_{z-1}^{'-})}(t_{z-1}^{'-})\leqslant\cdots\\&\leqslant e^{-\alpha(t-t_0)}\left[e^{(\alpha+\beta)\bar{\boldsymbol{T}}_I}\right]^{N_{\phi}(t_0,t)}\mu^{N_{\phi}(t_0,t)}V_{\phi(t_0)}(t_0)\\&\leqslant e^{-\{\alpha-[(\alpha+\beta)\bar{\boldsymbol{T}}_I+\ln\mu]/\tau_{\phi}\}(t-t_0)}V_{\phi(t_0)}(t_0),\end{aligned}$$

其中，$\bar{\boldsymbol{T}}_I=\max_z\boldsymbol{T}_I(t_{z-1}^{'},t),\forall z\in\mathbf{R}^+$。结合式（6-4）可得 $V_{\phi}(t)\leqslant a\mathrm{e}^{-b(t-t_0)}V_0(t)$，即随着时间的增长，$V_{\phi}(t)$ 将逐渐趋近于 0，此时可以说闭环系统式（6-2）渐近稳定，即 $\lim_{t\to\infty}\bar{\boldsymbol{x}}_i(t)=0$，并且切换信号满足 ADT 约束式（6-4）。

由式（6-1）和式（6-3）可得：

$$\boldsymbol{e}_i(t)=\boldsymbol{C}_i(\sigma_i)\bar{\boldsymbol{x}}_i(t) \quad (6\text{-}20)$$

由前面的推导可知 $\lim_{t\to\infty}\bar{\boldsymbol{x}}_i(t)=0$，因此由式（6-20）可以直接得到当调节方程式（6-3）成立时，$\lim_{t\to\infty}\boldsymbol{e}_i(t)=0$。至此，可以说明自适应异步切换控制器式（6-4）解决了切换自主多智能体系统的协同输出调节问题。

已经有许多学者对不存在扰动的线性切换系统的稳定性进行了研究[31]。值得注意的是，对于自主多智能体系统，由于自主智能体系统之间存在耦合关系，因此研究系统模态的切换会增加问题分析的难度。对于输出调节问题来说，外部系统存在扰动，这也会增加其分析难度。因此，研究切换自主多智能体系统的输出调节问题是一个极具挑战性的工作。接下来将给出定理 1 的几个推论。

对于固定的系统模态，即 $A_i(\sigma_i)=A_i, B_i(\sigma_i)=B_i, C_i(\sigma_i)=C_i, E_i(\sigma_i)=E_i, F_i(\sigma_i)=F_i$, $C_{mi}(\sigma_i)=C_{mi}, F_{mi}(\sigma_i)=F_i$，自主智能体系统 i 的动力学模型退化为：

$$\begin{aligned}&\dot{x}_i(t)=A_i x_i(t)+B_i u_i(t)+E_i v(t)\\&e_i(t)=C_i x_i(t)+F_i v(t),\quad i=1,2,\cdots,N\\&y_{mi}=C_{mi}x_i(t)+F_{mi}v(t)\end{aligned}\tag{6-21}$$

对应的状态反馈控制器为：

$$u_i(t)=K_{1i}x_i(t)+K_{2i}\eta_i(t)\tag{6-22}$$

推论 1 自主多智能体系统式（6-21）和外部系统式（6-3）满足假设条件 1 和假设条件 2，并且矩阵对 (A_i,B_i) 可镇定。选取反馈增益矩阵 K_{1i} 使得 $(A_i+B_iK_{1i})$ 是赫尔维茨（Hurwitz）稳定的，并且令 $K_{2i}=U_i-K_{1i}X_i$，$i=1,2,\cdots,N$，其中矩阵对 (X_i,U_i) 是以下调节方程的解。

$$\begin{aligned}&A_iX_i+B_iU_i+E_i=X_iA_v\\&C_iX_i+F_i=0\end{aligned}\tag{6-23}$$

则在控制器式（6-9）和式（6-4）中的估计器的作用下，可以解决自主多智能体系统式（6-21）的协同输出调节问题。

2. 自适应输出反馈控制器

考虑以下基于输出的异步切换控制器：

$$\begin{aligned}&u_i(t)=K_{1i}(\sigma_i')\zeta_i(t)+K_{2i}(\sigma_i')\eta_i(t)\\&\dot{\zeta}_i(t)=A_i(\sigma_i)\zeta_i(t)+B_i(\sigma_i)u_i(t)+E_i(\sigma_i)\eta_i(t)+\\&\qquad G_i(\sigma_i)[y_{mi}-C_{mi}(\sigma_i)\zeta_i(t)-F_{mi}(\sigma_i)\eta_i(t)]\end{aligned}\tag{6-24}$$

其中，$\zeta_i(t)\in\mathbf{R}^{n_i}$ 为系统状态的估计值，$G_i(\sigma_i)$ 为增益矩阵。令 $\bar{\zeta}_i(t)=\zeta_i(t)-x_i(t)$，则由式（6-3）和式（6-11）可得：

$$\dot{\bar{\zeta}}_i(t)=[A_i(\sigma_i)-G_i(\sigma_i)C_{mi}(\sigma_i)]\bar{\zeta}_i(t)+[E_i(\sigma_i)-G_i(\sigma_i)F_i(\sigma_i)]\bar{\eta}_i(t)$$

由引理 1 可得 $\lim\limits_{t\to\infty}\bar{\eta}_i(t)=0$，进而可得：

$$\dot{\bar{\zeta}}_i(t)=[A_i(\sigma_i)-G_i(\sigma_i)C_{mi}(\sigma_i)]\bar{\zeta}_i(t)\tag{6-25}$$

将式（6-4）和式（6-12）代入式（6-3）可得：

$$\dot{\bar{x}}_i(t)=A_i(\bar{\sigma}_i)\bar{x}_i(t)+B_i(\sigma_i)K_{1i}(\sigma_i')\bar{\zeta}_i(t)+B_i(\sigma_i)K_{2i}(\sigma_i')\bar{\eta}_i(t)+B_i(\sigma_i)\bar{U}_i(\bar{\sigma}_i)v(t)$$

又由 $\lim\limits_{t\to\infty}\bar{\eta}_i(t)=0$ 可得：

$$\dot{\bar{x}}_i(t)=A_i(\bar{\sigma}_i)\bar{x}_i(t)+B_i(\sigma_i)K_{1i}(\sigma_i')\bar{\zeta}_i(t)+B_i(\sigma_i)\bar{U}_i(\bar{\sigma}_i)v(t)\tag{6-26}$$

接下来给出在基于输出的自适应异步切换控制器的作用下，解决切换自主多智能体系统输出调节问题的充分条件。

定理 2 考虑切换自主多智能体系统式（6-1）和外部系统式（6-3），假设条件 1 至假设条件 3 成立。在异步切换控制器式（6-11）的作用下，若对于 $\sigma_i(t)=j,\sigma_i'(t)=l,\{j,l\}\in S_i, j\neq l$，存在矩阵 $P_i(\phi)>0, Q_i(\phi)>0$，标量 $\varepsilon>\max_i\|P_i(\phi)B_i(j)\|^2,\hat{\kappa},\mu>1$，使得：

$$
\begin{aligned}
&\boldsymbol{A}_i^{\mathrm{T}}(j)\boldsymbol{P}_i(r)+\boldsymbol{P}_i(r)\boldsymbol{A}_i(j)+\hat{\kappa}\boldsymbol{P}_i(r)\leqslant 0\\
&\boldsymbol{A}_i^{\mathrm{T}}(j)\boldsymbol{Q}_i(k)+\boldsymbol{Q}_i(k)\boldsymbol{A}_i(j)+\hat{\kappa}\boldsymbol{Q}_i(k)+2\boldsymbol{C}_{mi}^{\mathrm{T}}(k)\boldsymbol{C}_{mi}(k)+\varepsilon\boldsymbol{I}\leqslant 0\\
&\boldsymbol{P}_i(k)\leqslant\mu\boldsymbol{P}_i(r),\ \ \boldsymbol{Q}_i(k)\leqslant\mu\boldsymbol{Q}_i(r)
\end{aligned}
\tag{6-27}
$$

其中，对于 $t\in\boldsymbol{T}_D(t_{z-1}^{'},t)$ ， $\hat{\kappa}=\alpha>0$ ；对于 $t\in\boldsymbol{T}_I(t_{z-1}^{'},t)$ ， $\hat{\kappa}=-\beta<0$ 。则可说明异步自适应切换控制器式（6-11）解决了切换自主多智能体系统的输出调节问题。切换增益矩阵选取为： $\boldsymbol{K}_{1i}(j)=-\boldsymbol{B}_i^{\mathrm{T}}(j)\boldsymbol{P}_i(k),\boldsymbol{K}_{2i}(j)=-\boldsymbol{K}_{1i}(j)\boldsymbol{X}_i,\boldsymbol{G}_i(j)=-\boldsymbol{Q}_i^{-1}(k)\boldsymbol{C}_{mi}^{\mathrm{T}}(j)$ 。联合切换信号 ϕ 满足约束式（6-4）。

证明如下。

选取以下 Lyapunov-like 方程：

$$
V_{o\phi}(t)=V_{\phi}(t)+\sum_{i=1}^{N}\bar{\zeta}_i^{\mathrm{T}}(t)\boldsymbol{Q}_i(\phi)\bar{\zeta}_i(t)
$$

沿着轨迹式（6-12）和式（6-13）对 $V_{o\phi}(t)$ 求导可得：

$$
\begin{aligned}
\dot{V}_{o\phi}(t)=\dot{V}_{\phi}(t)+2\sum_{i=1}^{N}\{&\bar{\boldsymbol{x}}_i^{\mathrm{T}}(t)\boldsymbol{P}_i(\phi)\boldsymbol{B}_i(\sigma_i)\boldsymbol{K}_{1i}(\sigma_i)\bar{\zeta}_i(t)+\\
&2\bar{\zeta}_i^{\mathrm{T}}(t)\boldsymbol{Q}_i(\phi)[\boldsymbol{A}_i(\sigma_i)-\boldsymbol{G}_i(\sigma_i)\boldsymbol{C}_{mi}(\sigma_i)]\bar{\zeta}_i(t)\}
\end{aligned}
$$

其中， $\boldsymbol{K}_{1i}(\sigma_i^{'})=-\boldsymbol{B}_i^{\mathrm{T}}(\sigma_i)\boldsymbol{P}_i(\phi),\boldsymbol{G}_i(j)=-\boldsymbol{Q}_i^{-1}(k)\boldsymbol{C}_{mi}^{\mathrm{T}}(j)$ 。由式（6-5）可得：

$$
\begin{aligned}
\dot{V}_{o\phi}(t)\leqslant\sum_{i=1}^{N}\{&\bar{\boldsymbol{x}}_i^{\mathrm{T}}(t)[\boldsymbol{A}_i^{\mathrm{T}}(\sigma_i)\boldsymbol{P}_i(\phi)+\boldsymbol{P}_i(\phi)\boldsymbol{A}_i(\sigma_i)]\bar{\boldsymbol{x}}_i(t)+\\
&\bar{\zeta}_i^{\mathrm{T}}(t)[\boldsymbol{A}_i^{\mathrm{T}}(\sigma_i)\boldsymbol{Q}_i(\phi)+\boldsymbol{Q}_i(\phi)\boldsymbol{A}_i(\sigma_i)+2\boldsymbol{C}_{mi}^{\mathrm{T}}(\sigma_i)\times\\
&\boldsymbol{C}_{mi}(\sigma_i)]\bar{\zeta}_i(t)+\|\boldsymbol{P}_i(\phi)\boldsymbol{B}_i(\sigma_i)\|^2\|\bar{\zeta}_i(t)\|^2\}+\sum_{i=1}^{N}\boldsymbol{v}^{\mathrm{T}}(t)\bar{\boldsymbol{U}}_i^{\mathrm{T}}\bar{\boldsymbol{U}}_i\boldsymbol{v}(t)
\end{aligned}
$$

对于 $t\in\boldsymbol{T}_D(t_{z-1}^{'},t)$ ，由 $\bar{\boldsymbol{U}}_i=0$ 可得 $\boldsymbol{v}^{\mathrm{T}}(t)\bar{\boldsymbol{U}}_i^{\mathrm{T}}\bar{\boldsymbol{U}}_i\boldsymbol{v}(t)=0$ 。因此，对于 $\sigma_i(t)=\sigma_i^{'}(t)=j$ ， $j\in\boldsymbol{S}_i,\phi=k$ ，选取 $\varepsilon>\max_i\|\boldsymbol{P}_i(\phi)\boldsymbol{B}_i(\sigma_i)\|^2$ ，由式（6-14）可得 $\dot{V}_{ok}(t)\leqslant-\alpha V_{ok}(t)$ 。

对于 $t\in\boldsymbol{T}_I(t_{z-1}^{'},t)$ ， $\sigma_i(t)=j$ ， $\sigma_i^{'}(t)=l$ ， $\{j,l\}\in\boldsymbol{\mathcal{S}}_i$ ， $\phi=r$ ，由式（6-14）可得 $\dot{V}_{or}(t)\leqslant\beta V_{or}(t)$ 。在 $t_z^{'}$ 时刻，由式（6-14）可得 $V_{ok}(t)\leqslant\mu V_{or}(t)$ 。渐近稳定性可以在定理 1 的证明过程中获得。同理，由式（6-20）可得 $\lim\limits_{t\to\infty}\boldsymbol{e}_i(t)=0$ 。至此，证明完毕。

接下来讨论在系统模态固定的情况下，基于输出的自适应控制器的输出调节问题。设计以下控制器：

$$
\begin{aligned}
&\boldsymbol{u}_i(t)=\boldsymbol{K}_{1i}\zeta_i(t)+\boldsymbol{K}_{2i}\boldsymbol{\eta}_i(t)\\
&\dot{\zeta}_i(t)=\boldsymbol{A}_i\zeta_i(t)+\boldsymbol{B}_i\boldsymbol{u}_i(t)+\boldsymbol{E}_i\boldsymbol{\eta}_i(t)+\boldsymbol{G}_i[\boldsymbol{y}_{mi}-\boldsymbol{C}_{mi}\zeta_i(t)-\boldsymbol{F}_{mi}\boldsymbol{\eta}_i(t)]
\end{aligned}
\tag{6-28}
$$

推论 2 自主多智能体系统式（6-21）和外部系统式（6-4）满足假设条件 1 和假设条件 2，并且矩阵对 $(\boldsymbol{A}_i,\boldsymbol{B}_i)$ 可镇定。选取反馈增益矩阵 $\boldsymbol{K}_{1i}$ 和 $\boldsymbol{G}_i$ 使得 $(\boldsymbol{A}_i+\boldsymbol{B}_i\boldsymbol{K}_{1i})$ 和 $(\boldsymbol{A}_i-\boldsymbol{G}_i\boldsymbol{C}_{mi})$ 是赫尔维茨稳定的，并且令 $\boldsymbol{K}_{2i}=\boldsymbol{U}_i-\boldsymbol{K}_{1i}\boldsymbol{X}_i$ ， $i=1,2,\cdots,N$ ，其中矩阵对 $(\boldsymbol{X}_i,\boldsymbol{U}_i)$ 为调节方程式（6-10）的解。则在控制器式（6-15）和式（6-4）中的估计器的作用下，可以解决系统式（6-21）的协同输出调节问题。

3. 领导者-跟随者一致性

领导者-跟随者（Leader-Follower）一致性问题是自主多智能体系统输出调节问题的一类

特殊情况，外部系统作为领导者，而剩余自主多智能体系统作为跟随者。与一致性问题不同的是，输出调节需要在抑制扰动的同时进行跟踪。接下来给出领导者-跟随者一致性问题的推论。

考虑以下切换自主多智能体系统：

$$\begin{aligned}\dot{\boldsymbol{x}}_i(t)&=\boldsymbol{A}_i(\sigma_{i,t})\boldsymbol{x}_i(t)+\boldsymbol{B}_i(\sigma_{i,t})\boldsymbol{u}_i(t)\\ \boldsymbol{y}_{mi}(t)&=\boldsymbol{C}_{mi}(\sigma_{i,t})\boldsymbol{x}_i(t)\end{aligned}\tag{6-29}$$

领导者的动力学描述如式（6-4）所示。

切换自主多智能体系统领导者-跟随者一致性问题的目标是：设计一个用于状态切换的自适应控制器，使所有跟随者的状态能够渐近地跟随领导者，即 $\lim_{t\to\infty}\|\boldsymbol{x}_i(t)-\boldsymbol{v}(t)\|=0$ 。

跟随误差定义为：

$$\boldsymbol{e}_i(t)=\boldsymbol{x}_i(t)-\boldsymbol{v}(t)$$

推论 3 考虑切换自主多智能体系统式（6-16）和外部系统式（6-4），并使它们满足假设条件 1 至假设条件 3。在异步切换控制器式（6-4）的作用下，若对于 $\sigma_i(t)=j,\sigma_i^{'}(t)=l$, $\{j,l\}\in\boldsymbol{S}_i, j\neq l$ ，存在矩阵 $\boldsymbol{P}_i(\phi)>0$ ，标量 $\alpha>0,\beta>0,\mu>1$ ，使得式（6-3）成立，则可说明自适应异步切换控制器式（6-4）解决了切换自主多智能体系统领导者-跟随者一致性问题。切换矩阵选取为 $\boldsymbol{K}_{1i}(j)=-\boldsymbol{B}_i^{\mathrm{T}}(j)\boldsymbol{P}_i(k), \boldsymbol{K}_{2i}(j)=-\boldsymbol{K}_{1i}(j)\boldsymbol{X}_i$ ，其中矩阵对 $[\boldsymbol{X}_i,\boldsymbol{U}_i(\sigma_i)]$ 是下列调节方程的解。

$$\begin{aligned}\boldsymbol{A}_i(\sigma_i)\boldsymbol{X}_i+\boldsymbol{B}_i(\sigma_i)\boldsymbol{U}_i(\sigma_i)&=\boldsymbol{X}_i\boldsymbol{A}_v\\ \boldsymbol{X}_i-\boldsymbol{I}&=0\end{aligned}\tag{6-30}$$

此外，联合切换信号 ϕ 满足约束条件式（6-4）。

同样地，给出切换自主多智能体系统基于输出的领导者-跟随者一致性问题的推论。

推论 4 考虑切换自主多智能体系统式（6-16）和外部系统式（6-4），并使它们满足假设条件 1 至假设条件 3。在异步切换控制器：

$$\begin{aligned}\boldsymbol{u}_i(t)&=\boldsymbol{K}_{1i}(\sigma_i^{'})\boldsymbol{\zeta}_i(t)+\boldsymbol{K}_{2i}(\sigma_i^{'})\boldsymbol{\eta}_i(t)\\ \dot{\boldsymbol{\zeta}}_i(t)&=\boldsymbol{A}_i(\sigma_i)\boldsymbol{\zeta}_i(t)+\boldsymbol{B}_i(\sigma_i)\boldsymbol{u}_i(t)+\boldsymbol{G}_i(\sigma_i)[\boldsymbol{y}_{mi}-\boldsymbol{C}_{mi}(\sigma_i)\boldsymbol{\zeta}_i(t)]\end{aligned}\tag{6-31}$$

的作用下，若对于 $\sigma_i(t)=j,\sigma_i^{'}(t)=l,\{j,l\}\in\boldsymbol{S}_i,j\neq l$ ，存在矩阵 $\boldsymbol{P}_i(\phi)>0$、$\boldsymbol{Q}_i(\phi)>0$ ，标量 $\varepsilon>\max_i\|\boldsymbol{P}_i(\phi)\boldsymbol{B}_i(j)\|^2,\hat{\kappa},\mu>1$ ，使得式（6-14）成立，则可说明异步自适应切换控制器式（6-31）解决了切换自主多智能体系统的输出调节问题。切换增益矩阵选取为： $\boldsymbol{K}_{1i}(j)=-\boldsymbol{B}_i^{\mathrm{T}}(j)\boldsymbol{P}_i(k)$, $\boldsymbol{K}_{2i}(j)=-\boldsymbol{K}_{1i}(j)\boldsymbol{X}_i,\boldsymbol{G}_i(j)=-\boldsymbol{Q}_i^{-1}(k)\boldsymbol{C}_{mi}^{\mathrm{T}}(j)$ 。联合切换信号 ϕ 满足约束式（6-4）。

6.2.4 仿真验证

由绪论部分和本章上述分析可知，自主多智能体系统输出调节控制器可应用于很多方面。本小节从轮式移动机器人的编队问题入手对提出的控制器进行验证。典型的非完整轮式机器人如图 6-2 所示。前后轮之间的距离为 d。一类轮式移动机器人的运动学方程描述如下[32]：

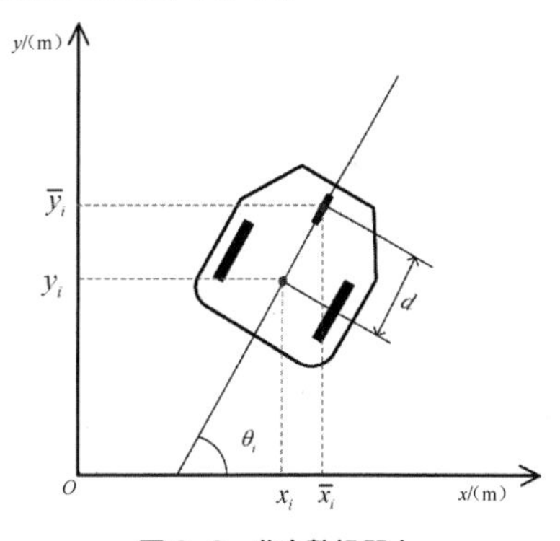

图 6-2 非完整机器人

$$\begin{aligned}\dot{x}_i&=v_i\cos\theta_i\\ \dot{y}_i&=v_i\sin\theta_i\end{aligned}$$

$$\begin{aligned}&\dot{\theta}_i = \omega_i \\ &m_i\dot{v}_i = f_i \\ &J_i\dot{\omega}_i = \tau_i,\quad i=1,2,3,4\end{aligned} \tag{6-32}$$

其中，(x_i, y_i) 为机器人 i 的笛卡儿位置，θ_i 为机器人质心的角度，v_i 为线速度，ω_i 为角速度，m_i 为机器人质量，J_i 为转动惯量。令 $\boldsymbol{u}_i = [f_i, \tau_i]^{\mathrm{T}}$ 为控制输入，其中 f_i 为力，τ_i 为扭矩。

为了避免由式（6-32）带来的约束，定义以下系统输出：

$$\boldsymbol{p}_i = \begin{pmatrix}\overline{x}_i \\ \overline{y}_i\end{pmatrix} = \begin{pmatrix}x_i \\ y_i\end{pmatrix} + d\begin{pmatrix}\cos\theta_i \\ \sin\theta_i\end{pmatrix} \tag{6-33}$$

采用反馈线性化方法，将式（6-32）转化为以下双积分器模型：

$$\begin{aligned}&\dot{\overline{x}}_i = \nu_{xi} \\ &\dot{\overline{y}}_i = \nu_{yi} \\ &\dot{\nu}_{xi} = \overline{f}_i \\ &\dot{\nu}_{yi} = \overline{\tau}_i,\quad i=1,2,3,4\end{aligned} \tag{6-34}$$

其中，$\overline{\boldsymbol{u}}_i = [\overline{f}_i, \overline{\tau}_i]^{\mathrm{T}}$ 为新的控制输入。领导者具有常数速度。令 $\boldsymbol{v}(t) = [x_d, y_d, \nu_{xd}, \nu_{yd}]$ 和 $\boldsymbol{x}_i(t) = [\overline{x}_i - x_{di}, \overline{y}_i - y_{di}, \nu_{xi}, \nu_{yi}]$ 分别表示领导者和跟随者的状态向量，其中 $\boldsymbol{p}_d = [x_d, y_d]^{\mathrm{T}}$ 和 $\boldsymbol{\nu}_d = [\nu_{xd}, \nu_{yd}]^{\mathrm{T}}$ 分别表示领导者的位置和速度。$\boldsymbol{p}_{di} = [x_{di}, y_{di}]^{\mathrm{T}}$ 表示跟随者 i 和领导者的相对位置。定义 $\boldsymbol{e}_i = \boldsymbol{p}_i - \boldsymbol{p}_{di} - \boldsymbol{p}_0(t)$，其中 $\boldsymbol{p}_0(t) = [t, t]^{\mathrm{T}}$。因此可以得到系统式（6-1）的状态空间描述：

$$\boldsymbol{A}_i(1) = \begin{bmatrix}0 & 1 \\ 0 & 0\end{bmatrix}\otimes\boldsymbol{I}_2,\quad \boldsymbol{B}_i(1) = \begin{bmatrix}0 \\ 1\end{bmatrix}\otimes\boldsymbol{I}_2,\quad \boldsymbol{E}_i(1) = \boldsymbol{0}_{4\times4}$$

$$\boldsymbol{C}_i(1) = \begin{bmatrix}1 & 0\end{bmatrix}\otimes\boldsymbol{I}_2,\quad \boldsymbol{F}_i(1) = -\begin{bmatrix}1 & 0\end{bmatrix}\otimes\boldsymbol{I}_2,\quad \boldsymbol{A}_v = \begin{bmatrix}0 & 1 \\ 0 & 0\end{bmatrix}\otimes\boldsymbol{I}_2$$

在另一种情况下，即当跟随者 i 的速度 ν_{yi} 与领导者的速度 ν_{yd} 相等，并且在 y 轴方向上没有控制作用时，可以得到：

$$\boldsymbol{A}_i(2) = \begin{bmatrix}\boldsymbol{0}_{2\times2} & \boldsymbol{N}_1 \\ \boldsymbol{0}_{2\times2} & \boldsymbol{0}_{2\times2}\end{bmatrix},\quad \boldsymbol{B}_i(2) = \begin{bmatrix}\boldsymbol{0}_{2\times2} \\ \boldsymbol{N}_1\end{bmatrix},\quad \boldsymbol{E}_i(2) = \begin{bmatrix}\boldsymbol{0}_{2\times2} & \boldsymbol{N}_2 \\ \boldsymbol{0}_{2\times2} & \boldsymbol{0}_{2\times2}\end{bmatrix}$$

$$\boldsymbol{C}_i(2) = \boldsymbol{C}_i(1),\quad \boldsymbol{F}_i(2) = \boldsymbol{F}_i(1)$$

其中，$\boldsymbol{N}_1 = \begin{bmatrix}1 & 0 \\ 0 & 0\end{bmatrix}, \boldsymbol{N}_2 = \begin{bmatrix}0 & 0 \\ 0 & 1\end{bmatrix}$。进而可以得到跟随者的切换信号 $\sigma_i : [0,\infty) \to \boldsymbol{S}_i = \{1,2\}$。

跟随者与领导者之间形成直角三角形编队，因此，4 个跟随者和领导者之间的相对距离为 $\boldsymbol{p}_{d1} = [-10, 0]^{\mathrm{T}}, \boldsymbol{p}_{d2} = [0, -10]^{\mathrm{T}}, \boldsymbol{p}_{d3} = [0, -20]^{\mathrm{T}}, \boldsymbol{p}_{d4} = [-20, 0]^{\mathrm{T}}$。

领导者与跟随者组成的通信拓扑包含一个有向生成树，其拉普拉斯矩阵可表示为：

$$\boldsymbol{L} = \begin{bmatrix}0 & 0 & 0 & 0 \\ -1 & 1 & 0 & 0 \\ 0 & -1 & 1 & 0 \\ -1 & 0 & 0 & 1\end{bmatrix},\quad \boldsymbol{\Lambda} = \begin{bmatrix}1 & 0 & 0 & 0 \\ 0 & 0 & 0 & 0 \\ 0 & 0 & 1 & 0 \\ 0 & 0 & 0 & 0\end{bmatrix}$$

进而可以验证假设条件 1 成立。满足调节方程式（6-3）的解为 $\boldsymbol{X}_i=\boldsymbol{I}_4,\boldsymbol{U}_i(\sigma_i)=\boldsymbol{0}_{2\times 4}$，增益矩阵为：

$$\boldsymbol{K}_{2i}(\sigma_i)=-\boldsymbol{K}_{1i}(\sigma_i)$$

首先验证控制器式（6-4）的有效性。给定 $\mu=1.05,\alpha=0.53,\beta=0.9$，令 $\nu=1.3$，由方程式（6-7）计算矩阵 $\boldsymbol{P}_\nu$，得到：

$$\boldsymbol{P}_\nu=\begin{bmatrix}1.0563 & 0 & 0.4292 & 0\\ 0 & 1.0563 & 0 & 0.4292\\ 0.4292 & 0 & 1.4050 & 0\\ 0 & 0.4292 & 0 & 1.4050\end{bmatrix}$$

在初始时刻，模态 1 被激活，则可得到矩阵 $\boldsymbol{P}(1)$：

$$\boldsymbol{P}(1)=\begin{bmatrix}0.2898 & 0 & 0.6141 & 0\\ 0 & 0.2898 & 0 & 0.6141\\ 0.6141 & 0 & 2.0043 & 0\\ 0 & 0.6141 & 0 & 2.0043\end{bmatrix}$$

增益矩阵为：

$$\boldsymbol{K}_{1i}(1)=\begin{bmatrix}-0.6141 & 0 & -2.0043 & 0\\ 0 & -0.6141 & 0 & -2.0043\end{bmatrix}$$

$$\boldsymbol{K}_{2i}(1)=\begin{bmatrix}0.6141 & 0 & 2.0043 & 0\\ 0 & 0.6141 & 0 & 2.0043\end{bmatrix}$$

根据式（6-4）选取 $\bar{T}_l=0.1\,\text{s}$，则 $\tau_\phi^*=0.3618\,\text{s}$。令 $\tau_\phi=0.37\,\text{s}>\tau_\phi^*$ 为系统切换的 ADT。每个跟随者的切换信号如图 6-3 所示。

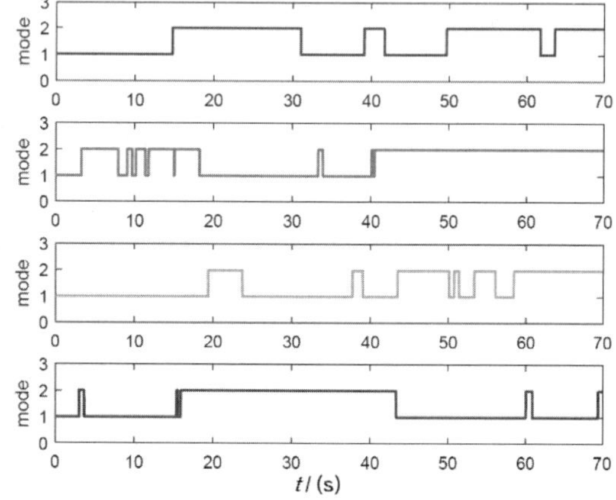

图 6-3　跟随者切换信号时序图

在自适应异步切换控制器式（6-4）的作用下，跟随者与领导者的编队运动轨迹如图 6-4（a）所示。所有自主智能体系统的运动速度均为 1m/s。可以看出，初始时刻不同的机器人处于不同的位置，并且未形成三角形编队形状；随着时间的增长，每个跟随者向着其与领导者的期望相对位置运动。4 个跟随者和领导者最终组成了三角形编队形状。

对自主智能体系统式（6-21）采用式（6-4）中的自适应估计器和反馈控制器式（6-9），则跟随者与领导者的编队运动轨迹如图 6-4（b）所示。通过对比图 6-4（a）和图 6-4（b）可以看出，切换系统下的编队效果要比固定系统下的编队效果差，这是由于系统切换与控制器切换存在时延。自适应参数变化趋势如图 6-5 所示。可以看出，每个跟随者的自适应参数最终都趋于一个常数。在文献[23]中，耦合参数的选取是离线的，这就需要开展大量实验以得到合适的参数，而本小节的参数选取是自适应的，并且系统和控制器均是切换的。因此，本小节的结果包含文献[23]中的结果。综上，本小节提出的基于状态的自适应异步切换控制器可以解决输出调节问题。

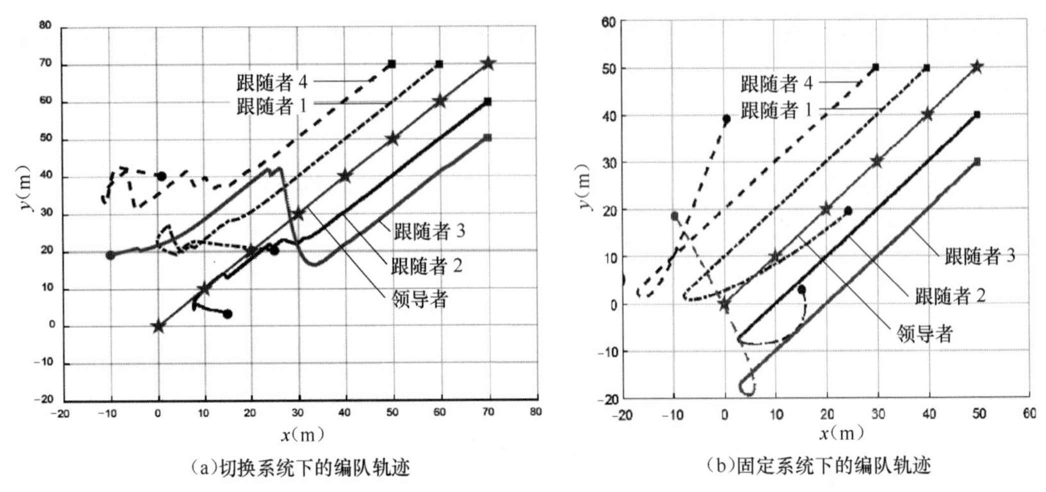

(a)切换系统下的编队轨迹 (b)固定系统下的编队轨迹

图 6-4 自适应状态反馈控制下的编队轨迹对比

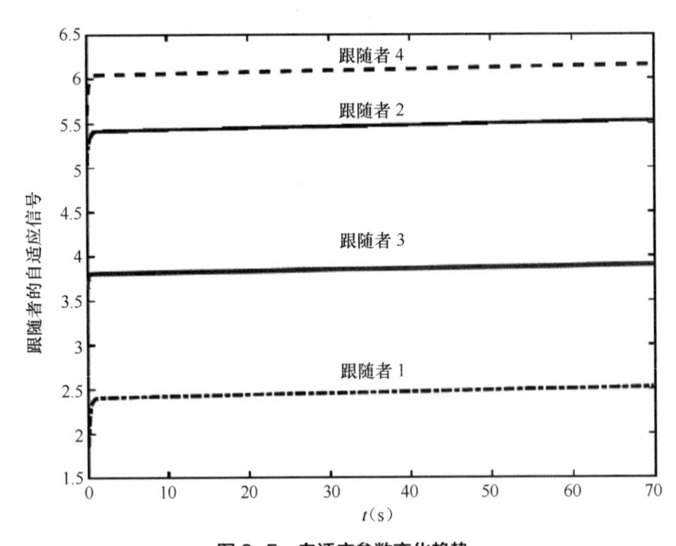

图 6-5 自适应参数变化趋势

接下来验证基于输出的自适应异步切换控制器式(6-11)的有效性。给定 $\mu=1.05, \alpha=0.53$, $\beta=0.9$ 。令 $v=1.3$，则可通过计算得到 $\boldsymbol{P}_v$ 。根据式（6-14）可得：

$$\boldsymbol{Q}(1)=\begin{bmatrix} 6.7312 & 0 & 0.7277 & 0 \\ 0 & 1.7586 & 0 & 0 \\ 0.7277 & 0 & 0.0940 & 0 \\ 0 & 0 & 0 & 0.1425 \end{bmatrix}$$

增益矩阵为：

$$\boldsymbol{G}_i(1)=\begin{bmatrix} -0.9097 & 0 & 7.0398 & 0 \\ 0 & -0.5686 & 0 & 0 \end{bmatrix}^{\mathrm{T}}$$

在基于输出的自适应异步切换控制器式（6-11）的作用下，跟随者与领导者的编队运动轨迹如图 6-6（a）所示。对自主智能体系统式（6-21）采用式（6-4）中的自适应估计器和输出反馈控制器式（6-15），则跟随者与领导者的编队运动轨迹如图 6-6（b）所示。可以看出领导者和 4 个跟随者最终组成了三角形编队形状。综上，本章提出的基于输出的自适应异步切换控

制器可以解决输出调节问题。

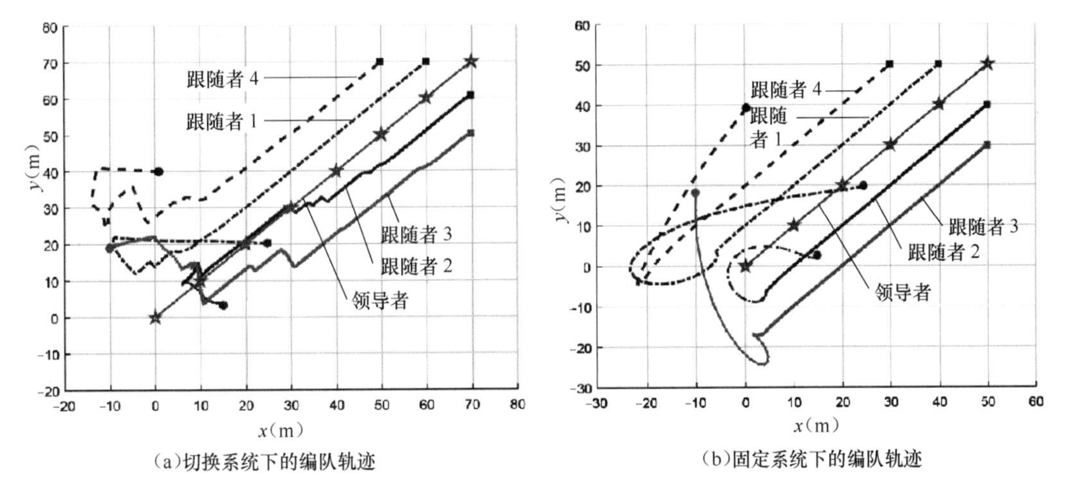

图 6-6　自适应输出反馈控制下的编队轨迹对比

6.3 基于事件触发的拓扑切换异构自主多智能体系统协同输出调节

6.3.1　问题描述

由于一致性问题要求自主多智能体系统必须是同构的，为了研究异构自主多智能体系统，这一节将研究协同输出调节问题。协同输出调节的目标是使自主多智能体系统实现对参考信号的渐近跟踪和对外部干扰的抑制。因此，领导者-跟随者一致性、有一个虚拟领导者的一致性和输出一致性问题等都可以被看作协同输出调节问题的特殊情况。由于协同输出调节能够应用于异构自主多智能体系统，目前有许多关于自主多智能体系统协同输出调节问题的研究[8, 9, 33, 34]。文献[34]设计了一个基于内模和动态误差反馈的 H_∞控制器并将其用于解决异构自主多智能体系统的协同输出调节问题。文献[8]设计了一个基于分布式观测器的输出调节控制器。在此控制器中，所有节点被分为两部分：一部分能够直接接收外部系统的信号，另一部分不能接收外部系统的信号。然而文献[8]中的控制器需要知道全局拉普拉斯矩阵的最小非零特征值。为了解决这一问题，文献[9]和[12]分别基于无向和有向通信拓扑设计了分布式自适应输出调节控制机制，此机制能够避免使用拉普拉斯矩阵的特征值。以上这些研究要求自主智能体系统之间连续通信，然而自主智能体系统间的连续通信会造成较大的网络通信负载和能量浪费。因此，为了降低节点之间的通信量，参考事件触发一致性问题[35-39]中的控制策略的设计，文献[13]和[14]设计了基于事件触发的协同输出调节控制策略。

在现有的研究中，设计事件触发控制策略需要知道全局拉普拉斯矩阵的最小非零特征值 $\lambda_2(\boldsymbol{G})$，然而 $\lambda_2(\boldsymbol{G})$ 是一个全局信息，并且在大规模自主多智能体系统中很难得到。此外，虽然有许多学者研究自主多智能体系统的事件触发一致性问题，但很少有人研究事件触发协同输出调节问题。相比于同构自主多智能体系统的事件触发一致性问题，研究异构自主多智能体系统的分布式协同输出调节问题更具有挑战性。因此，本节主要研究拓扑切换异构自主多智能体系统的分布式自适应事件触发协同输出调节问题。

6.3.2 系统建模

考虑一个带外部输入的线性异构自主多智能体系统，其中 N 个线性异构自主智能体系统的动力学方程为：

$$\begin{cases}\dot{\boldsymbol{x}}_i(t)=\boldsymbol{A}_i\boldsymbol{x}_i(t)+\boldsymbol{B}_i\boldsymbol{u}_i(t)+\boldsymbol{E}_i\boldsymbol{v}(t)\\ \boldsymbol{y}_{mi}(t)=\boldsymbol{C}_{mi}\boldsymbol{x}_i(t)+\boldsymbol{F}_{mi}\boldsymbol{v}(t)\\ \boldsymbol{e}_i(t)=\boldsymbol{C}_i\boldsymbol{x}_i(t)+\boldsymbol{D}_i\boldsymbol{u}_i(t)+\boldsymbol{F}_i\boldsymbol{v}(t)\end{cases} \tag{6-35}$$

外部系统的构成包含参考信号和外部扰动，其动力学方程为：

$$\dot{\boldsymbol{v}}(t)=\boldsymbol{S}\boldsymbol{v}(t) \tag{6-36}$$

其中，$\boldsymbol{x}_i(t)\in\boldsymbol{R}^{ni}$ 是自主智能体系统 i 的状态，$\boldsymbol{u}_i(t)\in\boldsymbol{R}^{mi}$ 是自主智能体系统 i 的控制器输入，$\boldsymbol{y}_{mi}(t)\in\boldsymbol{R}^{ni}$ 是测量输出，$\boldsymbol{e}_i(t)\in\boldsymbol{R}^{q}$ 是被调输出。$\boldsymbol{A}_i\in\boldsymbol{R}^{ni\times ni}$，$\boldsymbol{B}_i\in\boldsymbol{R}^{ni\times mi}$，$\boldsymbol{E}_i\in\boldsymbol{R}^{ni\times p}$，$\boldsymbol{C}_i\in\boldsymbol{R}^{q\times ni}$，$\boldsymbol{D}_i\in\boldsymbol{R}^{q\times mi}$，$\boldsymbol{F}_i\in\boldsymbol{R}^{q\times p}$，$\boldsymbol{F}_i\in\boldsymbol{R}^{q\times p}$，$\boldsymbol{F}_i\in\boldsymbol{R}^{q\times p}$，$\boldsymbol{C}_{mi}\in\boldsymbol{R}^{qi\times ni}$，$\boldsymbol{F}_{mi}\in\boldsymbol{R}^{qi\times p}$，这些都是常数矩阵，且都有相互兼容的维数，$\boldsymbol{v}(t)\in\boldsymbol{R}^{p}$ 代表外部系统，且有 $\boldsymbol{S}\in\boldsymbol{R}^{p\times p}$。在本节中，切换拓扑由 $\boldsymbol{G}^{\sigma(t)}$ 表示，其中 $\sigma(t):[0,+\infty)\to\{1,\cdots,s\}$ 为通信拓扑的切换信号。

假设条件 4 矩阵 $\boldsymbol{A}_v$ 的特征值的实部均非负。

假设条件 5 $(\boldsymbol{A}_i,\boldsymbol{B}_i),i=1,2,\cdots,N$ 是可控的。

假设条件 6 $(\boldsymbol{C}_i,\boldsymbol{A}_i),i=1,2,\cdots,N$ 是可观测的。

假设条件 7 所有通信拓扑都是有向图且包含有向生成树。

定义 2 对于自主多智能体系统式（6-1），假设通信拓扑 $\boldsymbol{G}^{\sigma(t)}$ 是有向的且具有一个生成树。设计控制器，使其满足以下条件。

条件 1 当 $\boldsymbol{v}(t)=0$ 时，闭环系统式（6-1）渐近稳定。

条件 2 对于任意初始状态 $\boldsymbol{x}_i(0),\boldsymbol{\varepsilon}_i(0),\boldsymbol{\eta}_i(0),i=1,\cdots,N$ 和 $\boldsymbol{v}(0)$，若满足 $\lim\limits_{t\to\infty}\boldsymbol{e}_i(t)=0$，$i=1,\cdots,N$，那么所设计的控制器就能够解决自主多智能体系统式（6-35）的协同输出调节问题。

6.3.3 控制器设计

在对输出调节控制器进行设计之前，首先要对外部信号 $\boldsymbol{v}(t)$ 进行观测，观测器设计如下：

$$\begin{aligned}\dot{\boldsymbol{\eta}}_i(t)=\boldsymbol{A}_v\boldsymbol{\eta}_i(t)+\mu\boldsymbol{G}\Bigg\{&\sum_{j\in N_i^{\sigma(t_k^i)}}a_{ij}^{\sigma(t_k^i)}\Big[e^{\boldsymbol{A}_v(t-t_{k'}^j)}\boldsymbol{\eta}_j\left(t_{k'}^j\right)-\\&e^{\boldsymbol{A}_v(t-t_k^i)}\boldsymbol{\eta}_i\left(t_k^i\right)\Big]+a_{i0}^{\sigma(t_k^i)}\Big[e^{\boldsymbol{A}_v(t-t_k^i)}\boldsymbol{v}\left(t_k^i\right)-e^{\boldsymbol{A}_v(t-t_k^i)}\boldsymbol{\eta}_i\left(t_k^i\right)\Big]\Bigg\}\end{aligned} \tag{6-37}$$

其中，$k'(t)=\arg\max_{l\in N}\left\{l\mid t\geqslant t_l^i\right\},t\in\left[t_k^i,t_{k+1}^i\right)$，$t_k^i$ 为事件触发时刻。在本节中，$k(t)$ 由 k 简化表示，$\boldsymbol{\eta}_i(t)\in\boldsymbol{R}^{q+l}$ 为自主智能体系统 i 对外部信号的观测值，$\mu>0$ 且为常数，$\boldsymbol{G}\in\boldsymbol{R}^{(q+l)\times(q+l)}$ 为待设计的增益矩阵。

注 1 在一般的通信拓扑切换系统中，观测器根据当前时刻通信拓扑 $\boldsymbol{G}^{\sigma(t)}$ 的变化进行更新。然而，在事件触发传输策略下，各自主智能体系统只在触发时刻广播自身的状态信息，在触发间隔内不进行信息交互。因此，在$t\in\left[t_k^i,t_{k+1}^i\right)$区间内，只有触发时刻的通信拓扑$\boldsymbol{G}^{\sigma\left(t_k^i\right)}$会影响观测器更新。

定义当前时刻与上一触发时刻之间的状态测量误差为：

$$\boldsymbol{\eta}_{ei}(t)=e^{\boldsymbol{A}_v\left(t-t_k^i\right)}\boldsymbol{\eta}_i\left(t_k^i\right)-\boldsymbol{\eta}_i(t) \tag{6-38}$$

注 2 在一阶自主多智能体系统中，当自主多智能体系统对外部信号进行跟踪时，$\hat{\boldsymbol{z}}_i(t)=\sum_{j\in N_i}a_{ij}\left(\boldsymbol{\eta}_j\left(t_{k'}^j\right)-\boldsymbol{\eta}_i\left(t_k^i\right)\right)+a_{i0}\left(\boldsymbol{v}_k^i\right)-\boldsymbol{\eta}_i\left(t_k^i\right))$和状态测量误差$\hat{\boldsymbol{\eta}}_{ei}(t)=\boldsymbol{\eta}_i\left(t_k^i\right)-\boldsymbol{\eta}_i(t)$将收敛至0。然而，在一般自主多智能体系统中，若设计与一阶系统相同的$\hat{\boldsymbol{z}}_i(t)$和$\hat{\boldsymbol{\eta}}_{ei}(t)$，$\hat{\boldsymbol{z}}_i(t)$和$\hat{\boldsymbol{\eta}}_{ei}(t)$无法同时趋近于0，则观测器和状态测量误差设计如式（6-37）和式（6-38）所示。

令$\bar{\boldsymbol{v}}_i(t)=\boldsymbol{\eta}_i(t)-\boldsymbol{v}(t)$表示跟踪误差，其中$\boldsymbol{v}(t)=e^{\boldsymbol{A}_v\left(t-t_k^i\right)}\boldsymbol{v}\left(t_k^i\right)$，$t\in\left[t_k^i,t_{k+1}^i\right)$，在该区间内对$\boldsymbol{v}(t)$进行求导，可得：

$$\bar{\boldsymbol{v}}(t)=\left\{\boldsymbol{I}_N\otimes\boldsymbol{A}_v-\mu\left[\boldsymbol{H}^{\sigma\left(t_k^i\right)}\otimes\boldsymbol{G}\right]\right\}\bar{\boldsymbol{v}}(t)-\mu\left[\boldsymbol{H}^{\sigma\left(t_k^i\right)}\otimes\boldsymbol{G}\right]\boldsymbol{\eta}_e(t) \tag{6-39}$$

其中，$\bar{\boldsymbol{v}}(t)=\left[\boldsymbol{v}_1^{\mathrm{T}}(t),\cdots,\boldsymbol{v}_N^{\mathrm{T}}(t)\right]^{\mathrm{T}}$，$\boldsymbol{\eta}_e(t)=\left[\boldsymbol{\eta}_{e1}^{\mathrm{T}}(t),\cdots,\boldsymbol{\eta}_{eN}^{\mathrm{T}}(t)\right]^{\mathrm{T}}$。

定理 3 如果假设条件 4 和假设条件 7 满足，则给定常数$\gamma>0$，$0<\delta<1$，$\alpha>0$，$\boldsymbol{P}$满足黎卡提方程的事件触发条件为$\boldsymbol{PA}_v+\boldsymbol{A}_v^{\mathrm{T}}\boldsymbol{P}-\gamma\boldsymbol{PP}+\alpha\boldsymbol{I}=0$，且有：

$$\left\|\boldsymbol{\eta}_{ei}(t)\right\|\leqslant\frac{\delta\alpha}{\left(\delta\alpha+2\mu\left\|\boldsymbol{H}^{\sigma\left(t_k^i\right)}\right\|\|\boldsymbol{P}\|^2\right)\left\|\boldsymbol{H}^{\sigma\left(t_k^i\right)}\right\|}\|\tilde{\boldsymbol{z}}_i(t)\| \tag{6-40}$$

设计观测器式（6-37），如果其参数$\mu>\frac{1}{\lambda_0}\gamma$，$\lambda_0=\min_{\sigma=1,\cdots,s}\lambda_{\min}\left(\boldsymbol{H}^{\sigma}+\boldsymbol{H}^{\sigma\mathrm{T}}\right)$，观测器增益$\boldsymbol{G}=\boldsymbol{P}$，则观测器式（6-37）能够实现对外部信号$\boldsymbol{v}(t)$的渐近跟踪，且跟踪误差渐近衰减至0。

证明如下。

选择 Lyapunov-Krasovskii 方程：

$$V(t)=\sum_{i=1}^{N}\bar{\boldsymbol{v}}_i^{\mathrm{T}}(t)\boldsymbol{P}\bar{\boldsymbol{v}}_i(t),\ \ t\in\left[t_k^i,t_{k+1}^i\right) \tag{6-41}$$

在区间$\left[t_k^i,t_{k+1}^i\right)$内对$V(t)$进行求导，可得：

$$\begin{aligned}\dot{V}(t)=&\bar{\boldsymbol{v}}^{\mathrm{T}}(t)\left[\boldsymbol{I}_N\otimes\left[\boldsymbol{PA}_v+\boldsymbol{A}_v^{\mathrm{T}}\boldsymbol{P}\right]-\mu\left[\boldsymbol{H}^{\sigma\left(t_k^i\right)}+\boldsymbol{H}^{\sigma\left(t_k^i\right)\mathrm{T}}\right]\otimes\boldsymbol{PP}\right]\bar{\boldsymbol{v}}(t)-\\&2\mu\bar{\boldsymbol{v}}^{\mathrm{T}}(t)\left[\boldsymbol{H}^{\sigma\left(t_k^i\right)}\otimes\boldsymbol{PP}\right]\boldsymbol{\eta}_e(t)\end{aligned} \tag{6-42}$$

令$\lambda_0=\min_{\sigma=1,\cdots,s}\lambda_{\min}\left[\boldsymbol{H}^{\sigma\left(t_k^i\right)}+\boldsymbol{H}^{\sigma\left(t_k^i\right)\mathrm{T}}\right]$，则式（6-42）可以写成：

$$\dot{V}(t)\leqslant\sum_{i=1}^{N}\bar{\boldsymbol{v}}_i^{\mathrm{T}}(t)\left(\boldsymbol{PA}_v+\boldsymbol{A}_v^{\mathrm{T}}\boldsymbol{P}-\mu\lambda_0\boldsymbol{PP}\right)\bar{\boldsymbol{v}}_i(t)-2\mu\bar{\boldsymbol{v}}^{\mathrm{T}}(t)\left[\boldsymbol{H}^{\sigma\left(t_k^i\right)}\otimes\boldsymbol{PP}\right]\boldsymbol{\eta}_e(t) \tag{6-43}$$

令 $\mu\lambda_0 \geqslant \gamma$，给定 $\alpha > 0$，存在正定矩阵 $\boldsymbol{P}$ 满足 $\boldsymbol{P}\boldsymbol{A}_v + \boldsymbol{A}_v^{\mathrm{T}}\boldsymbol{P} - \gamma\boldsymbol{P}\boldsymbol{P} + \alpha\boldsymbol{I} = 0$。从式（6-43）可以得到：

$$
\begin{aligned}
\dot{V}(t) &\leqslant -\alpha\|\bar{\boldsymbol{v}}(t)\|^2 - 2\mu\bar{\boldsymbol{v}}^{\mathrm{T}}(t)\left[\boldsymbol{H}^{\sigma(t_k^i)} \otimes \boldsymbol{P}\boldsymbol{P}\right]\eta_e(t) \\
&\leqslant -\alpha\|\bar{\boldsymbol{v}}(t)\|^2 + 2\mu\|\bar{\boldsymbol{v}}(t)\| \ \|\boldsymbol{H}^{\sigma(t_k^i)}\| \ \|\boldsymbol{P}\boldsymbol{P}\boldsymbol{\eta}_e(t)\| \\
&\leqslant -(1-\delta)\alpha\|\bar{\boldsymbol{v}}(t)\|^2 - \|\bar{\boldsymbol{v}}(t)\|(\delta\alpha\|\bar{\boldsymbol{v}}(t)\| - 2\mu\left\|\boldsymbol{H}^{\sigma(t_k^i)}\right\|\|\boldsymbol{P}\|^2\|\boldsymbol{\eta}_e(t)\|)
\end{aligned}
\tag{6-44}
$$

令 $\tilde{\boldsymbol{z}}_i(t) = \sum_{j\in N_i^{\sigma(t_k^i)}} a_{ij}^{\sigma(t_k^i)}\left[e^{\boldsymbol{A}_v\left(t-t_{k'}^j\right)}\boldsymbol{\eta}_j\left(t_{k'}^j\right)e^{\boldsymbol{A}_v\left(t-t_k^i\right)}\boldsymbol{\eta}_i\left(t_k^i\right)\right] + a_{i0}^{\sigma(t_k^i)}\left[\boldsymbol{v}(t) - e^{\boldsymbol{A}_v\left(t-t_k^i\right)}\boldsymbol{\eta}_i\left(t_k^i\right)\right]$，则 $\tilde{\boldsymbol{z}}(t)$ 可以写成紧缩形式：$\tilde{\boldsymbol{z}}(t) = -\left[\boldsymbol{H}^{\sigma(t_k^i)} \otimes \boldsymbol{I}_q\right]\left[\boldsymbol{\eta}_e(t) + \bar{\boldsymbol{v}}(t)\right]$，其中 $\tilde{\boldsymbol{z}}(t) = \left[\tilde{\boldsymbol{z}}_1^{\mathrm{T}}(t), \cdots, \tilde{\boldsymbol{z}}_N^{\mathrm{T}}(t)\right]^{\mathrm{T}}$。对等号两边求范数可得：

$$
\|\tilde{\boldsymbol{z}}(t)\| \leqslant \left\|\boldsymbol{H}^{\sigma(t_k^i)}\right\|\left[\|\boldsymbol{\eta}_e(t)\| + \|\bar{\boldsymbol{v}}(t)\|\right] \tag{6-45}
$$

即：

$$
\|\bar{\boldsymbol{v}}(t)\| \geqslant \frac{\|\tilde{\boldsymbol{z}}(t)\|}{\left\|\boldsymbol{H}^{\sigma(t_k^i)}\right\|} - \|\boldsymbol{\eta}_e(t)\| \tag{6-46}
$$

将式（6-46）代入式（6-44），则有：

$$
\dot{V}(t) \leqslant -(1-\delta)\alpha\|\bar{\boldsymbol{v}}(t)\|^2 - \|\bar{\boldsymbol{v}}(t)\|\left[\frac{\delta\alpha\|\tilde{\boldsymbol{z}}(t)\|}{\left\|\boldsymbol{H}^{\sigma(t_k^2)}\right\|} - \left(\delta\alpha + 2\mu\left\|\boldsymbol{H}^{\sigma(t_k^i)}\right\|\|\boldsymbol{P}\|^2\right)\|\boldsymbol{\eta}_e(t)\|\right] \tag{6-47}
$$

在区间 $\left[t_k^i, t_{k+1}^i\right)$ 中，事件触发条件总是满足：

$$
\|\boldsymbol{\eta}_{ei}(t)\| \leqslant \frac{\delta\alpha}{\left[\delta\alpha + 2\mu\left\|\boldsymbol{H}^{\sigma(t_k^4)}\right\|\|\boldsymbol{P}\|^2\right]\left\|\boldsymbol{H}^{\sigma(t_k^i)}\right\|}\|\tilde{\boldsymbol{z}}_i(t)\| \tag{6-48}
$$

进而可得事件触发条件的紧缩形式为：

$$
\|\boldsymbol{\eta}_e(t)\| \leqslant \frac{\delta\alpha}{\left[\delta\alpha + 2\mu\left\|\boldsymbol{H}^{\sigma(t_k^i)}\right\|\|\boldsymbol{P}\|^2\right]\left\|\boldsymbol{H}^{\sigma(t_k^i)}\right\|}\|\tilde{\boldsymbol{z}}(t)\| \tag{6-49}
$$

将式（6-49）代入式（6-46）可得：

$$
\dot{V}(t) \leqslant -(1-\delta)\alpha\|\bar{\boldsymbol{v}}(t)\|^2 < 0 \tag{6-50}
$$

因为 $0 < \delta < 1$，$\alpha > 0$，通过式（6-50）可以得到观测误差 $\lim_{t\to\infty}\bar{\boldsymbol{v}}_i(t) = 0$，所以观测器式（6-37）能够实现对外部信号的观测。

注 3　事件触发条件通过一个安装在自主智能体系统上的嵌入式微处理器进行判断。若

$\|\boldsymbol{\eta}_{ei}(t)\| > \dfrac{\delta\alpha}{\left[\delta\alpha + 2\mu\left\|\boldsymbol{H}^{\sigma(t_k^i)}\right\|\|\boldsymbol{P}\|^2\right]\left\|\boldsymbol{H}^{\sigma(t_k^i)}\right\|}\left\|\tilde{z}_i(t)\right\|$，则自主智能体系统会向邻居节点传递当前时刻的观测值 $\boldsymbol{\eta}_i\left(t_k^i\right)$；否则，不传递信息。

在有限时间内发生无限次触发的情况被称为“芝诺现象”。若芝诺现象产生，则认为设计的事件触发传输机制不可行。为了排除芝诺现象，需要计算最小事件触发间隔时间，当最小事件触发间隔时间大于 0 时，可排除芝诺现象。

首先，对 $\|\boldsymbol{\eta}_{ei}(t)\|$ 和 $\|\tilde{z}_i(t)\|$ 在区间 $\left[t_k^i, t_{k+1}^i\right)$ 内进行求导，可以得到：

$$\frac{\mathrm{d}}{\mathrm{d}t}\|\boldsymbol{\eta}_{ei}(t)\| = \frac{\boldsymbol{\eta}_{ei}^{\mathrm{T}}(t)\dot{\boldsymbol{\eta}}_{ei}(t)}{\|\boldsymbol{\eta}_{ei}(t)\|} \leqslant \left\|\dot{\boldsymbol{\eta}}_{ei}(t)\right\| = \|\boldsymbol{A}_v\boldsymbol{\eta}_{ei}(t) - \mu\boldsymbol{P}\tilde{\boldsymbol{z}}_i(t)\| \leqslant \|\boldsymbol{A}_v\|\|\boldsymbol{\eta}_{ei}(t)\| + \mu\|\boldsymbol{P}\|\left\|\tilde{z}_i(t)\right\| \tag{6-51}$$

和

$$\frac{\mathrm{d}}{\mathrm{d}t}\left\|\tilde{z}_i(t)\right\| = \frac{\tilde{z}_i^{\mathrm{T}}(t)\dot{\tilde{z}}_i(t)}{\left\|\tilde{z}_i(t)\right\|} \leqslant \left\|\dot{\tilde{z}}_i(t)\right\| = \|\boldsymbol{A}_v\tilde{z}_i(t)\| \leqslant \|\boldsymbol{A}_v\|\tilde{z}_i(t) \tag{6-52}$$

令 $\phi_i(t) = \|\boldsymbol{\eta}_{ei}(t)\| / \left\|\tilde{z}_i(t)\right\|$。对 $\phi_i(t)$ 进行求导，可以得到：

$$\dot{\phi}_i(t) = \frac{\frac{\mathrm{d}}{\mathrm{d}t}\|\boldsymbol{\eta}_{ei}(t)\|\tilde{z}_i(t)\|}{\left\|\tilde{z}_i(t)\right\|^2} - \frac{\|\boldsymbol{\eta}_{ei}(t)\|\frac{\mathrm{d}}{\mathrm{d}t}\left\|\tilde{z}_i(t)\right\|}{\left\|\tilde{z}_i(t)\right\|^2} \leqslant 2\|\boldsymbol{A}_v\|\phi_i(t) + \mu\|\boldsymbol{P}\| \tag{6-53}$$

且 $\phi_i(t)$ 满足 $\phi_i(t) \leqslant \hat{\phi}_i\left(t, \hat{\phi}_{0i}\right)$，其中 $\hat{\phi}_i\left(t, \hat{\phi}_{0i}\right)$ 是方程 $\dot{\hat{\phi}}_i\left(t, \hat{\phi}_{0i}\right) = 2\|\boldsymbol{A}_v\|\hat{\phi}_i\left(t, \hat{\phi}_{0i}\right) + \mu\|\boldsymbol{P}\|$，$\hat{\phi}_i\left(0, \hat{\phi}_{0i}\right) = \hat{\phi}_{i0}$ 的解。由于事件触发间隔时间的最小值 τ 满足 $\hat{\phi}_i(\tau, 0) = \dfrac{\delta\alpha}{\left(\delta\alpha + 2\mu\left\|\boldsymbol{H}^{\sigma(t_k^i)}\right\|\|\boldsymbol{P}\|^2\right)\left\|\boldsymbol{H}^{\sigma(t_k^i)}\right\|}$，微分方程式（6-53）的解为 $\hat{\phi}_i(\tau, 0) = \dfrac{\mu\|\boldsymbol{P}\|}{2\|\boldsymbol{A}_v\|}\left(e^{2\|\boldsymbol{A}_v\|\tau} - 1\right)$。因此，事件触发间隔时间的最小值为 $\tau = \dfrac{1}{2\|\boldsymbol{A}_v\|}\ln\left[\dfrac{2\delta\alpha\|\boldsymbol{A}_v\|}{\mu\left\|\boldsymbol{H}^{\sigma(t_k^i)}\right\|\|\boldsymbol{P}\|\left(\delta\alpha + 2\mu\left\|\boldsymbol{H}^{\sigma(t_k^2)}\right\|\|\boldsymbol{P}\|^2\right)} + 1\right] > 0$，进而可以排除芝诺现象。

下面，在定理 3 的基础上，考虑自主智能体系统状态不可直接测量的情况，提出了一种基于输出反馈的事件触发控制机制。设计输出调节控制协议为：

$$\begin{aligned}
&\boldsymbol{u}_i(t) = \boldsymbol{K}_{1i}\boldsymbol{\varepsilon}_i(t) + \boldsymbol{K}_{2i}\boldsymbol{\eta}_i(t) \\
&\dot{\boldsymbol{\varepsilon}}_i(t) = \boldsymbol{A}_i\boldsymbol{\varepsilon}_i(t) + \boldsymbol{B}_i\boldsymbol{u}_i(t) + \boldsymbol{E}_i\boldsymbol{\eta}_i(t) + \bar{\boldsymbol{H}}_i\left[z_i(t) - \boldsymbol{C}_{mi}\boldsymbol{\varepsilon}_i(t)\right] \\
&\dot{\boldsymbol{\eta}}_i(t) = \boldsymbol{A}_v\boldsymbol{\eta}_i(t) + \mu\boldsymbol{G}\left[\sum_{j \in N_i^{\sigma(t_k^i)}} a_{ij}^{\sigma(t_k^i)}\left(e^{\boldsymbol{A}_v\left(t - t_{k'}^j\right)}\boldsymbol{\eta}_j\left(t_{k'}^j\right) - \right.\right. \\
&\qquad \left.\left. e^{\boldsymbol{A}_v\left(t - t_k^i\right)}\boldsymbol{\eta}_i\left(t_k^i\right) + a_{i0}^{\sigma(t_k^i)}\left[e^{\boldsymbol{A}_v\left(t - t_k^i\right)}\boldsymbol{v}\left(t_k^i\right) - e^{\boldsymbol{A}_v\left(t - t_k^i\right)}\boldsymbol{\eta}_i\left(t_k^i\right)\right]\right]\right.
\end{aligned} \tag{6-54}$$

其中 $\boldsymbol{\varepsilon}_i(t) \in \boldsymbol{R}^n$ 为自主智能体系统状态的观测值，$\boldsymbol{K}_{1i} \in \boldsymbol{R}^{k_i \times n_i}$、$\boldsymbol{K}_{2i} \in \boldsymbol{R}^{k_i \times q}$ 为反馈增益矩阵，$\bar{\boldsymbol{H}}_i$

为待设计的增益矩阵。

考虑在控制器式（6-54）作用下的自主多智能体系统式（6-35），闭环子系统可以表示为：

$$\begin{aligned}
\dot{\boldsymbol{x}}_i(t) &= \boldsymbol{A}_i\boldsymbol{x}_i(t)+\boldsymbol{B}_i\boldsymbol{K}_{1i}\boldsymbol{\varepsilon}_i(t)+\boldsymbol{B}_i\boldsymbol{K}_{2i}\boldsymbol{\eta}_i(t)+\boldsymbol{E}_i\boldsymbol{v}(t)\\
\dot{\boldsymbol{\varepsilon}}_i(t) &= \left(\boldsymbol{A}_i+\boldsymbol{B}_i\boldsymbol{K}_{1i}-\bar{\boldsymbol{H}}_i\boldsymbol{C}_{mi}\right)\boldsymbol{\varepsilon}_i(t)+\left(\boldsymbol{B}_i\boldsymbol{K}_{2i}+\boldsymbol{E}_i\right)\boldsymbol{\eta}_i(t)+\bar{\boldsymbol{H}}_i\boldsymbol{C}_{mi}\boldsymbol{x}_i(t)\\
\dot{\boldsymbol{\eta}}_i(t) &= \boldsymbol{A}_v\boldsymbol{\eta}_i(t)+\mu\boldsymbol{G}\sum_{j\in N_i^{\sigma(t_k^i)}}\boldsymbol{a}_{ij}^{\sigma(t_k^i)}\left[\boldsymbol{\eta}_{ej}(t)+\boldsymbol{\eta}_j(t)-\boldsymbol{\eta}_{ei}(t)-\boldsymbol{\eta}_i(t)\right]+\\
&\quad \mu\boldsymbol{G}\boldsymbol{a}_{i0}^{\sigma(t_k^i)}\left[\boldsymbol{v}(t)-\boldsymbol{\eta}_{ei}(t)-\boldsymbol{\eta}_i(t)\right]
\end{aligned} \tag{6-55}$$

令 $\boldsymbol{x}(t)=\left[\boldsymbol{x}_1^{\mathrm{T}}(t),\cdots,\boldsymbol{x}_N^{\mathrm{T}}(t)\right]^{\mathrm{T}}$，$\boldsymbol{\varepsilon}(t)=\left[\boldsymbol{\varepsilon}_1^{\mathrm{T}}(t),\cdots,\boldsymbol{\varepsilon}_N^{\mathrm{T}}(t)\right]^{\mathrm{T}}$，$\boldsymbol{\eta}(t)=\left[\boldsymbol{\eta}_1^{\mathrm{T}}(t),\cdots,\boldsymbol{\eta}_N^{\mathrm{T}}(t)\right]^{\mathrm{T}}$，$\boldsymbol{\omega}(t)=\left[\boldsymbol{\omega}_1^{\mathrm{T}}(t),\cdots,\boldsymbol{\omega}_N^{\mathrm{T}}(t)\right]^{\mathrm{T}}$，则闭环系统式（6-54）可以写成以下紧缩形式：

$$\begin{aligned}
\dot{\boldsymbol{x}}(t) &= \boldsymbol{A}\boldsymbol{x}(t)+\boldsymbol{B}\boldsymbol{K}_1\boldsymbol{\varepsilon}(t)+\boldsymbol{B}\boldsymbol{K}_2\boldsymbol{\eta}(t)+\boldsymbol{E}\left(\boldsymbol{1}_N\otimes\boldsymbol{v}(t)\right)\\
\dot{\boldsymbol{\varepsilon}}(t) &= \left(\boldsymbol{A}+\boldsymbol{B}\boldsymbol{K}_1-\bar{\boldsymbol{H}}\boldsymbol{C}_m\right)\boldsymbol{\varepsilon}(t)+\left(\boldsymbol{B}\boldsymbol{K}_2+\boldsymbol{E}\right)\boldsymbol{\eta}(t)+\bar{\boldsymbol{H}}\boldsymbol{C}_m\boldsymbol{x}(t)\\
\dot{\boldsymbol{\eta}}(t) &= \left\{\boldsymbol{I}_N\otimes\boldsymbol{A}_v-\mu\left[\boldsymbol{H}^{\sigma(t_k^2)}\otimes\boldsymbol{G}\right]\right\}\boldsymbol{\eta}(t)-\mu\left[\boldsymbol{H}^{\sigma(t_k^i)}\otimes\boldsymbol{G}\right]\boldsymbol{\eta}_e(t)+\\
&\quad \mu\left[\boldsymbol{H}^{\sigma(t_k^i)}\otimes\boldsymbol{G}\right]\left(\boldsymbol{1}_N\otimes\boldsymbol{v}(t)\right)
\end{aligned} \tag{6-56}$$

定理 4　如果假设条件 3 至假设条件 7 满足，参数 μ，γ，σ，α 和增益 $\boldsymbol{G}$ 在定理 3 中被定义，事件触发条件为式（6-40），找到增益矩阵 $\boldsymbol{K}_{1i}$ 和 $\bar{\boldsymbol{H}}_i$ 使 $\boldsymbol{A}_i+\boldsymbol{B}_i\boldsymbol{K}_{1i}$ 和 $\boldsymbol{A}_i-\bar{\boldsymbol{H}}_i\boldsymbol{C}_{mi}$ 为赫尔维茨矩阵，则 $\boldsymbol{K}_{2i}=\boldsymbol{U}_i-\boldsymbol{K}_{1i}\boldsymbol{X}_i$ 在控制器式（6-54）的作用下，能使自主多智能体系统式（6-35）实现协同输出调节，当且仅当以下等式满足：

$$\begin{cases}\boldsymbol{X}_i\boldsymbol{A}_v=\boldsymbol{A}_i\boldsymbol{X}_i+\boldsymbol{B}_i\boldsymbol{U}_i+\boldsymbol{E}_i\\ 0=\boldsymbol{C}_i\boldsymbol{X}_i+\boldsymbol{D}_i\boldsymbol{U}_i+\boldsymbol{F}_i\end{cases} \tag{6-57}$$

证明如下。

从定理 3 可以得到 $\lim\limits_{t\to\infty}\bar{\boldsymbol{v}}_i(t)=0$，即当 $\boldsymbol{v}(t)=0$ 时，$\lim\limits_{t\to\infty}\boldsymbol{\eta}_i(t)=0$。令 $\boldsymbol{x}_c(t)=\left[\boldsymbol{x}^{\mathrm{T}}(t),\boldsymbol{\varepsilon}^{\mathrm{T}}(t)\right]^{\mathrm{T}}$，则闭环系统式（6-56）可以写成：

$$\dot{\boldsymbol{x}}_c(t)=\begin{bmatrix}\boldsymbol{A} & \boldsymbol{B}\boldsymbol{K}_1\\ \bar{\boldsymbol{H}}\boldsymbol{C}_m & \boldsymbol{A}+\boldsymbol{B}\boldsymbol{K}_1+\bar{\boldsymbol{H}}\boldsymbol{C}_m\end{bmatrix}\boldsymbol{x}_c(t) \tag{6-58}$$

令 $\boldsymbol{A}_c=\begin{bmatrix}\boldsymbol{A} & \boldsymbol{B}\boldsymbol{K}_1\\ \bar{\boldsymbol{H}}\boldsymbol{C}_m & \boldsymbol{A}+\boldsymbol{B}\boldsymbol{K}_1+\bar{\boldsymbol{H}}\boldsymbol{C}_m\end{bmatrix}$，$\bar{\boldsymbol{A}}_c=\begin{bmatrix}\boldsymbol{A}+\boldsymbol{B}\boldsymbol{K}_1 & \boldsymbol{B}\boldsymbol{K}_1\\ 0 & \boldsymbol{A}-\bar{\boldsymbol{H}}\boldsymbol{C}_m\end{bmatrix}$。因为 $\boldsymbol{J}^{-1}\boldsymbol{A}_c\boldsymbol{J}=\bar{\boldsymbol{A}}_c$，所以矩阵 $\boldsymbol{A}_c$ 与矩阵 $\bar{\boldsymbol{A}}_c$ 为相似矩阵。又因为 $\boldsymbol{A}+\boldsymbol{B}\boldsymbol{K}_1$ 和 $\boldsymbol{A}-\bar{\boldsymbol{H}}\boldsymbol{C}_m$ 为赫尔维茨矩阵，所以 $\boldsymbol{A}_c$ 和 $\bar{\boldsymbol{A}}_c$ 都为赫尔维茨矩阵。因此 $\lim\limits_{t\to\infty}\boldsymbol{x}_c(t)=0$，即 $\lim\limits_{t\to\infty}\boldsymbol{x}(t)=0$，$\lim\limits_{t\to\infty}\boldsymbol{\varepsilon}(t)=0$。通过上述证明，定义 2 的第一个条件可以满足。

定义 $\tilde{\boldsymbol{x}}_i(t)=\boldsymbol{x}_i(t)-\boldsymbol{X}_i\boldsymbol{v}(t)$，$\tilde{\varepsilon}_i(t)=\boldsymbol{\varepsilon}_i(t)-\boldsymbol{X}_i\boldsymbol{v}(t)$，$\bar{\boldsymbol{v}}_i(t)=\boldsymbol{\eta}_i(t)-\boldsymbol{v}(t)$ 和 $\boldsymbol{U}_i=\boldsymbol{K}_{1i}\boldsymbol{X}_i+\boldsymbol{K}_{2i}$。根据假设条件 4 和假设条件 5，可以得到 $\boldsymbol{X}_i$ 为西尔维斯特（Sylvester）方程 $\boldsymbol{X}_i\boldsymbol{A}_v=\boldsymbol{A}_i\boldsymbol{X}_i+\boldsymbol{B}_i\boldsymbol{U}_i+\boldsymbol{E}_i$ 的唯一解。对 $\tilde{\boldsymbol{x}}_i(t)$ 和 $\tilde{\varepsilon}_i(t)$ 进行求导，可以得到：

$$\begin{aligned}\dot{\tilde{\boldsymbol{x}}}_i(t) &= \boldsymbol{A}_i\boldsymbol{x}_i(t)+\boldsymbol{B}_i\boldsymbol{K}_{1i}\boldsymbol{\varepsilon}_i(t)+\boldsymbol{B}_i\boldsymbol{K}_{2i}\boldsymbol{\eta}_i(t)+\boldsymbol{E}_i\boldsymbol{v}(t)-\boldsymbol{X}_i\boldsymbol{A}_v\boldsymbol{v}(t)\\ &= \boldsymbol{A}_i\left[(t)+\boldsymbol{X}_i\boldsymbol{v}(t)\right]+\boldsymbol{B}_i\boldsymbol{K}_{1i}\left[\tilde{\varepsilon}_i(t)+\boldsymbol{X}_i\boldsymbol{v}(t)\right]+\\ &\quad \boldsymbol{B}_i\boldsymbol{K}_{2i}\left[\overline{\boldsymbol{v}}_i(t)+\boldsymbol{v}(t)\right]+\boldsymbol{E}_i\boldsymbol{v}(t)-\boldsymbol{X}_i\boldsymbol{A}_v\boldsymbol{v}(t)\\ &= \boldsymbol{A}_i\tilde{\boldsymbol{x}}_i(t)+\boldsymbol{B}_i\boldsymbol{K}_{1i}\tilde{\varepsilon}_i(t)+\boldsymbol{B}_i\boldsymbol{K}_{2i}\overline{\boldsymbol{v}}_i(t)\end{aligned} \tag{6-59}$$

和：

$$\begin{aligned}\dot{\tilde{\varepsilon}}_i(t) &= \boldsymbol{A}_i\boldsymbol{\varepsilon}_i(t)+\boldsymbol{B}_i\boldsymbol{u}_i(t)+\boldsymbol{E}_i\boldsymbol{\eta}_i(t)+\overline{\boldsymbol{H}}_i\left[\boldsymbol{z}_i(t)-\boldsymbol{C}_{mi}\boldsymbol{\varepsilon}_i(t)\right]-\boldsymbol{X}_i\boldsymbol{A}_v\boldsymbol{v}(t)\\ &= \left(\boldsymbol{A}_i+\boldsymbol{B}_i\boldsymbol{K}_{1i}-\overline{\boldsymbol{H}}_i\boldsymbol{C}_{mi}\right)\left[\tilde{\varepsilon}_i(t)+\boldsymbol{X}_i\boldsymbol{v}(t)\right]+\left(\boldsymbol{B}_i\boldsymbol{K}_{2i}+\boldsymbol{E}_i\right)\left[\overline{\boldsymbol{v}}_i(t)+\boldsymbol{v}(t)\right]+\\ &\quad \overline{\boldsymbol{H}}_i\boldsymbol{C}_{mi}\left[\tilde{\boldsymbol{x}}_i(t)+\boldsymbol{X}_i\boldsymbol{v}(t)\right]-\boldsymbol{X}_i\boldsymbol{A}_v\boldsymbol{v}(t)\\ &= \left(\boldsymbol{A}_i+\boldsymbol{B}_i\boldsymbol{K}_{1i}-\overline{\boldsymbol{H}}_i\boldsymbol{C}_{mi}\right)\tilde{\varepsilon}_i(t)+\left(\boldsymbol{B}_i\boldsymbol{K}_{2i}+\boldsymbol{E}_i\right)\overline{\boldsymbol{v}}_i(t)+\overline{\boldsymbol{H}}_i\boldsymbol{C}_{mi}\tilde{\boldsymbol{x}}_i(t)\end{aligned} \tag{6-60}$$

因为 $\lim\limits_{t\to\infty}\overline{\boldsymbol{v}}_i(t)=0$，所以式（6-59）和式（6-60）的稳定性等价于：

$$\boldsymbol{x}_{ci}(t)=\boldsymbol{A}_{ci}\boldsymbol{x}_{ci}(t) \tag{6-61}$$

其中，$\boldsymbol{x}_{ci}(t)=\left[\tilde{\boldsymbol{x}}_i^{\mathrm{T}}(t)\ \tilde{\varepsilon}_i^{\mathrm{T}}(t)\right]^{\mathrm{T}}$，$\boldsymbol{A}_{ci}=\left[\boldsymbol{A}_i,\boldsymbol{B}\boldsymbol{K}_{1i};\overline{\boldsymbol{H}}_i\boldsymbol{C}_{mi},\boldsymbol{A}_i+\boldsymbol{B}_i\boldsymbol{K}_{1i}-\overline{\boldsymbol{H}}_i\boldsymbol{C}_{mi}\right]$。令 $\overline{\boldsymbol{A}}_{ci}=\left[\boldsymbol{A}_i+\boldsymbol{B}_i\boldsymbol{K}_{1i},\boldsymbol{B}\boldsymbol{K}_{1i};\boldsymbol{A}_0,\boldsymbol{A}_i-\overline{\boldsymbol{H}}_i\boldsymbol{C}_{mi}\right]$，由于矩阵 $\boldsymbol{A}_{ci}$ 和矩阵 $\overline{\boldsymbol{A}}_{ci}$ 相似，又因为 $\boldsymbol{A}_i+\boldsymbol{B}_i\boldsymbol{K}_{1i}$ 和 $\boldsymbol{A}_i-\overline{\boldsymbol{H}}_i\boldsymbol{C}_{mi}$ 为赫尔维茨矩阵，所以 $\boldsymbol{A}_{ci}$ 为赫尔维茨矩阵。因此，可以得到 $\lim\limits_{t\to\infty}\boldsymbol{x}_{ci}(t)=0$，即 $\lim\limits_{t\to\infty}\tilde{\boldsymbol{x}}_i(t)=0$，$\lim\limits_{t\to\infty}\tilde{\varepsilon}_i(t)=0$。

自主智能体系统的调节输出可以写成：

$$\begin{aligned}\boldsymbol{e}_i(t) &= \boldsymbol{C}_i\boldsymbol{x}_i(t)+\boldsymbol{D}_i\boldsymbol{K}_{1i}\boldsymbol{\varepsilon}_i(t)+\boldsymbol{D}_i\boldsymbol{K}_{2i}\boldsymbol{\eta}_i(t)+\boldsymbol{F}_i\boldsymbol{v}(t)\\ &= \boldsymbol{C}_i\left[\tilde{\boldsymbol{x}}_i(t)+\boldsymbol{X}_i\boldsymbol{v}(t)\right]+\boldsymbol{D}_i\boldsymbol{K}_{1i}\left[\tilde{\varepsilon}_i(t)+\boldsymbol{X}_i\boldsymbol{v}(t)\right]+\\ &\quad \boldsymbol{D}_i\boldsymbol{K}_{2i}\left[\overline{\boldsymbol{v}}_i(t)+\boldsymbol{v}(t)\right]+\boldsymbol{F}_i\boldsymbol{v}(t)\\ &= \boldsymbol{C}_i\tilde{\boldsymbol{x}}_i(t)+\boldsymbol{D}_i\boldsymbol{K}_{2i}\overline{\boldsymbol{v}}_i(t)+\boldsymbol{D}_i\boldsymbol{K}_{1i}\tilde{\varepsilon}_i(t)+\left(\boldsymbol{C}_i\boldsymbol{X}_i+\boldsymbol{D}_i\boldsymbol{U}_i+\boldsymbol{F}_i\right)\boldsymbol{v}(t)\end{aligned} \tag{6-62}$$

由于 $\lim\limits_{t\to\infty}\tilde{\boldsymbol{x}}_i(t)=0$，$\lim\limits_{t\to\infty}\tilde{\varepsilon}_i(t)=0$，$\lim\limits_{t\to\infty}\overline{\boldsymbol{v}}_i(t)=0$，因此式（6-63）可以写成：

$$\lim_{t\to\infty}\boldsymbol{e}_i(t)=\lim_{t\to\infty}\left(\boldsymbol{C}_i\boldsymbol{X}_i+\boldsymbol{D}_i\boldsymbol{U}_i+\boldsymbol{F}_i\right)\boldsymbol{v}(t) \tag{6-63}$$

若 $\boldsymbol{C}_i\boldsymbol{X}_i+\boldsymbol{D}_i\boldsymbol{U}_i+\boldsymbol{F}_i=0$，则可以得到 $\lim\limits_{t\to\infty}\boldsymbol{e}_i(t)=0$。若 $\lim\limits_{t\to\infty}\boldsymbol{e}_i(t)=0$，则通过假设条件 4 可以得到 $\lim\limits_{t\to\infty}\boldsymbol{v}(t)\neq 0$。因此，定义 2 的第二个条件满足。根据上述证明，可以知道在控制器式（6-54）的作用下，自主多智能体系统能够实现协同输出调节。

6.3.4 仿真验证

考虑由 4 个自主智能体系统和 1 个外部系统组成的自主多智能体系统，其中，自主智能体系统的动态方程为[18]：

$$\boldsymbol{x}_i(t)=\begin{bmatrix}0 & 1 & 0\\ 0 & 0 & c_i\\ 0 & -d_i & -a_i\end{bmatrix}\boldsymbol{x}_i(t)+\begin{bmatrix}0\\ b\\ b_i\end{bmatrix}\boldsymbol{u}_i(t)+\begin{bmatrix}-0.5i & 0\\ -1 & 0.5i\end{bmatrix}\boldsymbol{v}(t)$$

$$\boldsymbol{e}_i(t)=\begin{bmatrix}1 & 0 & 0\\ 0 & 1 & 0\end{bmatrix}\boldsymbol{x}_i(t)+\begin{bmatrix}-1 & 0\\ -0.5i & -1\end{bmatrix}\boldsymbol{v}(t)$$

$$z_i(t)=\begin{bmatrix}1&0&0\\0&1&0\end{bmatrix}\boldsymbol{x}_i(t)$$

其中，状态初值 $\boldsymbol{x}_1(0)=[0.6551,0.1626,0.4218]^{\mathrm{T}}$，$\boldsymbol{x}_2(0)=[0.4984,0.9597,0.9157]^{\mathrm{T}}$，$\boldsymbol{x}_3(0)=[0.5853,0.2238,0.7922]^{\mathrm{T}}$，$\boldsymbol{x}_4(0)=[0.2551,0.5060,0.9595]^{\mathrm{T}}$。外部系统的信号 $v(t)$ 满足：

$$\dot{\boldsymbol{v}}(t)=\begin{bmatrix}0&1\\-1&0\end{bmatrix}\boldsymbol{v}(t)$$

其中，$\boldsymbol{v}(0)=[0.7984,0.9430]^{\mathrm{T}}$，给定参数 $[a_1,b_1,c_1,d_1]=[1,1,1,0]$，$[a_2,b_2,c_2,d_2]=[10,2,1,0]$，$[a_3,b_3,c_3,d_3]=[2,1,1,10]$，$[a_4,b_4,c_4,d_4]=[2,1,1,1]$。使用协同输出调节控制协议式（6-54）进行控制，其中 $\boldsymbol{\eta}_1(0)=[0.2060,0.9479]^{\mathrm{T}}$，$\boldsymbol{\eta}_2(0)=[0.0821,0.1057]^{\mathrm{T}}$，$\boldsymbol{\eta}_3(0)=[0.1420,0.1665]^{\mathrm{T}}$，$\boldsymbol{\eta}_4(0)=[0.6210,0.5737]^{\mathrm{T}}$，$\boldsymbol{\varepsilon}_1(0)=[0.7463,0.0103,0.0484]^{\mathrm{T}}$，$\boldsymbol{\varepsilon}_2(0)=[0.6679,0.6035,0.5261]^{\mathrm{T}}$，$\boldsymbol{\varepsilon}_3(0)=[0.7297,0.7073,0.7814]^{\mathrm{T}}$，$\boldsymbol{\varepsilon}_4(0)=[0.2880,0.6925,0.5567]^{\mathrm{T}}$。切换拓扑的拉普拉斯矩阵为：

$$\boldsymbol{H}_1=\begin{bmatrix}1&-1&0&0\\0&1&0&0\\0&-1&2&0\\0&0&-1&1\end{bmatrix},\ \boldsymbol{H}_2=\begin{bmatrix}1&0&0&0\\0&1&-1&0\\0&0&1&0\\-1&-1&0&2\end{bmatrix},\ \boldsymbol{H}_3=\begin{bmatrix}1&-1&0&0\\0&1&-1&0\\0&0&2&-1\\0&0&0&1\end{bmatrix}$$

给定 $\mu=0.2,\sigma=0.7,\alpha=1$，对黎卡提方程进行求解，可以得到 $\boldsymbol{P}=\boldsymbol{I}_2$。对式（6-57）进行求解，可以得到 $\boldsymbol{X}_i=\begin{bmatrix}1&0\\0.5i&1\\0&0\end{bmatrix}$，$\boldsymbol{U}_i=\begin{bmatrix}0.5id_i&\frac{d_i}{b_i}\end{bmatrix}$。由于控制器增益矩阵 $\boldsymbol{K}_{1i}$ 和 $\boldsymbol{H}_i$ 满足 $\boldsymbol{A}_i+\boldsymbol{B}_i\boldsymbol{K}_{1i}$ 和 $\boldsymbol{A}_i-\bar{\boldsymbol{H}}_i\boldsymbol{C}_{mi}$，且为赫尔维茨矩阵，因此 $\boldsymbol{K}_{2i}=\boldsymbol{U}_i-\boldsymbol{K}_{1i}\boldsymbol{X}_i$ 可以取 $\boldsymbol{K}_{1i}=[-2\ \ -2\ \ -2]$，$\boldsymbol{K}_{2i}=\begin{bmatrix}\frac{0.5id_i}{b_i}+2+i\frac{d_i}{b_i}+2\end{bmatrix}$，$\bar{\boldsymbol{H}}_i=\begin{bmatrix}0&0\\10&10\\-9&-9\end{bmatrix}$。通过图 6-7（a）和图 6-7（b）可以看出，自主智能体系统的调节输出 $e_i(t)$ 能够渐近趋于零，也就是说自主多智能体系统能够实现对外部系统的状态跟踪和干扰抑制。图 6-8 表示事件触发时间间隔，可以看出平均触发间隔时间为 0.8840 s，平均触发次数为 56 次。综上，在本节提出的控制器的作用下，异构自主多智能体系统能够实现对外部系统的渐近跟踪和干扰抑制。

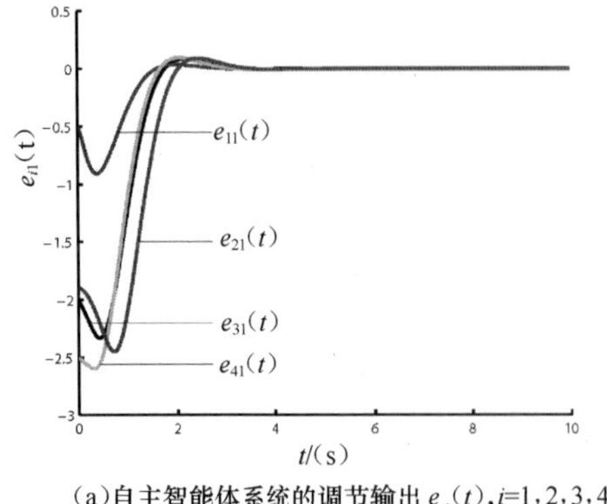

（a）自主智能体系统的调节输出 $e_{i1}(t)$，i=1，2，3，4

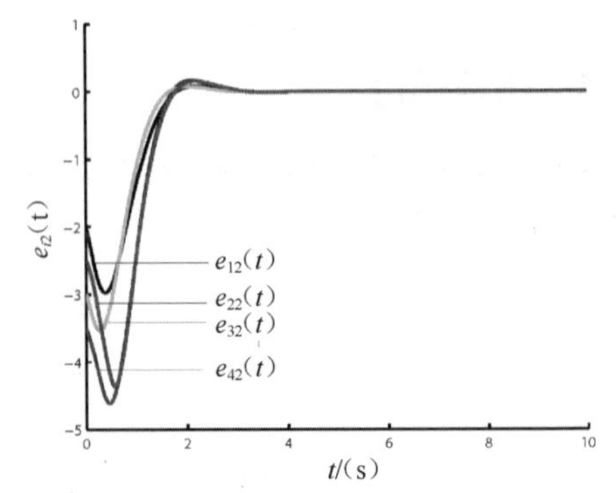

（b）自主智能体系统的调节输出 $e_{i2}(t)$，i=1，2，3，4

图 6-7　自适应状态反馈控制下的编队轨迹对比

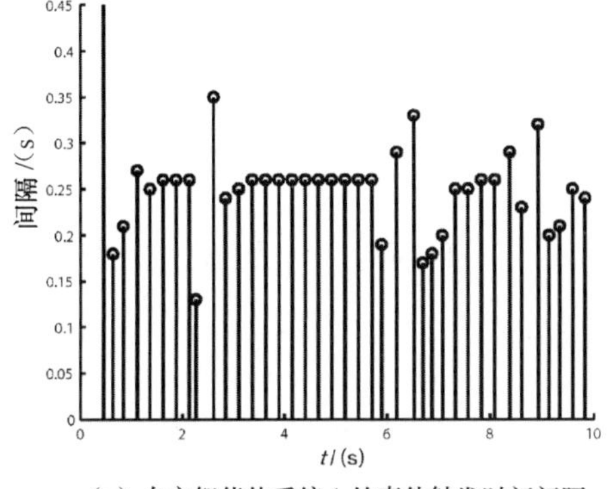

（a）自主智能体系统 1 的事件触发时间间隔

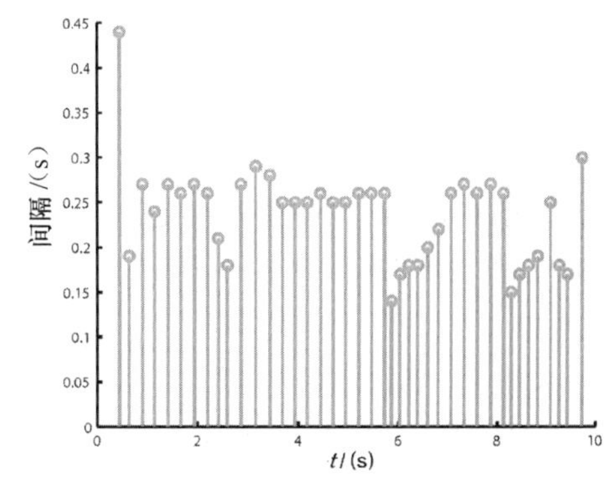

（b）自主智能体系统 2 的事件触发时间间隔

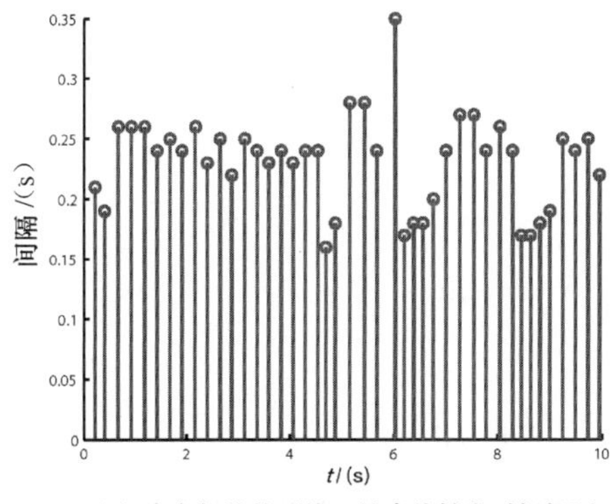

（c）自主智能体系统 3 的事件触发时间间隔

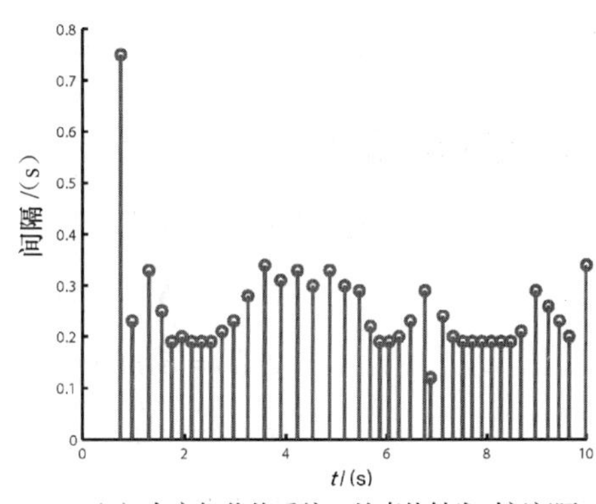

（d）自主智能体系统 4 的事件触发时间间隔

图 6-8　事件触发时间间隔

6.4 基于自触发的异构自主多智能体系统的输出调节

6.4.1 问题描述

在本章前几节中，我们提出了事件触发机制，解决了自主智能体系统之间需要连续通信的问题，但是，还需要对事件触发条件进行连续的判断。为了解决这个问题，本节设计了基于自触发机制的控制器，并用一种基于内部参考模型的方法对基于状态反馈和输出反馈的协同输出问题进行了推导证明，即为异构自主多智能体系统设计了一个与之对应的同构控制模型作为参考模型，从而解决了异构自主多智能体系统的一致性问题以及编队问题，最后针对非完整性机器人模型设计了 MATLAB 仿真实验。

6.4.2 系统建模

由 6.3 节可以得出领导者-跟随者线性异构自主多智能体系统的动力学方程，其中 N 个线性异构自主智能体系统和领导者的动力学方程分别如式（6-35）和式（6-36）所示。本节同样采样协同输出方法解决异构自主多智能体系统的一致性问题。

定义 3　在无向连通通信拓扑 $\overline{\boldsymbol{G}}$ 下，对于给定的系统式（6-35）和式（6-36），给每个自主智能体系统设计一个控制器。在此控制器的作用下，对于任意初始状态 $\boldsymbol{x}_i(0)$ ，闭环系统都满足：

$$\lim_{t\to\infty}\|\boldsymbol{x}_i(t)-\boldsymbol{x}_0(t)\|=0,\quad i=1,\cdots,N \tag{6-64}$$

下面给出本节中用到的假设。

假设条件 8（$\boldsymbol{A}$，$\boldsymbol{B}$）是可镇定的。

在文献[32]和[26]中的控制器设计的基础上，本节提出了一种新的分布式自适应观测器：

$$\dot{\boldsymbol{\eta}}_i(t)=\boldsymbol{S}\boldsymbol{\eta}_i(t)+\boldsymbol{P}\boldsymbol{d}_i(t)\hat{\boldsymbol{z}}_i(t) \tag{6-65}$$

其中 $\hat{\boldsymbol{z}}_i(t)=\sum_{j\in N_i}a_{ij}[e^{s(t-t_k^j)}\boldsymbol{\eta}_j(t_k^j)-e^{s(t-t_k^i)}\boldsymbol{\eta}_i(t_k^i)]+a_{i0}[e^{st}\boldsymbol{v}(0)-e^{s(t-t_k^i)}\boldsymbol{\eta}_i(t_k^i)]$ ， $\boldsymbol{\Gamma}=\boldsymbol{PP}$ ， $\dot{d}_i(t)=\gamma_i\hat{\boldsymbol{z}}_i^{\mathrm{T}}(t)\boldsymbol{\Gamma}\hat{\boldsymbol{z}}_i(t),\ t\in[t_k^i,t_{k+1}^i)$ ， $t_0^i,\cdots,t_k^i,\cdots$ 代表触发时刻。在自主智能体系统 i 的每个触发时刻，其都会采集邻居节点最近一次更新的信息，如果领导者和该自主智能体系统 i 相邻，则该节点可以获得领导者的信息；否则，无法获得领导者的信息。

6.4.3 控制器设计

对于状态反馈控制系统，设计以下控制器：

$$\begin{cases}\boldsymbol{u}_i(t)=\boldsymbol{K}_{1i}\boldsymbol{x}_i(t)+\boldsymbol{K}_{2i}\boldsymbol{\eta}_i(t), & i=1,2,\cdots,N\\ \dot{\boldsymbol{\eta}}_i(t)=\boldsymbol{S}\boldsymbol{\eta}_i(t)+d_i(t)\hat{\boldsymbol{z}}_i^{\mathrm{T}}(t)\boldsymbol{\Gamma}\boldsymbol{z}_i(t), & \\ \dot{\boldsymbol{d}}_i(t)=\gamma_i\hat{\boldsymbol{z}}_i^{\mathrm{T}}(t)\boldsymbol{\Gamma}\boldsymbol{z}_i(t), & t\in[t_k^i,t_{k+1}^i)\end{cases} \tag{6-66}$$

其中，对于每个自主智能体系统 i ，都有一个对应的 $\boldsymbol{\eta}_i\in\boldsymbol{R}^q$ 表示其估计状态，其余的参数与式（6-35）中的含义一样。

设计事件触发条件为：

$$f_i[\boldsymbol{\eta}_{ei}(t),\hat{\boldsymbol{z}}_i(t)]=w_i(t)\boldsymbol{\eta}_{ei}^{\mathrm{T}}(t)\boldsymbol{\eta}_{ei}(t)-\hat{\boldsymbol{z}}_i^{\mathrm{T}}(t)\boldsymbol{\Gamma}\hat{\boldsymbol{z}}_i(t) \tag{6-67}$$

本设计的测量误差定义为：

$$\boldsymbol{\eta}_{ei}(t)=e^{s(t-t_k^i)}\boldsymbol{\eta}_i(t_k^i)-\boldsymbol{\eta}_i(t),\quad t\in[t_k^i,t_{k+1}^i) \tag{6-68}$$

根据事件触发条件式（6-67）可以设计一个自触发规则，设计过程如下所示。

首先为了排除式（6-67）事件触发条件的芝诺现象，进行以下证明。

求导得：

$$\frac{\mathrm{d}}{\mathrm{d}t}\hat{\boldsymbol{z}}_i^{\mathrm{T}}(t)\boldsymbol{\Gamma}\hat{\boldsymbol{z}}_i(t)=2\hat{\boldsymbol{z}}_i^{\mathrm{T}}(t)\boldsymbol{S}\hat{\boldsymbol{z}}_i(t)\leqslant 2\|\boldsymbol{PSP}^{-1}\|\hat{\boldsymbol{z}}_i^{\mathrm{T}}(t)\hat{\boldsymbol{z}}_i(t) \tag{6-69}$$

对事件触发条件的左边求导得：

$$\frac{\mathrm{d}}{\mathrm{d}t}\boldsymbol{\eta}_{ei}^{\mathrm{T}}(t)\boldsymbol{\Gamma}\boldsymbol{\eta}_{ei}(t)=2\boldsymbol{\eta}_{ei}^{\mathrm{T}}(t)\boldsymbol{\Gamma}[\boldsymbol{S}\boldsymbol{\eta}_{ei}(t)-d_i(t)\hat{\boldsymbol{z}}_i(t)] \tag{6-70}$$

由于：

$$-2d_i(t)\boldsymbol{\eta}_{ei}^{\mathrm{T}}(t)\boldsymbol{\Gamma}\hat{\boldsymbol{z}}_i(t)\leqslant d_i(t)\boldsymbol{\eta}_{ei}^{\mathrm{T}}(t)\boldsymbol{\Gamma}\boldsymbol{\eta}_{ei}(t)+d_i(t)\hat{\boldsymbol{z}}_i^{\mathrm{T}}(t)\boldsymbol{\Gamma}\hat{\boldsymbol{z}}_i(t)$$

令 $S_k^i(k)=\hat{\boldsymbol{z}}_i^{\mathrm{T}}(t)\boldsymbol{\Gamma}\hat{\boldsymbol{z}}_i(t)$ ，则式（6-70）可写为：

$$\frac{\mathrm{d}}{\mathrm{d}t}\boldsymbol{\eta}_{ei}^{\mathrm{T}}(t)\boldsymbol{\Gamma}\boldsymbol{\eta}_{ei}(t) \leqslant [2\|\boldsymbol{S}\|+2d_i(t)]S_k^i(k) \quad (6\text{-}71)$$

对式（6-71）不等号的两边同时求积分可得 $t \in [t_k^i, t_{k+1}^i)$ 。由于 $d_i(t)$ 会趋于某个常数：

$$t_{k+1}^i - t_k^i \geqslant \frac{S_k^i(k)}{[2\|\boldsymbol{PSP}^{-1}\|+2d_i(t)]S_k^i(k)} \quad (6\text{-}72)$$

即：

$$\tau_k^i \geqslant \frac{1}{2\|\boldsymbol{PSP}^{-1}\|+2d_i(t)} > 0 \quad (6\text{-}73)$$

因此证得无芝诺现象。

令 $V_k^i(t) = (2\|\boldsymbol{S}\|+2d_i(t))S_k^i(k)$ ，从中可以得知 $V_k^i(t)$ 的值会保持为 $V_k^i(t_k^i)$ ，除非有邻居节点在 $[t_k^i, t_{k+1}^i)$ 内触发更新。基于上述推导，提出以下自触发规则。

定义 $t_0^{'} = t_k^i$ ， $t^{'} = t_0^{'} + \dfrac{S_k^i(k)}{V_k^i(t_0^{'})}$ ，如果在这个时间之前，自主智能体系统 i 的邻居节点在 $t^{'}$ 之前都没有触发，那么其下一个触发时刻为 $t_{k+1}^i = t^{'}$ 。但是，在 $t^{'}$ 之前如果有一个邻居节点到了触发时刻，那么在这种情况下，自主智能体系统 i 的下一触发时刻为 $t^{'} = t_1^{'} + \dfrac{S_k^i(k) - V_k^i(t_0^{'})(t_1^{'} - t_0^{'})}{V_k^i(t_1^{'})}$ 。若在下一个时刻 $t_2^{'}$ 又有另外的邻居节点到达了触发时刻，则该自主智能体系统的触发时刻又会重新计算为 $t^{'} = t_2^{'} + \dfrac{S_k^i(k) - V_k^i(t_0^{'})(t_1^{'} - t_0^{'}) - V_k^i(t_1^{'})(t_2^{'} - t_1^{'})}{V_k^i(t_2^{'})}$ 。只要在 $t^{'}$ 到达之前有其他邻居节点触发，$t^{'}$ 的值就会重新计算，直到所有的邻居节点在这一时刻之内都不再触发时，自主智能体系统 i 才会触发。假设在这之前总共触发了 l 次，这些触发时刻用 $t_1^{'},\cdots,t_l^{'}$ 表示，且 $t_1^{'} \leqslant t_2^{'} \leqslant \cdots \leqslant t_l^{'}$ ，$t^{'} = t_l^{'} + \dfrac{S_k^i(k) - \sum_{j=0}^{l-1} V_k^i(t_j^{'})(t_{j+1}^{'} - t_j^{'})}{V_k^i(t_2^{'})}$ ，最后再选择 $t_{k+1}^i = t^{'}$ 。

注 4　因为上面已经证明了存在一个严格正定的时间间隔 τ_k^i ，即芝诺现象不存在，所以邻居节点不会无限触发，且 l 是一个有限数。有一种情况需要说明：如果邻居自主智能体系统都同时触发，则会导致该自主智能体系统同时接受多个邻居自主智能体系统的信息，当这种情况发生时，可以采用典型的通信拥塞避免算法来应对，并且控制方案是不受影响的，可以忽略由于拥塞引起的时延。

定理 5　假设条件 4 至假设条件 7 成立。在控制器式（6-66）以及自触发控制机制的作用下，根据自触发规则，线性自主多智能体系统式（6-35）和式（6-36）的协同输出问题能够得到解决，且触发时不存在芝诺现象。

证明如下。

定义 $\bar{\boldsymbol{v}}_i(t) = \boldsymbol{\eta}_i(t) - \boldsymbol{v}(t)$ ， $\bar{\boldsymbol{v}}(t) = [\bar{\boldsymbol{v}}_1^{\mathrm{T}}(t),\cdots,\bar{\boldsymbol{v}}_N^{\mathrm{T}}(t)]$ ， $\boldsymbol{\eta}_e(t) = [\boldsymbol{\eta}_{e1}^{\mathrm{T}}(t),\cdots,\boldsymbol{\eta}_{eN}^{\mathrm{T}}(t)]$ ，那么全局形式可表示为： $\bar{\boldsymbol{v}}(t) = \boldsymbol{\eta}(t) - \boldsymbol{1}_N \otimes \boldsymbol{v}(t)$ 。对其进行求导可得：

$$\dot{\bar{\boldsymbol{v}}}(t) = [\boldsymbol{I}_N \otimes \boldsymbol{S} - \widehat{\boldsymbol{D}}(t)H \otimes \boldsymbol{P}]\bar{\boldsymbol{v}}(t) - \widehat{\boldsymbol{D}}(t)H \otimes \boldsymbol{P}\boldsymbol{\eta}_e(t) \quad (6\text{-}74)$$

取全局闭环系统的李雅普诺夫函数为：

$$V(t) = \sum_{i=1}^{N} \bar{\boldsymbol{v}}_i(t)[2(\boldsymbol{H}+\boldsymbol{H}^{\mathrm{T}}) \otimes \boldsymbol{P}]\bar{\boldsymbol{v}}_i(t) + \sum_{i=1}^{N}\frac{[d_i(t)-a_1]^2}{2\gamma_i} + \sum_{i=1}^{N}\frac{[w_i(t)-a_2]^2}{2\beta_i} \quad (6\text{-}75)$$

下面对$V(t)$进行求导，其中$t\in[t_k^i,t_{k+1}^i)$，a_1,a_2都是常数，令$V_1(t)=\sum_{i=1}^{N}\overline{\boldsymbol{v}}_i(t)\ (2(\boldsymbol{H}+\boldsymbol{H}^{\mathrm{T}})\otimes\boldsymbol{P})\overline{\boldsymbol{v}}_i(t)$，$V_2(t)=\sum_{i=1}^{N}\frac{(d_i(t)-a_1)^2}{12\gamma_i}$，$V_3(t)=\sum_{i=1}^{N}\frac{(w_i(t)-a_2)^2}{2\beta_i}$，然后分别对它们进行求导。

对$V_1(t)$进行求导，求导过程及结果如下所示：

$$\begin{aligned}V_1(t)=&\overline{\boldsymbol{v}}^{\mathrm{T}}(t)[(\boldsymbol{H}+\boldsymbol{H}^{\mathrm{T}})\otimes(\boldsymbol{PS}+\boldsymbol{S}^{\mathrm{T}}\boldsymbol{P})-4\boldsymbol{H}^{\mathrm{T}}\widehat{\boldsymbol{D}}(t)\boldsymbol{H}\otimes\boldsymbol{PP}]\overline{\boldsymbol{v}}(t)-\\&4\boldsymbol{\eta}_{\mathrm{e}}^{\mathrm{T}}(t)[\boldsymbol{H}^{\mathrm{T}}\widehat{\boldsymbol{D}}(t)\boldsymbol{H}\otimes\boldsymbol{PP}]\overline{\boldsymbol{v}}(t)\end{aligned}\tag{6-76}$$

由于：

$$\begin{aligned}-2\boldsymbol{\eta}_{\mathrm{e}}^{\mathrm{T}}(t)[\boldsymbol{H}\widehat{\boldsymbol{D}}(t)\mathrm{H}\otimes\boldsymbol{I}_N]\overline{\boldsymbol{v}}(t)\leqslant&\boldsymbol{\eta}_{\mathrm{e}}^{\mathrm{T}}(t)[\boldsymbol{H}\widehat{\boldsymbol{D}}(t)\mathrm{H}\otimes\boldsymbol{I}_N]\boldsymbol{\eta}_{\mathrm{e}}(t)+\\&\overline{\boldsymbol{v}}^{\mathrm{T}}(t)[\boldsymbol{H}\widehat{\boldsymbol{D}}(t)\mathrm{H}\otimes\boldsymbol{I}_N]\overline{\boldsymbol{v}}(t)\end{aligned}\tag{6-77}$$

因此：

$$\begin{aligned}V_1(t)\leqslant&\overline{\boldsymbol{v}}^{\mathrm{T}}(t)[(\boldsymbol{H}+\boldsymbol{H}^{\mathrm{T}})\otimes(\boldsymbol{PS}+\boldsymbol{S}^{\mathrm{T}}\boldsymbol{P})-2\boldsymbol{H}\widehat{\boldsymbol{D}}(t)\boldsymbol{H}\otimes\boldsymbol{PP}]\overline{\boldsymbol{v}}(t)+\\&\boldsymbol{\eta}_{\mathrm{e}}^{\mathrm{T}}(t)[2\boldsymbol{H}^{\mathrm{T}}\widehat{\boldsymbol{D}}(t)\boldsymbol{H}\otimes\boldsymbol{PP}]\boldsymbol{\eta}_{\mathrm{e}}(t)\end{aligned}\tag{6-78}$$

同样对$V_2(t)$进行求导可得：

$$V_2(t)=\sum_{i=1}^{N}[d_i(t)-a_1]\hat{\boldsymbol{z}}_i^{\mathrm{T}}(t)\varGamma\hat{\boldsymbol{z}}_i(t)\tag{6-79}$$

同样对$V_3(t)$进行求导可得：

$$V_3(t)=\sum_{i=1}^{N}[w_i(t)-a_2]\boldsymbol{\eta}_{ei}^{\mathrm{T}}(t)\varGamma\boldsymbol{\eta}_{ei}(t)\tag{6-80}$$

把3部分导数相加可得：

$$\begin{aligned}\dot{V}(t)\leqslant&\overline{\boldsymbol{v}}^{\mathrm{T}}(t)[2(\boldsymbol{H}+\boldsymbol{H}^{\mathrm{T}})\otimes(\boldsymbol{PS}+\boldsymbol{S}^{\mathrm{T}}\boldsymbol{P})-4\boldsymbol{H}\widehat{\boldsymbol{D}}(t)\mathrm{H}\otimes\boldsymbol{PP}]\overline{\boldsymbol{v}}(t)+\\&\boldsymbol{\eta}_{\mathrm{e}}^{\mathrm{T}}(t)[4\boldsymbol{H}\widehat{\boldsymbol{D}}(t)\mathrm{H}\otimes\boldsymbol{PP}]\boldsymbol{\eta}_{\mathrm{e}}(t)+\sum_{i=1}^{N}[d_i(t)-a_1]\hat{\boldsymbol{z}}_i^{\mathrm{T}}(t)\hat{\boldsymbol{z}}_i(t)+\\&\sum_{i=1}^{N}[w_i(t)-a_2]d_i(t)\boldsymbol{\eta}_{ei}^{\mathrm{T}}(t)\varGamma\boldsymbol{\eta}_{ei}(t)\end{aligned}\tag{6-81}$$

因为$d_i(t)\geqslant1$且是在触发时刻所在区间求导，所以根据触发条件式（6-66），式（6-81）可变换为：

$$\begin{aligned}\dot{V}(t)\leqslant&\overline{\boldsymbol{v}}^{\mathrm{T}}(t)[2(\boldsymbol{H}+\boldsymbol{H}^{\mathrm{T}})\otimes(\boldsymbol{PS}+\boldsymbol{S}^{\mathrm{T}}\boldsymbol{P})-4\boldsymbol{H}^{\mathrm{T}}\widehat{\boldsymbol{D}}(t)\mathrm{H}\otimes\boldsymbol{PP})]\overline{\boldsymbol{v}}(t)+\\&\boldsymbol{\eta}_{\mathrm{e}}^{\mathrm{T}}(t)[4\boldsymbol{H}^{\mathrm{T}}\widehat{\boldsymbol{D}}(t)\boldsymbol{H}-a_2\widehat{\boldsymbol{D}}(t)]\varGamma\boldsymbol{\eta}_{\mathrm{e}}(t)+\sum_{i=1}^{N}[2d_i(t)-a_1]\hat{\boldsymbol{z}}_i^{\mathrm{T}}(t)\varGamma\hat{\boldsymbol{z}}_i(t)\end{aligned}\tag{6-82}$$

又由于：

$$\begin{aligned}\hat{\boldsymbol{z}}_i(t)&=\sum_{j=0}^{N}a_{ij}[\boldsymbol{\eta}_{ej}(t)-\boldsymbol{\eta}_{ei}(t)+\boldsymbol{\eta}_j(t)-\boldsymbol{\eta}_i(t)]+a_{i0}[\boldsymbol{v}(t)-\boldsymbol{\eta}_{ei}(t)-\boldsymbol{\eta}_i(t)]\\&=-(\boldsymbol{H}\otimes\boldsymbol{I}_q)[\boldsymbol{\eta}_e(t)+\boldsymbol{v}(t)]+(\boldsymbol{H}\otimes\boldsymbol{I}_q)[\boldsymbol{I}_N\otimes\boldsymbol{v}(t)]\\\hat{\boldsymbol{z}}(t)&=-(\boldsymbol{H}\otimes\boldsymbol{I}_q)[\boldsymbol{\eta}_e(t)+\overline{\boldsymbol{v}}(t)]\end{aligned}\tag{6-83}$$

因此：

$$\begin{aligned}\hat{z}^{\mathrm{T}}(t)\Gamma\hat{z}(t) &= -\{(H\otimes I_q)[\eta_e(t)+\bar{v}(t)]\}^{\mathrm{T}}\times\Gamma\{-(H\otimes I_q)[\eta_e(t)+\bar{v}(t)]\}\\ &= \eta_e^{\mathrm{T}}(t)(4H^{\mathrm{T}}H\otimes PP)\eta_e(t)+2\bar{v}^{\mathrm{T}}(t)(H^{\mathrm{T}}H\otimes PP)\eta_e(t)+\\ &\quad \bar{v}^{\mathrm{T}}(t)(H^{\mathrm{T}}H\otimes PP)\bar{v}(t)\\ &\leqslant 2\eta_e^{\mathrm{T}}(t)(H^{\mathrm{T}}H\otimes PP)\eta_e(t)+2\bar{v}^{\mathrm{T}}(t)(H^{\mathrm{T}}H\otimes PP)\bar{v}(t)\end{aligned}\quad(6\text{-}84)$$

综上可以得到李雅普诺夫函数式（6-75）的导数为：

$$\begin{aligned}\dot{V}(t)\leqslant\ &\bar{v}^{\mathrm{T}}(t)[2(H+H^{\mathrm{T}})\otimes(PS+S^{\mathrm{T}}P)-2a_1(H^{\mathrm{T}}H\otimes PP)]\bar{v}(t)+\\ &\eta_{\mathrm{e}}^{\mathrm{T}}(t)[4H^{\mathrm{T}}H\otimes PP-a_2\hat{D}(t)-2a_1(H^{\mathrm{T}}H\otimes PP)]\eta_{\mathrm{e}}(t)\end{aligned}\quad(6\text{-}85)$$

令 $\delta_0=\lambda_{\min}(H^{\mathrm{T}}H)$，$\hat{\lambda}_N=\lambda_{\max}(H^{\mathrm{T}}+H)$，则式（6-85）可以转化为：

$$\begin{aligned}\dot{V}(t)\leqslant\ &2\hat{\lambda}_N\bar{v}^{\mathrm{T}}(t)[I_N\otimes(PS+S^{\mathrm{T}}P)-\frac{a_1}{\hat{\lambda}_N}(\delta_0\otimes PP)]\bar{v}(t)+\\ &\eta_{\mathrm{e}}^{\mathrm{T}}(t)\{[(4-\frac{a_2}{\delta_0})\hat{D}(t)-2a_1\delta_0]\otimes PP\}\eta_{\mathrm{e}}(t)\end{aligned}\quad(6\text{-}86)$$

当 $a_1\geqslant\dfrac{\delta_1^2\hat{\lambda}_N}{\delta_0}$，$a_2\geqslant 4\delta_0$ 时，因为 P 是黎卡提方程的解，即 $PS+S^{\mathrm{T}}P-\delta_1PP=-\delta I$，所以 $\dot{V}(t)\leqslant 2\hat{\lambda}_N\sum_{i=1}^{N}\bar{v}_i^{\mathrm{T}}(t)[(PS+S^{\mathrm{T}}P)-\delta_1PP]\bar{v}_i(t)$，即证得 $\dot{V}(t)<0$，于是可以证明定理 5 的第一部分，即：当 $v(t)=0$ 时，$\lim_{t\to\infty}x_i(t)=0$，$\lim_{t\to\infty}\eta_i(t)=0$，$i=1,\cdots,N$。与此同时，若 $d_i(t)$、$w_i(t)$ 都将随时间 t 的变化趋于有界，即系统式（6-74）能够达到全局渐进稳定，则 $\lim_{t\to\infty}\|x_i(t)-x_0(t)\|=0,\ i=1,\cdots,N$，这表示领导者-跟随者一致性问题能够得到解决。

同样，对于状态不可测的情况，设计基于自触发机制的输出反馈控制器。采用本节中的自触发规则，系统动力学方程如式（6-35）和式（6-36）所示，设计的控制器如式（6-55）所示。

定理 6 在假设条件 4 至假设条件 7 满足的情况下，针对线性自主多智能体系统式（6-35）和式（6-36）的协同输出问题，在控制器式（6-55）以及本节中的自触发控制机制的作用下，根据自触发规则，自主多智能体系统的一致性问题及编队问题能够得到解决，且触发时不存在芝诺现象。

定理 6 的证明与定理 4 的证明过程类似，此处不再赘述，具体证明过程详见定理 4。

6.4.4 仿真验证

为了对前面的定理进行仿真验证，下面将采用 6.4.3 小节中的定理来解决非完整移动式机器人的编队问题。

定义 $h_0=(t,t)$ 为领导者随时间变化的位置，$h_{di}=[x_{di}\ y_{di}]^{\mathrm{T}}$ 为跟随者和领导者之间的相对位置，$[x_{hi}-x_{di},y_{hi}-y_{di},\omega_{xi},\omega_{yi}]^{\mathrm{T}}$ 为系统的状态，$\bar{u}_i=[\bar{u}_{xi},\bar{u}_{yi}]^{\mathrm{T}}$ 为系统的控制输入。控制的目标是 $\lim_{t\to\infty}[h_i(t)-h_0(t)]=h_{di}$ 以及 $\lim_{t\to\infty}\dot{h}_i(t)=\omega_0$。

被调输出为：

$$e_i(t)=[h_i(t)-h_{di}]-h_0(t),\ i=1,\cdots,N\quad(6\text{-}87)$$

参数初始化取值如下所示：

$$A_i=\begin{bmatrix}0&1\\0&0\end{bmatrix}\otimes I_2,\quad B_i=\begin{bmatrix}0\\1\end{bmatrix}\otimes I_2,\quad S=\begin{bmatrix}0&1\\0&0\end{bmatrix}\otimes I_2$$

$$C_i=\begin{bmatrix}1&0\end{bmatrix}\otimes I_2,\quad F_i=\begin{bmatrix}-1&0\end{bmatrix}\otimes I_2,\quad C_{mi}=\begin{bmatrix}1&0\end{bmatrix}\otimes I_2,\quad D_i=\mathbf{0}_{2\times 2},\quad E_i=\mathbf{0}_{4\times 4}$$

领导者-追随者系统无向通信拓扑图如图 6-9 所示，对应的拉普拉斯矩阵为：

$$L=\begin{bmatrix}1&-1&0&0\\-1&1&0&0\\0&0&1&-1\\0&0&-1&1\end{bmatrix},\quad \Lambda=\begin{bmatrix}1&0&0&0\\0&0&0&0\\0&0&1&0\\0&0&0&0\end{bmatrix}$$

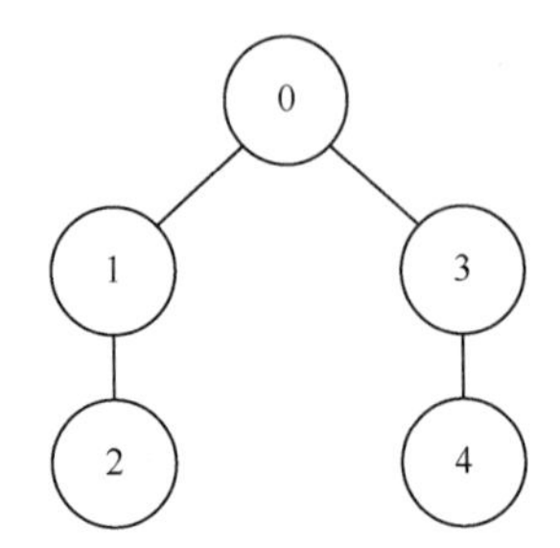

图 6-9 领导者-追随者系统无向通信拓扑图

各机器人与领导者的目标相对位置设为 $h_{d1}=\begin{bmatrix}-2&0\end{bmatrix}^{\mathrm{T}}$、$h_{d2}=\begin{bmatrix}0&-2\end{bmatrix}^{\mathrm{T}}$、$h_{d3}=\begin{bmatrix}0&-4\end{bmatrix}^{\mathrm{T}}$、$h_{d4}=\begin{bmatrix}0&-4\end{bmatrix}^{\mathrm{T}}$，通过计算方程式（6-57），得到 $U_i=\mathbf{0}_{2\times 4}$。$X_i=I_4$ 机器人的初始位置设置以及初始化速度设置分别为：

$$[x_1(0),y_1(0),\omega_{x_1}(0),\omega_{y_1}(0)]=[0,2,0.1,2]$$
$$[x_2(0),y_2(0),\omega_{x_2}(0),\omega_{y_2}(0)]=(1.5,0.5,1,1)$$
$$[x_3(0),y_3(0),\omega_{x_3}(0),\omega_{y_3}(0)]=[-0.5,1,0.5,0.5]$$
$$[x_4(0),y_4(0),\omega_{x_4}(0),\omega_{y_4}(0)]=[0.1,1.5,1,1.5]$$

为了使 $A_i+B_iK_{1i}$ 是赫尔维茨矩阵，选取 $K_{1i}=\begin{bmatrix}-8&4\end{bmatrix}\otimes I_2$，而 $K_{2i}=[8\ \ 4]\otimes I_2$，通过计算得 $K_{2i}=\begin{bmatrix}-8&4\end{bmatrix}\otimes I_2$，给定 $\beta_i=0.1$，$\gamma_i=0.1$，$\delta=2$，精度设置为 0.5%，根据黎卡提方程可以计算出：

$$P=\begin{bmatrix}0.9717&0.2361\\0.2361&0.9717\end{bmatrix}\otimes I_2$$

（1）基于自触发规则，采用状态反馈控制器式（6-66）进行机器人的编队仿真实验。基于状态反馈的自触发机制作用下的仿真实验结果如图 6-10 和图 6-11 所示，机器人达到一致性以及完成编队控制任务的时间是在 $t=5.57\text{s}$。

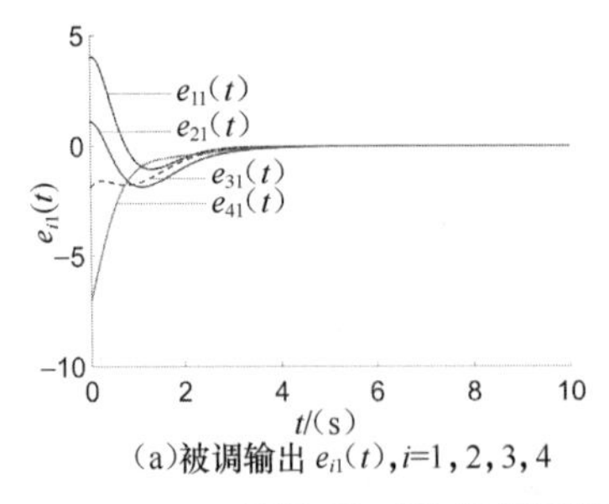

(a)被调输出 $e_{i1}(t)$, i=1, 2, 3, 4

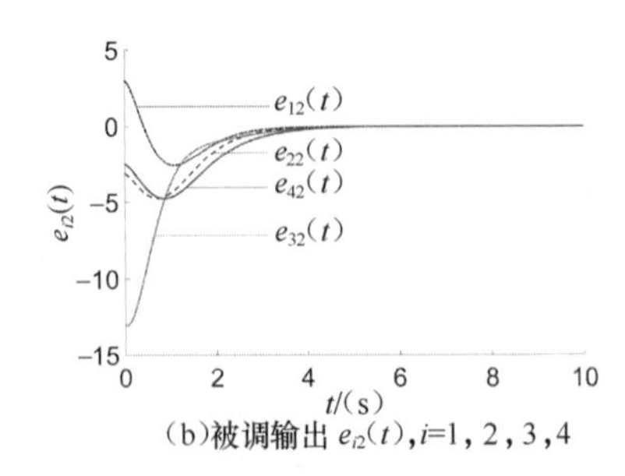

(b)被调输出 $e_{i2}(t)$, i=1, 2, 3, 4

图 6-10 基于状态反馈的自触发机制作用下的被调输出

（2）针对状态无法直接获得的情况，设计输出反馈控制器，同样采用自触发机制进行控制。基于输出反馈的自触发机制作用下的仿真实验结果如图 6-12 和图 6-13 所示，从图中可以看出，机器人最终能够完成编队控制目标。

当 β_i 一定时，针对不同的 γ_i 值进行仿真比较。表 6-1 为不同 γ_i 对应的平均触发次数，可以看出，随着 γ_i 的增大，在自触发机制控制下，平均触发次数也随之增大。

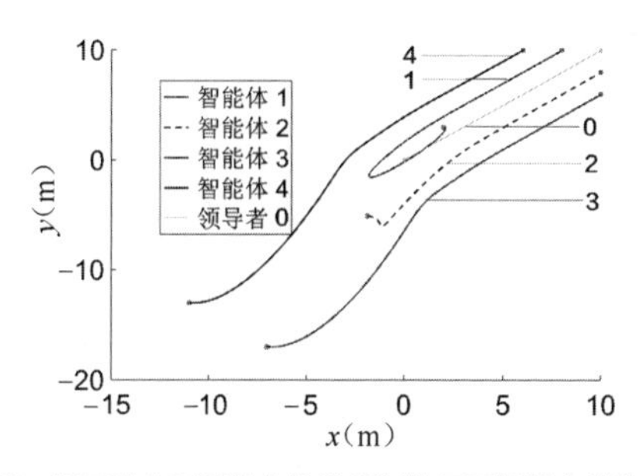

图 6-11 基于状态反馈的自触发机制作用下机器人的仿真编队

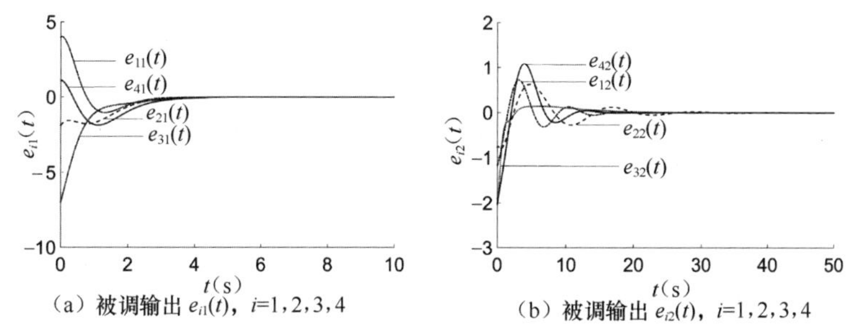

（a）被调输出 $e_{i1}(t)$，i=1,2,3,4　（b）被调输出 $e_{i2}(t)$，i=1,2,3,4

图 6-12 基于输出反馈的自触发机制作用下的被调输出

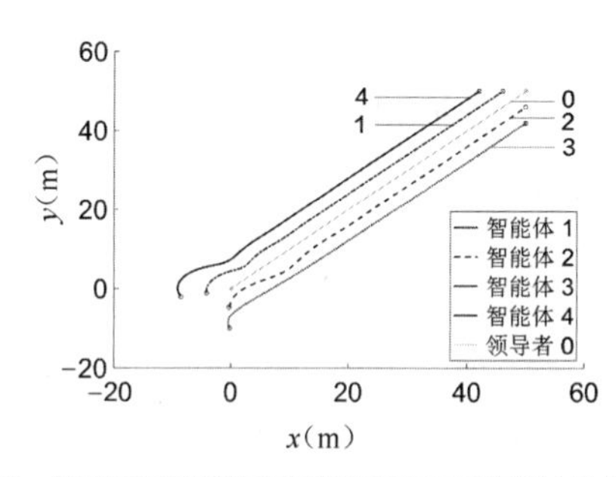

图 6-13 基于输出反馈的自触发机制作用下机器人的仿真编队

表 6-1 自触发机制下不同 γ_i 对应的平均触发次数

γ_i	基于状态反馈控制	基于输出反馈控制
0.001	90	75
0.01	108	76
0.1	129	90
0.5	143	125
1	165	159

6.5 本章小结

近年来，多智能体系统被广泛应用于无人机编队和微电网协同控制等方面。然而由于单个智能体系统有限的能量和通信能力，自主多智能体系统的发展受到了限制。为了有效减少各智能体之间的通信次数以降低通信成本，本章研究了具有网络切换、异构特征的自主多智能体系统的输出调节问题。本章介绍的主要内容总结如下。

（1）研究了异步切换自主多智能体系统的输出调节问题。本章建立了异步切换自主多智能体系统输出调节框架，提出了两种分布式自适应控制器，控制器的切换与系统模态的切换是异步的，这能避免使用全局通信拓扑信息，并且切换信号的选取只需要满足一个宽松的 ADT 条件即可。

（2）研究了切换拓扑下异构多智能体系统的协同输出调节问题。本章分别基于状态反馈和输出反馈设计了两种分布式自适应事件触发控制器，在这两种控制器的作用下，自主多智能体系统能够实现对参考信号的渐近跟踪和对外部干扰的抑制，同时各智能体系统间的数据传输量和通信代价将会减少。

（3）研究了基于自触发规则的分布式自适应控制器，在此控制器作用下，异构自主多智能体系统能够很好地跟踪外部系统。同时，该控制器不需要在各智能体系统之间进行连续通信，这能够有效降低各智能体系统之间的通信负载；此外，不需要对触发条件进行连续监测，触发时间可通过自身信息和邻居节点的信息计算获得，降低了硬件设计要求。

6.6 参考文献

[1] DAVISON E J. The robust control of a servo-mechanism problem for linear time-invariant multivariable systems[J]. IEEE Transactions on Automatic Control, 1976, 21(1): 25-34.

[2] FRANCIS B, WONHAM W M. The internal model principle of control theory[J], Automatica, 1976, 12(5): 457-465.

[3] XIANG J, WEI W, LI Y. Synchronized output regulation of networked linear systems[J]. IEEE Transactions on Automatic Control, 2009, 54(6): 1336-1341.

[4] HUANG J. Remarks on synchronized output regulation of linear networked systems[J]. IEEE Transactions on Automatic Control, 2011, 56(3): 630-631.

[5] HONG Y, WANG X, JIANG Z. Multi-agent coordination with general linear models: a distributed output regulation approach[C]//Proceeding of 8th IEEE International Conference on Control and Automation, 2010: 137-142.

[6] KIM H, SHIM H, SEO J. Output consensus of heterogeneous uncertain linear multiagent systems[J]. IEEE Transactions on Automatic Control, 2011, 56(1): 200-206.

[7] WIELAND P, SEPULCHRE R, ALLQOWER F. An internal model principle is necessary and sufficient for linear output synchronization[J]. Automatica, 2011, 47(5): 1068-1074.

[8] SU Y, HUANG J. Cooperative output regulation of linear multi-agent systems[J]. IEEE Transactions on Automatic Control, 2012, 57(4): 1062-1066.

[9] LI S, FENG G, WANG J, et al. Adaptive control for cooperative linear output regulation of heterogeneous multi-agent systems with periodic switching topology[J]. IET Control Theory and Applications, 2015, 9(1): 34-41.

[10] WANG X, HONG Y, HUANG J, et al. A distributed control approach to a robust output regulation problem for multi-agent linear systems[J]. IEEE Transactions on Automatic Control, 2010, 55(12): 2891-289.

[11] SU Y, HONG Y, HUANG J. A general result on the robust cooperative output regulation for

linear uncertain multi-agent systems[J]. IEEE Transactions on Automatic Control, 2013, 58(5): 1275-1279.

[12] LI Z, MICHAEL Z Q, DING Z. Distributed adaptive controllers for cooperative output regulation of heterogeneous agents over directed graphs[J]. Automatica, 2016, 68(6): 178-183.

[13] WANG X, NI W, MA Z. Distributed event-triggered output regulation of multi-agent systems[J]. International Journal of Control, 2015, 88(3): 640-652.

[14] HU W, LIU L. Cooperative output regulation of heterogeneous linear multi-agent systems by event-triggered control[J]. IEEE Transactions on Cybernetics, 2017, 47(1):105-116.

[15] KLAMKA J, CZORNIK A. Niezabitowski M. Stability and controllability of switched systems[J]. Bulletin of The Polish Academy of Sciences Technical Sciences, 2013, 61(3): 547-555.

[16] LI J, ZHAO J. Incremental passivity and incremental passivity-based output regulation for switched discrete-time systems[J]. IEEE Transactions on Cybernetics, 2017, 47(5): 1122-1132.

[17] FRIBOURG L, KHNE U, SOULAT R. Finite controlled invariants for sampled switched systems. Formal Methods in System Design[J]. 2014, 45(3): 303-329.

[18] GE X, HAN Q. Distributed sampled-data asynchronous H-infinity filtering of Markovian jump linear systems over sensor networks[J]. Signal Processing, 2016, 127(27): 86-99.

[19] WANG X L. Distributed formation output regulation of switching heterogeneous multi-agent systems[J]. International Journal of Systems Science, 2013, 44(11): 2004-2014.

[20] LIBERZON D, MORSE A S. Basic problems in stability and design of switched systems[J]. Piscataway: IEEE, 1999: 59-70.

[21] ALLERHAND L I, SHAKED U. Robust stability and stabilization of linear switched systems with dwell time[J]. IEEE Transactions on Automatic Control, 2011, 56(2): 381-386.

[22] ZHANG L, GAO H. Asynchronously switched control of switched linear systems with average dwell time[J]. Automatica, 2010, 46(5): 953-958.

[23] ZHANG L, ZHU Y, ZHENG W X. State estimation of discrete-time switched neural networks with multiple communication channels[J]. IEEE Transactions on Cybernetics, 2017, 47(4): 1028-1040.

[24] CERVANTES H A, RUIZ L J, LOPEZ L C, et al. A distributed control design for the output regulation and output consensus of a class of switched linear multi-agent systems[C]. Proceedings of the 17th International Conference on Emerging Technologies and Factory Automation, 2015, 1-7.

[25] JIA H, ZHAO J. Output regulation of switched linear multi-agent systems: an agent-dependent average dwell time method[J]. International Journal of Systems Science, 2016, 47(11): 2510-2520.

[26] XIANG J, WEI W, LI Y. Synchronized output regulation of linear networked systems[J]. IEEE Transactions on Automatic Control, 2009, 54(6): 1336-1341.

[27] SU Y, HUANG J. Cooperative output regulation of linear multi-agent systems[J]. IEEE Transactions on Automatic Control, 2012, 57(4): 1062-1066.

[28] LI S, FENG G, GUAN X, et al. Distributed adaptive pinning control for cooperative linear output regulation of multi-agent systems[C]//Control Conference, 2013, 6885-6890.
[29] LI Z, CHEN M Z Q, DING Z. Distributed adaptive controllers for cooperative output regulation of heterogeneous agents over directed graphs[J]. Automatica, 2016, 68(16): 179-183.
[30] KIM B Y, AHN H S. Consensus of multi-agent systems with switched linear dynamics [C]//Proceedings of the 10th Asian Control Conference, 2015, 1-6.
[31] REN W, BEARD R W. Consensus seeking in multiagent systems under dynamically changing interaction topologies[J]. IEEE Transactions on Automatic Control, 2005, 50(5): 655-661.
[32] REN W, ATKINS E. Distributed multi - vehicle coordinated control via local information exchange[J]. International Journal of Robust and Nonlinear Control, 2007, 17(10): 1002-1033.
[33] WU Y, SU H, SHI P, et al. Output synchronization of nonidentical linear multiagent systems[J]. IEEE Transactions on Cybernetics, 2017, 47(1): 130-141.
[34] HUANG C, YE X. Cooperative output regulation of heterogeneous multi-agent systems: an H1 criterion[J]. IEEE Transactions on Automatic Control, 2014, 59(1): 267-273.
[35] DIMAROGONAS D V, FRAZZOLI E, JOHANSSON K H. Distributed event-triggered control for multi-agent systems[J]. IEEE Transactions on Automatic Control, 2012, 57(5): 1291-1297.
[36] SEYBOTH G, DIMAROGONAS D V, JOHANSSON K. Event-based broadcasting for multiagent average consensus[J]. Automatica, 2013, 49(1): 245-252.
[37] ZHANG H, FENG G, YAN H, et al. Observer-based output feedback event-triggered control for consensus of multi-agent systems[J]. IEEE Transactions on Industrial Electronics, 2014, 61(9): 4885-4894.
[38] 洪奕光, 翟超. 多自主智能体系统动态协调与分布式控制设计[J]. 控制理论与应用, 2011, 28(10): 1506-1512.
[39] XIANG J, WEI W, LI Y. Synchronized output regulation of networked linear systems[J]. IEEE Transactions on Automatic Control, 2009, 54(6): 1336-1341.

07 chapter 实训项目

本章要点：

- 通过实训项目，掌握自主智能体系统的决策方法；
- 通过实训项目，掌握自主智能体系统的规划方法；
- 通过实训项目，掌握自主智能体系统运动控制的基本方法。

本章通过具体的实训项目，能使读者了解如何具体应用自主智能体系统的决策、规划和运动控制方法，并深刻理解其中的原理。

7.1 实训项目 1：自主智能体系统的决策

7.1.1 实训说明

城市道路的行驶需要遵守城市的法律法规，如车辆不能超过车道限速、不能在车道线上随意变道、不能闯红灯等。同时城市道路上行驶的自主智能体系统还应能完成设定的各项任务，如靠边停车、上乘客等。因此自主智能体系统在复杂的城市环境下的自动行驶需要合理的多任务分配和决策。

第 3 章介绍的 FSM 虽然不能穷尽所有可能的道路情况，但是大部分城市的环境基本相似，根据任务分配和道路设施合理设计自主智能体系统的状态，能让其应对特定任务和大部分道路情况。从任务分配角度来看，城市中的自主智能体系统的功能主要在于运送乘客以及货物，根据交通道路拓扑和目标地点位置，采用最短路径或最短时间等策略即可获得符合要求的任务分配。而按照道路设施和交通规则的要求，车辆需要识别当前环境中的交通标识，如红绿灯和车道线等。图 7-1 所示为城市环境的部分交通场景，图 7-1（a）所示为路口环境下，要有根据停止线停车的状态；而在图 7-1（b）所示的车道线环境下，自主智能体系统要有在车道内行驶以及变道、超车等状态。

（a）城市路口环境

（b）城市车道线环境

图 7-1　城市交通场景

7.1.2 实训内容

由于道路设施和交通规则是车辆能在城市道路行驶的硬性要求，因此设计符合道路规则的车辆决策系统能极大提高车辆的安全性。图 7-1 所示的城市交通场景的状态设计较为简单，对于更加复杂的城市交通场景，读者可以考虑设计更详细的 HFSM，从而映射城市交通场景中尽可能多的道路规则情况，HFSM 的分层并不局限为两层。

HFSM 的设计是开放性的，可以按照第 3 章中的例子分为两层，也可以根据城市交通环境特点分为 3 ~ 4 层，层数越多，系统维护的复杂度越高。可以根据有无车道线先将城市交通环境分为有车道线和无车道线两种状态，再针对这两种状态设计相应的子状态，如图 7-2 所示。

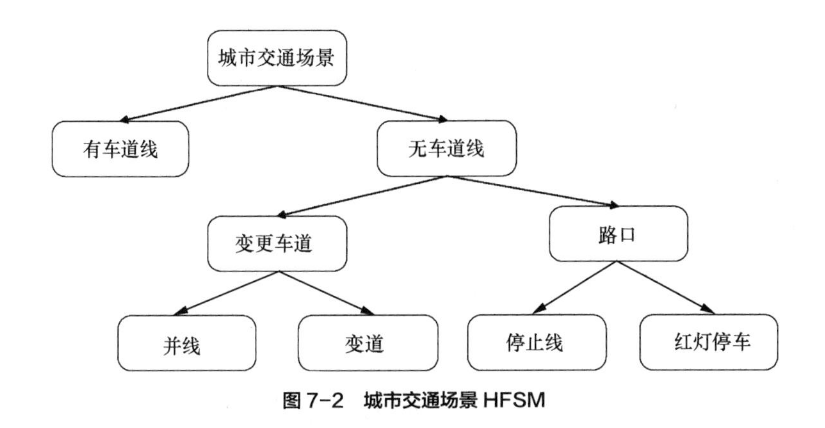

图 7-2　城市交通场景 HFSM

7.2 实训项目 2：自主智能体系统的规划

7.2.1　实训说明

规划是自主智能体系统实现自主运动和安全行驶的关键。在已知地图信息的基础上，规划一条从起点到终点的可行路径，能够为自主智能体系统的运动提供目标导向。更进一步，当这条可行路径在长度上是最短的时候，自主智能体系统将能更快地到达预定地点。

在第 3 章中介绍的基于图搜索和采样的规划算法都可以在已知地图信息的前提下规划出可行的路径，本实训的目的就是在给定的地图中实际运用介绍的算法去规划合理的路径。

7.2.2　实训内容

图 7-3 所示为两个不同类型的障碍物地图，图 7-3（a）为一个随机障碍物图，图 7-3（b）为一个条形障碍物图。在这两幅地图中，设置左下角为起点，右上角为终点，分别采用基于图搜索和采样的规划算法规划可行的路径。

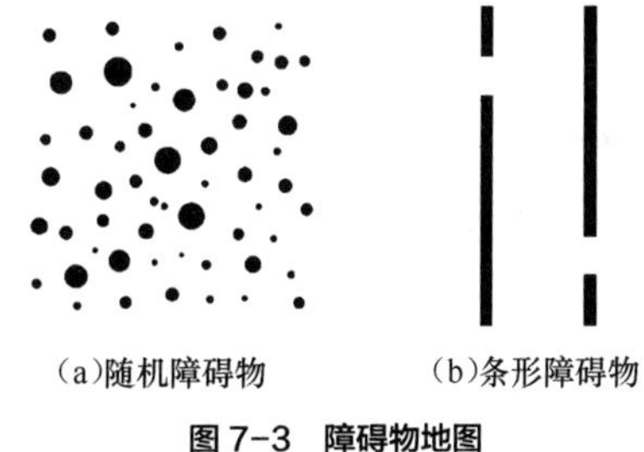

图 7-3　障碍物地图

1. 采用基于图搜索的两种规划算法

采用 Dijkstra 算法和 A*算法，规划得到上述两幅地图中从起点到终点的最短路径，并比较这两种规划算法在规划时间上的差异，说明 A*算法的优势是什么。

2. 采用基于采样的 RRT 算法

采用 RRT 算法在上述两幅地图中规划从起点到终点的可行路径，并在两幅地图大小相同、起点/终点位置一样的情况下，对比两幅地图对应的规划时间，说明产生时间差异的原因和 RRT 在路径规划中会遇到的问题。

3. 采用最优的 RRT*算法

采用 RRT*算法在上述两幅地图中规划从起点到终点的最优路径，并尝试对 RRT*算法加以改进，以加快最优路径的收敛速度。

7.3 实训项目 3：自主智能体系统的运动控制

7.3.1 实训说明

运动控制是自主智能体系统完成具体任务的基础。基于本书第 4 章中讲解的自主智能体系统运动控制相关的内容，在本节中，将以轮式移动机器人为控制对象，设计两个运动控制实验，包括轨迹跟踪实验和点镇定实验。实验主要包括控制器设计和 MATLAB 仿真验证两个步骤。通过本实训，读者将对自主智能体系统的运行控制有更深刻的理解。

7.3.2 实训内容

本节以轮式移动机器人为控制对象，两轮差分轮式移动机器人的运动学模型如下：

$$\begin{cases}\dot{x} = v\cos\theta \\ \dot{y} = v\sin\theta \\ \dot{\theta}=\omega\end{cases}$$

其中 $(x, y), \theta$ 分别表示移动机器人的位置和角度，v 是线速度，ω 是角速度。

在轮式移动机器人的运动控制研究中，轨迹跟踪和点镇定是两个经典问题，两者分别完成跟踪动态参考轨迹和调整达到期望位姿的任务。下面将给出这两个实验的任务。

1. 轨迹跟踪

给出参考轨迹：

$$\begin{cases}\dot{x}_r = v_r\cos\theta_r \\ \dot{y}_r = v_r\sin\theta_r \\ \dot{\theta}_r=\omega_r\end{cases}$$

其中参考角速度 ω_r 和参考线速度 v_r 都为正的常量。可以注意到，当角速度和线速度取值相等时，参考轨迹变为直径为 1 的圆形轨迹。请读者设计轨迹跟踪控制器，实现轮式移动机器人跟踪参考轨迹。

（1）控制器设计。首先推导在机器人坐标下的轨迹跟踪误差，公式如下：

$$\begin{bmatrix} e_x \\ e_y \\ e_z \end{bmatrix} = \begin{bmatrix} \cos\theta & \sin\theta & 0 \\ -\sin\theta & \cos\theta & 0 \\ 0 & 0 & 1 \end{bmatrix} \begin{bmatrix} x_r - x \\ y_r - y \\ \theta_r - \theta \end{bmatrix}$$

根据跟踪误差设计轨迹跟踪控制器，公式如下：

$$\begin{bmatrix} v \\ \omega \end{bmatrix} = \begin{bmatrix} v_d \cos e_\theta + k_1 e_x \\ \omega_d + k_2 v_r e_y + k_3 v_r \sin e_\theta \end{bmatrix}$$

其中 k_1、k_2、k_3 均大于 0，并且是有界参数。

（2）仿真结果。在 MATLAB 软件中编写控制器的仿真代码，获得仿真结果，如图 7-4

和图 7-5 所示。

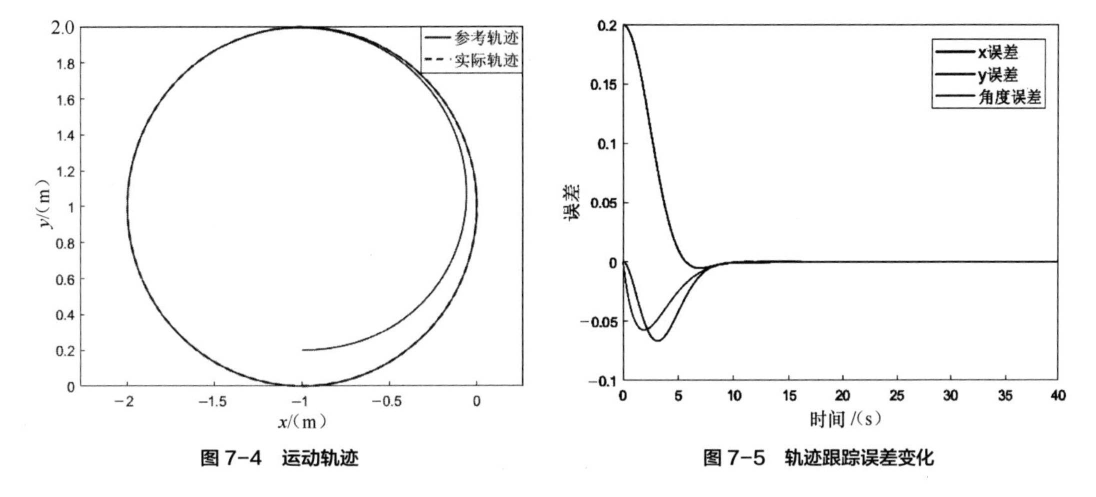

图 7-4 运动轨迹

图 7-5 轨迹跟踪误差变化

从图 7-4 和图 7-5 中可以看到，控制器最终实现了轮式移动机器人的轨迹跟踪目标。

（3）参考代码。

```
clear all;
dt=0.001;
%初始位姿
x0=-1.0; y0=0.2; theta0=0;
q=[x0,y0,theta0]';
%期望初始位姿
xr0=-1; yr0=0; thetar0=0;
qr=[xr0,yr0,thetar0]';
%期望角速度和期望线速度
u_1r=0.4;
u_2r=0.4;
   k1=1;
   k2=1;
   k3=1;
for T=1:40000
    t(T)=T*dt;
    %转换矩阵
     Tr=[cos(theta0) sin(theta0) 0;
         -sin(theta0) cos(theta0) 0;
         0 0 1];
```

```
    %跟踪误差
    e=Tr*(qr-q);
e_record(:,T)=e;
    %控制器
    u1=u_1r*cos(e(3))+k2*e(1);
    u2=u_2r+k1*u_1r*e(2)+k3*sin(e(3));
    %期望轨迹更新
xr=xr0+u_1r*cos(thetar0)*dt;
yr=yr0+u_1r*sin(thetar0)*dt;
thetar=thetar0+dt*u_2r;
    xr0=xr;yr0=yr;thetar0=thetar;
qr=[xr,yr,thetar]';
qr_record(:,T)=qr;
    %实际轨迹更新
    x=x0+u1*cos(theta0)*dt;
    y=y0+u1*sin(theta0)*dt;
    theta=theta0+u2*dt;
    q=[x,y,theta]';
x0=x;y0=y;theta0=theta;
q_record(:,T)=q;
end
figure
hold
axis equal
plot(q_record(1,:),q_record(2,:),'b','LineWidth',1);
plot(qr_record(1,:),qr_record(2,:),'--r','LineWidth',1.5);
l=legend('参考轨迹','实际轨迹');
set(l,'Fontname', 'Microsft YaHei UI','Fontsize',12);
xlabel('x/(m)','FontName','Times New Roman','FontSize',14);
ylabel('y/(m)','FontName','Times New Roman','FontSize',14);
figure
hold
plot(t,q_record-qr_record,'LineWidth',1);
```

```
l=legend('x误差','y误差','角度误差');
set(l,'Fontname', 'Microsft YaHei UI','Fontsize',12);
xlabel('时间/(s)','FontName','Microsft YaHei UI','FontSize',14);
ylabel('误差','FontName','Microsft YaHei UI','FontSize',14);
```

2. 点镇定

点镇定控制器采用 4.1 节中提出的控制器式（4-7）和式（4-10），最终得到的控制效果如图 7-6 和图 7-7 所示。

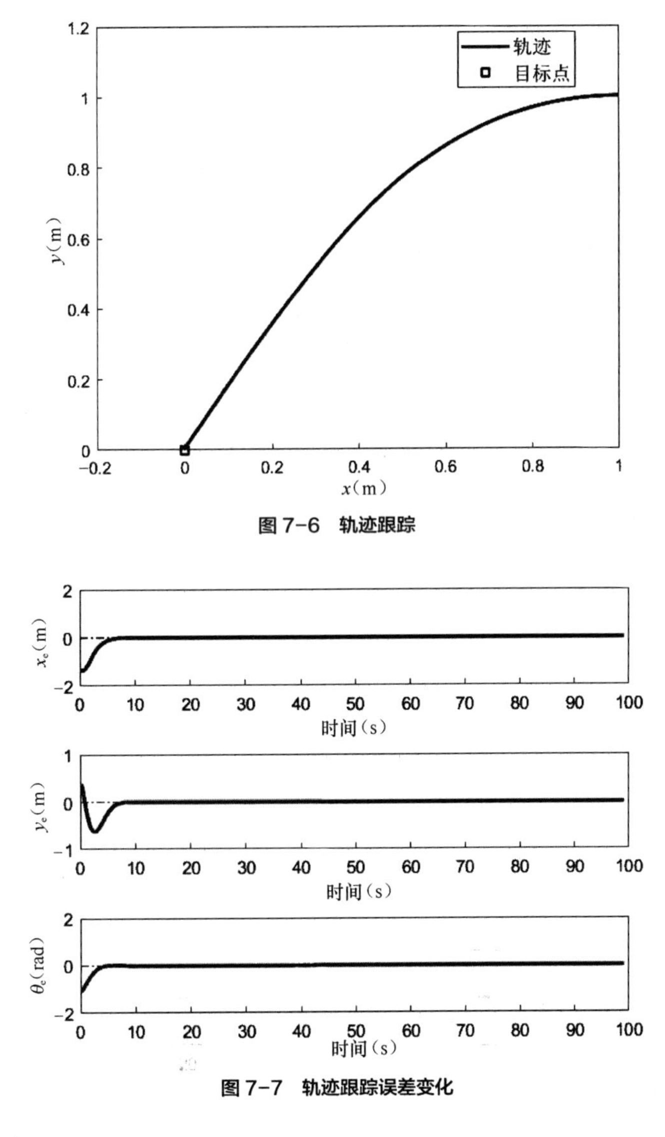

图 7-6　轨迹跟踪

图 7-7　轨迹跟踪误差变化

参考代码如下。

```
clear all;
%期望速度为 0
```

```
u_1r = 0;
u_1r_dot = 0;
u_2r = 0;
u_2r_dot = 0;
%初始位姿
x0=1.0; y0=1.0; theta0=1.05;
q=[x0,y0,theta0]';
%期望初始位姿
xr0=0; yr0=0; thetar0=0;
qr=[xr0,yr0,thetar0]';
%控制器参数设置
epsilong_1=1.8;          %epsilong1
epsilong_0=0.01;         %epsilong0
lamda=0.305;             %k0lamda
miu=0.5;                 %miu
gama=0.9;                %x0
elta=5;                  %gama
a=0.7;
b = 0.17;
dt=0.001;
for T=1:40000
    t(T)=T*dt;
    %转换矩阵
    Tr=[cos(theta0) sin(theta0) 0;
        -sin(theta0) cos(theta0) 0;
        0 0 1];
    %跟踪误差
    e=Tr*(qr-q);
e_record(:,T)=e;

    h=1+gama*cos(1*t);
h_dot=(-1)*gama*sin(t);

x0 = e(3);
x1 = e(2);
```

```
x2 = -1*e(1);
    x0_1=x0+(epsilong_0*h*x1)/(1+(x1^2+x2^2)^(1/2));

    V1=(x1^2+x2^2)^(1/2);
    k1=(lamda*epsilong_1)/((x0_1^2+miu^2)^(1/2));
    k0=(tanh(elta*abs(x2))/(2*abs(x2)))*(a-b*abs(u_2r+k1*x0_1)+u_1r*
       cos(x0)*sign(x2));

    alpha=1-(epsilong_0*h*x2)/(1+V1);
    beta=epsilong_0*((h_dot*x1+h*(u_2r*x2+u_1r*sin(x0)))/(1+V1)-h*x1*(-k0*
         x2^2+u_1r*x1*sin(x0))/((1+V1)^2)*V1);
    %控制器
    v=u_1r*cos(e(3))-k0*x2;
    w=u_2r+(beta/alpha)+k1*x0_1;

    %实际轨迹更新
    x=x0+v*cos(theta0)*dt;
    y=y0+v*sin(theta0)*dt;
    theta=theta0+w*dt;
    q=[x,y,theta]';
x0=x;y0=y;theta0=theta;
q_record(:,T)=q;
end

figure
hold
axis equal
plot(q_record(1,:),q_record(2,:),'b','LineWidth',1);
plot(qr(1),qr(2),'--r','LineWidth',1.5);
l=legend('参考轨迹','实际轨迹');
set(l,'Fontname', 'Microsft YaHei UI','Fontsize',12);
xlabel('x/(m)','FontName','Times New Roman','FontSize',14);
ylabel('y/(m)','FontName','Times New Roman','FontSize',14);
figure
hold
```

```
plot(t,q_record-qr_record,'LineWidth',1);
l=legend('x误差','y误差','角度误差');
set(l,'Fontname', 'Microsft YaHei UI','Fontsize',12);
xlabel('时间/(s)','FontName','Microsft YaHei UI','FontSize',14);
ylabel('误差','FontName','Microsft YaHei UI','FontSize',14);
```